D1720924

Claus J. Diederichs

Führungswissen für Bau- und Immobilienfachleute 1

Claus J. Diederichs

Führungswissen für Bau- und Immobilienfachleute 1

Grundlagen

2., erweiterte und aktualisierte Auflage

Mit 91 Abbildungen

 Springer

Prof. Dr.-Ing. Claus J. Diederichs
Bergische Universität Wuppertal
Abt. Bauingenieurwesen
Lehr- und Forschungsgebiet Bauwirtschaftslehre
Pauluskirchstr. 7
42285 Wuppertal
diederic@uni-wuppertal.de

Ursprünglich 1-bändig erschienen mit ISBN 3-540-65655-3

ISBN 3-540-22170-0

Bibliografische Information der Deutschen Bibliothek
Die Deutsche Bibliothek verzeichnet diese Publikation in der Deutschen Nationalbibliografie;
detaillierte bibliografische Daten sind im Internet über http://dnb.ddb.de abrufbar.

Springer ist ein Unternehmen von Springer Science+Business Media
springer.de

© Springer-Verlag Berlin Heidelberg 2005
Printed in Germany

Umschlaggestaltung: Struve&Partner, Heidelberg
Satz: Marianne Schillinger-Dietrich, Berlin

Gedruckt auf säurefreiem Papier   68/3020/M   - 5 4 3 2 1 0

Geleitwort zur 2. Auflage

Bauen ist eine faszinierende, dankbare und lohnenswerte Aufgabe für den im Bauunternehmen Tätigen, sei er Unternehmer, Führungskraft oder Mitarbeiter. Und genau so für die Gesellschaft, für ein Land. Bauen ist Zukunftsvorsorge, ist Zukunftsgestaltung und -prägung.

Jede Volkswirtschaft zählt ihre Bauwirtschaft zu den Schlüsselbranchen. In Deutschland beträgt der Anteil der Bauinvestitionen am BIP 10,6 %. Zu Beginn der nunmehr über neun Jahre dauernden Baurezession waren es 14,4 %. Die volkswirtschaftliche Bedeutung der Bauwirtschaft geht weit darüber hinaus. Bauinvestitionen haben nach Berechnungen des Rheinisch-Westfälischen Instituts für Wirtschaftsforschung (RWI) eine vergleichsweise hohe Multiplikatorwirkung von 2,4 – d. h. aus Bauausgaben von ursprünglich 1 Mio. € wird über den volkswirtschaftlichen Kreiszusammenhang schließlich eine Steigerung der Gesamtnachfrage in Höhe von 2,4 Mio. €.

Trotzdem baut unsere Gesellschaft zu wenig, sie meint sogar, durch weniger Bauausgaben sparen zu können – ein fataler Irrtum. In Wahrheit vergibt sie dadurch Zukunftschancen, belastet künftige Generationen durch Schäden und Folgeschäden und riskiert Umweltschäden, etwa wenn aus maroden Abwasserleitungen Gifte in die Umwelt gelangen.

Die Bauwirtschaft steht im harten Wettbewerb – national und international. Erfolgreich bestehen kann man diesen als Bauunternehmen nur mit Topkräften. Führungskräfte in der Bauwirtschaft müssen neben ihrer hohen fachlichen Qualifikation über Schlüsselqualifikationen wie Teamfähigkeit, vernetztes Denken, hohe Flexibilität und Belastbarkeit verfügen. Ohne Basiswissen über volkswirtschaftliche Zusammenhänge und Grundlagen der Betriebswirtschaftslehre kann eine Führungskraft in den sehr komplexen Unternehmen der Bau- und Immobilienwirtschaft nicht bestehen.

Bauen vollzieht sich im politischen Raum. Um bauen zu können, müssen erst Widerstände überwunden werden, politische, gesellschaftliche und ökonomische. Führungskräfte der Bauwirtschaft müssen bereit sein, sich in Verbänden und politischen Organisationen für das Gemeinwohl und damit auch für die Baubranche einzusetzen.

Jedes erfolgreiche Industrieland braucht eine leistungsfähige Bauwirtschaft. Es braucht sie in Zukunft noch mehr als jetzt, wenn es darum geht, bislang staatliche Aufgaben durch Private durchführen zu lassen. PPP, ein in anderen Ländern weit verbreitetes Instrument, verlangt eine zumindest für Deutschland neue Qualität des Zusammenwirkens von Privat und Staat – auch eine Herausforderung für Führungskräfte in den Bauunternehmen.

Zu all diesen Aspekten leistet die Reihe „Führungswissen für Bau- und Immobilienfachleute", aus der in der 2. Auflage hiermit Band 1: Grundlagen vorgelegt wird, einen wichtigen und wegweisenden Beitrag. Ich wünsche diesem ausgezeichneten Werk, das alle wichtigen Themen in konzentrierter Form behandelt, eine weite Verbreitung, nicht nur unter den Führungskräften der Bau- und Immobilienwirtschaft, sondern auch beim Nachwuchs für Führungspositionen und den Studierenden in Fakultäten für Architektur, Bauingenieurwesen und Wirtschaftswissenschaften.

München, im Juli 2004 *Prof. Dipl.-Kfm. Thomas Bauer*
Präsident des Bayerischen Bauindustrieverbandes
Vizepräsident des Hauptverbandes der Deutschen Bauindustrie
Vorstandsvorsitzender der Bauer AG
Honorarprofessor für Baubetriebswirtschaftslehre an der TU München

Geleitwort zur 1. Auflage

Bei der Entwicklung, Planung, Realisierung, Nutzung und Finanzierung von Bauobjekten und Immobilienprojekten ist eine Vielzahl von Disziplinen beteiligt. Durch Studium und praktische Erfahrung sind Architekten, Bauingenieure, Gebäudetechniker etc. in den jeweiligen technischen Bereichen bestens geschult. Dagegen fehlen diesen Fachleuten nicht selten die ökonomischen und rechtlichen Kenntnisse für die interdisziplinäre Zusammenarbeit. Zwar stellt die Volkswirtschafts- und Betriebswirtschaftslehre umfangreiche Standardwerke zur Verfügung, aber die Bauwirtschaftslehre und die betriebswirtschaftlichen Fragen von Investoren, Planungsbüros und Bauunternehmen werden ausgeklammert. Hier setzt das vorliegende Werk an.

In jeder wissenschaftlichen Disziplin finden sich glücklicherweise immer wieder angesehene Vertreter ihres Faches, die sich der Mühe unterziehen, einen derartigen Überblick zu geben. Dies allein wäre schon verdienstvoll. Wenn das allerdings in einer solchen Güte und einem solchen Umfang (mit fast 500 Seiten) geschieht wie bei dem vorliegenden Werk, muss man dem „Diederichs" (und so wird es zitiert werden) uneingeschränkt Respekt zollen.

Berlin, im Juli 1999   *o. Prof. em. Dr. Karlheinz Pfarr*

Vorwort zur 2. Auflage

Die zweite Auflage des 1999 erschienenen Buches „Führungswissen für Bau- und Immobilienfachleute" erscheint nunmehr zeitlich gestaffelt in mehreren Bänden.

Hiermit wird der erste Band „Grundlagen" vorgelegt, mit dem in 9 Kapiteln (die jeweils vorangestellte 1. bezeichnet den ersten Band) das Basiswissen und Verständnis für die Bau- und Immobilienwirtschaft bereitgestellt wird. Behandelt werden volkswirtschaftliche und betriebswirtschaftliche Grundlagen für die Bauwirtschaft (Kapitel 1 und 2), das Arbeits- und Tarifrecht in der Bauwirtschaft (Kapitel 3), die Unternehmens- und Baubetriebsrechnung (Kapitel 4 und 5), die Nachtragsprophylaxe und das Claimmanagement (Kapitel 6), Wirtschaftlichkeitsberechnungen und Nutzen-Kosten-Untersuchungen (Kapitel 7), Unternehmensfinanzierung inklusive Rating nach Basel II und Insolvenzvermeidung (Kapitel 8) sowie Schwarzarbeit und Korruption in der Bauwirtschaft – Ursachen, Wirkungen und Maßnahmen zur Eindämmung (Kapitel 9).

Damit wird das Grundverständnis geschaffen für Themenbereiche, die sowohl Architekten, Bauingenieuren und Fachingenieuren für Technische Anlagen, aber auch Kaufleuten und Betriebswirten sowie Juristen wegen der vielen Besonderheiten der Bau- und Immobilienbranche weitgehend nicht bekannt sind. Die Terminologie entspricht den gebräuchlichen Begriffen aus den verschiedenen Fachdisziplinen. Besonderer Wert wurde auf einfache Ausdrucksweise und Allgemeinverständlichkeit gelegt. Der Leser soll den Text beim ersten Durchlesen verstanden haben. Als Wissens-/Ausbildungsniveau wird Hochschul- oder Fachhochschulreife vorausgesetzt.

Die Inhalte stützen sich einerseits auf gesicherte Grundlagen und Zeitreihenbetrachtungen. Sie sind jedoch andererseits vor allem auch zukunftsorientiert, z. B. durch Prognosen für die voraussichtliche Nachfrage und das voraussichtliche Angebot in der Bau- und Immobilienwirtschaft, durch die Bilanzansatz- und Bewertungsvorschriften nach International Accounting Standards (IAS), durch Vermittlung des Basiswissens zur emotionsfreien Behandlung von Nachträgen bei Leistungsänderungen und Leistungsstörungen, durch Vermittlung der Methoden und Anwendungsbereiche für monetäre Wirtschaftlichkeitsberechnungen und Nutzen-Kosten-Untersuchungen unter Einbeziehung auch nichtmonetärer Faktoren, durch Darstellung der Anforderungen an die Unternehmensausrichtung für das Unternehmensrating nach Basel II und an die Unternehmensfinanzierung zur Insolvenzvermeidung sowie durch Aufklärung über die notwendigen Maßnahmen zur Eindämmung der Schwarzarbeit und Korruption in der Bauwirtschaft.

Die Reihe „Führungswissen für Bau- und Immobilienfachleute" will einen Beitrag dazu leisten, die Bau- und Immobilienbranche wieder zu einem erfolgreichen Wirtschaftszweig im Rahmen der Gesamtwirtschaft werden zu lassen.

Mehrere Fachleute leisteten wertvolle Beiträge zum vorliegenden Werk, denen ich hiermit herzlich danke.

Ebenfalls danke ich Frau Sigrid Cuneus und Herrn Thomas Lehnert vom Springer-Verlag für die partnerschaftliche Zusammenarbeit bei der Drucklegung.

Mein besonderer Dank richtet sich wiederum an meine Mitarbeiter für ihre engagierte Unterstützung sowohl in fachlicher Hinsicht als auch bei der EDV-technischen Umsetzung. Dazu gehören vor allem Herr Dipl.-Ing. Torsten Offergeld und Frau Beate Nietzold.

Kommentare und kritische Anmerkungen zur kontinuierlichen Verbesserung sind ausdrücklich willkommen und werden künftig mit Aufgeschlossenheit Berücksichtigung finden.

Wuppertal, im Juli 2004   *Univ.-Prof. Dr.-Ing. C. J. Diederichs*

Vorwort zur 1. Auflage

Die harte Konkurrenzsituation in der Bau- und Immobilienwirtschaft zwingt die Führungskräfte der Immobilien-, Planungs- und Bauunternehmen zunehmend zum Einsatz interdisziplinären Führungswissens, wenn sie ihre Unternehmen wettbewerbsfähig halten und ihre Geschäftspolitik erfolgreich gestalten wollen. Die Betriebswirtschaftslehre für die Bauwirtschaft wird daher – neben den klassischen technischen Problemen – zunehmend von betriebswirtschaftlichen, rechtlichen und organisatorischen Fragestellungen bestimmt.

Es ist Anliegen des Verfassers, mit diesem Werk die vier wichtigen interdisziplinären Themenkomplexe Bauwirtschaft, Unternehmensführung, Immobilienmanagement und Privates Baurecht aus der Sicht der Praxis, der Forschung und der Lehre zusammenzufassen. Damit wird das maßgebliche Wissen zur Führung von Unternehmen und Projekten im Bauwesen und Anlagenbau abgedeckt. Durch die themenbezogenen Literaturverzeichnisse werden Hinweise für vertiefende Studien geboten.

Besonderer Dank gilt allen Fachleuten aus der Bau- und Immobilienbranche, die durch ihren Rat und ihre Diskussionsbeiträge zur Entstehung dieses Werkes beigetragen haben. Dazu zählt Herr Rechtsanwalt Prof. Horst Franke, dem ich für die kritische Durchsicht des Teiles 4 „Privates Baurecht" danke.

Mein Dank richtet sich auch an meine Mitarbeiter für ihre engagierte Unterstützung bei der Erstellung der reproduktionsreifen Druckvorlagen im Postscript-Format. Dazu gehören u. a. Herr Dipl.-Ing. Franz-Josef Follmann, Herr Dipl.-Ing. Lutz Klimpel, Frau cand.-ing. Stefanie Streck, Frau cand.-ing. Sabine Gross und Herr cand.-ing. Jörg Wittkämper.

Kommentare und kritische Anmerkungen zur Verbesserung des Werkes sind ausdrücklich willkommen und werden künftig von mir mit Aufgeschlossenheit Berücksichtigung finden.

Wuppertal, im Juli 1999   *Univ.-Prof. Dr.-Ing. C. J. Diederichs*

Inhaltsverzeichnis

Abbildungsverzeichnis

Tabellenverzeichnis

Abkürzungsverzeichnis

AAI	Arbeitgeberverband für Architekten und Ingenieure
Abb.	Abbildung
Abs.	Absatz
abzgl.	abzüglich
AEntG	Arbeitnehmer-Entsendegesetz
AfA	Absetzung für Abnutzung
AG	Aktiengesellschaft
AG	Auftraggeber
AGB	Allgemeine Geschäftsbedingungen
AGBG	Gesetz zur Regelung des Rechts der Allgemeinen Geschäftsbedingungen
AGK	Allgemeine Geschäftskosten
AHO	Ausschuss der Verbände und Kammern der Ingenieure und Architekten für die Honorarordnung e. V.
AktG	Aktiengesetz
AN	Auftragnehmer
ÄndVO	Änderungsverordnung
AO	Abgabenordnung
ArbGG	Arbeitsgerichtgesetz
ArbplSchG	Gesetz über den Schutz des Arbeitsplatzes bei Einberufung zum Wehrdienst
ArbSchG	Arbeitsschutzgesetz
ArbSichG	Arbeitssicherheitsgesetz
ArbZG	Arbeitszeitgesetz
ARGE	Arbeitsgemeinschaft
Art.	Artikel
ASIA	Arbeitgeberverband selbständiger Ingenieure und Architekten
AT	Arbeitstage
ATV	Allgemeine Technische Vertragsbedingungen
Aufl.	Auflage
AÜG	Arbeitnehmerüberlassungsgesetz
AVB	Allgemeine Vertragsbedingungen
BAB	Betriebsabrechnungsbogen
BAK	Bundesarchitektenkammer
BAnz	Bundesanzeiger
BAS	Bauarbeitsschlüssel
BaustellV	Baustellenverordnung

BBiG	Berufsbildungsgesetz
BBTV	Tarifvertrag für Berufsbildung im Baugewerbe
Bd.	Band
BDA	Bund Deutscher Architekten
BErzGG	Bundeserziehungsgeldgesetz
BetrVG	Betriebsverfassungsgesetz
BewG	Bewertungsgesetz
BGB	Bürgerliches Gesetzbuch
BGBl	Bundesgesetzblatt
BGF	Brutto-Grundfläche
BGH	Bundesgerichtshof
BGL	Baugeräteliste
BHO	Bundeshaushaltsordnung
BIP	Bruttoinlandsprodukt
BiRiLiG	Bilanzrichtliniengesetz
BKR	Baukontenrahmen
BMF	Bundesministerium für Finanzen
BMVBW	Bundesministerium für Verkehr, Bau- und Wohnungswesen
BNE	Bruttonationaleinkommen
BörsG	Börsengesetz
BOT	Build-Operate-Transfer
BRI	Brutto-Rauminhalt
BRTV	Bundesrahmentarifvertrag
BSP	Bruttosozialprodukt
BUrlG	Mindesturlaubsgesetz für Arbeitnehmer (Bundesurlaubsgesetz)
BVB	Besondere Vertragsbedingungen
BVerfGE	Bundesverfassungsgerichts-Entscheidung
BWI-Bau	Betriebswirtschaftliches Institut der Bauindustrie
BZ	Bauzuschlag
bzw.	beziehungsweise
c. i. c.	culpa in contrahendo
ca.	circa
CAFM	Computer-Aided Facility Management
CEN	Europäische Technische Normen
d. h.	das heißt
DCFA	Discounted-Cash-Flow-Analysis
DCFM	Discounted-Cash-Flow-Methode
DDC	Direct Digital Control
DLR	Dienstleistungsrichtlinie
DVA	Deutscher Verdingungsausschuss für Bauleistungen
DVFA	Deutsche Vereinigung zur Finanzanalyse und Anlageberatung e. V.
DVP	Deutscher Verband der Projektmanager in der Bau- und Immobilienwirtschaft e. V.
EDV	Elektronische Datenverarbeitung

EFB	Einheitliche Formblätter
EG	Europäische Gemeinschaft
EigZulG	Eigenheimzulagegesetz
EkdT	Einzelkosten der Teilleistungen
EMAS-VO	Environmental Management Audit Scheme-Verordnung
EP	Einheitspreis
ErbbauVO	Verordnung über das Erbbaurecht
ErbStG	Erbschaftsteuer- und Schenkungsteuergesetz
ErwV	Erweiterungsverordnung
EStG	Einkommensteuergesetz
ESZB	Europäisches System der Zentralbanken
EU	Europäische Union
EVM	Einheitliche Verdingungsmuster
EW	Einwohner
EWI	Europäisches Währungsinstitut
EWS	Europäisches Währungssystem
EWWU	Europäische Wirtschafts- und Währungsunion
EZB	Europäische Zentralbank
F+E	Forschung und Entwicklung
FBG	Fläche des bebauten Grundstückes
FELZ	Fachkunde, Erfahrung, Leistungsfähigkeit, Zuverlässigkeit
FH	Fachhochschule
FIDIC	International Federation of Consulting Engineers
FM	Facility Management
FördG	Fördergebietsgesetz
G	Gewinn
GAEB	Gemeinsamer Ausschuss Elektronik im Bauwesen
GBO	Grundbuchordnung
GbR	Gesellschaft bürgerlichen Rechts
GEFMA	German Facility Management Association
gem.	gemäß
GewO	Gewerbeordnung
GewStG	Gewerbesteuergesetz
GF	Geschossfläche
GFZ	Geschossflächenzahl
GG	Grundgesetz der Bundesrepublik Deutschland
ggf.	gegebenenfalls
GK	Gemeinkosten
GM	Gebäudemanagement
GmbH	Gesellschaft mit beschränkter Haftung
GmbHG	Gesetz betreffend die Gesellschaften mit beschränkter Haftung
GMP	Guaranteed Maximum Price
GoB	Grundsätze ordnungsmäßiger Buchführung
GOIA	Gesetz zur Regelung von Ingenieur- und Architektenleistungen
GR	Grundfläche

GrEStG	Grunderwerbsteuergesetz
GrStG	Grundsteuergesetz
GRZ	Grundflächenzahl
GTL	Gesamttarifstundenlohn
GU	Generalunternehmer
GuV	Gewinn- und Verlustrechnung
GWB	Gesetz gegen Wettbewerbsbeschränkungen
HFA	Hauptfachausschuss des Instituts der Wirtschaftsprüfer in Deutschland e. V.
HGB	Handelsgesetzbuch
HGrG	Haushaltsgrundsätzegesetz
HK	Herstellkosten
HOAI	Honorarordnung für Architekten und Ingenieure
Hs.	Hauptsatz
HVBI	Hauptverband der Deutschen Bauindustrie
i. A.	im Allgemeinen
IAS	International Accounting Standards
i. d. F.	in der Fassung
i. d. R.	in der Regel
i. e. S.	im engeren Sinne
i. H.	in Höhe
i. S.	im Sinne
i. S. d.	im Sinne der/des
i. S. v.	im Sinne von
i. V. m.	in Verbindung mit
i. w. S.	im weiteren Sinne
IFMA	International Facility Management Association
ifo	Institut für Wirtschaftsforschung
IFRS	International Financial Reporting Standards
IHK	Industrie- und Handelskammer
IIM	Immobilien- und Infrastrukturmanagement
IKR	Industriekontenrahmen
inkl.	inklusive
InsO	Insolvenzordnung
IOSCO	International Organization of Securities Commissions
JArbSchG	Jugendarbeitsschutzgesetz
KAGG	Gesetz über Kapitalanlagegesellschaften
Kap.	Kapitel
KG	Kommanditgesellschaft
KGaA	Kommanditgesellschaft auf Aktien
KLER	Kosten-, Leistungs- und Ergebnisrechnung
KLR	Kosten- und Leistungsrechnung
KNA	Kosten-Nutzen-Analyse
KonTraG	Gesetz zur Kontrolle und Transparenz in Unternehmen

KSchG	Kündigungsschutzgesetz
KStG	Körperschaftssteuergesetz
KVP	Kontinuierlicher Verbesserungsprozess
KWA	Kostenwirksamkeitsanalyse
l. Ä.	letzte Änderung
LEG	Landesentwicklungsgesellschaft
Lh	Lohnstunde
LHO	Landeshaushaltsordnung
lit.	litera
LKR	Lieferkoordinierungsrichtlinie
LV	Leistungsverzeichnis
LZB	Landeszentralbank
max.	maximal
min.	mindestens
Mio.	Millionen
MitBestG	Mitbestimmungsgesetz
MoMitBestG	Montan-Mitbestimmungsgesetz
Mrd.	Milliarden
MRVG	Gesetz zur Verbesserung des Mietrechts und zur Begrenzung des Mietanstiegs
Mt	Monat
MuSchG	Mutterschutzgesetz
MusterBO	Musterbauordnung
MwSt	Mehrwertsteuer
NBP	Nutzerbedarfsprogramm
NHK	Normalherstellungskosten
n. h. M.	nach herrschender Meinung
NKU	Nutzen-Kosten-Untersuchung
Nr.	Nummer
Nrn.	Nummern
NU	Nachunternehmer
NWA	Nutzwertanalyse
OHG	Offene Handelsgesellschaft
OLG	Oberlandesgericht
PE	Projektentwicklung
pVV	positive Vertragsverletzung
QM	Qualitätsmanagement
QMS	Qualitätsmanagementsystem
QS	Qualitätssicherung

RBBau	Richtlinien für die Durchführung von Bauaufgaben des Bundes im Zuständigkeitsbereich der Finanzbauverwaltungen der Länder
RBerG	Rechtsberatungsgesetz
Rdn.	Randnummer
RM	Risikomanagement
RMS	Risikomanagementsystem
ROI	Return-On-Investment
RPZ	Risikoprioritätsziffer
RTV	Rahmentarifvertrag
SCC	Sicherheits-Certifikat-Contraktoren
SchwarbG	Gesetz zur Bekämpfung der Schwarzarbeit
SchwBG	Schwerbehindertengesetz
SG	Schmalenbach-Gesellschaft für Betriebswirtschaft e. V.
SGB	Sozialgesetzbuch
SGF	strategische Geschäftsfelder
SGU	Sicherheits-, Gesundheits- und Umweltschutz
SKR	Sektorenrichtlinie
Slk	Schlüsselkosten
sog.	sogenannten
SQL	Standard Query Language
StabG	Stabilitätsgesetz
Std.	Stunden
StLB	Standardleistungbuch
StLK	Standardleistungskatalog
TL	Tarifstundenlohn
TQM	Total Quality Management
TU	Technische Universität
TU	Totalunternehmer
TV	Tarifvertrag
TVG	Tarifvertragsgesetz
u. a.	unter anderem
u. U.	unter Umständen
UAG	Umweltauditgesetz
ULAK	Urlaubs- und Lohnausgleichskasse
UMS	Umweltmanagementsystem
UStG	Umsatzsteuergesetz
v. H.	vom Hundert
VBI	Verband beratender Ingenieure
VDMA	Vereinigung deutscher Maschinen- und Anlagenbauer
ver.di	Vereinte Dienstleistungsgewerkschaft e. V.
VfA	Vereinigung freischaffender Architekten
vgl.	vergleiche
VgRÄG	Vergaberechtsänderungsgesetz

VgV	Vergabeverordnung
VHB	Vergabehandbuch
VO PR	Baupreisverordnung
VOB	Vergabe- und Vertragsordnung für Bauleistungen
VOF	Verdingungsordnung für freiberufliche Leistungen
VOFI	Vollständiger Finanzplan
VOL	Verdingungsordnung für Leistungen außer Bauleistungen
VTV	Tarifvertrag über das Sozialkassenverfahren im Baugewerbe
W	Wagnis
WB	Wirtschaftlichkeitsberechnung
WertR	Wertermittlungsrichtlinie
WertV	Wertermittlungsverordnung
z. B.	zum Beispiel
z. T.	zum Teil
ZDB	Zentralverband des Deutschen Baugewerbes
Ziff.	Ziffer
ZPO	Zivilprozessordnung
ZTV	Zusätzliche Technische Vertragsbedingungen
ZVB	Zusätzliche Vertragsbedingungen
ZVK-Bau	Zusatzversorgungskasse des Baugewerbes
zzgl.	zuzüglich

1 Grundlagen

Die Betriebswirtschaftslehre für die Bauwirtschaft, kurz Bauwirtschaftslehre, zählt zu den speziellen Betriebswirtschaftslehren einzelner Wirtschaftszweige wie z. B. auch die Industrie-, Handels- und Bankbetriebswirtschaftslehre. Besonderes Merkmal ist jedoch, dass die Bauwirtschaftslehre sich bisher nicht an den Fakultäten für Betriebswirtschaftslehre der wissenschaftlichen Hochschulen etabliert hat (Ausnahme: TU Freiberg/Sachsen), sondern stattdessen die Lehr- und Forschungsgebiete für Bauwirtschaft und Baubetrieb in den Bauingenieurfakultäten der Technischen Universitäten/Technischen Hochschulen angesiedelt sind. Die Fachvertreter sind daher i. d. R. auch keine Betriebswirte, sondern Bauingenieure, z. T. mit Zusatzausbildung zum Wirtschaftsingenieur oder Diplom-Kaufmann. Die Begründung für dieses Phänomen liegt offenbar darin, dass die Besonderheiten der Bauwirtschaft mit ihrer Einzelfertigung von Unikaten, ihren von Baustelle zu Baustelle wandernden Werkstätten, dem Absatz durch Ausschreibung und Zuschlagserteilung vor der eigentlichen Produktion mit der starken Verflechtung zwischen technischen, wirtschaftlichen und rechtlichen Einflussfaktoren für Betriebswirte außerordentlich diffus und komplex erscheinen (Diederichs, 1992).

Dabei hat die Bruttowertschöpfung in der Bauwirtschaft seit 2000 einen Anteil von immer noch etwa 5 % am Bruttoinlandsprodukt. Etwa jeder 12. Beschäftigte ist in der Bauwirtschaft tätig oder in den vor- und nachgelagerten Bereichen wie Planung, Baustoffhandel, Möbelindustrie, Maklertätigkeit und Facility Management eng mit ihr verbunden.

Die Bauwirtschaft hat daher nach wie vor hohe wirtschaftspolitische Bedeutung für die Volkswirtschaft nicht nur der Bundesrepublik Deutschland, sondern auch jeder anderen Industrienation.

Für die Bauwirtschaft gelten einerseits viele Regeln der Allgemeinen Volkswirtschaftslehre und der Allgemeinen Betriebswirtschaftslehre, andererseits jedoch zahlreiche Besonderheiten, die Beachtung verdienen.

1.1 Volkswirtschaftliche Grundlagen

Die Volkswirtschaftslehre untersucht das makroökonomische Zusammenwirken aller Sektoren (Unternehmen, Staat, Haushalte, Ausland), die durch den Markt innerhalb eines i. d. R. durch Staatsgrenzen abgegrenzten Gebietes mit einheitlicher Währung miteinander verbunden sind.

Die Volkswirtschaftstheorie beruht auf der Annahme, dass über knappe Mittel bei alternativ möglichen Verwendungen durch ökonomisch motivierte Handlungsweisen disponiert wird. Dabei ist nach dem Wirtschaftlichkeitsprinzip entweder mit gegebenen Mitteln ein maximal mögliches Resultat (*Maximalprinzip*) oder ein vorgegebenes Resultat mit einem Minimum an Mitteln (*Minimalprinzip*) zu erwirtschaften.

Im Zentrum der Volkswirtschaftstheorie stehen Antworten auf die Frage: Was soll wann, wie, für wen und wo produziert werden? In marktwirtschaftlichen Systemen werden diese Fragen nach Produktionsziel, Produktionsmethode, Produktionsverteilung und Produktionsstandorten mit Hilfe von Angebots- und Nachfragemechanismen über die Preis- und Mengenbewegungen, d. h. über freie Entscheidungen der Nachfrager und Anbieter innerhalb eines adäquaten rechtlichen Rahmens beantwortet. In Planwirtschaften werden diese Entscheidungen durch Planbehörden getroffen.

1.1.1 Markt

Wirtschaften zielt ab auf die Befriedigung von Bedürfnissen nach knappen Gütern, d. h. Waren oder Dienstleistungen. Zielsetzung allen wirtschaftlichen Handelns ist der Ausgleich zwischen Angebot und Nachfrage und somit die möglichst weitgehende Befriedigung der Bedürfnisse der Wirtschaftssubjekte. Der Markt ist der ökonomische Ort des Tausches, auf dem sich in marktwirtschaftlichen Systemen durch den *Ausgleich von Angebot und Nachfrage* die Preisbildung vollzieht.

1.1.2 Nachfrage

Nutzen ist die Eignung eines Gutes oder einer Dienstleistung, Bedürfnisse befriedigen zu können. Weite Verbreitung haben in diesem Zusammenhang auch heute noch die nach H. H. Gossen (1810–1858) benannten Regeln. Nach dem *1. „Gesetz" der Bedürfnissättigung* nimmt der Grenznutzen eines Gutes mit wachsender verfügbarer Menge dieses Gutes ab. Der Verbraucher richtet seine Wertvorstellungen über ein Gut nach der letzten ihm zur Verfügung stehenden Einheit dieses Gutes aus. Nach dem *2. „Gesetz" vom Ausgleich der Grenznutzen* ist das Maximum an Bedürfnisbefriedigung erreicht, wenn die Grenznutzen der zuletzt beschafften Teilmengen der Güter gleich groß sind (optimaler Verbrauchsplan). Nach dem *Gesetz der Nachfrage* sinkt diese mit steigendem Preis und steigt diese mit sinkendem Preis des angebotenen Gutes bzw. der Dienstleistung. Die so entstehende Kurve wird als Nachfragekurve bezeichnet (*Abb. 1.1*).

Ändert sich der Preis unter sonst gleichen Bedingungen (z. B. unveränderte Bedürfnisstruktur und Einkommen), so findet eine Bewegung auf der Kurve statt. Ändern sich hingegen die zugrunde gelegten Bedingungen (z. B. Einkommensänderung) so ist eine Verschiebung des Nachfrageniveaus festzustellen (*Abb. 1.2*). Die Umsatzkurve wird aus der Nachfragekurve, d. h. dem Produkt von Menge und Preis, abgeleitet. Bei linearem Verlauf ergibt sich eine Parabel (*Abb. 1.3*).

Die Nachfrage nach Planungs- und Bauleistungen und damit die Entwicklung des Bauvolumens im Zeitraum von 1960 bis 2002 zeigt *Abb. 1.4* in laufenden Preisen (Nominalwerte) und in Preisen des Jahres 2000 (Realwerte). In den Bautätigkeitsstatistiken der Statistischen Landesämter und des Statistischen Bundesamtes wird das gesamte Bauvolumen jeweils differenziert nach den Bauwerksarten

Wohnungsbau, Gewerbebau und Öffentlicher Bau. Dieser wird weiter unterteilt in Öffentlicher Hochbau, Öffentlicher Tiefbau und Verkehrswegebau.

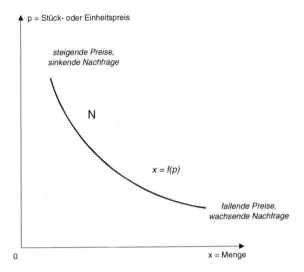

Abb. 1.1 Nachfragekurve

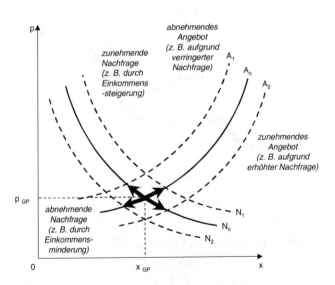

Abb. 1.2 Angebots- und Nachfragekurvenscharen

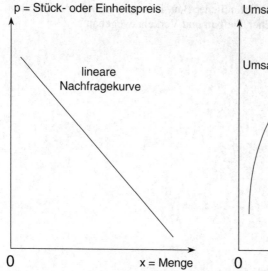 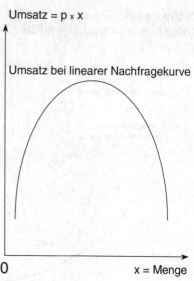

Abb. 1.3 Nachfrage- und Umsatzkurve

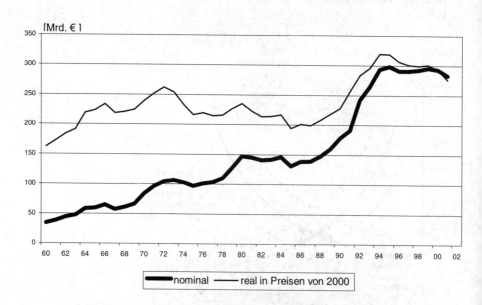

Abb. 1.4 Bauvolumen von 1960 bis 2002 (Quelle: Baustatistisches Jahrbuch 2003)

1.1.3 Angebot

Nach dem *Gesetz des Angebots* steigt dieses mit steigendem Preis und sinkt dieses mit sinkendem Preis des angebotenen Gutes (der Ware oder Dienstleistung). Die so entstehende Kurve wird als Angebotskurve bezeichnet (*Abb. 1.2*).

Jeder Anbieter versucht nun, die Kosten der von ihm erzeugten und am Markt auch absetzbaren Waren und Dienstleistungen unterhalb des am Markt erzielbaren Preises zu halten.

Die dem Anbieter (Betriebe und Beschäftigte des Bauhauptgewerbes in *Abb. 1.5*) unabhängig vom Produktionsumfang vor allem für die Aufrechterhaltung der Betriebsbereitschaft entstehenden Kosten werden als *fixe Kosten* bezeichnet. Die von der Ausbringungsmenge abhängigen Kosten werden *variable Kosten* genannt (*Abb. 1.6*). Der sich aus dem Produkt von Menge und Einheitspreis ergebende Erlös ist bestimmend für die Gewinnschwelle (break-even-point) im Schnittpunkt mit der Gesamtkostenkurve. Unterhalb dieser Menge x_{krit} wird nur mit Verlust produziert, erst oberhalb dieser Menge werden Gewinne erwirtschaftet.

Der Deckungsbeitrag ergibt sich aus der Differenz zwischen Erlös und variablen Kosten. Er dient zunächst bis zum Erreichen der Gewinnschwelle der Deckung der Fixkosten und kennzeichnet danach die Höhe des erwirtschafteten Gewinns.

Werden die Gesamtkosten auf die Menge der erzeugten und abgesetzten Güter und Dienstleistungen bezogen und Marktpreise eingesetzt, so ergibt sich die Gewinnschwelle aus analogen Stückkosten- und Stückpreisbetrachtungen (*Abb. 1.7*).

Die Gewinnschwelle grenzt wiederum die Verlustzone unterhalb der kritischen Menge x_{krit} von der Gewinnzone oberhalb von x_{krit} ab. An der Gewinnschwelle entspricht der Stückdeckungsbeitrag d exakt den fixen Stückkosten k_f.

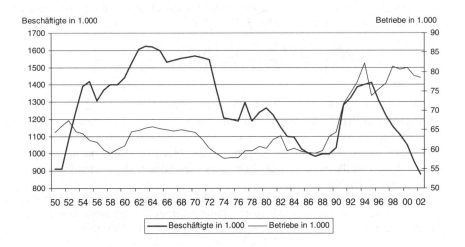

Abb. 1.5 Beschäftigte und Betriebe im Bauhauptgewerbe von 1950 bis 2002 (Quelle: Baustatistisches Jahrbuch 2003)

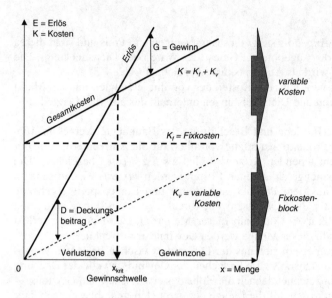

Abb. 1.6 Erlös, Deckungsbeitrag, fixe und variable Kosten

1.1.4 Preiselastizitäten

Die *direkte Preiselastizität der Nachfrage bzw. des Angebotes* stellt das Verhältnis einer prozentualen Mengenänderung für ein bestimmtes Gut zu einer prozentualen Preisänderung dieses Gutes dar (*Abb. 1.8*).

$$\varepsilon_{dir} = \frac{\Delta x[\%]}{\Delta p[\%]} = \frac{\frac{\Delta x \times 100}{x}}{\frac{\Delta p \times 100}{p}} = \frac{\Delta x}{\Delta p} \times \frac{p}{x}$$

Sind die Änderungen der nachgefragten Mengen relativ (prozentual) größer als die Preisänderungen ($|\varepsilon|>1$), so spricht man von einem elastischen Verhältnis. Ist die Mengenänderung kleiner, so handelt es sich um ein unelastisches Verhältnis ($|\varepsilon|<1$). Im Extremfall nehmen die Angebots- bzw. Nachfragefunktionen einen zur Abszisse ($\varepsilon = 0$; vollkommen unelastisch) oder zur Ordinate ($|\varepsilon| = \infty$; vollkommen elastisch) parallelen Verlauf an.

Die *indirekte Preiselastizität (Kreuzpreiselastizität) der Nachfrage* stellt das Verhältnis einer prozentualen Mengenänderung für ein bestimmtes Gut A bei einer prozentualen Preisänderung eines anderen Gutes B dar (*Abb. 1.9*).

$$\varepsilon_{ind} = \frac{\Delta x_A[\%]}{\Delta p_B[\%]} = \frac{\frac{\Delta x_A \times 100}{x_A}}{\frac{\Delta p_B \times 100}{p_B}} = \frac{\Delta x_A}{\Delta p_B} \times \frac{p_B}{x_A}$$

Bei der indirekten Preiselastizität der Nachfrage ist $\varepsilon < 0$, wenn es sich um Komplementärgüter handelt, und $\varepsilon > 0$ bei Substitutionsgütern.

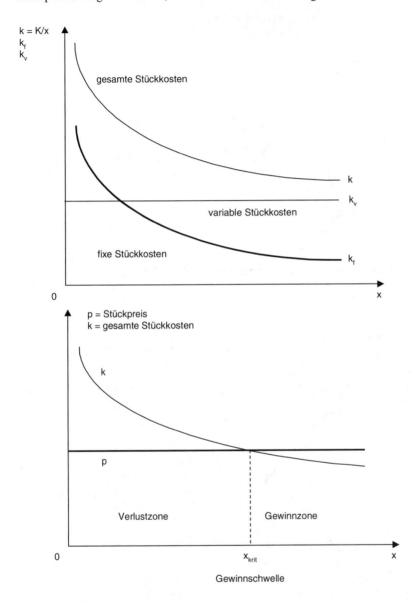

Abb. 1.7 Stückkosten und Stückpreis

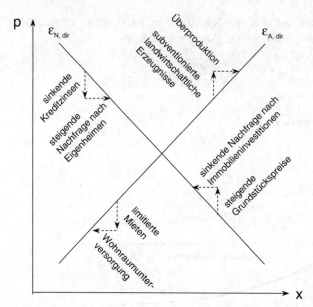

Abb. 1.8 Direkte Preiselastizitäten des Angebots und der Nachfrage

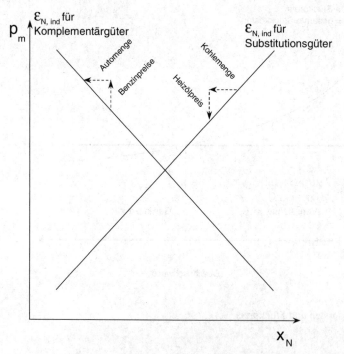

Abb. 1.9 Indirekte Preiselastizitäten (Kreuzpreiselastizitäten) der Nachfrage

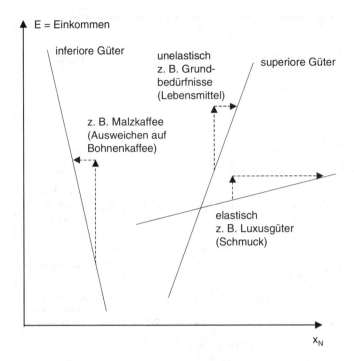

Abb. 1.10 Einkommenselastizitäten der Nachfrage

Die *Einkommenselastizität der Nachfrage* kennzeichnet das Verhältnis der prozentualen Nachfrageänderung für ein bestimmtes Gut zu einer prozentualen Änderung des Einkommens. Für Güter, die der Befriedigung der Grundbedürfnisse dienen, ist sie unelastisch, für Luxusgüter elastisch und für inferiore Güter negativ, da diese bei Einkommenssteigerungen durch höherwertige Güter ersetzt werden (*Abb. 1.10*).

1.1.5 Marktformenschema und Preisbildung

Das Zusammentreffen von Angebot und Nachfrage vollzieht sich auf den verschiedenen Märkten, im Bereich der Bauwirtschaft auf dem Baumarkt. Die Nachfrage ist die Gesamtheit aller mit Kaufkraft ausgestatteten Planungs- und Bauabsichten der öffentlichen, gewerblichen und privaten Bauherren. Das Angebot ist die Gesamtheit aller mit entsprechenden Kapazitäten ausgestatteten Leistungsversprechen von Planern und Bauunternehmern.

Je nach Ausprägung dieses Zusammentreffens werden verschiedene Marktformen unterschieden (*Abb. 1.11*):

- *Polypolistische Märkte* bewirken eine vollständige Konkurrenz, d. h. viele Anbieter und Nachfrager treten auf dem jeweiligen Markt auf.
- *Oligopolistische Märkte* weisen auf einer oder auf beiden Marktseiten jeweils nur wenige Konkurrenten auf.

Nachfrager Anbieter	viele	wenige	einer
viele	Polypol (Ein- u. Zweifamilien- häuser)	Nachfrageoligopol (Straßenbau)	Nachfragemonopol o. Monopson (Militärbauten)
wenige	Angebotsoligopol (Altlastensanierung)	Bilaterales Oligopol (Raffineriebau)	Beschränktes Nachfragemonopol (privatisierter Autobahnbau (PPP))
einer	Angebotsmonopol (kommunale Gasversorgung)	Beschränktes Angebotsmonopol (Prüfung auf Zulassung im Einzelfall (Inst. für Bautechnik, Berlin))	Bilaterales Monopol (Planung d. Sicherheitskonzepts f. Atomwaffenbunker)

Abb. 1.11 Marktformenschema mit Beispielen aus dem Baumarkt

- *Monopolistische Märkte* sind durch jeweils einen einzigen Anbieter bzw. Nachfrager gekennzeichnet.

Der Preis ist der in Geldeinheiten ausgedrückte Tauschwert einer Ware oder einer Dienstleistung. Jedes knappe Gut besitzt einen Preis. Die Preisbildung vollzieht sich in einem Abstimmungsprozess zwischen Anbieter und Nachfrager. Für das Modell der *polypolistischen Preisbildung* wird vollständige Konkurrenz auf einem vollkommenen und offenen Markt vorausgesetzt (*Abb. 1.12*).

Die Anbieter für Waren und Dienstleistungen fordern zunächst einen vorher kalkulierten Preis. Die Nachfrager sind bestrebt, einen möglichst geringen Preis zu zahlen. In der Regel unterliegen die Preisvorstellungen mehrerer Anbieter und Nachfrager einer gewissen Bandbreite. Theoretisch kommen diejenigen Anbieter, die den geringsten Preis verlangen, und diejenigen Nachfrager, die den höchsten Preis zahlen, zuerst am Markt zum Zuge. Wenn die Anbieter bzw. Nachfrager, die mit ihren Preisvorstellungen den zuerst agierenden Marktteilnehmern folgen, nacheinander in dieser Reihenfolge ebenfalls zum Zug kommen, so nähern sie sich von zwei Seiten einem bestimmten Preis an, bei dem der größtmögliche Umsatz erzielt wird. Bei diesem größtmöglichen Umsatz ist ein weiteres Ausweichen auf andere Anbieter bzw. Nachfrager nicht mehr möglich (*„geräumter Markt"*).

Vollkommener Markt

homogene Güter
keine Präferenzen räumlicher, persönlicher
oder sonstiger Art
vollkommene Markttransparenz
unendliche Anpassungsgeschwindigkeit

Offener Markt

alle Anbieter und Nachfrager haben jederzeit
Zutritt zum Markt

Vollständige Konkurrenz (Polypol)
viele Anbieter und viele Nachfrager treffen auf
einem vollkommenen offenen Markt zusammen

Preisbildung bei vollständiger Konkurrenz
Es gibt stets nur einen Preis für jedes Gut
(Gleichgewichtspreis im Schnittpunkt von
Gesamtnachfrage- und Gesamtangebotskurve).
Daher wird stets diejenige Menge angeboten, bei
welcher der Preis den Grenzkosten entspricht.

Abb. 1.12 Merkmale der vollständigen Konkurrenz auf einem vollkommenen und offenen Markt

In der Realität wird sich im Schnittpunkt der aggregierten Nachfragefunktionen N und der aggregierten Angebotsfunktionen A ein einheitlicher Gleichgewichtspreis p_{GP} mit der Menge x_{GP} herausbilden (*Abb. 1.2*). Nur dieser Gleichgewichtspreis kann den Markt räumen. Durch einen unterhalb des Gleichgewichtspreises liegenden Preis können die Angebotslücke und der Nachfrageüberhang nicht zum Ausgleich gebracht werden.

Ist umgekehrt bei gegebenem Preis das Angebot größer als die Nachfrage, so wird der Preis sinken, um für einen Ausgleich zu sorgen.

Ein „*Verkäufermarkt*" ist gegeben, wenn entweder bei gleichbleibendem Angebot die Nachfrage steigt ($N_0 \rightarrow N_1$) oder bei gleichbleibender Nachfrage das Angebot zurückgenommen wird ($A_0 \rightarrow A_1$).

Ein „*Käufermarkt*" ist gegeben, wenn bei gleichbleibender Nachfrage das Angebot zunimmt ($A_0 \rightarrow A_2$) bzw. bei gleichbleibendem Angebot die Nachfrage schrumpft ($N_0 \rightarrow N_2$).

Als „*Konsumentenrente*" wird der Preisvorteil bezeichnet, den diejenigen Nachfrager erzielen, die bereit gewesen wären, auch oberhalb des Gleichgewichtspreises liegende Angebote zu akzeptieren.

Die „*Produzentenrente*" bezeichnet den Preisvorteil, den diejenigen Anbieter erzielen, die bereit gewesen wären, auch unterhalb des Gleichgewichtspreises ihre Waren und Dienstleistungen anzubieten.

Ein *Angebotsmonopol* liegt vor, wenn einem einzigen Anbieter eine Vielzahl von Nachfragern gegenübersteht. In einer freien Marktwirtschaft können solche Monopole vor allem durch Verdrängung anderer Konkurrenten vom Markt oder durch Unternehmenszusammenschlüsse entstehen.

Im Gegensatz zum polypolistischen Anbieter, der den Gleichgewichtspreis aufgrund seines geringen Marktanteils als gegeben hinnehmen muss, kann der Angebotsmonopolist entweder diesen Preis autonom bestimmen (Preispolitik), muss dann aber die bei diesem Preis nachgefragte Menge akzeptieren, oder aber er kann auch die Angebotsmenge bestimmen, muss dann aber den sich auf dem Markt bildenden Preis hinnehmen. Auf einem vollkommenen Markt erreicht der Monopolist seinen höchsten Gewinn dann, wenn die Differenz zwischen Gesamterlös (bei einheitlichem Stückerlös) und Gesamtkosten am größten ist.

Einen besonderen Fall bildet das bilaterale Monopol, bei dem ein Anbieter einem Nachfrager gegenübersteht. Für diese Konstellation gibt es keine theoretisch zu ermittelnde Gleichgewichtslösung. Die Kombinationen aus Preis und Menge werden jeweils das Ergebnis zweiseitiger Verhandlungen sein.

Beim *Angebotsoligopol* bringen wenige Anbieter ein Produkt auf den Markt (z. B. in der Mineralöl-, Stahl- und chemischen Industrie). Die geknickte Nachfragekurve des Oligopolisten (*Abb. 1.13*) resultiert

- bei Preissenkung aus einer unelastischen Angebotsmengenerhöhung, da Konkurrenten des Oligopolisten ebenfalls den Preis senken,
- bei Preiserhöhung aus einer elastischen Mengenreduzierung, da der Oligopolist Kunden an Konkurrenten verliert.

Auf den realen Märkten ist es durchaus üblich, dass konkurrierende Oligopolisten gewisse Preisabstände zueinander einhalten. Preiserhöhungen erfolgen erst dann, wenn ein Oligopolist mit Preisheraufsetzungen beginnt. Dieses „abgestimmte Verhalten" vollzieht sich häufig stillschweigend, wie bei den Benzinpreisen zu beobachten.

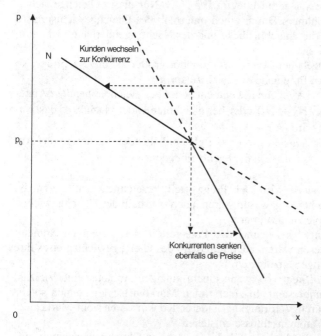

Abb. 1.13 Oligopolpreisbildung bei geknickter Nachfragekurve

Die *Preisbildung am Baumarkt* wird vorrangig durch polypolistische Merkmale geprägt, da z. B. im Wohnungsbau viele Nachfrager vielen Anbietern gegenüberstehen. Oligopole und Monopole bilden bei den Nachfragern die öffentliche Hand und Großkonzerne, bei den Anbietern die großen Bauaktiengesellschaften.

Für die Preisbildung von Leistungen der Architekten und Ingenieure haben nicht nur öffentliche, sondern auch gewerbliche und private Auftraggeber das Preisrecht der HOAI (2001) zu beachten (vgl. Privates Baurecht).

Die dem öffentlichen Auftragswesen zuzuordnenden Auftraggeber haben bei der Ausschreibung und Vergabe von Bauleistungen die preisrechtsrelevanten Vorschriften der Vergabe- und Vertragsordnung für Bauleistungen, Teil A: Allgemeine Bestimmungen für die Vergabe von Bauleistungen, zu beachten (VOB/A, DIN 1960, 2002). Nach § 25 Nr. 3 (3) VOB/A sollen „nur solche Angebote in die engere Wahl kommen, die unter Berücksichtigung rationellen Baubetriebs und sparsamer Wirtschaftsführung eine einwandfreie Ausführung einschließlich Haftung für Mängelansprüche erwarten lassen. Unter diesen Angeboten soll der Zuschlag auf das Angebot erteilt werden, das unter Berücksichtigung aller Gesichtspunkte wie z. B. Preis, Ausführungsfrist, Betriebs- und Folgekosten, Gestaltung, Rentabilität oder technischer Wert, als das Wirtschaftlichste erscheint. Der niedrigste Angebotspreis allein ist nicht entscheidend." Gemäß § 24 Nr. 3 VOB/A sind nach dem Eröffnungstermin (der Submission) Verhandlungen über Änderungen der Angebote oder Preise unstatthaft (vgl. VOB Teil A: Allgemeine Bestimmungen für die Vergabe von Bauleistungen).

1.1.6 Marktwirtschaft und Planwirtschaft

Im Rahmen realer Wirtschaftsordnungen stellen die Freie Verkehrswirtschaft und die Zentrale Verwaltungswirtschaft theoretische Extremfälle dar, die in der Realität nicht aufrechterhalten werden könnten. Der Grund hierfür ist die vollständige Ausrichtung der Freien Verkehrswirtschaft auf ausschließlich ökonomische und individuelle Belange unter vollständiger Vernachlässigung sozialer und kollektiver Belange, bei der Zentralen Verwaltungswirtschaft umgekehrt auf ausschließlich soziale und kollektive Belange unter vollständiger Vernachlässigung ökonomischer und individueller Belange.

Bei der Freien Verkehrswirtschaft stellen viele einzelne Wirtschaftseinheiten selbständig ihre Wirtschaftspläne auf, die ausschließlich mit Hilfe des Marktmechanismus' koordiniert werden. Dazu bedarf es einer Verrechnungseinheit (Geld).

Die Zentrale Verwaltungswirtschaft wird dagegen durch eine wirtschaftliche und politische Machtkonzentration an einer Stelle mit umfassendem Zuteilungssystem anstelle des Marktes gekennzeichnet.

Aufgrund der extremen Ausprägung dieser theoretischen Grenzfälle bestehen innerhalb der realen Wirtschaftsordnungen Mischformen. Hier sind in erster Linie die Marktwirtschaft und die Planwirtschaft zu nennen. Einen vergleichenden Überblick beinhaltet *Tabelle 1.1.*

Die Marktwirtschaft als Sonderform der Freien Verkehrswirtschaft verlangt folgende Voraussetzungen:

- dezentrale Koordination der individuellen Wirtschaftspläne,
- freien Wettbewerb auf den Märkten,

- Produktionsfaktoren im Privatbesitz und auf Privatinitiative beruhende Produktionsprozesse,
- freie Konsum- und Arbeitsplatzwahl,
- freie Spar- und Investitionsentscheidungen,
- Leistungs- und Marktabhängigkeit des individuellen Einkommens sowie
- Befriedigung lediglich von Kollektivbedürfnissen durch den Staat.

Grundlage der Entscheidungsfreiheit des Wirtschaftssubjektes ist das Privateigentum an den Produktionsmitteln. Der Versuch, die Vorteile der marktwirtschaftlichen Ordnung zu verwirklichen und dabei die Systemschwächen (wie wirtschaftliche und politische Machtkonzentration, soziale Ungleichgewichte) durch lenkende Eingriffe und Korrekturen abzumildern, wurde durch A. Müller-Armack (1901–1978) als *Soziale Marktwirtschaft* bezeichnet und nach dem 2. Weltkrieg insbesondere durch L. Erhard (1897–1977) durchgesetzt. In der Sozialen Marktwirtschaft ist der Staat nicht zum „Nachtwächter" reduziert. Von ihm wird aktive Wirtschaftspolitik stets dann gefordert, wenn der freie Markt und damit der Konsument in Gefahr sind. Seine Aufgabe ist es,

- den Wettbewerb zu sichern,
- Privatinitiative zu mobilisieren,
- sozialen Fortschritt zu fördern sowie
- den Missbrauch der Vertragsfreiheit und des Privateigentums zu verhindern.

Tabelle 1.1 Unterschiede zwischen Markt- und Planwirtschaft

Frage	Antwort bei Marktwirtschaft	Antwort bei Planwirtschaft
1. Was soll produziert werden?	Information über den Preis	Vorgabe der zentralen staatlichen Behörde
2. Wieviel soll produziert werden?	Information über den Preis	Vorgabe der zentralen staatlichen Behörde
3. Durch wen soll produziert werden?	durch Private	durch Staatsbeauftragte
4. Wie, auf wessen Rechnung und Gefahr soll produziert werden?	in eigener Verantwortung, auf eigene Rechnung und Gefahr	auf Weisung des Staates und ohne eigenes Risiko
5. Wie soll der Ertrag verteilt werden?	nach freiwilligem Leistungsbeitrag des Einzelnen, der sich nach dem erzielten Ergebnis richtet („Die Marktwirtschaft zählt keine Schweißperlen.")	nach Festlegung durch die zentrale staatliche Planungsbehörde
6. Soll der Staat bei Versorgungsstörungen eingreifen dürfen?	nein, aber er soll den Ordnungsrahmen schaffen und die Spielregeln festlegen	ja

Die dementsprechenden Steuerungsmittel müssen marktkonform sein, d. h. sie sollen den Preismechanismus nicht außer Kraft setzen. Dabei soll der Staat als wichtiger Marktteilnehmer in Erscheinung treten und das eigene Angebot bzw. die eigene Nachfrage je nach Zielsetzung erhöhen oder verringern.

Marktkonträre Eingriffe des Staates setzen dagegen den Preismechanismus außer Kraft. Dabei werden Mengen (Produktions- oder Verbrauchsmengen) und/oder Preise (Höchst- oder Mindestpreise) staatlich festgelegt. Derartige Eingriffe widersprechen dem Wesen einer Marktwirtschaft, sind in einer Sozialen Marktwirtschaft je nach den äußeren Umständen jedoch nicht immer ganz vermeidbar.

In der Planwirtschaft hingegen basiert das wirtschaftliche Handeln des Wirtschaftssubjekts auf dem Kollektiveigentum an den Produktionsmitteln. Eine zentrale Planungsbehörde stellt nach politischen und wirtschaftlichen Zielsetzungen Volkswirtschaftspläne auf, ordnet deren Durchführung an und kontrolliert den Erfolg. Gegenstand der Planung sind

- die Verteilung der Produktionsfaktoren auf die Produktionseinheiten,
- die Festsetzung von Verrechnungspreisen sowie
- die Bestimmung der Sollwerte der Produktionsergebnisse.

Entscheidende Nachteile der Planwirtschaft sind, dass

- eine zentrale Planungsbehörde mit der Koordination und Lenkung der ökonomischen Aktivitäten überfordert ist,
- die Unternehmen nur geringen Anreiz haben, ihre Produktionskapazitäten transparent darzustellen, Innovationen vorzunehmen und Strukturen zu verbessern sowie
- es zur Ausdehnung einer unproduktiven Bürokratie kommt, die nur schwer auf veränderte Marktbedingungen reagieren kann.

Unzureichende Konsumgüterversorgung und daraus resultierende Kaufkraftüberhänge führen damit zunehmend zur Inflation.

Nach dem Zusammenbruch der sozialistischen Planwirtschaft in Mittel- und Osteuropa erfolgt dort in Transformationsgesellschaften ein Übergang zu marktwirtschaftlichen Strukturen. Diese erfordern vielfältige und durchgreifende Reformen, die sich vorrangig auf fünf Hauptbereiche erstrecken (Brockhaus 1998, Bd. 17, S. 215):

- makroökonomische Stabilisierung durch Haushaltssanierung,
- Inflationsbekämpfung und Beschäftigungssicherung,
- Preis- und Marktreform,
- Privatisierung und Abbau staatlicher Monopole sowie
- Neubestimmung der Staatsaufgaben.

1.1.7 Europäische Wirtschafts- und Währungsunion (EWWU)

Im Maastrichter Vertrag vom 07.02.1992, der am 01.11.1993 in Kraft trat, wurde eine in drei Stufen zu realisierende enge Form der Integration der europäischen Staaten im Rahmen der EU vereinbart.

Eine Wirtschaftsunion ist gekennzeichnet durch einen einheitlichen Markt mit freiem Personen-, Waren-, Dienstleistungs- und Kapitalverkehr (Europäischer Binnenmarkt). Sie umfasst ferner eine gemeinsame Wettbewerbspolitik und sonstige Maßnahmen zur Stärkung der Marktmechanismen, eine gemeinsame Politik zur Strukturanpassung und Regionalentwicklung sowie die Koordination zentraler wirtschaftspolitischer Bereiche einschließlich verbindlicher Regeln für die Haushaltspolitik (Brockhaus 1998, Bd. 6, S. 706).

Eine Währungsunion wird gekennzeichnet durch eine eingeschränkte, irreversible Kompatibilität der Währungen, eine vollständige Liberalisierung des Kapitalverkehrs und die Integration der Banken- und Finanzmärkte sowie durch eine Beseitigung der Wechselkursbandbreiten und die unwiderrufliche Fixierung der Wechselkursparitäten.

Im Mittelpunkt der ersten Stufe der EWWU, die am 01.01.1990 begann, standen die Aufhebung der Kapitalverkehrskontrollen innerhalb der EG sowie eine engere Kooperation der Mitgliedsländer in der Wirtschaftspolitik.

Am 01.01.1994 begann die zweite Stufe, zu deren wichtigsten Maßnahmen die Gründung des Europäischen Währungsinstituts (EWI) als Vorläufer der Europäischen Zentralbank (EZB) in Frankfurt/Main zählte. Das EWI war mit der unmittelbaren technischen und prozeduralen Vorbereitung der Währungsunion befasst. Während dieser zweiten Stufe wurde die wirtschaftliche, fiskalische und monetäre Konvergenz der Mitgliedsstaaten verstärkt. So ist es grundsätzlich verboten, öffentliche Defizite durch die nationalen Notenbanken zu finanzieren. Dem Gebot der Autonomie der nationalen Notenbanken gegenüber staatlichen Eingriffen haben bisher alle EU-Länder mit Ausnahme Großbritanniens und Griechenlands entsprochen.

Die Aufnahme in die EWWU ist laut Maastrichter Vertrag von der Erfüllung folgender Konvergenzkriterien abhängig:

- Preisniveaustabilität, d. h. die durchschnittliche Inflationsrate darf im Jahr vor der Eintrittsprüfung max. 1,5 % über derjenigen der drei preisstabilsten Länder liegen (Mai 2001 bis April 2002 Obergrenze 3,3 %).

- Min. zweijährige Teilnahme am Wechselkursmechanismus des Europäischen Währungssystems (EWS) unter Einhaltung der normalen Bandbreite und ohne Abwertung auf Initiative des Beitrittskandidaten.

- Zinsniveaustabilität, d. h. die durchschnittliche Rendite langfristiger Staatsanleihen darf im Verlauf eines Jahres vor dem Konvergenztest nicht mehr als 2 % über der Durchschnittsrendite der drei Länder mit dem stabilsten Preisniveau liegen (Mai 2001 bis April 2002 Obergrenze 7,0 %).

- Begrenzung des Budgetdefizits, d. h. das jährliche Haushaltsdefizit darf 3 % des Bruttoinlandsprodukts (BIP) nicht überschreiten, es sei denn, die Quote ist erheblich und laufend zurückgegangen und liegt in der Nähe des Referenzwertes.

- Begrenzung der Staatsverschuldung, d. h. die Schulden der öffentlichen Hand dürfen 60 % des BIP nicht überschreiten, es sei denn, die Quote ist hinreichend rückläufig und nähert sich dem Referenzwert.

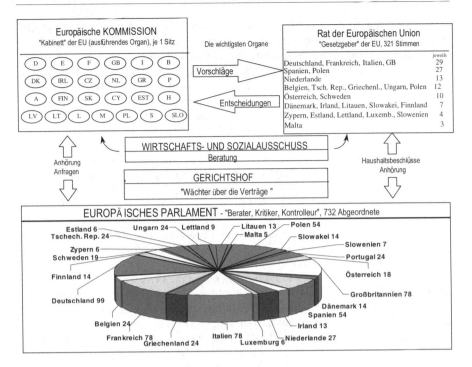

Abb. 1.14 Organe der EU

Bei Überschreitung der Konvergenzrichtwerte steht dem Rat eine Reihe abgestufter Instrumente zur Verfügung wie die Einwirkung auf die Haushaltspolitik des betreffenden Mitgliedsstaates sowie die Verhängung von Geldbußen in angemessener Höhe.

Im Mai 1998 wurde durch den Europäischen Rat über den Eintritt von 11 der 15 Mitgliedsländer der EU in die Endstufe der EWWU ab 01.01.1999 entschieden.

Griechenland hatte noch erhebliche Probleme mit der Einhaltung der Konvergenzkriterien zum Stichtag und führte den Euro erst am 01.01.2000 ein. Dänemark erfüllte die Konvergenzkriterien, führte aber eine Volksbefragung zu diesem Thema durch und die Dänen lehnten den Euro ab. Dänemark hat sich jedoch durch die Vereinbarung einer opting-out-Klausel die Teilnahme an der EWWU vorbehalten und kann sofort beitreten. Auch Großbritannien hat sich durch eine opting-out-Klausel die Teilnahme an der EWWU vorbehalten. Schweden erfüllte die Kriterien nicht, weil es aus dem EWS I (Europäisches Währungssystem, 1979) austrat. Eine gescheiterte Volksbefragung im September 2003 führte dazu, dass Schweden frühestens 2005/2006 der EWWU beitreten kann.

Für die zehn neuen Mitgliedsstaaten der EU (Estland, Lettland, Litauen, Malta, Polen, Slowakei, Slowenien, Tschechien, Ungarn und der griechische Teil Zyperns) ist die Teilnahme an der EWWU durch den Maastrichter Vertrag zwingend. Den neuen Mitgliedsstaaten wurde keine opting-out-Klausel zugestanden und somit erfolgt der Beitritt zum Euroraum automatisch, wenn die Konvergenzkriterien erfüllt sind. Erfüllt ein Mitgliedsstaat die Kriterien über zwei Jahre hinweg ohne Störungen, so muss er die Geldpolitik an die Europäische Zentralbank (EZB) abgeben und den Euro als gültiges Zahlungsmittel einführen.

Mit dem Eintritt in die dritte Stufe am 01.01.1999 ging die Verantwortung für die gemeinsame Geldpolitik auf das Europäische System der Zentralbanken (ESZB) über, das sich aus der EZB und den nationalen Notenbanken zusammensetzt. Zudem kam es zur Beseitigung der Bandbreiten und zur unwiderruflichen Fixierung der Wechselkurse der beteiligten Länder untereinander sowie zur Festlegung der Umrechnungskurse der nationalen Währungen zu der neuen Europawährung Euro.

Die Umstellung von den nationalen Währungen auf die Einheitswährung Euro wurde schrittweise bis Mitte 2002 vollzogen. Im Zahlungsverkehr zwischen Banken und Nichtbanken wurden die Landeswährungen bereits seit dem 01.01.1999 durch den Euro ersetzt. Bis Ende 2001 folgte ein Zeitabschnitt zur Einführung des Euro als einheitliche Währung mit einem Leitkurs von 1,95583 DM (Stand seit 02.01.2002), wobei ein ECU seither einem Euro entspricht. Damit wurden auch der Übergang der geldpolitischen Verantwortung und die unwiderrufliche Festsetzung der Umrechnungskurse vollzogen.

Hauptaufgaben der EZB in Frankfurt/Main sind die Festlegung und Ausführung der Geldpolitik der Gemeinschaft, die Durchführung der Devisenmarkttransaktionen, die Haltung und Verwaltung der Währungsreserven sowie die Unterstützung des reibungslosen Funktionierens des Zahlungsverkehrs.

Seit dem Übergang zur dritten Stufe ist das Notenemissionsrecht von den nationalen Zentralbanken faktisch auf den Rat der EZB übergegangen. Die EZB und die nationalen Zentralbanken sind zur Ausgabe von Banknoten berechtigt.

Um das vorrangige Ziel der Wahrung der Preisstabilität effektiv durchsetzen zu können, ist die EZB in ihren geldpolitischen Entscheidungen von Weisungen der sonstigen Träger der Wirtschaftspolitik auf nationaler wie auch auf Gemeinschaftsebene unabhängig. Die EZB ist jedoch nicht jeglicher Kontrolle entzogen. Die Organmitglieder werden durch demokratisch legitimierte Institutionen bestellt. Ferner besteht Berichtspflicht gegenüber dem Europäischen Parlament und seinen Ausschüssen.

Als Vorteile der EWWU gelten insbesondere der Wegfall von Wechselkursrisiken sowie währungsbedingter Transaktions- und Sicherungskosten, erhöhte Planungssicherheit für Investitionen und der Wegfall von Wechselkursverzerrungen.

Die Bedeutung dieser Vorteile für die Bundesrepublik Deutschland ist daraus zu erkennen, dass ca. 35 % des BIP im Export und 30 % des BIP allein im Außenhandel mit den Nachbarn der EU erwirtschaftet werden.

Die vorrangige Kritik an der bisherigen Konzeption der EWWU besteht darin, dass das Ziel des hohen Beschäftigungsniveaus und des Abbaus der Arbeitslosigkeit durch die Maßnahmen zur Einhaltung der Maastrichter Konvergenzkriterien nicht unterstützt wird. Hier werden seitens der Mitgliedsstaaten zunehmend dringend deutliche Anpassungsmaßnahmen gefordert.

1.1.8 Volkswirtschaftliche Gesamtrechnung

Die volkswirtschaftliche Gesamtrechnung ist eine zahlenmäßige Darstellung der makroökonomisch-relevanten Transaktionen zwischen den wirtschaftenden Einheiten eines Landes sowie zwischen ihnen und dem Ausland.

Diese Transaktionen beziehen sich auf die Entstehung, Verteilung, Verwendung und Finanzierung des Sozialprodukts bzw. des Volkseinkommens.

Volkswirtschaftliche Gesamtrechnungen werden im Rahmen geschlossener Kontensysteme aufgestellt. Sie beziehen sich i. d. R. auf vergangene Perioden (ex-post-Betrachtungen).

Ihre Aufgaben bestehen

- für die Wirtschaftspolitik in der Möglichkeit, Wirkungen und Grenzen der jeweils beabsichtigten Maßnahmen zu erkennen,
- für die Wirtschaftsforschung in der Gewinnung von für den Wirtschaftsprozess wichtigen Daten und Erkenntnissen über deren funktionales Zusammenwirken,
- für Unternehmer in der Beobachtung von Strukturentwicklungen und
- -veränderungen innerhalb und zwischen den Branchen sowie
- für die gesamte Volkswirtschaft in der vergleichenden Betrachtung des wirtschaftsstatistischen Gesamtbildes.

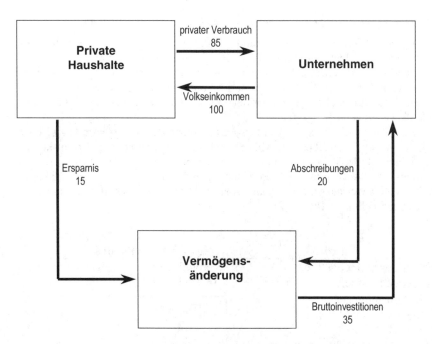

Abb. 1.15 Einfaches volkswirtschaftliches Kreislaufschema

Nach dem Kreislaufschema ist der Wirtschaftskreislauf bildhafter Ausdruck für die zusammengefassten Leistungen einer Periode zwischen den einzelnen Sektoren. Darstellungsform ist das Pfeilschema, dem für jeden Sektor ein Konto zugrunde gelegt wird.

Bereits an einem sehr einfachen Kreislaufmodell mit lediglich 3 Konten (private Haushalte, Unternehmen, Vermögensänderung) kann erkannt werden, dass für jeden Sektor die Summe der eingehenden Ströme der Summe der ausgehenden Ströme entspricht (*Abb. 1.15*). Daraus lassen sich bereits folgende Gleichungen ableiten:

Volkseinkommen = privater Verbrauch + Ersparnis

Volkseinkommen = privater Verbrauch + Bruttoinvestitionen ./. Abschreibungen

Bruttoinvestitionen = Neu- + Reinvestitionen = Ersparnis + Abschreibungen

Dieses einfache Modell ist in der Realität um die beiden Sektoren Staat und Ausland zu erweitern. In einer solchen offenen Volkswirtschaft werden dann auch Ungleichgewichte aufgehoben:

Wenn Neuinvestitionen > Ersparnis → Kapitalimport aus dem Ausland,

wenn Neuinvestitionen < Ersparnis → Kapitalexport ins Ausland.

Eine im Vergleich zum Kreislaufmodell genauere Darstellungsweise erlauben entsprechend angelegte Kontensysteme. Durch eine Stichtagsbetrachtung, i. d. R. zum Quartals- und Jahresende, werden z. B. in der Bilanz einer Volkswirtschaft die Realvermögen der Teilsektoren und die Forderungen gegenüber dem Ausland mit den Verbindlichkeiten gegenüber dem Ausland aufgerechnet. Der Saldo ergibt das Volksvermögen (*Abb. 1.16*).

Um die Entwicklung der Sektoren während einer Rechnungsperiode zwischen zwei Stichtagen beobachten zu können, müssen Aufwands- und Ertragskonten eingerichtet werden. Das Einkommen aus Unternehmertätigkeit ergibt sich als Saldo aus dem Aufwands- und Ertragskonto der Unternehmen. Dieses Einkommen wird entweder ausgeschüttet oder aber nach Abzug der Steuern zu Ersparnissen der Unternehmen (*Abb. 1.17*).

Aktiva	Passiva
Realvermögen der Sektoren	Verbindlichkeiten gegenüber dem Ausland
• Private Haushalte	
• Unternehmungen	Saldo:
• Staat	Volksvermögen
Forderungen gegenüber dem Ausland	

Abb. 1.16 Bilanz einer Volkswirtschaft

Aufwand	Gegenkonten		Ertrag
Bruttolöhne und -gehälter	H		Verkäufe von Konsumgütern für
		H	• private Haushalte
Steuern	St	St	• Staat
• direkte			
• indirekte			
			Verkäufe von Investitionsgütern für
Abschreibungen	VV	VV	• Unternehmungen
		VV	• Staat
Käufe aus dem Ausland	AL		
Saldo:			
Ausgeschüttete Gewinne			Verkäufe von Exportgütern an
• an private Haushalte	H	AL	• Ausland
• an den Staat (Staatsunternehmen)	St		
Nicht ausgeschüttete Gewinne =		St	Subventionen der öffentlichen Hand
Ersparnisse der Unternehmungen	VV		
Legende			
H = Haushalte, St = Staat, AL = Ausland, VV = Vermögensänderungen			

Abb. 1.17 Aufwands- und Ertragskonten der Unternehmen

Die volkswirtschaftliche Gesamtrechnung i. e. S. umfasst die Entstehung, Verteilung und Verwendung des Bruttonationaleinkommens. Das *Bruttonationaleinkommen (BNE)* ist ein Maß für die wirtschaftliche Leistung einer Volkswirtschaft in einer Periode. Es entspricht dem Wert aller in der Periode produzierten Güter (Waren und Dienstleistungen), jedoch ohne die Güter, die als Vorleistungen bei der Produktion verbraucht wurden, und ohne den Saldo der Erwerbs- und Vermögenseinkommen zwischen In- und Ausland (Inländerprinzip).

Das *Bruttoinlandsprodukt (BIP)* ergibt sich aus dem Bruttonationaleinkommen (BNE) durch Abzug der Primäreinkommen der Inländer, die im Ausland arbeiten, und Addition der Primäreinkommen der Ausländer, die im Inland arbeiten (Inlandsprinzip).

In *Abb. 1.18* ist der Zusammenhang zwischen Entstehungs-, Verteilungs- und Verwendungsrechnung des BNE dargestellt.

Die *Entstehungsrechnung* gibt Auskunft über die im Inland entstandene Einzelwertschöpfung der verschiedenen Wirtschaftsbereiche (Bruttoinlandsprodukt BIP), bereinigt um den Saldo der Erwerbs- und Vermögenseinkommen zwischen In- und Ausländern (Bruttonationaleinkommen).

Die *Verteilungsrechnung* gibt Auskunft auf die Frage, wie das Bruttonationaleinkommen verteilt wird. Die Summe der Bruttoeinkommen aus unselbständiger Arbeit sowie aus Unternehmertätigkeit und Vermögen wird als *Volkseinkommen* bezeichnet.

Die *Verwendungsrechnung* gibt Auskunft darüber, für welche Zwecke das BNE verwendet wird (Konsum, Investitionen, Sparen).

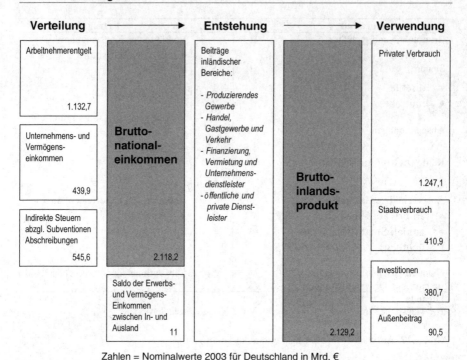

Zahlen = Nominalwerte 2003 für Deutschland in Mrd. €

Abb. 1.18 Zusammenhang zwischen Entstehungs-, Verteilungs- und Verwendungsrechnung des Bruttonationaleinkommens (Quelle: Deutsche Bundesbank, Monatsbericht März 2004)

Die *Finanzierungsrechnung* beantwortet die Frage, durch wessen Ersparnisse die Nettoinvestitionen finanziert werden. Einen Überblick über die Zahlen des Jahres 2002 in der Bundesrepublik Deutschland bietet *Tabelle 1.2.*

Daraus ist ersichtlich, dass einer Sachvermögensbildung von 3,5 % der gesamten verfügbaren Einkommen in Deutschland eine Ersparnis in Höhe von 6,4 % gegenüberstand, d. h. dass 2,9 % bzw. 50,4 Mrd. € Ersparnisse und damit fast die Hälfte der gesamtwirtschaftlichen Vermögensbildung nicht in Nettoanlageinvestitionen im Inland flossen, sondern andere Anlageformen als Nettoforderungen gegenüber dem Ausland suchen mussten.

Das Bruttoinlandsprodukt im Zeitraum von 1960 bis 2002 und darin den Anteil des Baugewerbes für die Bundesrepublik Deutschland zeigt *Abb. 1.19* in Preisen des Jahres 2000.

Tabelle 1.2 Sachvermögensbildung, Ersparnis und Finanzierungssalden 2002 in Deutschland (Finanzierungsrechnung)

Sektoren	Nettoanlageinvestitionen mit Vorratsveränderungen		Ersparnis		Finanzierungssalden	
	in Mrd. €	%	in Mrd. €	%	in Mrd. €	%
Private Haushalte	44,3		161,7		116,5	
Nichtfinanzielle Kapitalgesell- schaften	17,2		26,0		8,3	
Finanzielle Sek- toren	1,3		3,1		1,8	
Staat	-0,7		-78,3		-76,2	
Summe	62,0	3,5[1)]	112,4	6,4[1)]	50,4	2,9[1)]

1) in % der gesamten verfügbaren Einkommen (Quelle: Deutsche Bundesbank, Monatsbericht Juni 2003, S. 31)

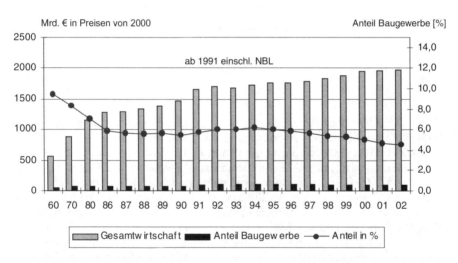

Abb. 1.19 Bruttoinlandsprodukt und Anteil des Baugewerbes von 1960 bis 2002 (Quelle: Baustatistisches Jahrbuch 2003, S. 88)

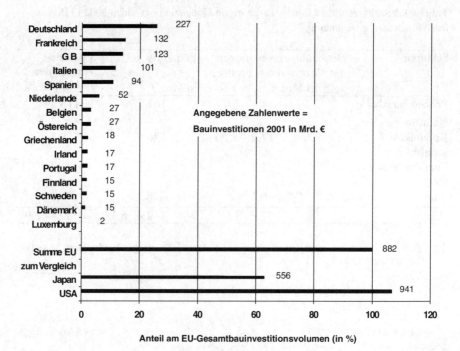

Abb. 1.20 Bauinvestitionen in der EU 2001 (Quelle: Baustatistisches Jahrbuch 2003, S. 109)

Einen Überblick über die Verteilung der Bauinvestitionen in der EU im Jahre 2001 mit einer Bevölkerung von insgesamt 375 Mio. Einwohnern (EW) und zum Vergleich in den USA und Japan mit 285 bzw. 127 Mio. EW und den jeweiligen prozentualen Anteil am EU-Gesamtbauinvestitionsvolumen zeigt *Abb. 1.20*. Damit betrug 2001 das Bauinvestitionsvolumen pro 1 Mio. EW in den USA, Japan und der EU 3,30 bzw. 4,38 bzw. 2,35 Mrd. €, in Deutschland 2,84 Mrd. €.

Volkswirtschaftliche Gesamtrechnungen haben sich für die Beschreibung des Wirtschaftsablaufs und des Marktgeschehens gut bewährt, insbesondere für die Analyse konjunktureller und struktureller Entwicklungen sowie für gesamtwirtschaftliche Vorausschätzungen. Dennoch sind sie mit Ungenauigkeiten behaftet. Das Bruttonationaleinkommen ist einerseits zu hoch angesetzt, weil es bestimmte wohlfahrtsmindernde Sozialkosten nicht erfasst. Hierunter fällt der Verbrauch von Produktionsfaktoren, der nicht vom jeweiligen Verursacher, sondern von der Allgemeinheit getragen werden muss, wie Natur- und Landschaftsverbrauch, Abbau von Bodenschätzen und gesundheitliche Folgewirkungen von Umweltbelastungen.

Andererseits ist es unterdimensioniert wegen der Nichtberücksichtigung unbezahlter Produktionsleistungen in den Haushalten, der Auswirkungen der Schattenwirtschaft und Korruption, des umwelterhaltenden Nutzens der Landwirtschaft, des Erholungswertes landschaftspflegerischer Maßnahmen, der Aus- und Fortbildungsleistungen sowie der Infrastrukturnutzungen (Verkehrsnetze und öffentliche

Einrichtungen). Weiterhin sind die Leistungen des Staates, für die es keine Marktpreise gibt (Verwaltung, Schulen, Universitäten, Justiz etc.), verzerrt oder gar nicht enthalten.

Das Nationaleinkommen ist daher als eindimensionaler und mit Ungenauigkeiten behafteter Wohlfahrtsmaßstab anzusehen. Zur Beurteilung der Lebens- und Umweltqualität müssen weitere Indikatoren wie z. B. demografische Daten (Geburtensterblichkeit, Lebenserwartung), Infrastrukturdaten (Verkehrs- und Versorgungsnetz) sowie medizinische Versorgung und Umweltdaten (Ressourcenproduktivität, Umweltverschmutzung) hinzugezogen werden. Das Statistische Bundesamt entwickelte Umweltökonomische Gesamtrechnungen (UGR), die Veränderungen im „Naturvermögen" statistisch erfassen. Ziel wirtschaftlicher Betätigung ist stets das Leitbild einer „nachhaltigen Entwicklung" (sustainable development). Nachhaltigkeit bedeutet Substanzerhaltung; d. h. sowohl der produzierte als auch der nichtproduzierte *Kapitalstock* soll am Ende einer Periode mindestens so groß sein wie am Anfang der Periode. Durch eine nachhaltige Wirtschaftsweise soll gesichert werden, dass die Funktionsfähigkeit des ökonomischen und ökologischen Systems auch für die nachfolgenden Generationen erhalten bleibt. In der UGR werden die Zusammenhänge zwischen wirtschaftlichen Aktivitäten und Umwelt in folgenden 5 Feldern dargestellt:

- Material- und Energieflussrechnungen durch Entnahme und Verbrauch natürlicher Rohstoffe,
- Nutzung von Fläche, Raum und der natürlichen Umwelt als Standort,
- Qualität der Umwelt, Ausstoß und Verbleib von Rest- und Schadstoffen (Emissionen) und Indikatoren des Umweltzustandes,
- Maßnahmen des Umweltschutzes und
- Schätzung von hypothetischen Vermeidungskosten für zusätzliche präventive Maßnahmen.

Jedes Jahr werden vom Statistischen Bundesamt die Eckdaten der UGR und die wesentlichen umweltökonomischen Trends im Rahmen einer UGR-Pressekonferenz der Öffentlichkeit vorgestellt.

Internationale Vergleiche des Bruttoinlandsprodukts sind schwierig wegen der variierenden Berechnungsverfahren und der Wechselkursungenauigkeiten.

Der Kapitalstock misst das jahresdurchschnittliche Bruttoanlagevermögen. Er umfasst alle produzierten Vermögensgüter, die länger als 1 Jahr wiederholt oder dauerhaft in der Produktion eingesetzt werden. Dazu zählen Wohnbauten und Nichtwohnbauten; Fahrzeuge, Maschinen und sonstige Ausrüstungen; immaterielle Anlagen (z. B. Software) sowie Nutztiere und Nutzpflanzungen.

Die *Kapitalproduktivität* ist das Verhältnis zwischen Bruttoinlandsprodukt (BIP) zum Kapitalstock, die *Arbeitsproduktivität* das BIP je Erwerbstätigem.

Die *Kapitalintensität* ist das Verhältnis zwischen Kapitalstock zu den im Jahresdurchschnitt eingesetzten Erwerbstätigen. Im Jahr 2003 waren durchschnittlich Anlagegüter im Neuwert von rund 280.000 € je Erwerbstätigem vorhanden (Pressemitteilung des Statistischen Bundesamtes vom 30.03.2004; www.destatis.de/presse).

1.1.9 Wirtschaftspolitik und Europäisches System der Zentralbanken

Die Wirtschaftspolitik staatlicher Institutionen ist darauf gerichtet, die Wirtschaftsordnung nach politisch bestimmten Zielen zu gestalten und zu sichern (Ordnungspolitik) sowie im Falle einer marktwirtschaftlichen Ordnung auf die Struktur (Strukturpolitik), den Ablauf und die Ergebnisse des arbeitsteiligen Wirtschaftsprozesses Einfluss zu nehmen (Allokations-, Stabilisierungs- und Verteilungspolitik).

In einer marktwirtschaftlichen Ordnung zählen zu den Elementen der Ordnungspolitik Prinzipien der marktmäßigen Koordination der Konsumpläne der Haushalte und der Produktionspläne der Unternehmen, der Rechts- und Sozialstaatlichkeit, der Wirtschaftsverfassung und des uneingeschränkten Wettbewerbs.

In der Bundesrepublik Deutschland wurden durch die in § 1 des Stabilitätsgesetzes (StabG) vom 08.06.1967 (BGBl I S. 582) formulierten Ziele Verhaltensweisen für die staatlichen Institutionen von Bund und Ländern zur Förderung der Wirtschaftspolitik vorgegeben:

„Bund und Länder haben bei ihren wirtschafts- und finanzpolitischen Maßnahmen die Erfordernisse des gesamtwirtschaftlichen Gleichgewichts zu beachten.

Die Maßnahmen sind so zu treffen, dass sie im Rahmen der marktwirtschaftlichen Ordnung gleichzeitig

- zur Stabilität des Preisniveaus,
- zu einem hohen Beschäftigungsstand und
- zu außenwirtschaftlichem Gleichgewicht
- bei stetigem und angemessenem Wirtschaftswachstum beitragen."

Die gleichzeitige Verfolgung sämtlicher Ziele ist schwierig und teilweise sogar widersprüchlich. Ein hoher Beschäftigungsstand kann z. B. durch hohe Überschüsse der Handelsbilanz ausgelöst werden, die zu außenwirtschaftlichem Ungleichgewicht führen. Unternehmen werden häufig erst durch Erwartung steigender Preise (und damit steigender Gewinne) dazu veranlasst, Investitionen vorzunehmen und Arbeitskräfte nachzufragen. Steigende Preise und steigende Löhne verringern dann jedoch die Exportchancen für inländische Güter. Dies wiederum führt zu verminderter Beschäftigung und damit zu geringem Wachstum.

Im Zusammenhang mit den komplexen Wechselwirkungen der nach dem Stabilitätsgesetz geforderten Maßnahmen wird daher häufig vom *„Magischen Viereck"* der Wirtschafts- und Fiskalpolitik des Staates gesprochen.

Neben der Bundesregierung sind davon unabhängig die Deutsche Bundesbank gemeinsam mit der Europäischen Zentralbank (EZB) als Hüterinnen der deutschen und europäischen Wirtschafts- und Konjunkturpolitik anzusehen.

1.1.9.1 Preise

In einer Marktwirtschaft werden die Preise der erzeugten Waren und Dienstleistungen durch den Markt, in Ausnahmefällen auch durch den Staat, bestimmt. Das Geld erfüllt in einer modernen Volkswirtschaft vor allem zwei Funktionen:

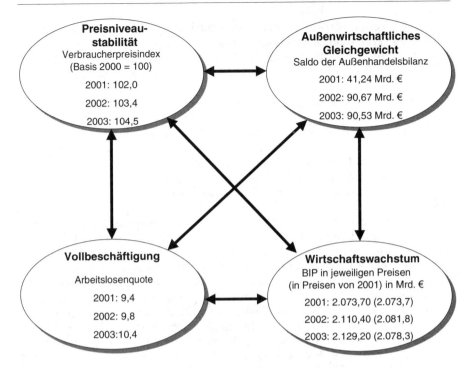

Abb. 1.21 Magisches Viereck für Deutschland

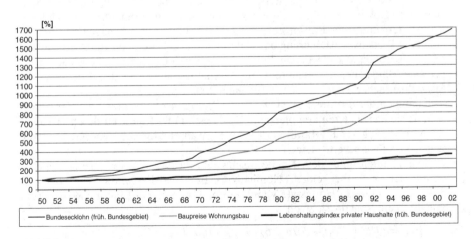

Abb. 1.22 Preisindexentwicklung der Lebenshaltungskosten aller privaten Haushalte, der Baupreise im Wohnungsbau und des Bundesecklohns von 1950 bis 2002

- Es ist einerseits Zahlungs- oder Tauschmittel, um den Kauf oder Verkauf von Gütern gegen Geld zu ermöglichen, und
- es ist andererseits Recheneinheit, um Güter unterschiedlicher Qualität und Dimension auf einen einheitlichen Wertmaßstab (Generalnenner) zu bringen.

Das *Preisniveau* kennzeichnet den durch Indexzahlen gemessenen Durchschnittsstand aller wichtigen Preise in der Volkswirtschaft. Der Reziprokwert des Preisniveaus drückt die Kaufkraft des Geldes aus. Die Beweglichkeit der Einzelpreise bewirkt die Lenkung von Ressourcen in die rentablen Bereiche zum Ausgleich von Angebot und Nachfrage (optimale Allokation). Ist die beidseitige Flexibilität der Einzelpreise derart gestört, dass lediglich Preiserhöhungen auftreten, ohne dass genügend andere Einzelpreise sinken, führt dies zu einem Anstieg des Preisniveaus.

Die Summe aller während einer Rechnungsperiode umgesetzten und zu ihren jeweiligen Preisen bewerteten Güter bezeichnet man als Handelsvolumen. Das Handelsvolumen der Bauwirtschaft ist das Bauvolumen. Zum Kauf der Güter ist theoretisch die mit dem Handelsvolumen definierte Geldmenge erforderlich. Die entsprechende Geldmenge durchläuft gleichzeitig auch andere Sektoren der Volkswirtschaft (z. B. den Staatshaushalt, die private Ersparnis, die Kreditwirtschaft). Der hierdurch ausgelöste Geldumlauf vollzieht sich mit einer bestimmten Geschwindigkeit. Diese Umlaufgeschwindigkeit gibt Auskunft darüber, wie oft die verfügbare Geldmenge während der Rechnungsperiode nachfragewirksam den Markt durchläuft. Die Entwicklung des inländischen Preisniveaus hängt damit weitgehend von der Entwicklung der nachfragewirksamen Geldmenge ab.

Die Preisniveauentwicklung lässt ohne Hinzuziehung weiterer Indikatoren nur eingeschränkte Rückschlüsse zu. So ist die Beurteilung des Lebensstandards der Arbeitnehmer im Zusammenhang mit der Lohnentwicklung zu sehen. Neben der qualitativen Entwicklung der angebotenen Güter ist die Nominallohnentwicklung entscheidendes Beurteilungskriterium. Die den Arbeitnehmern zur Verfügung stehende effektive Kaufkraft nimmt real nur dann zu, wenn die Nominallöhne stärker steigen als das Preisniveau. Sinkende Reallöhne liegen dagegen dann vor, wenn die Preisniveausteigerung das Nominallohnwachstum übersteigt. Einen Vergleich zwischen verschiedenen Preisindexentwicklungen der Lebenshaltung der privaten Haushalte, der Baupreise im Wohnungsbau sowie der Tariflöhne des Spezialbaufacharbeiters zwischen 1950 und 2002 zeigt *Abb. 1.22.*

Kreditnehmer profitieren von steigender Inflationsrate während der Kreditlaufzeit, da sie das als Kredit empfangene Geld bestimmter Kaufkraft durch Tilgungsraten mit geringerer Kaufkraft zurückzahlen, während die mit dem Kredit erworbenen Vermögenswerte steigen.

Sparer leiden unter dem Kaufkraftschwund, da ihre Realverzinsung sinkt. So ergibt sich z. B. bei einem Nominalzins für eine Festgeldanlage von z. B. 3,0 % p. a., einer Inflationsrate von 2,0 % p. a. und einem Einkommensteuersatz von 40 % ein Realzinssatz von

$$p_{real} = (100 \times (100 + 3,0 \times 0,6) / 102) - 100 = -0,2 \%.$$

1.1.9.2 Beschäftigung

Unter dem Beschäftigungsgrad ist die Kapazitätsausnutzung einer Volkswirtschaft zu verstehen. Ihre Messung ist wegen zahlreicher Einflussfaktoren schwierig. So kann bei Vollauslastung der Produktionsanlagen die Wirtschaft voll beschäftigt sein, obwohl es Arbeitslose gibt. Im umgekehrten Fall können alle Arbeitskräfte beschäftigt sein, jedoch nicht ausreichen, um die Produktionsanlagen auszulasten. In diesem Fall ist eine vollständige Auslastung nur durch Einstellung ausländischer Arbeitskräfte möglich. Die Beschäftigungslage einer Volkswirtschaft wird allgemein durch die Arbeitslosenzahl und die Zahl der offenen Stellen definiert:

- Vollbeschäftigung ist gegeben, wenn die Arbeitslosenzahl der Zahl der offenen Stellen entspricht, d. h. wenn die eine Beschäftigung zum herrschenden Lohnsatz suchenden und für diese Beschäftigung geeigneten Personen ohne längeres Warten entsprechende Arbeit finden können.

- Unterbeschäftigung ist dann gegeben, wenn die Arbeitslosenzahl die Zahl der offenen Stellen deutlich übersteigt.

- Überbeschäftigung ist dann gegeben, wenn die Zahl der offenen Stellen größer ist als die Arbeitslosenzahl.

Die Entwicklung der *Arbeitslosenquote* in der Gesamtwirtschaft und in der Bauwirtschaft der Bundesrepublik Deutschland von 1950 bis 2003 zeigt *Abb. 1.23.*

Nach Untersuchungen der Bundesagentur für Arbeit in Nürnberg und des Instituts für Wirtschaftsforschung (ifo) in München gibt es einen gesamtwirtschaftlichen Sockel an Arbeitslosigkeit, der durch expansive Maßnahmen inflationsneutral nicht abgebaut werden kann („natürliche Arbeitslosenquote"). Dies bedeutet, dass es immer größere Schwierigkeiten bereitet, offene Stellen mit Arbeitslosen zu besetzen. *Abbildung 1.24* verdeutlicht, dass in Deutschland offensichtlich selbst eine annähernde Vollauslastung der Kapazitäten den Sockel an Arbeitslosigkeit nur geringfügig reduziert und dieser Sockel im Verlauf der Jahrzehnte ständig wächst.

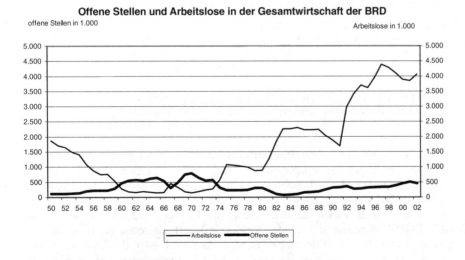

Offene Stellen und Arbeitslose in der Gesamtwirtschaft der BRD

(Quelle: Baustatistisches Jahrbuch 2003, Deutsche Bundesbank (Monatsbericht März 2004))

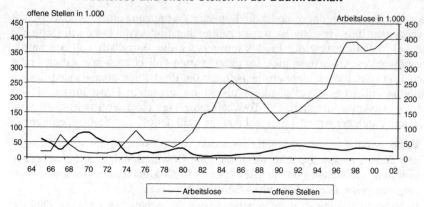

Arbeitslose und offene Stellen in der Bauwirtschaft

Abb. 1.23 Entwicklung der Arbeitslosenzahl und der Zahl der offenen Stellen in der Gesamtwirtschaft und in der Bauwirtschaft in Deutschland von 1950 bis 2002 (Quelle: Baustatistisches Jahrbuch 2003)

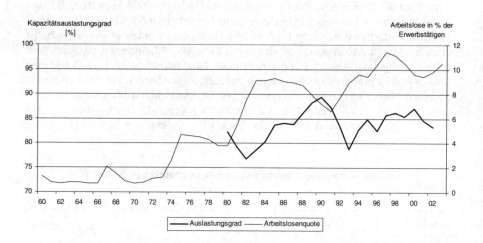

Abb. 1.24 Kapazitätsauslastung und Arbeitslosigkeit in Deutschland (Quelle: Sachverständigenrat Wirtschaft, Baustatistisches Jahrbuch 2003)

Zwecks Stabilisierung der Beschäftigung in der Bauwirtschaft sind zahlreiche Maßnahmen eingeleitet worden wie u. a. die tarifvertragliche Einführung von zeitlich befristeten Mindestlöhnen, von Öffnungsklauseln zur Unterschreitung der Tariflöhne bei wirtschaftlich schwieriger Lage sowie die Einleitung von Initiativprogrammen (z. B. Zukunftsinitiative Bau des Landes Nordrhein-Westfalen und EU-ADAPT-Programm des Landes Nordrhein-Westfalen sowie der Europäischen Union). Dabei darf nicht übersehen werden, dass die Kosten des Produktionsfaktors Arbeit in der deutschen Bauwirtschaft im internationalen Vergleich an der Spitze liegen und insbesondere auch die Lohnzusatzkosten (Soziallöhne und Sozialkosten) eine hohe Belastung für die Bauunternehmen darstellen (*Abb. 1.25* und *Abb. 1.26*), so dass ein weiterer Abbau der gewerblichen Arbeitskräfte im Bauhauptgewerbe unter 0,8 Mio. (2004) nicht zu vermeiden sein wird. Je nach dem Erfolg der gegensteuernden Maßnahmen wird die Auffanglinie jedoch auf höherem (z. B. 0,7 Mio.) oder nur niedrigem Niveau (z. B. 0,5 Mio.) gehalten werden können.

Die mit diesem vorhersehbaren Abbau der baugewerblich Beschäftigten in der Bauwirtschaft verbundene weitere Steigerung der Arbeitslosigkeit führt zu einer wiederum steigenden Belastung der Volkswirtschaft, der durch konzertierte Aktionen der Unternehmer, der Arbeitnehmer, der Tarifvertragsparteien, der Wirtschaftspolitik, der Deutschen Bundesbank und der Europäischen Zentralbank begegnet werden muss.

1.1.9.3 Wachstum

Wirtschaftliches Wachstum wird kurzfristig als Zunahme des realen Sozialprodukts gegenüber dem Vorjahresergebnis, mittel- und langfristig am Zuwachs des Produktionspotentials einer Volkswirtschaft gemessen und auf den vermehrten Einsatz der Produktionsfaktoren Arbeit, Kapital und technischer Fortschritt zurückgeführt.

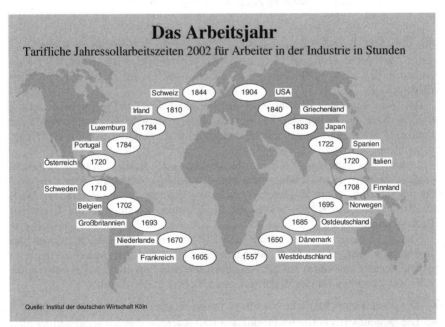

Abb. 1.25 Internationaler Vergleich der tariflichen Jahressollarbeitszeiten 2002 für Arbeiter in der Industrie

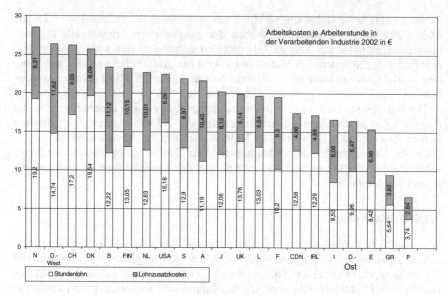

Zahlen zum Teil vorläufig; Umrechnung: Jahresdurchschnitt der amtlichen Devisenkurse

Abb. 1.26 Löhne und Lohnzusatzkosten 2002 in der verarbeitenden Industrie im internationalen Vergleich (Quelle: Institut der deutschen Wirtschaft Köln)

Die Stetigkeit des Wachstumsprozesses wird u. a. beeinflusst durch Beschleunigungs- und Verzögerungswirkungen von Konjunkturzyklen sowie durch Schwankungen in der relativen Bedeutung des Wachstumsziels im Zielsystem der Wirtschaftspolitik.

Das Wachstum des BIP muss in Abhängigkeit von der Preisniveauänderung nominal oder real unterschieden werden. Eine nominale Wachstumsrate kann durch eine höhere Preissteigerungsrate aufgezehrt werden und damit reales Negativwachstum bedeuten.

Andererseits kann das Wachstum in Absolut- oder Relativwerten ausgedrückt werden, dann meist in Abhängigkeit von der Bevölkerungsentwicklung als Pro-Kopf-Wachstum. Wenn absolutes Wirtschaftswachstum mit einem relativen Wirtschaftsrückgang einhergeht, wächst die Bevölkerung schneller als die Wirtschaft (Entwicklungsländer).

Nimmt in einer Volkswirtschaft das BIP zu, so wächst gleichermaßen das Volkseinkommen, da der Gegenwert jedes zusätzlich auf dem Markt nachgefragten und abgesetzten Gutes auf der Angebotsseite zum Einkommenszuwachs wird.

Voraussetzungen für das Wachstum einer Volkswirtschaft sind:

- Die gesamtwirtschaftliche Nachfrage muss steigen.
- Die gesamtwirtschaftliche Produktion muss steigen durch Mobilisierung aller Produktionsfaktoren, insbesondere der Arbeitskräfte, und durch Neuinvestitionen.

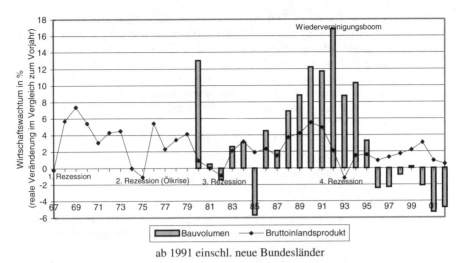

ab 1991 einschl. neue Bundesländer

Abb. 1.27 Reale Veränderung des BIP und des Bauvolumens zum jeweiligen Vorjahr (Quelle: Baustatistisches Jahrbuch 2003, S. 87, 91)

Der Staat kann hierbei unterstützend mitwirken durch Anreize für Neuinvestitionen durch z. B. günstige Abschreibungsmöglichkeiten, Krediterleichterungen oder direkte Subventionierung.

In der Diskussion um die Wachstumspolitik ist angesichts der Grenzen des Wachstums umstritten, welches Wachstum angemessen ist, da die negativen Auswirkungen eines exponentiellen Wachstums in Anbetracht der raschen Zunahme der Weltbevölkerung und des zunehmenden Naturverbrauchs immer häufiger in den Blickpunkt der öffentlichen Diskussion über die Zielsetzungen angemessenen Wirtschaftswachstum rücken. Impulsgeber für diese Diskussion war zu Beginn der 70er Jahre der Bericht des Club of Rome über die Grenzen des Wachstums (Meadows et al., 1972). Angesichts der notwendigen Initiativen zur Bekämpfung der steigenden Arbeitslosigkeit sind Überlegungen zur Begrenzung des Wachstums in der öffentlichen Diskussion am Ende des 20. Jahrhunderts wieder zweitrangig geworden (*Abb. 1.27*).

1.1.9.4 Außenwirtschaft und Zahlungsbilanz

Der Begriff Außenwirtschaft umfasst einerseits die Gesamtheit der wirtschaftlichen Transaktionen zwischen In- und Ausländern sowie andererseits die Schnittstelle zwischen Binnenwirtschaft (Transaktionen der Inländer untereinander) und anderen Volkswirtschaften bzw. Wirtschaftsgemeinschaften.

Abbildung 1.28 zeigt, dass die Auslandsaufträge deutscher Baufirmen inkl. Beteiligungen mit weniger als 20 Mrd. € p. a. einen Anteil von < 8 % am Bauvolumen haben. Nach *Abb. 1.29* verteilten sich die Auslandsaufträge deutscher Baufirmen 2001 schwerpunktmäßig auf Europa, Amerika und Australien.

Der Außenhandel wird als Teil der Außenwirtschaft definiert und umfasst den Warenverkehr zwischen In- und Ausländern (Aus- bzw. Einfuhr). Darüber hinaus werden der Dienstleistungsverkehr wie z. B. Urlaubsreisen und Messen im Ausland („unsichtbare Ein- bzw. Ausfuhr") sowie Übertragungen von Erwerbs- und Vermögenseinkommen, auch aus gesetzlichen oder vertraglichen Verpflichtungen (z. B. Transferzahlungen der EU), zur Außenwirtschaft gezählt. Der Kapitalverkehr mit dem Ausland wird unterschieden nach Direktinvestitionen, Wertpapieranlagen und Krediten.

Die *Zahlungsbilanz* setzt sich damit zusammen aus

- der Leistungsbilanz mit
  - der Außenhandels- und Warenverkehrsbilanz,
  - der Dienstleistungsbilanz,
  - der Bilanz der Erwerbs- und Vermögenseinkommen,
  - der Bilanz der laufenden Übertragungen an internationale Organisationen, Entwicklungsländer, Überweisungen ausländischer Arbeitnehmer sowie sonstigen laufenden Übertragungen,
- der Bilanz der Vermögensübertragungen, insbesondere auch aus Schuldenerlass (Insolvenzen) und aus Kauf/Verkauf von immateriellen nicht produzierten Vermögensgütern,
- der Kapitalbilanz,
- der Bilanz der Veränderung der Währungsreserven zu Transaktionswerten und
- dem Saldo der statistisch nicht aufgliederbaren Transaktionen.

Außenwirtschaftliches Gleichgewicht liegt dann vor, wenn sich die grenzüberschreitenden Waren-, Dienstleistungs- und Kapitalströme ausgleichen. In Deutschland wird dieses Gleichgewicht bisher traditionell vor allem durch hohe Außenhandelsüberschüsse einerseits und Unterdeckungen in der Dienstleistungs-, Erwerbs- und Vermögenseinkommensbilanz sowie der Bilanz der laufenden Übertragungen andererseits gewährleistet.

Die Salden der Zahlungsbilanz für das Jahr 2003 zeigt *Tabelle 1.3*. Danach verminderten sich die Währungsreserven der Bundesbank um nur 0,445 Mrd. €. Dieses nahezu ausgeglichene Ergebnis wurde maßgeblich durch den hohen Außenhandelsüberschuss einerseits und die Summe der negativen Teilbilanzsalden andererseits bewirkt.

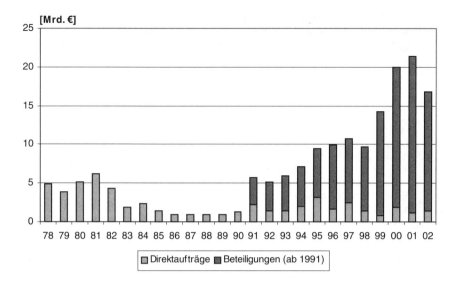

Abb. 1.28 Auslandsaufträge deutscher Bauunternehmen 1978 bis 2002
(Quelle: Baustatistisches Jahrbuch 1992 bis 2003)

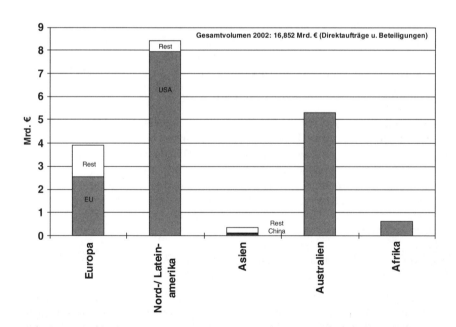

Abb. 1.29 Herkunft der Auslandsaufträge deutscher Bauunternehmen 2002
(Quelle: Baustatistisches Jahrbuch 2003, S. 63)

Deutschland ist ein rohstoffabhängiges und exportorientiertes Land. Sein Außenhandel ist vom Außenwert des Euro und somit vom System der Wechselkurse abhängig. *Devisen* sind Ansprüche auf Zahlungen in fremder Währung an einem ausländischen Platz, d. h. meist bei ausländischen Banken gehaltene Guthaben.

Tabelle 1.3 Zahlungsbilanzsalden 2003 der Bundesrepublik Deutschland

1	Leistungsbilanz			**+ 46.816**
	1.1	Außenhandel, Warenhandel	+ 122.876	
	1.2	Dienstleistungen[1]	- 34.779	
	1.3	Erwerbs- und Vermögenseinkommen	- 12.514	
	1.4	laufende Übertragungen	- 28.767	
2	Vermögensübertragungen			**+ 316**
3	Kapitalbilanz			**- 55.015**
4	Veränderungen der Währungsreserven zu Transaktionswerten			**+ 445**
5	Statistisch nicht aufgliederbare Transaktionen			**+ 7.439**
6	Summe			**1**
7	nachrichtlich:			
	Veränderung der Nettoauslandsaktiva der Bundesbank zu Transaktionswerten			**+ 2.658**

[Mio. €] [1] (darunter Reiseverkehr -36.100)
Quelle: Deutsche Bundesbank, Monatsbericht März 2004, S. 39–53 und 68

Der Devisen- oder auch Wechselkurs beziffert den Preis einer ausländischen Währungseinheit, bewertet in der eigenen Währung. Eine zunehmende Devisennachfrage bewirkt nach dem Gesetz der Nachfrage steigende Devisenpreise, d. h. der Außenwert der Eigenwährung nimmt ab. Gründe für eine steigende Devisennachfrage können sein (mit analogem Umkehrschluss für sinkende Devisennachfrage):

- Ausländische Güter werden im Vergleich zu inländischen Gütern aufgrund einer inländisch höheren Preissteigerungsrate immer billiger.
- Die Einkommen steigen bei aufstrebender Binnenwirtschaft. Die Einkommensbezieher fragen zunehmend ausländische Güter nach.
- Spekulanten rechnen mit steigenden Kursen einer Auslandswährung und fragen diese nach („Kapitalflucht"). Dies geschieht auch in Erwartung fallender Kurse der Inlandswährung oder aufgrund des höheren Zinsniveaus der Auslandswährung.

Eine Abwertung der Inlandswährung hat für die im Außenhandel tätige Binnenwirtschaft folgende Konsequenzen (wiederum analoger Umkehrschluss möglich):

- Inländische Güter werden auf dem Weltmarkt billiger. Nach dem Gesetz der Nachfrage wird die Menge der ins Ausland exportierten Güter steigen, d. h. die exportorientierten Wirtschaftszweige verfügen über eine bessere Position im internationalen Wettbewerb.
- Ausländische Waren und Dienstleistungen werden auf dem Binnenmarkt teurer, d. h. die importorientierten Wirtschaftszweige verfügen über eine schlechtere Position im internationalen Wettbewerb.

Mit Einführung des Euro ab 01.01.1999 wurden wirtschaftspolitische Konsequenzen aus Wechselkursänderungen von den Grenzen der Bundesrepublik Deutschland an die Grenzen der an der Europäischen Wirtschafts- und Währungsunion teilnehmenden Mitgliedsstaaten verschoben. Wichtig ist, dass die Vorteile aus der Einführung der gemeinsamen Währung durch Bewahrung der Preisstabilität des Euro und damit des Außenwertes gegenüber allen anderen Währungen auf der Welt erhalten bleiben. Dieses Ziel wird sehr hohe Preisdisziplin in allen Mitgliedsländern der EWWU erfordern. Im Zeitraum vom 02.01.1999 bis zum 14.05.2004 veränderte sich der Wechselkurs des Euro von 1,1827 US-$ auf 1,871 US-$ mit Schwankungen zwischen 0,8225 US-$ am 26.10.2000 und 1,2874 US-$ am 12.01.2004 (+8,9 % bzw. −30,5 % vom Ausgangswert).

1.1.9.5 Gleichgewichtshypothesen

In *Abb. 1.30* wird der Versuch unternommen, qualitative Gleichgewichtshypothesen zum Stabilitätsgesetz aufzustellen. Die dabei verwendeten volkswirtschaftlichen Kennziffern sind in ihrer relativen Veränderung und nicht als absolute Größen zu verstehen. Durch nachfolgende „Gleichungen" werden somit die prozentualen Änderungen der Variablen, jedoch keine Absolutwerte zueinander in Beziehung gesetzt. Dabei wird nach internen und externen Einflüssen unterschieden.

Für die *internen Einflüsse* gilt:

- Jede Produktivitätssteigerung, der nicht ein entsprechend hohes Wirtschaftswachstum gegenübersteht, wird durch eine Steigerung der Arbeitslosenquote ausgeglichen. Umgekehrt führt nur ein über der Produktivitätssteigerung liegendes Wirtschaftswachstum zur Reduzierung der Arbeitslosenquote.
- Lohnerhöhungen und Arbeitszeitverkürzungen bei vollem Lohnausgleich, die über die Produktivitätssteigerung hinausgehen, führen unweigerlich zu einer internen Inflation. Umgekehrt können stabile Preise nur bei Lohnerhöhungen und Arbeitszeitverkürzungen bei vollem Lohnausgleich gewährleistet werden, wenn diese die Produktivitätssteigerung nicht überschreiten.

Über dieses lohnkostenorientierte Denkmodell der internen Einflüsse sind jedoch auch *externe Einflüsse* auf die Arbeitslosenquote und die Inflationsrate zu beachten:

- Die Arbeitslosenquote kann auch ohne Stellenabbau durch die demografische Altersstruktur, durch Migrationsveränderungen, verändertes Erwerbsverhalten in der Bevölkerung und Veränderungen des durchschnittlichen Rentenalters variieren.
- Die Preisstabilität und damit die Inflationsrate werden auch durch Veränderungen der nachfragewirksamen Geldmenge, z. B. durch Erhöhung der Umlaufgeschwindigkeit oder aber geldmengenwirksame Eingriffe der Bundesbank bzw. der Europäischen Zentralbank (EZB) sowie durch Veränderung der Netto-Auslandsaktiva der Bundesbank berührt.

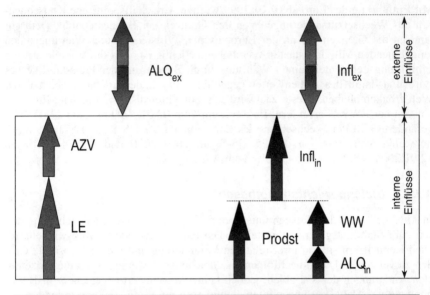

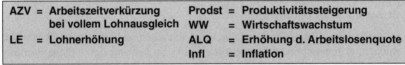

AZV	=	Arbeitszeitverkürzung	Prodst	=	Produktivitätssteigerung
		bei vollem Lohnausgleich	WW	=	Wirtschaftswachstum
LE	=	Lohnerhöhung	ALQ	=	Erhöhung d. Arbeitslosenquote
			Infl	=	Inflation

Abb. 1.30 Qualitative Gleichgewichtshypothesen zwischen volkswirtschaftlichen Kennzahlen

Geschlossene Gleichungssysteme zwischen den Faktoren Veränderung der Arbeitslosenquote, der Löhne und Gehälter, der Preissteigerungsrate, der Produktivitätssteigerung und des Wachstums der Wirtschaft, der Arbeitszeiten bei vollem oder teilweisem Lohnausgleich, der Geldmenge und der Netto-Auslandsaktiva der Bundesbank sind wegen der Preisautonomie der Marktteilnehmer nicht möglich. Qualitative Auswertungen sind jedoch notwendig, um die Zielfunktionen des Stabilitätsgesetzes zu erfüllen:

- Inflationsrate = min!
- Arbeitslosenquote = min!
- Wirtschaftswachstum = stetig und angemessen!
- Veränderung der Netto-Auslandsaktiva der Bundesbank = 0!

1.1.9.6 Konjunkturpolitik, Deutsche Bundesbank und Europäische Zentralbank

Konjunktur ist der zyklische, durch gesamtwirtschaftliche Ungleichgewichte gekennzeichnete Ablauf des gesamtwirtschaftlichen Geschehens. Durch die staatliche Wirtschaftspolitik wird der Versuch unternommen, durch bewusstes Gegensteuern (antizyklische Politik) den Ausschlag der Konjunkturzyklen zu dämpfen und das stetige und angemessene Wirtschaftswachstum zu fördern. In der volkswirtschaftlichen Theorie werden wirtschaftliche Auf- und Abwärtsbewegungen je nach ihrer Länge in saisonale (kurzfristige), konjunkturelle (mittelfristige) und strukturelle (langfristige) Schwankungen kategorisiert.

Strukturelle Schwankungen beruhen auf tiefer greifenden Wandlungen der Wirtschaft, welche in erster Linie durch technische Neuerungen (z. B. Informations- und Kommunikationstechnologien) oder durch starke Faktorpreisunterschiede (z. B. zwischen in- und ausländischen Arbeitskräften in der Bauwirtschaft) hervorgerufen werden. *Konjunkturellen Schwankungen* unterliegen sämtliche Wirtschaftsbereiche in nur schwierig vorhersehbaren *Konjunkturzyklen.* Konjunkturelles Gleichgewicht tritt in der Realität stets nur zufällig und für kurze Zeitperioden ein.

Jahreszeitlich wiederkehrende *Saisonschwankungen* folgen dem klimatischen Rhythmus (z. B. in der Bauwirtschaft und in der Touristikbranche).

Die *Expansion* (Erholung, Aufschwung) ist durch zunehmende Kapazitätsauslastung und abnehmende Arbeitslosigkeit gekennzeichnet. Das Preisniveau bleibt trotz steigender Konsum- und Investitionsgüternachfrage relativ stabil, da die Unternehmen mit sinkenden Stückkosten arbeiten können. Die Aktienkurse steigen angesichts steigender Unternehmensgewinnerwartungen der Anleger. Die Kreditwirtschaft kann den Markt in ausreichendem Maße versorgen, so dass auch das Zinsniveau stabil bleibt.

Während des *Booms* (Hochkonjunktur) steigen Preise und Löhne, da Güter und Arbeitskräfte knapper werden. Die Investitionsgüternachfrage geht im Gegensatz zur weiter wachsenden Konsumgüternachfrage bereits zurück. Die Kreditmittel verknappen, die Zinsen steigen und Aktien verlieren an Attraktivität aufgrund erhöhter Unternehmenskosten und sinkender Gewinne.

Bei der *Rezession* führt die pessimistische Grundhaltung der Verbraucher und der Unternehmer zu Konsum- und zu weiterer Investitionszurückhaltung. Die Arbeitslosenzahl steigt aufgrund der gesunkenen Auftragslage. Die abnehmende Kreditnachfrage erzeugt sinkende Zinsen. Gewerkschaften fordern wegen des gestiegenen Preisniveaus Reallohnanpassungen oder häufig auch mehr. Die Lohnkosten verschlechtern dementsprechend die Lage der Unternehmen.

Während der *Depression* mit hoher Arbeitslosigkeit, geringer Kapazitätsauslastung, geringen Neuinvestitionen und hoher Bankenliquidität kommt der konjunkturelle Abschwung zum Stillstand und geht wieder in die Erholungsphase über.

Die *Konjunkturdiagnose* ist der Versuch, aus statistischen Zeitreihen den Stand der konjunkturellen Entwicklung zu bestimmen, z. B. hinsichtlich des Bruttoinlandsprodukts und Volkseinkommens, der Beschäftigung, der Investitionen und des Konsums. Als Gesamtindikator für die Konjunkturdiagnose werden die Zeitreihen-Entwicklungen von Einzelindikatoren beobachtet, wie z. B. Lohn- und Gehaltsentwicklung, Auftragseingänge und Produktionsziffern, Nettoinvestitionen und Lagerbestände sowie Arbeitslosenzahlen.

Die *Konjunkturprognose* versucht, die künftige konjunkturelle Entwicklung vorherzusagen. Dabei wird aus der Entwicklung von Konjunkturindikatoren der Vergangenheit mit Hilfe von Trend- und Korrelationsrechnungen auf die Zukunft geschlossen. Branchenbeobachtungen dienen der Einschätzung der künftigen wirtschaftlichen Entwicklung in einzelnen Wirtschaftszweigen. So werden z. B. beim ifo-Konjunkturtest monatlich ca. 7.000 Industrie-, Gewerbe- und Handelsunternehmen im Hinblick auf tendenziell erwartete Veränderungen befragt.

Interessant ist für die Bauwirtschaft insbesondere die ifo-Architekten-Umfrage, die seit ca. 25 Jahren durchgeführt wird. In dieser Umfrage ermittelt das ifo-Institut vierteljährlich die neu akquirierten Aufträge der freischaffenden Hochbauarchitekten. Dabei werden die Neuaufträge nach privaten, gewerblichen und öffentlichen Auftraggebern differenziert. Diese Daten ergeben eine besonders verlässliche Aussage über die voraussichtliche Baunachfrage im Hochbau. Die Ergebnisse dieser Umfragen werden regelmäßig im Deutschen Architektenblatt veröffentlicht (vgl. auch Oppenländer, 1996).

Die Aufgaben der *Wirtschaftspolitik* konzentrieren sich in marktwirtschaftlichen Ordnungen auf den Ablauf und die Ergebnisse des arbeitsteiligen Wirtschaftsprozesses durch die Allokations-, Verteilungs- und Stabilisierungspolitik.

Schwerpunkt der *Allokationspolitik* ist die Versorgung mit einer materiellen Infrastruktur, zu der Kollektivgüter wie die äußere und innere Sicherheit, Verkehrs-, Kommunikations- und Versorgungsnetze, Gesundheitsvorsorge, Schuldienste und Grundlagenforschung gehören. Ein weiterer Schwerpunkt ist die Regulierung der Umweltnutzung, da es wirksame Anreize zu einer Bewirtschaftung und damit auch zur Schonung der Umwelt ohne staatliches Zutun nicht gibt.

Grundlage der *Verteilungspolitik* ist das Prinzip der Sozialstaatlichkeit, wonach die Verteilung von Einkommenserzielungschancen möglichst gerecht vorgenommen werden soll. Neben der personellen Einkommensverteilung gilt das Interesse staatlicher Politik vor allem der Verteilung der personellen Einkommen in den unterschiedlichen Lebensphasen. Den damit verbundenen Versorgungsrisiken (aus Krankheit, Alter, Arbeitslosigkeit) wird mit einer kollektiven Daseinsvorsorge (sozialen Sicherung) auf der Grundlage von Zwangsbeiträgen vor allem der in einem Beschäftigungsverhältnis stehenden Bürger Rechnung zu tragen versucht.

Vorherrschender Anlass für die *Stabilisierungspolitik* sind die Folgen zeitlicher Schwankungen im Auslastungsgrad des gesamtwirtschaftlichen Produktionspotentials (Konjunkturschwankungen) in Form von Veränderungen des Preisniveaus, des Beschäftigungsstandes, der Außenwirtschaftsbeziehungen und des Wirtschaftswachstums. Aufgabe der Stabilisierungspolitik ist die Erreichung der im Stabilitätsgesetz (1967) definierten Ziele. Träger der Stabilisierungspolitik sind der Staat und die Deutsche Bundesbank in Verbindung mit der Europäischen Zentralbank (EZB).

Der Staat hat die öffentlichen Haushalte so zu gestalten, dass je nach Konjunkturlage zusätzliche Nachfrage entfaltet und auch bei privaten Haushalten stimuliert bzw. Nachfrage zurückgehalten und privaten Haushalten Kaufkraft als potentielle Nachfrage entzogen wird.

Eine solche antizyklische Fiskalpolitik muss durch eine entsprechende Geldpolitik der Deutschen Bundesbank und der EZB flankiert werden. Sie sind daher zur Unterstützung der Fiskalpolitik verpflichtet, sofern sie damit nicht das ihnen vorgegebene Ziel der Geldwertsicherung gefährden (Streit, 1995).

Im Rahmen der Fiskalpolitik beeinflusst der Staat die Investitionstätigkeit durch Gewährung von Steuervorteilen und eine dadurch bewirkte Konjunkturanregung aus der Erhöhung der Eigenkapitalverzinsung von Investitionen. Ferner regt der Staat die Konjunktur an mit Steuersenkungen oder Einkommensumverteilungen zwecks Erhöhung des Konsums, da die privaten Haushalte dadurch ein höheres frei verfügbares Einkommen erlangen.

Bei der Konjunkturanregung des Staates durch *Erhöhung der Staatsausgaben (deficit spending)* handelt es sich nicht um eine fiskalpolitische Maßnahme. Vielmehr tritt der Staat marktkonform als gewöhnlicher Marktteilnehmer auf und trägt zur Erhöhung der gesamtwirtschaftlichen Nachfrage bei. Diesem Verhalten liegt die Multiplikatorwirkung zugrunde.

Der *Multiplikator* ist der Vervielfacher für das Einkommen, der durch Ausgabenerhöhungen hervorgerufen wird. In Abhängigkeit von der Sparquote s ergibt sich der Multiplikator M als Summe einer unendlichen geometrischen Reihe zu

$$M = 1/s$$

Beispiel: s = 12 % $\Rightarrow$ M = 1/0,12 = 8,33.

In diesem Beispiel wird bei einer Sparquote von s = 12 % durch eine Ausgabenerhöhung um 1 € ein Umsatzzuwachs in der Gesamtwirtschaft von 8,33 € bewirkt.

Das Instrumentarium, mit dem die Bundesbank und die EZB je nach stabilitätspolitischer Zielsetzung dämpfend bzw. fördernd in den Geld- und damit Wirtschaftskreislauf eingreifen können, lässt sich in das geld- und devisenpolitische Instrumentarium sowie die Politik der moralischen Beeinflussung einteilen.

Bei der *Geldpolitik* reicht der Handlungsspielraum der Bundesbank bzw. der EZB weit über rein währungspolitische Fragen hinaus. Er umfasst folgende Maßnahmen:

- Mit der Diskontpolitik wurde bis zum 31.12.1998 der Zinssatz bestimmt, zu dem die Bundesbank Handelswechsel vor deren Fälligkeit mit maximaler Restlaufzeit von 3 Monaten von Geschäftsbanken ankaufte und somit die Refinanzierungskosten der Banken variierte. Die Konjunkturanregung resultierte bei einer Herabsetzung des Diskontsatzes aus dem wachsenden Kreditgewährungsspielraum der Kreditwirtschaft. Eine Heraufsetzung dämpfte hingegen die Konjunktur durch Einengung des Kreditgewährungsspielraumes. Der Diskontsatz variierte in der Vergangenheit zwischen dem vom 19.04.1996 bis zum 31.12.1998 geltenden Tiefststand von 2,5 % und dem vom 17.07. bis zum 14.09.1992 geltenden Höchststand von 8,75 %. Diskontkredite wurden mit Einführung des Europäischen Systems der Zentralbanken (ESZB) am 01.01.1999 abgeschafft (Otte/Heinrich, 1998, S. 15).
- Die Lombardpolitik hatte analoge Wirkungen wie die Diskontpolitik. Der Lombardsatz war derjenige Zinssatz, den die Bundesbank berechnete, wenn sie einer Geschäftsbank einen Kredit gewährte, der durch Beleihung von Waren oder Wertpapieren gesichert war. Er betrug vom 19.04.1996 bis zum 31.12.1998 4,5 % und erreichte einen Tiefststand von 3,5 % zuletzt vom 16.12.1977 bis zum 18.01.1979 sowie einen Höchststand von 9,75 % zuletzt vom 20.12.1991 bis zum 14.09.1992. Der Lombardkredit wurde ab 01.01.1999 durch die analoge Spitzenrefinanzierungsfazilität (SRF) abgelöst. Tiefststand sind 3 % seit dem 01.06.2003, Höchststand waren 5,75 % vom 06.10.2000 bis zum 10.05.2001.

- Im Rahmen der Mindestreservepolitik werden die Prozentsätze (Mindestreservesätze) der verschiedenen Arten von Kundeneinlagen, die von den Kreditinstituten aufgrund gesetzlicher Verpflichtung als unverzinste Giroeinlagen (Mindestreserven) bei der Bundesbank bzw. EZB hinterlegt werden müssen, variiert. Der Kreditgewährungsspielraum und die Giralgeldmenge werden dadurch entsprechend erhöht oder gesenkt.
- Bei der Offenmarktpolitik kaufen die Bundesbank bzw. EZB von den Geschäftsbanken bestimmte Wertpapiere (Offenmarktpapiere) an, um das Geldmengenvolumen und damit die Liquidität der Kreditinstitute zu erhöhen. Umgekehrt können sie auch die Liquidität herabsetzen, indem sie an die Banken verkauften.
- Bei der Restriktions- oder auch Zangenpolitik erschweren die Bundesbank bzw. EZB die Kreditaufnahme durch Reduzierung der Kontingente für die Spitzenrefinanzierungsfazilität und durch Anordnung von Kreditrestriktionen. Der Aufschwung (die Konjunktur) wird dadurch gedämpft und die Inflation gebremst.
- Im Rahmen der Devisenpolitik konnte die Bundesbank als Anbieterin oder Nachfragerin am Devisenmarkt in Erscheinung treten und durch marktdominante Aktionen den Devisenkurs und damit den Außenwert der DM signifikant beeinflussen. Innerhalb des Geltungsbereiches des Euro ist dieses wirtschaftspolitische Instrument nunmehr durch die EZB im Hinblick auf den Außenwert des Euro, z. B. gegenüber dem US-$ oder dem japanischen Yen, anzuwenden.
- Letztendlich können die Deutsche Bundesbank und die EZB durch eine sog. Politik der moralischen Beeinflussung (moral suasion) auf die Geschäftsbanken einwirken, um ein von diesen gewünschtes Verhalten durchzusetzen.

Die Deutsche Bundesbank ist die Zentralbank der Bundesrepublik Deutschland. Sie wurde 1957 als einheitliche Notenbank errichtet und ging aus dem zweistufigen Zentralbanksystem mit der Bank deutscher Länder einerseits und den damals rechtlich selbstständigen Landeszentralbanken andererseits hervor, das seit der Einführung der D-Mark am 20. Juni 1948 die Verantwortung für die Währung trug. Seit Einführung des europäischen Systems der Zentralbanken im Jahre 2002 wurde die Organisations- und Aufgabenstruktur der Bundesbank verändert. Die ehemaligen Landeszentralbanken sind nunmehr als Hauptverwaltungen der Deutschen Bundesbank für jeweils ein oder mehrere Bundesländer zuständig. Sitz der Zentrale der Bundesbank ist Frankfurt/Main, in der ca. 2.600 der insgesamt knapp 16.000 Mitarbeiter/-innen der Bank beschäftigt sind. Der Vorstand als Organ der Bundesbank besteht aus dem Präsidenten, dem Vizepräsidenten und sechs weiteren Mitgliedern. Sie ist in neun Hauptverwaltungen und derzeit ca. 60 nachgeordnete Filialen in den größeren Städten der Bundesrepublik untergliedert. Diese führen die Geschäfte der Bundesbank mit den Kreditinstituten und den öffentlichen Verwaltungen in ihrem jeweiligen Bereich.

Die Europäische Zentralbank und die nationalen Zentralbanken bilden zusammen das Eurosystem, d. h. das Zentralbankensystem des Euro-Währungsgebiets. Das vorrangige Ziel des Eurosystems ist die Gewährleistung der Preisstabilität, um den Wert des Euro zu sichern. Das Europäische System der Zentralbanken (ESZB) besteht aus der Europäischen Zentralbank (EZB) und den nationalen Zentralbanken (NZBen) aller 25 EU-Mitgliedsstaaten. Der Begriff „Eurosystem" bezeichnet die EZB und die NZBen der Mitgliedsstaaten, die den Euro eingeführt haben. Die NZBen, die nicht am Euro-Währungsgebiet teilnehmen, sind jedoch Mitglieder des ESZB mit einem besonderen Status. Es ist ihnen gestattet, ihre jeweilige nationale Geldpolitik zu gestalten. Sie sind aber nicht am Entscheidungsprozess hinsichtlich der einheitlichen Geldpolitik für das Euro-Währungsgebiet und der Umsetzung dieser Entscheidungen beteiligt.

Die grundlegenden Aufgaben des Eurosystems sind:

* die Geldpolitik des Euro-Währungsgebiets festzulegen und auszuführen,
* Devisengeschäfte durchzuführen,
* die offiziellen Währungsreserven der Mitgliedsstaaten zu halten und zu verwalten und
* das reibungslose Funktionieren der Zahlungsströme zu fördern.

Entscheidungen werden im Eurosystem zentral von den Beschlussorganen der EZB, dem EZB-Rat und dem Direktorium, getroffen. Der EZB-Rat besteht aus den Mitgliedern des Direktoriums der EZB und den Präsidenten der NZBen der Mitgliedstaaten, für die keine Ausnahmeregelung gilt, d. h. derjenigen Länder, die den Euro eingeführt haben. Das Direktorium besteht aus dem Präsidenten, dem Vizepräsidenten und vier weiteren Mitgliedern. Die EZB beschäftigt ca. 1.200 Mitarbeiter und hat ihren Sitz in Frankfurt/Main (www.ecb.int).

1.2 Betriebswirtschaftliche Grundlagen

Die Betriebswirtschaftslehre untersucht das mikroökonomische Zusammenwirken der Aufgabenträger in Unternehmen und Betrieben, die durch diese verrichteten Prozesse und Prozessabläufe inkl. der Schnittstellen zwischen den einzelnen Aufgabenträgern innerhalb des Unternehmens sowie zu Kunden, Lieferanten, Behörden und Dritten außerhalb des Unternehmens. Dabei ist eine Entwicklung der zunehmenden Verflechtung betriebswirtschaftlicher, rechtlicher, technischer und organisatorischer Prozesse zu beobachten. Darüber hinaus gewinnen verhaltenstheoretische Betrachtungen soziologischer, psychologischer und ethischer Fragestellungen an Bedeutung.

Grundsätzlich hat jedes Unternehmen existentielle Prinzipien zu beachten, die nur teilweise vom jeweiligen Wirtschaftssystem abhängig sind (*Abb. 1.31*).

Die Grenzen zwischen der häufig noch vorgenommenen Dreiteilung der Betriebswirtschaftslehre sind fließend und häufig noch Ausdruck der verfügbaren Planstellen an den Fakultäten für Betriebswirtschaftslehre und Wirtschaftswissenschaften:

* Allgemeine Betriebswirtschaftslehre zur allgemeinen Erkenntnis und Gestaltung der Unternehmens- und Betriebsprozesse wie Marketing und Akquisition, Beschaffung inkl. Personalwirtschaft, Lagerhaltung, Investition und Finanzierung, Produktion, Absatz und Vertrieb,
* Betriebswirtschaftslehren der Verfahrenstechniken für Rechnungswesen, Steuern, Organisation, Controlling, Operations Research und Wirtschaftsinformatik sowie

• Spezielle Betriebswirtschaftslehren der einzelnen Wirtschaftszweige wie In-
dustrie-, Banken-, Versicherungs-, Handels- und Bauwirtschaftslehre.

Die Bauwirtschaftslehre ist ein spezieller Zweig der Branchenbetriebswirtschafts-
lehren für die sich am Baumarkt beteiligenden Institutionen wie Bauherren, Bauplaner und Bauunternehmer sowie die angrenzenden Wirtschafts- und Gesell-
schaftsbereiche. Auch die Bauwirtschaftslehre findet ihre Grundlage in der Allgemeinen Betriebswirtschaftslehre, da auch sie darauf gerichtet ist, als interdisziplinäre Managementwissenschaft unternehmerische Entscheidungen vor allem in
wirtschaftlicher Hinsicht, zunehmend aber auch in organisatorischer, rechtlicher
und technischer Hinsicht mit sozialer und ethischer Verantwortung, vorzubereiten.
    Die Planung und Errichtung von Bauten und Anlagen ist i. d. R. gekennzeich-
net durch Merkmale der Einmaligkeit *(Unikatfertigung)*, der individuellen Stand-
orte und der dadurch bedingten *„wandernden Werkstätten der Bauunternehmer
unter freiem Himmel"*, der Bestellung durch Ausschreibung, Vertragsverhandlung
und Zuschlag vor Beginn der Produktion und der starken Reglementierung durch
die für öffentliche Auftraggeber geltenden Vergaberechtsvorschriften (vgl.
Abschn. Vergaberecht für öffentliche Auftraggeber in der Bauwirtschaft).

1.2.1 Ausgewählte Begriffe der Betriebswirtschaftslehre

Ein *Unternehmen* ist ein wirtschaftlich-rechtlich organisiertes Gebilde, in dem
nachhaltig Ertrag bringende Leistungen und eine angemessene Verzinsung des
betriebsnotwendigen Kapitals angestrebt werden. Ein Unternehmen kann einen,
mehrere oder keinen Betrieb (z. B. Holding) haben. Das Unternehmen stellt damit
eine örtlich nicht gebundene Einheit dar.
    Der *Betrieb* hingegen wird definiert als planmäßige örtliche, technische und or-
ganisatorische Einheit zum Zwecke der Erstellung von Gütern und Dienstleistungen durch die Kombination von Produktionsfaktoren. Niederlassungen eines Bauunternehmens sind selbständige Betriebe. Baustellen gelten dann als selbständige
Betriebe, wenn sie eigene Bau- oder Lohnbüros haben.
    Einzahlungen und Auszahlungen sind Zahlungsmittelbeträge in Bar- oder Gi-
ralgeld, die als Strömungsgrößen zwischen Wirtschaftssubjekten fließen. Zugehörige Bestandsgrößen sind die Zahlungsmittelbestände an Kasse und Sichtguthaben
bei Banken (Beispiel: Überweisung vom Bankkonto des X auf das Bankkonto des
Y).
    Einnahmen und Ausgaben sind Strömungsgrößen des Geldvermögens, d. h. des
Zu- oder Abflusses von Zahlungsmitteln und/oder des Erwerbs von Forderungen
bzw. des Eingehens von Verbindlichkeiten. Zugehörige Bestandsgrößen sind der
Zahlungsmittelbestand zzgl. des Bestandes an Forderungen abzgl. des Bestandes
an Verbindlichkeiten (Beispiel: Übermittlung einer Rechnung des X an den Adressaten Y).
    Ertrag und Aufwand sind die von einem Unternehmen in einer Wirtschaftsperi-
ode durch Erstellung von Waren und Dienstleistungen erwirtschafteten Einnahmen bzw. die von einem Unternehmen während einer Abrechnungsperiode für den

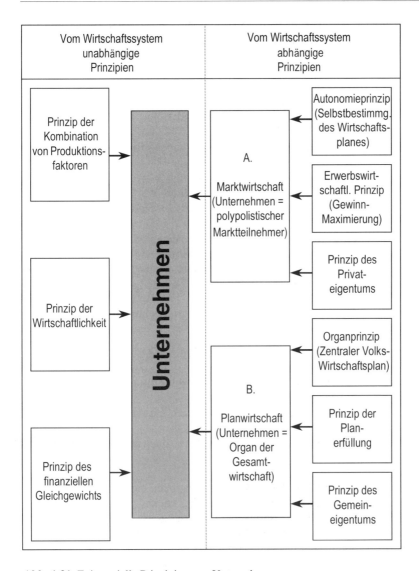

Abb. 1.31 Existenzielle Prinzipien von Unternehmen

Verbrauch an Gütern und Dienstleistungen getätigten Ausgaben. Betriebsertrag und Betriebsaufwand entstehen in Erfüllung des eigentlichen Betriebszwecks. Betriebsfremder oder neutraler Ertrag und Aufwand entstehen aufgrund betriebsfremder oder außerordentlicher Geschäftsvorfälle.

Der *Umsatz* oder auch *Erlös* umfasst die Summe der in einer Periode veräußerten und mit ihren jeweiligen Verkaufspreisen bewerteten Waren und Dienstleistungen. Kosten, Leistungen und Ergebnisse sind Begriffe aus der Kosten-, Leistungs- und Ergebnisrechnung:

- *Kosten* werden definiert als bewerteter Verzehr von materiellen und immateriellen Gütern und Dienstleistungen zur Erstellung und zum Absatz von Sach- oder Dienstleistungen sowie zur Schaffung und Aufrechterhaltung der dafür notwendigen Kapazitäten. Sie errechnen sich aus dem Produkt der jeweils verbrauchten Produktionsfaktormenge mit dem Produktionsfaktorpreis.
- *Kalkulatorische Kosten* umfassen kalkulatorische Abschreibungen, kalkulatorische Zinsen und kalkulatorischen Unternehmerlohn. Ihnen stehen im Berichtszeitraum keine unmittelbaren Ausgaben gegenüber.
- Die *Tilgung von Fremdkapital* verursacht Ausgaben, die keine Kosten verursachen.
- *Leistung* bezeichnet die Menge (output) oder den Wert (zu Verkaufspreisen) der im betrieblichen Erzeugungsprozess erstellten Waren und Dienstleistungen, die nicht notwendigerweise auch abgesetzt werden und damit zu Erlösen führen müssen.
- *Ergebnis* ist die Differenz zwischen periodenabgegrenzten Leistungen und dadurch verursachten Kosten, d. h. zwischen Ertrag und Aufwand. Diese Betrachtung ist u. a. Gegenstand der baustellenbezogenen Kosten-Leistungs-Ergebnisrechnung (KLER, vgl. Abschn. 1.5.3).

Die *Rentabilität* stellt das Verhältnis einer Erfolgsgröße zum eingesetzten Kapital einer Rechnungsperiode dar:

- Die *Gesamtkapitalrentabilität* misst den Erfolg vor oder nach Zinsen und Steuern, bezogen auf das Gesamtkapital.
- Die *Eigenkapitalrentabilität* misst den Erfolg nach Zinsen vor oder nach Steuern, bezogen auf das Eigenkapital.
- Dic *Umsatzrendite* misst den Erfolg vor oder nach Zinsen und Steuern, bezogen auf die Nettoumsätze.
- Die *Betriebsrendite* misst den Betriebsgewinn, bezogen auf das betriebsnotwendige Kapital.

Das *betriebsnotwendige Kapital* ist das im Unternehmen eingesetzte Fremd- und Eigenkapital, soweit es zur Erfüllung des Betriebszweckes notwendig ist (Aktivwerte der Bilanz ./. nicht betriebsnotwendige Vermögenswerte ./. stille Rücklagen). Vom betriebsnotwendigen Vermögen ist das benötigte Fremdkapital abzuziehen. Die Restsumme stellt das betriebsnotwendige Eigenkapital dar als Bemessungsgröße für die Errechnung der kalkulatorischen Eigenkapitalzinsen.

Liquidität stellt die Fähigkeit und Bereitschaft eines Unternehmens dar, seinen bestehenden Zahlungsverpflichtungen termingerecht und betragsgenau nachzukommen. Der Liquiditätsgrad bezeichnet das Verhältnis von flüssigen Mitteln zu kurzfristigen Verbindlichkeiten unter Einbeziehung nur der Geldwerte (1. Grades), zzgl. der kurzfristigen Forderungen (2. Grades) sowie der Warenbestände (3. Grades). Die ständige Wahrung der Liquidität ist eine der wichtigsten unternehmerischen Hauptpflichten.

1.2.2 Koordinatensystem der Bauwirtschaftslehre

Das Koordinatensystem der Bauwirtschaftslehre wird nach Pfarr (1984) gebildet aus der Institutionen-, der Prozess- und der Objektachse (*Abb. 1.32*).

Die Institutionenlehre untersucht die Aufgaben der am Entstehungsprozess von Bauten und Anlagen beteiligten Institutionen wie Auftraggeber, Planer und Bauunternehmer. Diese treten über ihre Prozesse der Formulierung von Nutzerbedarfsprogrammen, der Erzeugung von Planungs-, Bau-, Betriebs- und Unterhaltungsleistungen in Beziehung zum geographisch, geometrisch, qualitäts- und mengenmäßig eindeutig zu definierenden System Bauobjekt.

Die Entfaltung des Systems Bauwirtschaft durch Bauobjekte ist zahlreichen exogenen Einflussfaktoren aus gesetzlichen und behördlichen Vorgaben, aus Belangen der Öffentlichkeit und des Umweltschutzes sowie endogenen Randbedingungen aus der Nutzerpartizipation und der Kreditfähigkeit bzw. -würdigkeit des Investors bzw. der Investition unterworfen.

Das Zusammenwirken der zahlreichen Projektbeteiligten bei der Planung, Errichtung und dem Betrieb von Bauwerken wird damit bestimmt durch die bei den unmittelbar beteiligten Institutionen ablaufenden Prozesse. Diese wiederum sind abhängig von Art, Umfang und Schwierigkeitsgrad der zu bearbeitenden Objekte. Nach der Bautätigkeitsstatistik (Baustatistisches Jahrbuch 2003) werden diese in die Bauwerksarten Wohnungsbau, Gewerbebau, öffentlicher Hoch- und Tiefbau sowie Verkehrswegebau eingeteilt.

Im Sinne einer Typologie der Bauherren sind diese damit analog

- Privatpersonen bzw. Institutionen oder Unternehmen ohne Erwerbscharakter,
- erwerbswirtschaftlich orientierte Unternehmen oder
- öffentlich-rechtliche Institutionen.

In der Allgemeinen Betriebswirtschaftslehre gehört die Produktplanung zum funktionalen Bereich der Produktion. Sie betrachtet die Produkt- oder Erzeugnisplanung als Teilbereich der strategischen Programmplanung mit den Alternativen der Produktinnovation, -variation und -elimination. Die Prozesse der Produktplanung werden gegliedert in den Anstoß zur Produktplanung, die Suche nach Produktideen und die Auswahl von Produktvorschlägen, die Produktentwicklungs- und -konzeptplanung, -planungsgenehmigung sowie -freigabe. Die Produktdifferenzierung gegenüber den Konkurrenzprodukten nutzt konstruktive, gestalterische, materialmäßige, preisliche und servicebezogene Alternativen, um hierdurch zu Vorteilen hinsichtlich Standard, Ausstattung und Kundenattraktivität zu gelangen. Sie dient der Gewinnung neuer Käuferschichten und ist in ihrer Abgrenzungsfunktion besonders ausgeprägt bei Markenartikeln. Die Produktplaner zielen ab auf prognostizierbare, aber ungewisse Kundenerwartungen nach dem Motto: „Der Markt wird verlangen, was wir ihm anbieten!"

Die Vergütung des Aufwandes für die Produktplanung wird in der Allgemeinen Betriebswirtschaftslehre nicht problematisiert. Der Aufwand wird entweder direkt oder im Wege des Umlageverfahrens in den Produktpreis eingerechnet. Produktplaner sind i. d. R. durch Anstellungsverträge gebundene Mitarbeiter der produzierenden Unternehmen.

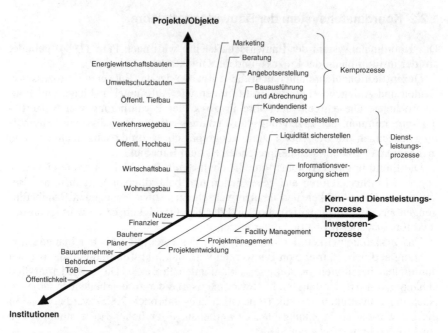

Abb. 1.32 Koordinatensystem der Bauwirtschaftslehre

In der Bauwirtschaft ist die Produktplanung wesentlich komplizierter geregelt. Dabei ist die derzeit noch überwiegende Trennung von Planung und Ausführung keineswegs historisch überliefert.

Erst die Gebührenordnung der Architekten aus dem Jahre 1920 regelte in § 1, dass die Leistung des Architekten für seinen Auftraggeber ein „durch Arbeit oder Dienstleistung herbeizuführender Erfolg" im Sinne des Werkvertrags sei (§ 631 BGB). Die zu berechnende Gebühr sei die „übliche Vergütung" im Sinne des § 632 Abs. 2 BGB und Mindestgebühr (Pfarr, 1983, S. 116).

1973 wurde Pfarr vom Bundesminister für Wirtschaft ein Forschungsauftrag „Honorare der Architekten und Ingenieure" erteilt. Pfarrs Vorschlag, mindestens für bestimmte Objektbereiche baukostenneutrale Bemessungsgrundlagen einzuführen, wurde nicht befolgt. So wurde der Planer mit seinem Honorar „an die Transmission der Kosten für Bauleistungen angehängt", was ihm permanent den Vorwurf einbringt, dass er an einer wirtschaftlich optimalen Lösung nicht interessiert sein könne, da mit abnehmenden Herstellungskosten sein Honorar sinke (Pfarr, 1983, S. 140).

Planer finden sich zum einen bei öffentlichen Bauverwaltungen, die in den letzten Jahren verstärkt erkennen, dass sie vorrangig hoheitliche Ordnungsfunktionen oder fiskalische Auftraggeberfunktionen wahrzunehmen haben, reine Planungsaufgaben im Sinne der HOAI jedoch weder das eine noch das andere darstellen und daher auch ebenso gut (oder besser) von Privaten erbracht werden können.

Ferner finden sich Planer in den Bauabteilungen von Unternehmen der stationären Industrie, des Handels, der Banken und Versicherungen, die sich jedoch auch zunehmend auf ihre Auftraggeber- bzw. Investorenrolle besinnen und über die Verselbständigung der Planungsabteilungen nachdenken.

Die damit vermeintlich entstehenden Freiräume für die unabhängige freiberufliche Planung werden jedoch wiederum eingeengt durch die Konzentrationsprozesse in den Bauunternehmen mit steigender Tendenz der schlüsselfertigen Generalunternehmer-, Totalunternehmer- und Construction Management-Aufträge auf der Basis funktionaler Ausschreibungen, die z. T. den Entwurf, die Ausführungsplanung, die Ausschreibung, Vergabe und Objektüberwachung in den Unternehmerbereich verlagern. Da die Unternehmer vielfach nicht über eigene Planungskapazitäten verfügen, schalten sie ihrerseits externe Planungsbüros ein.

Planungsleistungen werden damit bisher überwiegend noch von freiberuflichen Architektur- und Ingenieurbüros angeboten, die als Einzelunternehmen, Partnerschaften in der Rechtsform von Gesellschaften bürgerlichen Rechts (GbR), Architektur- oder Ingenieurunternehmen (GmbH) oder als kleine AG geführt werden.

Einen Überblick über die Anzahl freiberuflicher Architekten und Ingenieure bieten die Mitgliederlisten der Architekten- und Ingenieurkammern der Länder, wobei die Mitarbeiterzahlen in den Planungsbüros keineswegs aktuell und zuverlässig über diese Mitgliederlisten erfassbar sind, da die Angaben wegen des davon abhängigen Kammermitgliedsbeitrags unscharf sind.

Der Vertragsgestaltung zwischen Auftraggeber und Planer sind durch die HOAI derzeit noch gesetzliche Grenzen hinsichtlich der zu vereinbarenden Vergütung gezogen. Seitens des BMWA sind seit Ende 2003 weit gehende Reformen geplant:

- Beschränkung der HOAI auf die Objekt-, Flächen- und Fachplanung (ohne Beratungsleistungen)
- Beschränkung der HOAI auf die „geistig-schöpferischen" Leistungsphasen 1 (Grundlagenermittlung) bis 5 (Ausführungsplanung)
- Die Vertragspartner sollen die Honorare frei vereinbaren können. Nur bei fehlender vertraglicher Regelung sollen die jeweiligen Mindestsätze der HOAI als vereinbart gelten (§ 4 Abs. 4 HOAI).
- Eine Erhöhung der Honorartafelwerte und auch der Stundensätze der derzeit geltenden HOAI 2001 ist nicht vorgesehen.
- Dagegen soll die HOAI nach 5 Jahren endgültig auslaufen und lediglich noch eine „gesetzlich festgelegte Empfehlung seitens der Architekten und Ingenieurkammern" darstellen.

Durch die Mindest- und Höchstpreisvorschriften der geltenden HOAI (2001) wird derzeit die Preisbildung nach dem Prinzip des Ausgleichs von Angebot und Nachfrage eingeschränkt. Das bei der Vorgabe von Mindestpreisen zu beobachtende Phänomen der Überversorgung – aus den Gewerbezweigen Landwirtschaft, Bergbau, Stahl und Werften bestens bekannt – tritt bei der Bauplanung je nach Planerdisziplin und Konjunkturlage stärker oder schwächer in Erscheinung. In der Praxis werden die Mindesthonorarvorschriften der HOAI keineswegs stets eingehalten, auch nicht bei Verträgen mit öffentlichen Auftraggebern, insbesondere Kommunen, wenngleich Honorarunterschreitungen im Streitfalle vor Gericht eine Anhebung auf den Mindestsatz nach sich ziehen (vgl. Abschn. Die Honorarordnung für Architekten und Ingenieure (HOAI)).

Die Allgemeine Betriebswirtschaftslehre geht generell davon aus, dass die Anbieter von Waren und Dienstleistungen die Produkt- bzw. Dienstleistungsplanung, d. h. die Planung des Produktprogramms und der Produktionsverfahren inkl.

Beschaffung und Lagerhaltung in eigener Zuständigkeit und Verantwortung selbst vornehmen. Die Bedarfsplanung für die in der Bauwirtschaft typische Einzel- oder Auftragsfertigung bereitet gegenüber der Massen-, Sorten- und Serienfertigung erheblich größere Schwierigkeiten, da der Absatz nur grob geschätzt werden kann, der Betrieb aber bei plötzlich eingehenden Aufträgen in der Lage sein muss, diese Aufträge kurzfristig auszuführen. Das Risiko wird noch größer, wenn Kundenaufträge eingehen, die zu Neukonstruktionen führen, für die der Material- und Werkzeugbedarf vorher nicht bekannt ist.

Vom Bauunternehmer wird stets verlangt, zu Verdingungsunterlagen, sehr unterschiedlich hinsichtlich Herkunft, Qualität und Umfang, in Nichtkenntnis seiner potentiellen Mitbewerber Vorentscheidungen über die Teilnahme am Wettbewerb zu treffen. Sofern er sich dann zu einer Teilnahme entschließt, bzw. bei einer Beschränkten Ausschreibung (einem Nichtoffenen Verfahren) dazu aufgefordert wird, muss er die Angebotsunterlagen durcharbeiten, Erkundigungen einholen, Ortsbesichtigungen vornehmen, Überlegungen hinsichtlich der Verfügbarkeit des ggf. einzusetzenden Personals und Geräts anstellen, dabei Abgrenzungen zwischen Eigen- und Fremdleistungen vornehmen, Nachunternehmeranfragen starten und deren Ergebnisse einholen, die Eigenleistungen im Zusammenwirken von Kalkulation und Arbeitsvorbereitung vorkalkulatorisch bewerten, die Vorfinanzierung planen, die zu erwartenden Risiken einschätzen sowie schließlich die Angebotsunterlagen zusammenstellen und rechtzeitig einreichen.

Bei öffentlichen oder ihnen gleichgestellten Auftraggebern kann der Bieter die Abwicklung des Vergabeverfahrens nach VOB/A voraussetzen. Bei gewerblichen und privaten Auftraggebern hat er durch die Angebotsabgabe lediglich die Voraussetzung für die Chance geschaffen, von diesen zu einem Gespräch eingeladen zu werden, bei dem man ihm je nach Konjunkturlage entweder die Vorzüge der dem Bieter nicht bekannten Mitbewerberpreise und die notwendigen Maßnahmen mitteilen wird, durch die er sich noch eine Auftragschance bewahren könne, oder aber ihm durchaus die Möglichkeit einräumen wird, über Terminverschiebungen, Vorauszahlungskonditionen, Wegfall von Nachlässen und Sicherheitsleistungen zu verhandeln.

Nach Auftragserteilung ist die Arbeitsvorbereitung durch Baustelleneinrichtungs- und Bauablaufpläne zu konkretisieren, sind Nachunternehmer in der „zweiten Runde" vertraglich zu binden, alternative Bauverfahren zu bewerten, Auswahlentscheidungen zu treffen und die baustellenbezogene Betriebsabrechnung zu installieren.

Bei nachträglichen Änderungen des Bauentwurfs oder anderen Anordnungen des Auftraggebers, bei Forderung von im Bauvertrag nicht vorgesehenen zusätzlichen Leistungen, beim Erkennen von vertraglich nicht vereinbarten, jedoch zur Ausführung erforderlichen Leistungen, bei Behinderungen durch den Auftraggeber oder seiner Erfüllungsgehilfen sind Verhandlungen zu führen, Nachtragsangebote zu formulieren, Behinderungsschreiben zu übergeben und ggf. Schadensersatzansprüche geltend zu machen, ohne dabei die partnerschaftlichen Beziehungen zum Auftraggeber und seinen Beauftragten zu gefährden. Die dazu erforderliche Kenntnis bezieht der Bauunternehmer nicht aus der Allgemeinen Betriebswirtschaftslehre, sondern aus der Prozesslehre für Bauunternehmen, der Bauwirtschaftslehre in Verbindung mit der Unterweisung im Vertragsrecht nach VOB/A, VOB/B und BGB.

In der stationären Industrie, z. B. bei einem Autokauf, wird der Kaufvertrag i. d. R. vom Produzenten bzw. seinen Verkäufern vorgegeben. Hier muss daher der Käufer als Kunde auf Übereinstimmung mit dem AGB-Gesetz nach §§ 305-311 BGB achten. Bei Bauverträgen stammen die Verdingungsunterlagen jedoch i. d. R. vom Auftraggeber. Daher muss hier der Bauunternehmer als Produzent und Auftragnehmer die Einhaltung des AGB-Gesetzes überprüfen.

Die Allgemeine Betriebswirtschaftslehre hat somit dem Bauunternehmer in den Prozessen der Beschaffung von Aufträgen und Produktionsfaktoren, der Planung des Fertigungsprogramms und der Fertigungsverfahren sowie der Auftragsabwicklung unter Berücksichtigung von dabei eintretenden Leistungsänderungen, Zusatzleistungen und Leistungsstörungen relativ wenig zu bieten. Er ist daher auf die Vermittlung und Aneignung von Kenntnissen der Bauwirtschafts- und Baubetriebslehre, des Baumanagements und der Bauverfahrenstechnik, des Vergabe- und Bauvertragsrechts sowie des baubetrieblichen Rechnungswesens angewiesen.

1.2.3 Bauwirtschaftliche Produktionsfaktoren

Unter Produktionsfaktoren werden alle Waren und Dienstleistungen materieller und immaterieller Art verstanden, deren Einsatz für das Hervorbringen anderer wirtschaftlicher Waren und Dienstleistungen aus technischen oder wirtschaftlichen Gründen notwendig ist.

Die Volkswirtschaftslehre unterscheidet die Produktionsfaktoren Arbeit, Boden und Kapital, denen die Einkommensarten Lohn, Bodenrente und Zins entsprechen. Die Betriebswirtschaftslehre unterscheidet nach den Elementarfaktoren Arbeit, Betriebsmittel und Werkstoffe sowie dem dispositiven Faktor der Geschäftsführung. Die Information und Kommunikation hat als zweckbezogenes Wissen über Zustände und Ereignisse und deren Austausch zum Zweck der aufgabenbezogenen Verständigung die Bedeutung eines eigenständigen Produktionsfaktors erlangt. Damit sind Arbeit, dispositiver Faktor, Betriebsmittel, Werkstoffe, Boden, Kapital sowie Information und Kommunikation als bauwirtschaftliche Produktionsfaktoren zu bezeichnen.

1.2.3.1 Arbeit

Arbeit umfasst alle zielgerichteten, planmäßigen und bewussten körperlichen und geistigen menschlichen Tätigkeiten zur Erreichung bestimmter Ziele. Das Ergebnis des wertbildenden Prozesses stellt die Arbeitsleistung dar. Diese ist abhängig von den körperlichen und geistigen Anlagen, der Ausbildung, dem Leistungspotential und der Leistungsbereitschaft sowie den Arbeitsbedingungen. Die Leistungsfähigkeit und der menschliche Leistungswille hängen im Wesentlichen von der richtigen Personalauswahl und -zuordnung, dem Betriebsklima und der Angemessenheit des Arbeitsentgeltes ab. Als wesentliche Kriterien der Zufriedenheit mit der Arbeit gelten angemessener Verdienst inkl. Sozialleistungen, sicherer Arbeitsplatz, gute Aufstiegsmöglichkeiten, gutes Betriebsklima sowie soziale Anerkennung.

Das Arbeits- und Tarifrecht in der Bauwirtschaft wird gesondert unter Abschn. 0 behandelt.

1.2.3.2 Dispositiver Faktor

Aufgaben der Geschäftsführung eines Unternehmens oder eines Betriebes sind die Planung, Organisation und Überwachung der Kombination der Produktionsfaktoren zur Erreichung der Unternehmensziele (vgl. Abschn. Unternehmensziele und Unternehmensphilosophien).

Führungskräfte sind solche Personen, die anderen Personen Weisungen erteilen dürfen. *Leitende Angestellte* sind solche Mitarbeiter, die eigenverantwortlich Personal einstellen und kündigen dürfen. Dieser Personenkreis wird häufig auch als Managementpersonal bezeichnet und unterliegt nicht dem Kündigungsschutzgesetz. Grundsätzlich sind zwei elementare Führungsstile zu unterscheiden:

- *Management by objectives*: Es werden gemeinsame Zielvereinbarungen getroffen, wobei die Mitarbeiter im Rahmen des mit dem Vorgesetzten abgegrenzten Aufgabenbereichs selbst entscheiden können. Nicht diese Entscheidungen, sondern die Ergebnisse werden kontrolliert. Voraussetzungen sind detaillierte Planung aller Teilziele und eine umfassende Erfolgskontrolle nach dem Smart-Prinzip (spezifisch, messbar, aktuell, realistisch, terminiert).

- *Management by exception*: Ein Eingriff der Vorgesetzten findet nur bei Abweichungen von angestrebten Zielen und bei wichtigen Entscheidungen statt, die z. B. den Umsatz, den Gewinn oder den Planungs- und Baufortschritt betreffen. Aus diesen Eingriffen ergeben sich ggf. negative Auswirkungen auf die Verantwortungsbereitschaft der Mitarbeiter.

Führungsentscheidungen haben ein hohes Maß an Bedeutung, sind auf das Unternehmen als Ganzes gerichtet und nicht auf untergeordnete Stellen übertragbar. Der Führungsprozess lässt sich als Management-Regelkreis interpretieren (*Abb. 1.33*).

Die Leitungsfunktionen der Bauunternehmer umfassen folgende Aufgaben:

- Technische Leitung mit Marketing, Akquisition, Kalkulation, Arbeitsvorbereitung, Bauausführung und Abrechnung,
- Kaufmännische Leitung mit Beschaffung/Einkauf, Rechnungswesen, Lohn- und Betriebsbuchhaltung, Finanz-/Anlagenbuchhaltung und Bankenverkehr,
- Administrative Leitung mit Organisation, Personalbetreuung, EDV-Information und -Kommunikation, Recht, Steuern und Versicherungen sowie
- Leitung der Forschung + Entwicklung, Innovation, Aus- und Weiterbildung.

Die Entscheidungen der Geschäftsführung bestimmen den zukünftigen Ablauf des Betriebsgeschehens und werden letztendlich bestätigt durch den Unternehmenserfolg. *Planung* bedeutet gedankliche Vorwegnahme zukünftigen Geschehens, um aus alternativen Vorgehensweisen diejenige zu ermitteln, die aller Wahrscheinlichkeit nach die optimale Zielerreichung gewährleistet. Das Ergebnis der Planung ist eine konkrete Darstellung der anzustrebenden Ziele sowie der Mittel und Wege, wie diese Ziele erreicht werden sollen. Wichtig ist dabei die Vorgabe operationaler, d. h. messbarer Zielvorgaben, damit Abweichungen quantitativ erfasst werden können.

Ein besonderes Problem besteht für Führungskräfte allgemein in dem *Informations-/Entscheidungsdilemma*, d. h. je höher die Stellung des Entscheidungsträgers in der Unternehmenshierarchie und damit je größer sein Entscheidungsspielraum, desto weniger verfügt er vielfach über die für seine Entscheidung benötigten unmittelbaren Informationen.

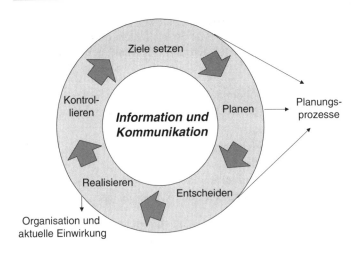

Abb. 1.33 Management-Regelkreis

Gefahren ergeben sich auch aus einem Routineverhalten von Führungskräften, bei dem die Besonderheiten des einzelnen Falles nicht mehr ausreichend bedacht werden, Prüfungen und Plausibilitätskontrollen unterbleiben und dadurch Fehler eintreten.

Geschäftsführende Gesellschafter von Unternehmen sind ferner stets einer Konfliktsituation ausgesetzt. Als Manager sind sie einerseits an einer Sicherung der wirtschaftlichen Position des Unternehmens sowie ihrer eigenen gesellschaftlichen Position und der Ausübung und Erweiterung der ihnen zuwachsenden wirtschaftlichen Macht interessiert. Als Kapitalgeber sind sie dagegen an einer möglichst hohen Verzinsung des in das Unternehmen investierten Eigenkapitals interessiert.

Die Realisierung der Planung erfordert eine Organisation, die eindeutig regelt, wer im Unternehmen und in den Betrieben für welche Aufgaben zuständig ist und auf welche Weise diese Aufgaben erledigt werden sollen. Durch die *Aufbauorganisation* werden die zu erfüllenden Aufgaben auf Organisationseinheiten und die diesen angehörenden Mitarbeiter verteilt.

Im Rahmen der *Ablauforganisation* werden die Aufgaben hinsichtlich des zeitlichen und räumlichen Ablaufs so gestaltet, dass alle Arbeitsgänge möglichst lückenlos und aufeinander abgestimmt mit gleichbleibender Kapazität bzw. unter Vollauslastung abgewickelt werden können.

1.2.3.3 Betriebsmittel

Im industriellen Bereich ist die Bedeutung der menschlichen Arbeitsleistung schon seit vielen Jahren in den Hintergrund getreten. In immer größerem Umfang beeinflusst die Ausstattung des Betriebes mit maschinellen Anlagen, die zunehmend bedienungsfrei produzieren (Automation), den wirtschaftlichen Erfolg der

Unternehmen. Dabei übersteigen die Betriebsmittelkosten häufig die Kosten für Arbeitsleistungen um ein Vielfaches. In der Bauwirtschaft steht diese Entwicklung in vielen Bereichen noch am Anfang. Dem wachsenden Kostendruck wird an Stelle zunehmender Automation und Industrialisierung mit verstärkter Nachunternehmervergabe begegnet.

Zu den Betriebsmitteln zählt das komplette technische Inventar, das zum betrieblichen Leistungsprozess beiträgt und nicht Bestandteil der erzeugten Güter wird, wie:

- Maschinen, Werkzeuge und Einrichtungen,
- Betriebsgrundstücke und -gebäude,
- Transport-, Förder- und Verkehrsmittel sowie
- Büroeinrichtungen, Informations- und Kommunikationsanlagen.

Betriebsmittel können mit Ausnahme von Betriebsgrundstücken nur über einen begrenzten Zeitraum technisch einwandfrei genutzt werden. Diese *technische Nutzungsdauer* kann durch sorgfältige und sachgemäße Pflege und Wartung gesteigert werden.

Mit dem Erwerb von Betriebsmitteln, z. B. einem Turmdrehkran, verschafft sich ein Betrieb Anlagennutzungen für mehrere Jahre im Voraus. Durch die Investition in eine solche Anlage werden somit Finanzmittel für eine Reihe von Rechnungsperioden gebunden und müssen über den Absatz der Waren und Dienstleistungen wieder erwirtschaftet (abgeschrieben) und verzinst sowie gewartet und bei Bedarf repariert werden.

Für den Betrieb stellt sich die Frage, nach welchem Zeitraum ein Betriebsmittel ersetzt werden soll, da der Endzeitpunkt der technischen Nutzungsdauer i. d. R. nicht exakt vorhersehbar und lediglich auf der Grundlage von Erfahrungswerten abschätzbar ist. Die *wirtschaftliche Nutzungsdauer* umfasst die Zeitspanne, in der es wirtschaftlich sinnvoll ist, eine Anlage zu nutzen. Sie ist i. d. R. kürzer als die technische Nutzungsdauer.

Durch *Abschreibungen* werden die jährlichen Wertminderungen der Betriebsmittel in Abhängigkeit von der Nutzungsdauer und der technischen Beschaffenheit betragsmäßig erfasst. In den ersten Jahren der Nutzungszeit nimmt der Gebrauchswert nur langsam, später jedoch schneller ab. Der kaufmännische Zeit-/ Marktwert sinkt jedoch sofort nach Inbetriebnahme stark ab. Eine Wertminderung tritt darüber hinaus auch durch Witterungseinflüsse (z. B. bei Baustelleneinrichtungen) und durch technischen Fortschritt (z. B. Informations- und Kommunikationsanlagen) auf. Die Gefahr der technischen und wirtschaftlichen Überalterung wächst mit der Lebensdauer des Betriebsmittels. Die kaufmännische Vorsicht zwingt deshalb bei der Schätzung der wirtschaftlichen Nutzungsdauer und des Abschreibungsverlaufs zur Einbeziehung des technischen Fortschritts. Aufgrund der Gefahr einer schnellen Entwertung der Anlagegüter ist es notwendig, das in den Anlagen gebundene Kapital möglichst rasch wieder zu erwirtschaften.

Die Erfassung der gesamten Wertminderung vollzieht sich im Unternehmen auf zwei Ebenen:

- *Bilanzielle Abschreibungen* gehen als Aufwand über die Gewinn- und Verlustrechnung in die Unternehmensbilanz ein und beeinflussen je nach Höhe den
Periodenerfolg. Das Unternehmensergebnis und somit auch der steuerliche
Gewinn können damit über die Art der Abschreibung (linear, degressiv) verändert werden. Die Steuergesetzgebung gibt daher für die Steuerbilanz in
AfA-Tabellen (AfA = Absetzung für Abnutzung) normierte Abschreibungsdauern vor. In der Steuerbilanz ist nur eine Abschreibung auf den Anschaffungswert zulässig.
- *Kalkulatorische Abschreibungen* werden hingegen auf den Wiederbeschaf-
fungswert vorgenommen. Die über den Umsatzprozess dem Unternehmen
wieder zufließenden „verdienten" Abschreibungen sind ein wesentlicher Bestandteil der Innenfinanzierung, da die durch den Umsatz erlösten Abschreibungsgegenwerte zur zwischenzeitlichen Finanzierung anderer Betriebsmittel
zwecks Kapazitätserweiterung herangezogen werden können, allerdings bis
zur späteren Ersatzbeschaffung des Ausgangsbetriebsmittel wieder zur Verfügung stehen müssen (vgl. Abschn. 1.8.3.2).

Betriebsmittel sind aufgrund ihrer technischen Beschaffenheit in der Lage, je Zeit-
einheit eine qualitativ und quantitativ definierte Leistungsmenge zu erbringen.
Dabei wird zwischen *technischer Maximal-* und *wirtschaftlicher Dauerleistung*
unterschieden.

Das Verhältnis zwischen wirtschaftlicher Dauerleistung und effektiver Ausnutzung wird als Beschäftigungs- bzw. Kapazitätsausnutzungsgrad bezeichnet.

Beschäftigungsgrad = Kapazitätsausnutzungsgrad =

$$\frac{\textit{Ist-Menge}}{\textit{Soll-Menge}} \textit{ pro Periode x 100 [\%]}$$

1.2.3.4 Werkstoffe

Zu den Werkstoffen werden alle Roh-, Hilfs- und Betriebsstoffe sowie Halb- und
Zwischenfabrikate gezählt, die für die Herstellung oder Veredelung neuer Erzeug-
nisse benötigt werden.
- *Rohstoffe* gehen als Hauptbestandteile in die Fertigfabrikate ein.
- *Hilfsstoffe* werden ebenfalls zu Bestandteilen der Fertigfabrikate. Sie sind
jedoch aufgrund ihres wert- und mengenmäßigen Gewichts von unter-
geordneter Bedeutung (z. B. Betonverflüssiger).
- *Betriebsstoffe* werden bei der Produktion verbraucht (z. B. Treibstoffe).

Bei der Beschaffung von Werkstoffen ist jeweils das Problem der *optimalen Bestellmenge* zu lösen durch Minimierung der Zeitspanne zwischen Beschaffung der
Werkstoffe, Erstellung und Verkauf der Endprodukte und damit Minimierung der
durch die Kapitalbindung bedingten Zinskosten bei Sicherung der Betriebsbereitschaft. Die optimale Bestellmenge ist diejenige Einkaufsmenge, bei der die Summe aus Beschaffungs-, Fehlmengen- und Lagerkosten minimiert wird. Je größer
die Bestellmenge, desto günstiger sind die Preise des Großeinkaufs und desto
geringer die Beschaffungs- und Fehlmengenkosten, desto größer sind jedoch die

Zins- und Lagerraumkosten sowie die Risiken der Veraltung und des Schwundes. Im Rahmen der Optimierung der Beschaffung von Werkstoffen gewinnt das *Just-in-time-Prinzip* durch Schaffung durchgängiger Material- und Informationsflüsse entlang der gesamten Wertschöpfungskette in der Bauwirtschaft zunehmend an Bedeutung nach dem Motto: „Das beste Lager ist kein Lager!"

Werkstoffverluste durch Material- oder Bearbeitungsfehler sowie durch Verschnitt oder Schwund sind durch Wareneingangskontrollen und sorgfältige Behandlung auf ein Mindestmaß zu reduzieren.

1.2.3.5 Boden bzw. Standort

Der Boden ist für die Bauwirtschaft Produktionsfaktor in dreifacher Hinsicht:

- als Gegenstand der Bebauung (Standort von Bauten und Anlagen),
- als Gegenstand des Standorts von Unternehmen (mit Niederlassungen und Geschäftsstellen) sowie
- als Gegenstand des Abbaus zur Stoffgewinnung (Zuschlagsstoffe für Baustoffe).

Der Wert eines zu bebauenden Grundstücks ergibt sich vorrangig aus seiner Lage sowie aus Art und Maß der baulichen Nutzung gemäß geltendem oder zukünftigem Bauplanungsrecht. Zur diesbezüglichen Standortanalyse und -prognose sowie der Grundstückssicherung wird verwiesen auf den Abschn. Standortanalyse und -prognose, Grundstückssicherung. Ein besonderer Schwerpunkt aller Bodenrechtsreformbestrebungen ist die Übertragung eines Teiles der Bodenwerte auf die Allgemeinheit. Die durch städtebauliche Planungen oder sonstige Gebietsaufwertungen bewirkten *leistungslosen Bodengewinne* werden als ungerechtfertigte Vermögensakkumulation bezeichnet, für die verschiedene Abschöpfungsmodelle entwickelt worden sind. Von einigen Kommunen bereits realisierte Zielvorstellung ist es, durch Ankauf von Baugrundstücken vor satzungsmäßiger Festlegung von Art und Maß der baulichen Nutzung durch Bebauungspläne und Verkauf nach Abschluss der bauplanungsrechtlichen Verfahren die dadurch bewirkten Grundstückspreissteigerungen der Kommune und damit der Allgemeinheit zufließen zu lassen.

Die Frage der Wahl eines Unternehmensstandortes stellt sich bei Gründung, Erweiterung oder Verlagerung. Bei der Gründung von Bauunternehmen und auch Planungsunternehmen richtet sich die Standortwahl vorrangig nach den Präferenzen der Gründer und ihrem geplanten Aktionsradius in Abhängigkeit von der Kundenzielgruppe. Darüber hinaus spielen regionale gegenwärtige und zu erwartende Nachfragetrends für die Bautätigkeit ein wichtige Rolle, z. B. in den Ballungszentren der Bundesrepublik (Hamburg, Hannover, Düsseldorf, Ruhrgebietsstädte, Köln, Frankfurt/Main, Stuttgart, München, Dresden, Leipzig/Halle, Erfurt und Berlin).

Weiteren Einfluss haben regional z. T. unterschiedliche Besteuerungen und Steuervergünstigungen, u. a. durch unterschiedliche Hebesätze der Gemeinden für die Gewerbe- und Grundsteuer sowie Sonderabschreibungen oder Zulagen für Investitionen.

Die Verfügbarkeit von ortsansässigen Arbeitskräften hat wegen der branchenüblichen Mobilität und des zunehmenden Anteils ausländischer Arbeitskräfte im
Baugewerbe nur geringe Bedeutung.

Eine Material-/Rohstofforientierung ist bei Fertigteilwerken und teilweise bei
Baustoffherstellern zu beachten.

Allgemein ist der *Standort Bundesrepublik Deutschland* innerhalb Europas seit
etwa 1995 gekennzeichnet durch folgende Merkmale:

Den Nachteilen

- der höchsten Lohnkosten,
- der kürzesten Jahresarbeitszeit und damit auch der höchsten Lohnstückkosten,
- hoher Arbeitslosigkeit als Ausdruck der Arbeitsmarktstrukturprobleme,
- demographischer Überalterung und abnehmender Bevölkerung
- hoher Unternehmens- und Arbeitnehmerbesteuerung sowie Sozialabgabenlast,
- sehr starker Bürokratisierung und eines nur langsam abnehmenden Reform-
staus,
- einer im europäischen Vergleich schlecht abschneidenden Schulausbildung
sowie
- einer nach dem Eindruck des Verfassers wenig leistungsbereiten, sondern vor
allem freizeitorientierten und unternehmerkritischen Grundeinstellung großer
Teile der Bevölkerung

stehen als Vorteile

- relativ stabile politische Verhältnisse,
- gute Infrastruktur,
- angenehmes Klima,
- hoher Freizeitwert und
- die zentrale Lage in Europa

gegenüber.

Es gilt, die Nachteile abzubauen und die Vorteile zu nutzen. Sofern die Bundesrepublik Deutschland ein Höchstlohnland mit gleichzeitig maximalen Urlaubs- und
Freizeiten bei abnehmenden Beschäftigtenzahlen bleibt, wird sie im internationalen Wettbewerb zunehmend krisenanfällig werden. Daher werden das Anspruchs-
denken deutlich vermindert und die Leistungsorientierung wieder erheblich gesteigert werden müssen.

1.2.3.6 Kapital

Der Produktionsfaktor Kapital hat in der Bau- und Immobilienwirtschaft zentrale
Bedeutung. Ihm werden daher vier Unterkapitel aus unterschiedlicher Sichtweise
gewidmet:

- das Kapital als Passivseite der Bilanz zur Darstellung der Vermögensquellen
für die Vermögenswerte auf der Aktivseite der Bilanz mit der Einteilung in
Eigen- und Fremdkapital (vgl. Abschn. 1.4),
- das Kapital als Gegenstand der Unternehmensfinanzierung und Liquiditätssicherung (vgl. Abschn. 1.8),

- das Kapital als Gegenstand strategischer Maßnahmen im Finanz- und Rechnungswesen zur Durchsetzung der strategischen Planung (vgl. Abschn. Maßnahmen zum Finanz- und Rechnungswesen) und
- das Kapital als Gegenstand der Projektfinanzierung im Rahmen der Projektentwicklung (vgl. Abschn. Finanzierung).

Die Sozialkomponente des Eigenkapitals kommt in der Marktwirtschaft durch die Formel „Eigentum verpflichtet" zum Ausdruck und ist Bestandteil des Grundgesetzes (GG) der Bundesrepublik Deutschland. In Artikel 14 GG heißt es: „(1) Das Eigentum und das Erbrecht werden gewährleistet. Inhalt und Schranken werden durch die Gesetze bestimmt.
(2) Eigentum verpflichtet. Sein Gebrauch soll zugleich dem Wohle der Allgemeinheit dienen.
(3) Eine Enteignung ist nur zum Wohle der Allgemeinheit zulässig. Sie darf nur durch Gesetz oder auf Grund eines Gesetzes erfolgen, das Art und Ausmaß der Entschädigung regelt. ..."

1.2.3.7 Information und Kommunikation

Information und Kommunikation gewinnen als Bestandteile des organisatorischen Instrumentariums zunehmend an Bedeutung im betrieblichen Wertschöpfungsprozess. Sie werden daher in der Betriebswirtschaftslehre mittlerweile auch als eigenständiger Produktionsfaktor anerkannt (Informations- und Kommunikationssystem-Technologien (IKT)).

Fehlende Informationen führen zu einem Verzehr anderer betrieblicher Produktionsfaktoren ohne Nutzenstiftung und damit zu Verlusten. Zu viele widersprüchliche oder den Empfänger überfordernde Informationen führen zu Unsicherheit und Verwirrung. Daher haben die Informationspolitik sowie die Informations- und Kommunikationssysteme hohe Bedeutung im Rahmen der Unternehmens- und Betriebsführung sowie der Zufriedenheit von Kunden, Mitarbeitern, Lieferanten, Nachunternehmern, Banken und Behörden.

In der Bauwirtschaft gewinnen die Informations- und Kommunikationstechnologien zunehmend an Bedeutung durch dislozierte Planungs-, Koordinierungs- und Managementtätigkeit, z. B. Einsatz eines Architekturbüros aus New York, eines Tragwerksplanungsbüros aus Frankfurt/Main, eines Fachingenieurbüros für Technische Gebäudeausrüstung aus München für ein Bauvorhaben mit örtlicher Projektleitung in Berlin. Derartige Projekte erfordern Informationsplattformen (Portale) zur Vernetzung der Unternehmens- und Projektdaten für den elektronischen Austausch von Berichten, Berechnungen, Plänen und sonstigen Unternehmens- und Projektunterlagen zwischen rechtlich und wirtschaftlich selbständigen Unternehmen mit der entsprechenden zwischenbetrieblichen EDV-technischen und organisatorischen Integration. Dazu wurden von der internationalen Normungsorganisation (ISO) Standards des *„Electronic Data Interchange"* (EDI) geschaffen, deren Anwendung jedoch branchenspezifische Differenzierungen erfordert.

1.2.4 Rechtsformen von Unternehmen

Die Wahl der Rechtsform von Unternehmen ist einerseits Gegenstand der Rechtswissenschaften wegen der juristischen Ausgestaltung, andererseits Gegenstand der Betriebswissenschaften wegen der betriebswirtschaftlichen Entscheidungsprobleme der Kapitalbeschaffung, Geschäftsführung, des Stimmrechts, der Haftung, der Gewinn- und Verlustverteilung und der steuerlichen Behandlung.

Die Wahl der Rechtsform zählt damit zu den langfristig wirksamen unternehmerischen Entscheidungen. Sie ist nicht nur bei der Gründung eines Unternehmens zu treffen, sondern muss bei Änderung unternehmensrelevanter Faktoren stets überprüft werden. Die Überführung eines Unternehmens von einer Rechtsform in eine andere bezeichnet man als Umwandlung. Einen Überblick über die in der Praxis vorkommenden Rechtsformen von Unternehmen bietet *Abb. 1.34*.

Wird ein neues Unternehmen gegründet oder soll ein bestehendes Unternehmen in eine andere Rechtsform umgewandelt werden, z. B. zur Erweiterung der Kapitalbeschaffungsmöglichkeiten oder wegen der Übertragung des Unternehmens auf mehrere Nachfolger oder Erben, so sind mindestens die folgenden Merkmale der in Frage kommenden Rechtsformen miteinander zu vergleichen (Stehle/Stehle, 1992):

- Rechtsgrundlagen,
- Allgemeine Eignung,
- Gründung,
- Rechtsfähigkeit,
- Gesellschaftsvertrag,
- Eintragung ins Handelsregister,
- Gesellschafter,
- Kapital- und Mindesteinzahlung,
- Firmenname,
- Gesellschaftsvermögen,
- Haftung,

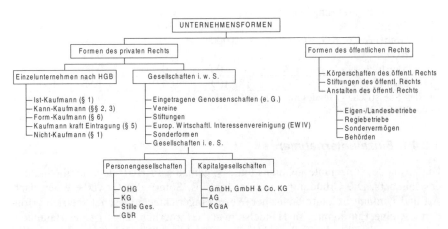

Abb. 1.34 Überblick über die Rechtsformen von Unternehmen

- Organe,
- Geschäftsführung (Innenverhältnis),
- Vertretung (Außenverhältnis),
- Gewinn- und Verlustverteilung,
- Offenlegung und Publizitätspflicht von Jahresabschluss und Lagebericht sowie
- Steuerliche Wesensmerkmale.

Nach der Arbeitsstättenzählung vom 25.05.1987 wurden ca. 181.600 Unternehmen des Bauhaupt- und des Ausbaugewerbes mit ca. 1,85 Mio. Beschäftigten gezählt (Statistisches Bundesamt 2003). Diese verteilten sich auf die einzelnen Rechtsformen gemäß *Tabelle 1.4*. Seit 1987 hat keine Arbeitsstättenzählung mehr stattgefunden. Die Beschäftigtenzahlen haben sich im Bauhauptgewerbe von 1991 bis 2003 von ca. 1,4 Mio. auf ca. 0,85 Mio. reduziert, d. h. um knapp 40 %. Da ein analoges Abschmelzen der Beschäftigtenzahlen im Baunebengewerbe angenommen werden kann, beträgt die Anzahl der Beschäftigten der Unternehmen des Baugewerbes im Jahre 2004 ca. 1,85 x 0,6 = 1,11 Mio..

Andererseits ist die Anzahl der Betriebe im Bauhauptgewerbe von 1995 bis 2003 von ca. 69.500 auf 72.700 angestiegen (+4,6 %), so dass davon auszugehen ist, dass die Anzahl der Unternehmen ebenfalls auf 182.109 x 1,046 = 199.500 angestiegen ist. Diese Tendenz zeigt, dass aus liquidierten oder in die Insolvenz gegangenen Unternehmen neue Unternehmen entstehen, die trotz stark zurückgehender Beschäftigtenzahlen zu einer wachsenden Anzahl von Unternehmen führen.

Planungsunternehmen werden ebenfalls überwiegend als Einzelunternehmen oder Personengesellschaften geführt. Größere Planungsunternehmen wählen die Rechtsform der GmbH und zunehmend auch der kleinen, nicht börsennotierten AG.

Tabelle 1.4 Rechtsformen der Unternehmen des Baugewerbes am 25.05.1987

Nr.	Rechtsform	Anz. Unternehmen		Anz. Beschäftigte	
		abs. [Tsd.]	%	abs. [Mio.]	%
1.	Einzelunternehmen, Personengesellschaften	139.000	76,5	0,76	40,9
2.	GmbH	33.000	18,0	0,52	28,0
3.	GmbH & Co. KG, KG	10.000	5,5	0,36	19,3
4.	AG	9	0,0	0,21	11,3
5.	Sonstige	100	0,0	0,00	0,5
6	Summe	182.109	100,0	1,85	100,0

Quelle: Statistisches Bundesamt (1998): Statistisches Jahrbuch für die Bundesrepublik Deutschland, Wiesbaden

1.2.4.1 Einzelunternehmen

Die Firma des Einzelunternehmens umfasst gemäß § 17 HGB den Familiennamen des Inhabers. Die Gründung geschieht formlos. Sofern das Gewerbe einen nach Art und Umfang in kaufmännischer Weise eingerichteten Geschäftsbetrieb erfordert, ist eine Eintragung im Handelsregister erforderlich. Dies ist bei Bauunternehmen regelmäßig der Fall, nicht jedoch für Angehörige der freien Berufe wie Architekten und Ingenieure (§ 18 Abs. 1 Nr. 1 EstG). Angehörige der freien Berufe betreiben kein Gewerbe, sind daher keine Kaufleute und unterliegen damit, anders als die Bauunternehmen, (bisher) nicht der Gewerbesteuerpflicht.

Der Inhaber einer Einzelunternehmung

- bringt das Geschäftskapital allein auf,
- führt die Unternehmung selbständig,
- trägt das Unternehmerrisiko allein und
- haftet allein für die Geschäftsverbindlichkeiten unmittelbar und unbeschränkt, d. h. mit dem Geschäfts- und dem Privatvermögen.

Die Vorteile dieser Unternehmensform liegen in der individuellen Entscheidungsfreiheit und Elastizität des Einzelunternehmers.

Als Nachteile sind dagegen zu nennen:

- die Abhängigkeit von der Arbeitsfähigkeit des Einzelunternehmers,
- die Gefährdung der Kontinuität der Unternehmensleitung,
- die begrenzte Kapitalkraft des Einzelunternehmers und
- die schmale Kreditbasis.

1.2.4.2 Personengesellschaften

Personengesellschaften besitzen keine eigene Rechtspersönlichkeit, jedoch eine relative Rechtsfähigkeit, d. h. sie können unter ihrer Firma Rechte erwerben und Verbindlichkeiten eingehen, jedoch nicht klagen und verklagt werden. Im Vordergrund steht die persönliche Mitgliedschaft der Gesellschafter, die wiederum natürliche, juristische oder auch Personengesellschaften sein können.

Für die Bauwirtschaft hat die *Gesellschaft bürgerlichen Rechts (GbR)* besondere Bedeutung als häufige Rechtsform zur Verwirklichung von Gemeinschaftsinteressen von

- Architekten und Ingenieuren sowie
- Arbeitsgemeinschaften (ARGEN) aus mehreren Bauunternehmen.

Rechtsgrundlagen sind die §§ 705–740 BGB. Die Vorschriften des HGB sind unanwendbar.

Die Gründung geschieht durch Gesellschaftsvertrag, mit dem sich die Gesellschafter gegenseitig verpflichten, die Erreichung eines bestimmten Zwecks in der im Vertrag bestimmten Weise zu fördern. Die Gesellschafter haben ihre Gesellschaftsbeiträge zu leisten und untereinander mit der in eigenen Angelegenheiten wahrgenommenen Sorgfalt zu haften. Das Gesellschaftsvermögen steht allen Gesellschaftern in Gemeinschaft zur gesamten Hand zu. Die Vertretung nach außen wird durch einen oder mehrere geschäftsführende Gesellschafter wahrgenommen. Die Gewinn- oder Verlustverteilung richtet sich nach Köpfen, sofern im Gesellschaftsvertrag nichts anderes vereinbart ist.

Die Gesellschafter haften als Gesamtschuldner, d. h. unmittelbar und unbeschränkt mit ihrem Geschäfts- und Privatvermögen und solidarisch für die Schulden der Gesellschaft (§ 421 BGB). Durch Vereinbarung mit den Gläubigern kann die Haftung jedoch auf das Gesellschaftsvermögen oder in anderer Weise beschränkt werden. Die beschränkte Haftung muss jedoch mit jedem einzelnen Gläubiger stets ausdrücklich vereinbart werden, um wirksam zu sein.

Die *Offene Handelsgesellschaft (OHG)* ist eine Personengesellschaft, deren Zweck auf den Betrieb eines Handelsgewerbes unter gemeinschaftlicher Firma gerichtet ist und deren Gesellschafter den Gläubigern unmittelbar und unbeschränkt mit ihrem Gesellschafts- und Privatvermögen für die Gesellschaftsschulden gesamtschuldnerisch haften. Rechtsgrundlage sind die §§ 105–160 HGB sowie ergänzend die §§ 705 ff BGB.

Die Firma der OHG hat den Namen (mit oder ohne Vornamen) wenigstens eines Gesellschafters mit dem Zusatz OHG oder & Co. oder die Namen aller Gesellschafter zu enthalten. Die OHG ist die angesehenste, jedoch im Baugewerbe nur wenig verbreitete Rechtsform einer Handelsgesellschaft. Sofern kein persönlich haftender Gesellschafter eine natürliche Person ist, muss die Firma eine Bezeichnung erhalten, welche die Haftungsbeschränkung kennzeichnet.

Die *Kommanditgesellschaft (KG)* ist eine Personengesellschaft, deren Zweck auf den Betrieb eines Handelsgewerbes unter gemeinschaftlicher Firma gerichtet ist, mit zwei Arten von Gesellschaftern:

- *Komplementären*, d. h. mit ihrem ganzen Vermögen persönlich haftende Gesellschafter und i. W. gleicher Rechtsstellung wie OHG-Gesellschafter, und
- *Kommanditisten*, deren Haftung auf die im Handelsregister eingetragene Kapitaleinlage beschränkt ist.

Auch juristische Personen (Kapitalgesellschaften) können Komplementäre oder Kommanditisten sein.

Rechtsgrundlage der KG sind die §§ 161–177 HGB, ergänzend die Vorschriften über die OHG (§§ 105–160 HGB) und über die Gesellschaft bürgerlichen Rechts (§§ 705–740 BGB). Die Firma muss den Familiennamen mindestens eines Komplementärs mit einem auf das Bestehen einer Gesellschaft hinweisenden Zusatz enthalten (§ 19 HGB).

In der Bauwirtschaft ist die Kommanditgesellschaft als Rechtsform *geschlossener Immobilienfonds* (KG-Fonds, aber auch GbR-Fonds) weit verbreitet. Die Zeichner des Zertifikatskapitals zur Finanzierung jeweils vorher definierter Liegenschaften erwerben als Kommanditisten einen Teil des üblicherweise von einem Kreditinstitut treuhänderisch gehaltenen Kommanditanteils (vgl. Abschn. Finanzierung).

Die *GmbH & Co. KG* ist eine Kommanditgesellschaft, bei der eine GmbH persönlich haftender Gesellschafter (Komplementär) und andere Rechtspersonen (meist die Gesellschafter der GmbH) Kommanditisten sind. Durch die Beteiligung der GmbH wird deren Haftung als Komplementär auf deren Vermögen beschränkt. In der Firmenbezeichnung muss die GmbH erscheinen, da ansonsten Durchgriffshaftung in Betracht kommt. Die auf die beteiligten natürlichen Personen (Kommanditisten) entfallenden Gewinnanteile unterliegen bei diesen der Einkommensteuer, die Anteile der GmbH als Komplementärin bei dieser der Körperschaftsteuer, die nach dem Halbeinkünfteverfahren nicht mehr auf die Einkommensteuer der Gesellschafter der GmbH angerechnet wird. Dafür ist die Hälfte der Gewinnanteile nach Abzug der Körperschaftsteuer steuerfrei. Die GmbH & Co. KG selbst unterliegt mit dem einheitlich und gesondert festgestellten Gewinn der Gewerbeertragsteuer.

Durch die Kombination der Haftungsbeschränkungen der GmbH mit den steuerlichen Vorteilen der KG (z. B. des Gewerbesteuerfreibetrags von 24.500 € gemäß § 11 Abs. 1 Nr. 1 GewStG) wird diese Rechtsform dennoch nach wie vor gern gewählt.

1.2.4.3 Kapitalgesellschaften

Kapitalgesellschaften sind Handelsgesellschaften, bei denen die kapitalmäßige Beteiligung der Gesellschafter im Vordergrund steht. Es ist jeweils ein bestimmtes Mindestkapital vorgeschrieben. Eine Beteiligung ohne Kapitaleinlage ist nicht möglich, eine persönliche Mitarbeit der Gesellschafter nicht zwingend erforderlich. Zu den Kapitalgesellschaften zählen die Gesellschaft mit beschränkter Haftung (GmbH), die Aktiengesellschaft (AG) und die Kommanditgesellschaft auf Aktien (KGaA). Sie zählen zur Rechtsform der *juristischen Personen*, die ihnen Rechtsfähigkeit verleiht und für Vertretung und Geschäftsführung besondere Organe erfordert, die nicht notwendigerweise mit den Gesellschafterpersonen identisch sein müssen.

Kapitalgesellschaften unterliegen der Gewerbesteuer und der Körperschaftsteuer. Die Gesellschafter zahlen Einkommensteuer auf die Hälfte des nach Abzug der Körperschaftsteuer verbleibenden Gewinns (Halbeinkünfteverfahren).

Es bestehen strenge Formvorschriften für die Gründung, die u. a. die notarielle Beurkundung der Gesellschaftsverträge erfordern. Die Gesellschaftsteuer von 1 % des Stammkapitals wurde mit Wirkung vom 01.01.1992 abgeschafft.

Gesellschaft mit beschränkter Haftung (GmbH)

Die GmbH ist eine Kapitalgesellschaft mit eigener Rechtspersönlichkeit, an der die Gesellschafter mit Einlagen an dem in Stammeinlagen zerlegten Stammkapital beteiligt sind. Deren Haftung ist auf die Erbringung der Einlagen und etwaige Nachschüsse begrenzt, ohne persönlich für die Verbindlichkeiten der Gesellschaft zu haften.

Der Firmenname der GmbH kann eine Sach- oder Personenfirma sein. Die Sachfirma muss vom Gesellschaftszweck abgeleitet sein. Die Personenfirma muss min. den Namen eines Gesellschafters enthalten. In beiden Fällen ist der Zusatz „Gesellschaft mit beschränkter Haftung (GmbH)" erforderlich.

Rechtsgrundlage ist das GmbH-Gesetz (1892, 2002). Das Stammkapital beträgt mindestens 25.000 €, je Stammeinlage mindestens 100 €. Die Beteiligung kann für die einzelnen Gesellschafter verschieden hoch sein. Die Errichtung einer GmbH erfolgt durch eine oder mehrere Personen mit Abschluss eines Gesellschaftsvertrages in notarieller Form. Min. 25 % jeder Stammeinlage müssen eingezahlt sein, wobei die Bar- und Sacheinlagen zusammen min. 12.500 € erreichen müssen. Dabei besteht eine kollektive Deckungspflicht aller Gesellschafter für die Einzahlung des Stammkapitals. Gerät ein Gesellschafter mit der Einzahlung seines Kapitalanteils in Verzug, so wird ein Kaduzierungsverfahren (Ausschlussverfahren) gegen ihn eingeleitet. Eine Nachschusspflicht besteht über den Betrag der Stammeinlage hinaus, sofern dies in der Satzung vereinbart ist. Dafür existiert jedoch keine kollektive Deckungspflicht.

Bei unbeschränkter Nachschusspflicht haben die Gesellschafter ein Abandonrecht, d. h. sie können ihren Geschäftsanteil der Gesellschaft zur Verfügung stellen, um dadurch von einer Verpflichtung zur Zahlung entbunden zu werden.

Die GmbH entsteht mit der Eintragung ins Handelsregister. Der Gesellschaftsvertrag muss Angaben enthalten über die Firma, den Sitz der Gesellschaft, den

Gegenstand des Unternehmens, die Höhe des Stammkapitals und die Stammeinlagen der Gesellschafter. Änderungen des Gesellschaftsvertrages sind nur mit einer Mehrheit von 3/4 der abgegebenen Stimmen möglich (§ 53 Abs. 2 GmbHG).

Organe der Gesellschaft sind der oder die Geschäftsführer, die Gesellschafterversammlung und ggf. der Aufsichtsrat, Beirat oder Verwaltungsrat.

Der Geschäftsführer wird gemäß Gesellschaftsvertrag oder Beschluss der Gesellschafter bestellt. Im Innenverhältnis wird er durch den Anstellungsvertrag verpflichtet, die Vornahme bestimmter Geschäfte nur mit Genehmigung der Gesellschafterversammlung oder des Aufsichtsrats vorzunehmen. Nach außen hat er jedoch unbeschränkbare Vertretungsmacht. Häufig werden Geschäftsführer vom Verbot des Selbstkontrahierens nach § 181 BGB befreit, um ihnen die im Geschäftsverkehr notwendige Handlungsfreiheit zu gewähren. Sie sollten dann jedoch verpflichtet werden, der Gesellschafterversammlung oder dem Aufsichtsrat unmittelbar nach Abschluss eines Insichgeschäftes zu berichten, z. B. über die Ausübung einer Kontovollmacht zu eigenen Gunsten.

Die Gesellschafterversammlung hat u. a. über die Feststellung des Jahresabschlusses und Verwendung des Ergebnisses, die Einziehung und Teilung von Geschäftsanteilen, die Bestellung, Abberufung, Prüfung und Entlastung von Geschäftsführern sowie die Bestellung von Prokuristen zu beschließen. Beschlüsse der Gesellschafterversammlung werden mit einfacher Stimmenmehrheit gefasst (50 € = eine Stimme, sofern in der Satzung nichts anderes bestimmt ist) bis auf die Satzungsänderung und die Auflösung, die nach den §§ 53 und 60 GmbHG 3/4 der abgegebenen Stimmen erfordern.

Aufsichtsrat, Beirat und Verwaltungsrat sind fakultative Organe, die in der Satzung vorgesehen werden können. Bei mehr als 500 Arbeitnehmern muss die GmbH jedoch einen Aufsichtsrat bilden, für den die aktienrechtlichen Vorschriften Anwendung finden (§ 77 BetrVG 1952, § 6 MitBestG 1976).

Nach den §§ 325–329 HGB sind Kapitalgesellschaften verpflichtet, die Öffentlichkeit über das Betriebsgeschehen, die Lage und Erfolge ihrer Unternehmung sowie über die Ursachen ihrer geschäftlichen Entwicklung zu informieren (Publikationspflicht). Der Veröffentlichungsumfang richtet sich nach der *Größenklasse* gemäß § 267 HGB. Danach ist zu unterscheiden zwischen kleinen, mittleren und großen Kapitalgesellschaften, sofern min. zwei der drei Kriterien in *Tabelle 1.5* erfüllt werden.

Tabelle 1.5 Größenklassen von Kapitalgesellschaften nach § 267 HGB

Kriterien	Kapitalgesellschaften		
	kleine	mittlere	große
Bilanzsumme in Mio. €	≤ 3,438	≤ 13,75	> 13,75
Jahresumsatz in Mio. €	≤ 6,875	≤ 27,50	> 27,50
Arbeitnehmeranzahl	≤ 50	≤ 250	> 250

Kleine Kapitalgesellschaften haben die Jahresbilanz mit verkürztem Anhang, den Ergebnisverwendungsvorschlag und -beschluss zum Handelsregister einzureichen und die Einreichung im Bundesanzeiger bekannt zu machen. *Mittelgroße und große Kapitalgesellschaften* haben die Jahresbilanz, die Gewinn- und Verlustrechnung, den Anhang, den Lagebericht, den Prüfungsvermerk, den Bericht des Aufsichtsrats sowie den Ergebnisverwendungsvorschlag und -beschluss zu veröffentlichen, wobei mittelgroße Unternehmen die Unterlagen zum Handelsregister einzureichen und die Einreichung im Bundesanzeiger bekannt zu machen haben, während große Gesellschaften die Unterlagen im Bundesanzeiger zu veröffentlichen und zum Handelsregister einzureichen haben. Die Offenlegungsfrist beträgt bei großen und mittelgroßen Kapitalgesellschaften bis zu 9 Monate nach dem Bilanzstichtag, bei kleinen bis zu 12 Monate.

Die Publikationspflicht wird von kleinen und mittleren Kapitalgesellschaften bisher nur unzureichend erfüllt, da das Bekanntwerden von Betriebsgeheimnissen befürchtet und dieses Risiko höher eingestuft wird als das Interesse der Kunden, Lieferanten, Arbeitnehmer, Gläubiger und der Öffentlichkeit.

Die GmbH ist wegen ihrer eindeutigen Kapitalstruktur und Haftungsbeschränkung sowie gesetzlichen Grundlage durch das GmbHG angemessene Rechtsform für Bauunternehmen und auch für mittlere und große Planungsgesellschaften.

Aktiengesellschaft

Die Aktiengesellschaft (AG) ist eine Handelsgesellschaft mit eigener Rechtspersönlichkeit, deren Gesellschafter mit Einlagen auf das in Aktien zerlegte Grundkapital beteiligt sind, ohne persönlich für die Verbindlichkeiten der Gesellschaft zu haften. Für die Verbindlichkeiten der AG haftet den Gläubigern nur das Gesellschaftsvermögen.

Rechtsgrundlage ist das Aktiengesetz (AktG). Die AG unterliegt der Mitbestimmung der Arbeitnehmer auf Unternehmensebene nach dem Montan-Mitbestimmungsgesetz (MoMitBestG), dem Mitbestimmungsgesetz (MitBestG) und dem Betriebsverfassungsgesetz 1952 (BetrVG 1952).

Die Gründung erfordert min. 5 Gründer. Diese sind verantwortlich für die Aufstellung und die notarielle Beurkundung der Satzung, die Angaben enthalten muss über die Firma, den Sitz, den Gegenstand des Unternehmens, das Grundkapital, den Nennwert der Aktien, die Art der Zusammensetzung des Vorstandes sowie die Form für die Bekanntmachungen der AG. Die Firmenbezeichnung ist i. d. R. dem Gegenstand des Unternehmens zu entnehmen und muss den Zusatz „AG" enthalten. Das in Aktien zerlegte Grundkapital beträgt min. 50.000 €, der Mindestnennbetrag einer Aktie 1 €. Neben Stammaktien (Normalfall) existieren in bestimmten Unternehmen auch Vorzugsaktien (Gewährung von Vorzugsrechten, z. B. bei der Gewinnverteilung oder beim Stimmrecht).

Eine Aktienemission wird zum Kurswert nicht unter dem Nennwert vorgenommen, d. h. i. d. R. über pari. Das Agio (Aufgeld) ist der gesetzlichen Rücklage zuzuführen.

Zu unterscheiden ist ferner zwischen

- Inhaberaktien (Normalform; Übertragung durch Einigung und Übergabe),
- Namensaktien (Eintrag der Erwerber im Aktienbuch; ggf. Übertragung an Zustimmung der Gesellschaft gebunden) und
- Belegschaftsaktien (Angebot von Aktien an die Arbeitnehmer zwecks Kapitalerhöhung, d. h. Umwandlung von Rücklagen in Nennkapital oder Verkauf eigener Aktien zum Vorzugskurs).

Organe der Gesellschaft sind die Hauptversammlung, der Aufsichtsrat und der Vorstand. Die Gründer bestellen den ersten Aufsichtsrat, dieser bestellt den Vorstand. Später wird der Aufsichtsrat durch die Hauptversammlung gewählt.

In der Hauptversammlung nehmen die Aktionäre ihre Rechte in Angelegenheiten der AG wahr. Sie beschließt in allen von Gesetz oder Satzung bestimmten Fällen, insbesondere über

- die Bestellung der Aktionärsvertreter für den Aufsichtsrat,
- die Verwendung des Bilanzgewinns,
- die Entlastung von Vorstand und Aufsichtsrat,
- die Bestellung der Abschlussprüfer,
- Satzungsänderungen,
- Maßnahmen der Kapitalbeschaffung und -herabsetzung sowie
- die Auflösung der AG.

Der Aufsichtsrat einer AG oder einer KGaA muss nach § 76 Abs. 1 BetrVG 1952 zu einem Drittel aus Vertretern der Arbeitnehmer bestehen. In Kapitalgesellschaften mit i. d. R. mehr als 2.000 Arbeitnehmern gilt das Mitbestimmungsgesetz (MitBestG). Hier setzt sich der Aufsichtsrat gemäß § 7 mit i. d. R. nicht mehr als 10.000 Arbeitnehmern zusammen aus je 6 Mitgliedern der Anteilseigner und der Arbeitnehmer, bei i. d. R. mehr als 20.000 Arbeitnehmern aus je 10 Mitgliedern.

Gemäß § 7 Abs. 2 Nr. 1 MitBestG müssen sich in einem Aufsichtsrat, dem 6 Mitglieder der Arbeitnehmer angehören, 4 Arbeitnehmer des Unternehmens und 2 Vertreter von Gewerkschaften befinden.

Der Aufsichtsrat mit Ausnahme der Arbeitnehmervertreter wird durch die Hauptversammlung gewählt. Die Aufsichtsratsmitglieder der Arbeitnehmer und der Gewerkschaften nach § 7 Abs. 2 MitBestG werden gemäß den §§ 15 und 16 von den Delegierten der Arbeitnehmer gemäß § 10 MitBestG gewählt. Die Amtszeit beträgt max. 4 Bilanzjahre. Der Aufsichtsrat wählt aus seiner Mitte einen Vorsitzenden und mindestens einen Stellvertreter. Die Aufsichtsratsmitglieder brauchen nicht Aktionäre der Gesellschaft zu sein, dürfen aber nicht dem Vorstand angehören. Eine natürliche Person darf max. 10 Aufsichtsratsitze innehaben. Ferner besteht ein Verbot der Überkreuzverflechtung, d. h. sofern ein Vorstandsmitglied in der AG 1 gleichzeitig Aufsichtsrat in der AG 2 ist, darf ein Vorstandsmitglied aus der AG 2 nicht Aufsichtsratsmitglied in der AG 1 sein (§ 100 Abs. 2 AktG).

Der Aufsichtsrat muss mindestens halbjährlich einberufen werden. Die Aufgaben des Aufsichtsrates bestehen in

- der Bestellung und Abberufung des Vorstands,
- der Überwachung der Geschäftsführung sowie
- der Prüfung des Jahresabschlusses, des Geschäftsberichts und des Gewinnverwendungsvorschlags.

Der Aufsichtsrat hat in einem schriftlichen Bericht der Hauptversammlung das Ergebnis seiner Prüfung des Jahresabschlusses, des Lageberichts, des Vorschlags über die Gewinnverwendung, der Geschäftsführung und des vom Abschlussprüfer erstellten Prüfungsberichtes mitzuteilen (KonTraG).

Der Vorstand wird vom Aufsichtsrat für max. 5 Jahre bestellt, jedoch ist wiederholte Bestellung zulässig (§ 84 AktG). Bei den unter das MitBestG 1976 fallenden AG und GmbH ist als gleichberechtigtes Mitglied neben den anderen Vorstandsmitgliedern ein Arbeitsdirektor zu bestellen. Der Arbeitsdirektor kann nicht gegen die Stimmen der Arbeitnehmervertreter im Aufsichtsrat gewählt werden. Er ist somit Vertrauensperson der Arbeitnehmer und Gewerkschaften und vertritt i. d. R. das Ressort Personal und Soziales.

Aufgaben des Vorstands sind die

- Eigenverantwortliche Leitung (§ 76 AktG),
- Gerichtliche und außergerichtliche Vertretung der AG (§ 78 AktG),
- Vorbereitung und Ausführung von Hauptversammlungsbeschlüssen (§ 83 AktG),
- min. ¼-jährliche Berichterstattung an den Aufsichtsrat (§ 90 AktG),
- Sorgepflicht für Buchführung (§ 91 AktG),
- Wahrnehmung der Sorgfaltspflicht bei der Geschäftsführung (§ 93 AktG),
- Einberufung der Hauptversammlung (§ 121 AktG),
- Aufstellung und Vorlage des Jahresabschlusses und Lageberichts an den Abschlussprüfer (§§ 264, 290, 320 HGB) sowie
- Offenlegung des Jahresabschlusses und Lageberichts (§§ 325 ff HGB).

Über die Verwendung des Bilanzgewinns beschließt die Hauptversammlung auf Vorschlag des Vorstands und Nachprüfung durch den Aufsichtsrat. 5 v. H. des Jahresüberschusses sind gemäß § 150 AktG der gesetzlichen Rücklage zuzuführen, bis diese und weitere Kapitalrücklagen $\geq$ 10 % oder den in der Satzung bestimmten höheren Teil des Grundkapitals erreichen. Der auf die einzelne Aktie entfallende Anteil vom Bilanzgewinn verbleibt als Dividende, i. d. R. in € pro Mindestnennwert oder in % des Nennwertes ausgedrückt. Sie wird aufgrund des Jahresabschlusses vom Vorstand vorgeschlagen, vom Aufsichtsrat geprüft und von der Hauptversammlung beschlossen.

Die Aktiengesellschaft ist eine in der Bauwirtschaft bisher vor allem bei den großen Bauunternehmen vorkommende Rechtsform, wobei zunehmend kleine AGs in Bauunternehmen und auch Planungsbüros Verbreitung finden, deren Aktien noch nicht zum börsenmäßigen Handel nach den §§ 36–49 BörsG (1896, 1998) zugelassen sind.

1.3 Arbeits- und Tarifrecht in der Bauwirtschaft

Das Arbeitsrecht regelt die Rechtsbeziehungen zwischen Arbeitgeber und Arbeitnehmer. Es wird definiert als das *„Sonderrecht der Arbeitnehmer"* und umfasst die Gesamtheit aller Rechtsregeln, die sich mit der unselbständigen, abhängigen Arbeit der in einem Unternehmen beschäftigten Personen befassen, die fremdbestimmte Arbeit leisten und dabei an Weisungen hinsichtlich Art, Ausführung, Ort und Zeit der Arbeit gebunden sind (Richardi, 2003).

Das *individuelle Arbeitsrecht* beinhaltet die rechtliche Regelung der Beziehungen zwischen Arbeitgebern und Arbeitnehmern, das *kollektive Arbeitsrecht* dagegen die Beziehungen zwischen den Zusammenschlüssen, d. h. von Arbeitgeberverbänden oder einzelnen Arbeitgebern einerseits sowie Gewerkschaften oder Betriebsräten andererseits.

Das Arbeitsrecht ist bisher in viele Einzelgesetze zersplittert, wie z. B. Betriebsverfassungs-, Kündigungsschutz-, Jugendarbeitsschutzgesetz, Arbeitszeitordnung sowie die §§ 61 ff BGB und die §§ 105 ff GewO. Es gibt bisher in der Bundesrepublik Deutschland kein einheitliches und zusammenfassendes Arbeitsgesetzbuch, obwohl in Art. 30 des Einigungsvertrages vom 31.08.1990 (BGBl. II S. 889) gefordert wurde, das Arbeitsvertragsrecht und das öffentlich-rechtliche Arbeitsrecht „möglichst bald einheitlich neu zu kodifizieren". Daher ist das Arbeitsrecht nach wie vor weitgehend Richterrecht. Die Arbeitsgerichte sehen sich zur Schließung von Gesetzeslücken und zur Rechtsfortbildung veranlasst.

Arbeitsrecht ist einerseits zwingendes Recht. Andererseits sind abweichende Vereinbarungen möglich, wenn diese den Arbeitnehmer günstiger stellen (*Günstigkeitsprinzip*).

Ferner gilt für die Rangfolge arbeitsrechtlicher Regelungen der *Vorrang des Kollektivrechts vor dem Individualrecht* und nach dem Grundsatz des Art. 31 GG *Bundesrecht vor Landesrecht*, d. h. folgende Rangreihe:

1. Grundgesetz,
2. Bundesgesetze,
3. Länderverfassungen,
4. Ländergesetze,
5. Tarifverträge,
6. Betriebsvereinbarungen,
7. Arbeitsvertrag.

Dabei ist jedoch das *Ordnungsprinzip* für das Verhältnis einander ablösender kollektiver Ordnungen zu beachten. Danach gelten der spätere Tarifvertrag oder die spätere Betriebsvereinbarung vor den jeweils früheren, auch wenn die neuen Vereinbarungen zu schlechteren Arbeitsbedingungen für die Arbeitnehmer führen. Insoweit gilt das Günstigkeitsprinzip nicht.

Die Unterscheidung in Arbeiter und Angestellte, die bei der Entstehung des Arbeitsrechts eine wesentliche Rolle spielte, hat heute nur noch Bedeutung für das kollektive Arbeitsrecht, vor allem das Betriebsverfassungsrecht und das Recht der Unternehmensmitbestimmung. In § 133 Abs. 2 SGB VI ist beispielhaft aufgezählt, wer zu den *Angestellten* gehört, u. a.

* Angestellte in leitender Stellung,
* technische Angestellte in Betrieb, Büro und Verwaltung, Werkmeister und andere Angestellte in einer ähnlich gehobenen oder höheren Stellung,
* Büroangestellte,
* Handlungsgehilfen und andere Angestellte für kaufmännische Dienste,
* Bühnenmitglieder und Musiker sowie
* Angestellte in Berufen der Erziehung, des Unterrichts, der Fürsorge, der Kranken- und Wohlfahrtspflege.

Wer nicht Angestellter ist, gehört zur Gruppe der *Arbeiter*.

1.3.1 Ausgewählte Rechtsgrundlagen des Arbeitsrechtes

Grundgesetz und EG-Vertrag

Aus dem Grundgesetz (GG) sind die Art. 3 Gleichheit vor dem Gesetz, Art. 9 Vereinigungsfreiheit und Art. 12 Berufsfreiheit für das Arbeitsrecht von besonderer Bedeutung. Nach Art. 12 Abs. 1 GG haben alle Deutschen das Recht, Beruf, Arbeitsplatz und Ausbildungsstätte frei zu wählen. Nach Abs. 2 darf niemand zu einer bestimmten Arbeit gezwungen werden, außer im Rahmen einer für alle gleichen öffentlichen Dienstleistungspflicht. Nach Abs. 3 ist Zwangsarbeit nur bei einer gerichtlich angeordneten Freiheitsentziehung zulässig.

Nach Art. 141 EG-Vertrag vom 25.03.1957 i. d. F. vom 02.10.1997 (BGBl. 1999 II S. 416) gilt das Gebot des gleichen Entgelts für Männer und Frauen bei gleicher Arbeit. Die EG-Gleichbehandlungsrichtlinie Nr. 76/207/EWG vom 09.02.1976 i. d. F. vom 23.09.2002 (ABl. Nr. L 269/15) definiert gemäß Art. 3 Abs. 1 die Anwendung des *Grundsatzes der Gleichbehandlung* dahingehend, dass Männern und Frauen dieselben Arbeitsbedingungen ohne Diskriminierung auf Grund des Geschlechts gewährt werden müssen.

Bürgerliches Gesetzbuch (BGB)

Wichtigste Rechtsquelle für das individuelle Arbeitsrecht sind das BGB und darin insbesondere die Regeln über den *Dienstvertrag* gemäß §§ 611–630 BGB. Nach § 611 Abs. 1 BGB wird der Arbeitnehmer zur Leistung der versprochenen Arbeitsdienste, der Arbeitgeber zur Gewährung der vereinbarten Vergütung verpflichtet. Eine geschlechtsbezogene Benachteiligung ist nach § 611a BGB nicht zulässig. Nach § 612 kann eine Vergütung auch als stillschweigend vereinbart gelten.

Wenn der Arbeitgeber die ihm vertragsgerecht angebotene Dienstleistung nicht annimmt, behält der Arbeitnehmer gemäß § 615 dennoch den Anspruch auf das Arbeitsentgelt, ohne zur Nachleistung verpflichtet zu sein.

Der Anspruch auf Erteilung eines *Zeugnisses* ergibt sich aus § 630 BGB. Auf Verlangen muss das Zeugnis auch die erbrachten Leistungen und das Verhalten bewerten. Es muss getragen sein vom wohlwollenden Verständnis für den Arbeitnehmer und dessen berufliches Fortkommen. Jedoch können Haftungsansprüche aus falschen Angaben entstehen. In der Bewertung hat sich eine verschlüsselte *Zeugnissprache* herausgebildet, wie z. B.

- mangelhaft: „... Er war bemüht, den gestellten Anforderungen gerecht zu werden...",
- ausreichend: „... Mit seinen Leistungen waren wir im Großen und Ganzen zufrieden...",
- befriedigend: „... Mit seinen Leistungen waren wir zufrieden...",
- gut: „... Mit seinen Leistungen waren wir sehr zufrieden..." sowie
- sehr gut: „... Mit seinen Leistungen waren wir stets sehr zufrieden. Wir bedauern sein Ausscheiden und würden ihn jederzeit wieder einstellen...".

Für die *Haftung und Verpflichtung zum Schadensersatz aus einem Arbeitsvertrag* gilt generell auch die zentrale Schadensersatznorm des § 280 BGB, wonach der

Gläubiger Ersatz des entstehenden Schadens von einem Schuldner verlangen kann, der eine Pflichtverletzung zu vertreten hat.

Nach § 276 BGB hat der Schuldner Vorsatz und Fahrlässigkeit zu vertreten, wenn eine strengere oder mildere Haftung weder bestimmt noch aus dem sonstigen Inhalt des Schuldverhältnisses, insbesondere aus der Übernahme einer Garantie oder eines Beschaffungsrisikos, zu entnehmen ist.

Die Rechtsprechung hat wegen der Fremdbestimmtheit der betrieblichen Tätigkeit des Arbeitnehmers dessen Haftung für fahrlässig verursachte Schäden abgemildert. Bei grober Fahrlässigkeit hat er den Schaden grundsätzlich in vollem Umfang zu ersetzen. Bei mittlerer Fahrlässigkeit erfolgt eine Schadensteilung. Bei leichter Fahrlässigkeit haftet er überhaupt nicht, so dass in diesem Fall der Schaden allein vom Arbeitgeber zu tragen ist, sofern der Schaden durch eine betriebliche Tätigkeit verursacht wurde.

Arbeitszeitgesetz (ArbZG)

Gemäß § 1 des *Arbeitszeitgesetzes (ArbZG)* ist es dessen Zweck,

„1. *die Sicherheit und den Gesundheitsschutz der Arbeitnehmer bei der Arbeitszeitgestaltung zu gewährleisten und die Rahmenbedingungen für flexible Arbeitszeiten zu verbessern sowie*

2. den Sonntag und die staatlich anerkannten Feiertage als Tage der Arbeitsruhe und der seelischen Erhebung der Arbeitnehmer zu schützen."

Gemäß § 3 ArbZG darf die werktägliche Arbeitszeit der Arbeitnehmer i. d. R. 8 Stunden nicht überschreiten. Nach § 4 ist die Arbeit durch Ruhepausen von mindestens 30 Min. bei einer Arbeitszeit von 6 bis 9 Std. und 45 Min. bei einer Arbeitszeit von > 9 Std. insgesamt zu unterbrechen.

Nach Beendigung der täglichen Arbeitszeit müssen die Arbeitnehmer gemäß § 5 eine ununterbrochene Ruhezeit von mindestens 11 Stunden haben. § 6 enthält Schutzvorschriften für Nacht- und Schichtarbeit. Wie sich der Arbeitszeitschutz im Einzelnen gestaltet, überlässt der Gesetzgeber weitgehend den Tarifvertragsparteien (§ 7). Durch die §§ 9–13 werden die Sonn- und Feiertagsruhe gesichert.

Handelsgesetzbuch (HGB)

Die §§ 60 und 61 HGB regeln das gesetzliche *Wettbewerbsverbot* des Handlungsgehilfen sowie die Rechtsfolgen bei Verletzung des Verbots. Nach § 74 Abs. 2 HGB ist ein Wettbewerbsverbot nach Beendigung des Dienstverhältnisses nur verbindlich, wenn sich der Arbeitgeber verpflichtet, für die Dauer des Verbots eine Entschädigung von mindestens 50 % der zuletzt bezogenen Vergütung zu leisten.

Gewerbeordnung (GewO)

Nach § 105 GewO können Arbeitgeber und Arbeitnehmer Abschluss, Inhalt und Form des Arbeitsvertrages frei vereinbaren, soweit nicht zwingende gesetzliche Vorschriften, Bestimmungen eines anwendbaren Tarifvertrages oder einer Betriebsvereinbarung entgegenstehen.

Die Gewerbeordnung enthält weiter Regelungen zum Weisungsrecht des Arbeitgebers (§ 106), zur Berechnung, Zahlung und Abrechnung des Arbeitsentgelts

(§§ 107 f), zum Zeugnis (§ 109) und zum nachvertraglichen Wettbewerbsverbot (§ 110).

Nachweisgesetz (NachwG)

Das Gesetz über den Nachweis der für ein Arbeitsverhältnis geltenden wesentlichen Bedingungen (Nachweisgesetz – NachwG) verpflichtet den Arbeitgeber in § 2 Abs. 1, spätestens einen Monat nach dem vereinbarten Beginn des Arbeitsverhältnisses die wesentlichen *Vertragsbedingungen schriftlich niederzulegen,* die Niederschrift zu unterzeichnen und dem Arbeitnehmer auszuhändigen. Der Nachweis der wesentlichen Vertragsbedingungen allein in elektronischer Form ist ausgeschlossen. Die Nichterfüllung der Nachweispflicht berührt nicht die Rechtswirksamkeit des Arbeitsvertrags. Nachteilig betroffene Arbeitnehmer haben jedoch einen Anspruch auf Schadensersatz.

Teilzeit- und Befristungsgesetz (TzBfG)

Durch das Gesetz über Teilzeitarbeit und befristete Arbeitsverträge (Teilzeit- und Befristungsgesetz – TzBfG) wurde die Zulässigkeit befristeter Arbeitsverträge von Teilzeitarbeitsverhältnissen zum 01.01.2001 neu geregelt.

Gemäß § 14 Abs. 1 TzBfG ist die *Befristung eines Arbeitsvertrages* u. a. zulässig, „wenn

1. der betriebliche Bedarf an der Arbeitsleistung nur vorübergehend besteht,
2. die Befristung im Anschluss an eine Ausbildung oder ein Studium erfolgt, um den Übergang des Arbeitnehmers in eine Anschlussbeschäftigung zu erleichtern,
3. der Arbeitnehmer zur Vertretung eines anderen Arbeitnehmers beschäftigt wird,
4. die Eigenart der Arbeitsleistung die Befristung rechtfertigt,
5. ...“

Im Regelfall bedarf die Befristung der Begründung. Sie ist dann ohne zeitliche Grenzen zulässig. Gemäß § 14 Abs. 2 TzBfG ist die Befristung eines Arbeitsvertrages ohne Vorliegen eines sachlichen Grundes bis zur Dauer von 2 Jahren zulässig. Bis zu dieser Gesamtdauer ist auch die höchstens dreimalige Verlängerung eines kalendermäßig befristeten Arbeitsvertrages zulässig. Voraussetzung ist allerdings, dass mit demselben Arbeitgeber zuvor kein befristetes oder unbefristetes Arbeitsverhältnis bestand.

Altersteilzeitgesetz

Nach dem Altersteilzeitgesetz soll gemäß § 1 älteren Arbeitnehmern ein gleitender Übergang vom Erwerbsleben in die Altersrente durch *Altersteilzeitarbeit* ermöglicht werden. Die Bundesanstalt für Arbeit fördert die Teilzeitarbeit älterer Arbeitnehmer, die ihre Arbeitszeit ab Vollendung des 55. Lebensjahres, spätestens ab 31. Dezember 2009, vermindern und damit die Einstellung eines sonst arbeitslosen Arbeitnehmers ermöglichen. Dieses Gesetz steht der Forderung nach Verlängerung der Lebensarbeitszeit zur Minderung der Rentenlast diametral entgegen.

Entgeltfortzahlungsgesetz

Das Entgeltfortzahlungsgesetz regelt gemäß § 1 Abs. 1 die *Zahlung des Arbeitsentgelts an gesetzlichen Feiertagen* und die *Fortzahlung des Arbeitsentgelts im Krankheitsfall* an Arbeitnehmer (Arbeiter und Angestellte) sowie die wirtschaftliche Sicherung im Bereich der Heimarbeit für gesetzliche Feiertage und im Krankheitsfall. Gemäß § 3 EntgeltfortzahlungsG hat ein Arbeitnehmer Anspruch auf Arbeitsentgelt für die Zeit der Arbeitsunfähigkeit bis zur Dauer von 6 Wochen, wenn er durch Arbeitsunfähigkeit infolge Krankheit an seiner Arbeitsleistung verhindert wird, ohne dass ihn ein Verschulden trifft. Wird der Arbeitnehmer infolge derselben Krankheit erneut arbeitsunfähig, so hat er erneut Anspruch auf Entgeltfortzahlung für einen weiteren Zeitraum von höchstens 6 Wochen, wenn

- er vor der erneuten Arbeitsunfähigkeit mindestens 6 Monate nicht infolge derselben Krankheit arbeitsunfähig war oder
- seit Beginn der ersten Arbeitsunfähigkeit infolge derselben Krankheit mindestens 12 Monate abgelaufen sind.

Bundesurlaubsgesetz (BUrlG)

Gemäß § 1 Bundesurlaubsgesetz (BUrlG) hat jeder Arbeitnehmer in jedem Kalenderjahr Anspruch auf bezahlten *Erholungsurlaub*, der nach § 3 Abs. 1 mit Wirkung vom 01.01.1995 mindestens 24 Werktage beträgt. Als Werktage gelten alle Kalendertage, die nicht Sonn- oder gesetzliche Feiertage sind.

Gemäß § 7 Abs. 3 BUrlG muss der Urlaub im laufenden Kalenderjahr gewährt und genommen werden. Eine Übertragung ist nur bei dringenden betrieblichen oder in der Person des Arbeitnehmers liegenden Gründen statthaft. Der Urlaub muss dann in den ersten 3 Monaten des folgenden Kalenderjahres gewährt und genommen werden.

Erkrankt ein Arbeitnehmer während des Urlaubs, so werden gemäß § 9 BUrlG die durch ärztliches Zeugnis nachgewiesenen Tage der Arbeitsunfähigkeit auf den Jahresurlaub nicht angerechnet.

Gemäß § 11 BUrlG bemisst sich das *Urlaubsentgelt* nach dem durchschnittlichen Arbeitsverdienst, den der Arbeitnehmer in den letzten 13 Wochen vor dem Beginn des Urlaubs erhalten hat, mit Ausnahme des zusätzlich für Überstunden gezahlten Arbeitsverdienstes. Das Urlaubsentgelt ist vor Antritt des Urlaubs auszuzahlen.

Kündigung von Arbeitsverhältnissen

Die *Kündigung von Arbeitsverhältnissen* ist zunächst in den §§ 620–627 BGB geregelt. Die ordentliche Kündigung kann nur unter einer Frist erklärt werden, die sich bei Kündigung durch den Arbeitgeber nach der Dauer des Arbeitsverhältnisses richtet (§ 622 Abs. 2 BGB).

Für die Kündigung des Arbeitsverhältnisses durch den Arbeitnehmer darf keine längere Frist vereinbart werden als für die Kündigung durch den Arbeitgeber (§ 622 Abs. 6 BGB). § 626 BGB nennt die Voraussetzungen der *fristlosen Kündigung aus wichtigem Grund*.

Für Angestellte in Architektur- und Ingenieurbüros sowie Bauunternehmen wird üblicherweise eine Kündigungsfrist von 3 Monaten zum Quartalsende vereinbart, bei leitenden Angestellten häufig auch von $\geq$ 6 Monaten zum Quartalsende.

Geht ein Betrieb oder Betriebsteil durch Rechtsgeschäft auf einen anderen Inhaber über, so tritt dieser gemäß § 613a BGB in die Rechte und Pflichten aus den im Zeitpunkt des Übergangs bestehenden Arbeitsverhältnissen ein. Sind diese Rechte und Pflichten durch Rechtsnormen eines Tarifvertrags oder durch eine Betriebsvereinbarung geregelt, so dürfen sie nicht vor Ablauf eines Jahres nach dem Zeitpunkt des Übergangs zum Nachteil des Arbeitnehmers geändert werden.

Gemäß Absatz 4 ist die Kündigung des Arbeitsverhältnisses eines Arbeitnehmers durch den bisherigen Arbeitgeber oder durch den neuen Inhaber wegen des Übergangs eines Betriebs oder eines Betriebsteils unwirksam. Der bisherige Arbeitgeber oder der neue Inhaber hat die von einem Übergang betroffenen Arbeitnehmer gemäß Absatz 5 vor dem Übergang in Textform zu unterrichten. Der Arbeitnehmer kann gemäß Absatz 6 dem Übergang des Arbeitsverhältnisses innerhalb eines Monats nach Zugang der Unterrichtung schriftlich widersprechen.

Diese gesetzliche Regelung erschwert in erheblichem Maße die Übernahme öffentlicher Einrichtungen (wie z. B. Kultur-, Sport- und Freizeiteinrichtungen) durch private Investoren.

Das wichtigste Gesetz zur Begrenzung der Kündigungsfreiheit des Arbeitgebers ist das *Kündigungsschutzgesetz (KSchG)*. Das Gesetz regelt im 1. Abschnitt den allgemeinen Kündigungsschutz (§§ 1–14), im 2. Abschnitt den Kündigungsschutz im Rahmen der Betriebsverfassung und Personalvertretung (§§ 15, 16) sowie im 3. Abschnitt den Kündigungsschutz bei Massenentlassungen (§§ 17–22). Der 1. Abschnitt gilt gemäß § 23 Abs. 1 nicht für alle Unternehmen, in denen i. d. R. 5 oder weniger Arbeitnehmer (ohne Azubis) beschäftigt werden. Teilzeitbeschäftigte Arbeitnehmer sind anteilig einzurechnen.

Gemäß § 1 Abs. 1 KSchG ist die *Kündigung des Arbeitsverhältnisses* gegenüber einem Arbeitnehmer, dessen Arbeitsverhältnis in demselben Betrieb oder Unternehmen ohne Unterbrechung länger als 6 Monate bestanden hat, rechtsunwirksam, wenn sie sozial ungerechtfertigt ist. Gemäß § 1 Abs. 2 KSchG ist die *Kündigung sozial ungerechtfertigt*, wenn sie nicht durch Gründe, die in der Person oder in dem Verhalten des Arbeitnehmers liegen, oder durch dringende betriebliche Erfordernisse, die einer Weiterbeschäftigung des Arbeitnehmers in diesem Betrieb entgegenstehen, bedingt ist. Sie ist in Betrieben des privaten Rechts u. a. auch sozial ungerechtfertigt, wenn der Arbeitnehmer an einem anderen Arbeitsplatz in demselben Betrieb oder in einem anderen Betrieb des Unternehmens weiterbeschäftigt werden kann und der Betriebsrat der Kündigung innerhalb der Frist des § 102 Abs. 2 Satz 1 des BetrVG (1 Woche) schriftlich widersprochen hat.

Hält der Arbeitnehmer eine Kündigung für sozial ungerechtfertigt, so kann er gemäß § 3 KSchG binnen 1 Woche nach der Kündigung Einspruch beim Betriebsrat einlegen. Dieser hat zu versuchen, eine Verständigung mit dem Arbeitgeber herbeizuführen. Auf Verlangen hat er seine Stellungnahme zu dem Einspruch dem Arbeitnehmer und dem Arbeitgeber schriftlich mitzuteilen.

Will ein Arbeitnehmer geltend machen, dass seine Kündigung sozial ungerechtfertigt sei, so muss er gemäß § 4 KSchG innerhalb von 3 Wochen nach Zugang der Kündigung Klage beim Arbeitsgericht auf Feststellung erheben, dass das Arbeitsverhältnis durch die Kündigung nicht aufgelöst sei. Versäumt er diese Frist, so ist die Kündigung gemäß § 7 KSchG rechtswirksam, wenn sie nicht aus anderem Grunde rechtsunwirksam ist.

Kündigt der Arbeitgeber das Arbeitsverhältnis und bietet er dem Arbeitnehmer im Zusammenhang der Kündigung dessen Fortsetzung zu geänderten Arbeitsbedingungen an (*Änderungskündigung*), so kann der Arbeitnehmer gemäß § 2 KSchG dieses Angebot unter dem spätestens innerhalb von 3 Wochen nach Zugang der Kündigung erklärten Vorbehalt annehmen, dass die Änderung der Arbeitsbedingungen nicht sozial ungerechtfertigt ist. Der Vorteil dieser Befugnis liegt darin, dass der Arbeitnehmer im Fall einer Feststellungsklage seinen Arbeitsplatz nicht verliert, wenn der Arbeitgeber im Recht ist. Die Auswirkungen auf das Vertrauensverhältnis zwischen Arbeitgeber und Arbeitnehmer bleiben von dieser gesetzlichen Regelung jedoch unberührt.

Der individualrechtliche Kündigungsschutz wird durch das Betriebsverfassungsgesetz ergänzt. Gemäß § 102 Abs. 1 BetrVG ist der Betriebsrat vor jeder Kündigung zu hören. Eine ohne *Anhörung des Betriebsrats* ausgesprochene Kündigung ist unwirksam.

Stellt das Gericht fest, dass das Arbeitsverhältnis durch die Kündigung nicht aufgelöst ist, ist jedoch dem Arbeitnehmer die Fortsetzung des Arbeitsverhältnisses nicht zuzumuten, so hat das Gericht gemäß § 9 KSchG auf Antrag des Arbeitnehmers das Arbeitsverhältnis aufzulösen und den Arbeitgeber zur Zahlung einer angemessenen *Abfindung* zu verurteilen. Gemäß § 10 Abs. 1 ist als Abfindung ein Betrag bis zu 12 Monatsverdiensten festzusetzen. Haben der Arbeitnehmer das 50. Lebensjahr vollendet und das Arbeitsverhältnis ≥ 15 Jahre bestanden, so ist ein Betrag bis zu 15 Monatsverdiensten, bei > 55 Lebensjahren und einem Arbeitsverhältnis ≥ 20 Jahren von 18 Monatsverdiensten festzusetzen.

Die Vorschriften des Kündigungsschutzgesetzes gelten gemäß § 14 KSchG nicht für *Angestellte in leitender Stellung*. Dazu zählen außer Geschäftsführern und Unternehmensleitern auch solche Mitarbeiter, die zur selbständigen Einstellung oder Entlassung von Arbeitnehmern berechtigt sind.

Bei *Mitgliedern eines Betriebsrats, einer Jugend- oder Auszubildendenvertretung* ist grundsätzlich nur eine außerordentliche Kündigung aus wichtigem Grund zulässig (§§ 15, 16 KSchG). Dies gilt auch für *Mitglieder des Wahlvorstands und für Wahlbewerber* mit einem Nachwirkungszeitraum von einem Jahr nach Erlöschen der Mitgliedschaft bzw. von 6 Monaten nach Bekanntgabe des Wahlergebnisses.

Gemäß § 17 Abs. 1 KSchG ist der Arbeitgeber verpflichtet, dem Arbeitsamt Anzeige zu erstatten, bevor er *Massenentlassungen* innerhalb von 30 Kalendertagen vornimmt, d. h.

- in Betrieben mit i. d. R. > 20 und < 60 Arbeitnehmern > 5 Arbeitnehmer;
- in Betrieben mit i. d. R. ≥ 60 und < 500 Arbeitnehmern > 10 v. H. oder > 25 Arbeitnehmer;
- in Betrieben mit i. d. R. ≥ 500 Arbeitnehmern > 30 Arbeitnehmer.

Gemäß § 18 Abs. 1 werden derartige anzeigepflichtige Massenentlassungen vor Ablauf eines Monats nach Eingang der Anzeige beim Arbeitsamt nur mit Zustimmung des Landesarbeitsamtes wirksam.

Ist der Arbeitgeber nicht in der Lage, die Arbeitnehmer innerhalb der Entlassungssperre nach § 18 voll zu beschäftigen, so kann das Landesarbeitsamt gemäß § 19 Abs. 1 zulassen, dass der Arbeitgeber für die Zwischenzeit Kurzarbeit einführt. Der Arbeitgeber ist im Falle der Kurzarbeit berechtigt, Lohn oder Gehalt der mit verkürzter Arbeitszeit beschäftigten Arbeitnehmer zu kürzen. Diese Kürzung wird jedoch erst von dem Zeitpunkt an wirksam, an dem das Arbeitsverhältnis nach den allgemeinen gesetzlichen oder vereinbarten Bestimmungen enden würde.

Mutterschutzgesetz (MuSchG)

Zweck des *Mutterschutzgesetzes (MuSchG)* ist der arbeitsrechtliche Schutz für Frauen während der Zeit vor und nach der Entbindung. Gemäß § 3 Abs. 2 dürfen werdende Mütter in den letzten 6 Wochen vor der Entbindung nicht beschäftigt werden, sofern sie sich dazu nicht ausdrücklich bereit erklären. Nach § 6 Abs. 1 dürfen Mütter bis zum Ablauf von 8 Wochen nach der Entbindung nicht beschäftigt werden. Nach Früh- und Mehrlingsgeburten verlängert sich diese Frist auf 12 Wochen. Nach § 7 ist stillenden Müttern auf Verlangen die dazu erforderliche Zeit frei zu geben, mindestens täglich zwei halbe Stunden oder eine volle Stunde.

Nach § 9 Abs. 1 ist die ordentliche und auch außerordentliche Kündigung aus wichtigem Grund gegenüber einer Frau während der Schwangerschaft und bis zum Ablauf von 4 Monaten nach der Entbindung unzulässig, wenn dem Arbeitgeber zur Zeit der Kündigung die Schwangerschaft oder Entbindung bekannt war oder innerhalb von 2 Wochen nach Zugang der Kündigung mitgeteilt wird. Damit erwerbstätige Frauen durch die Beschäftigungsverbote, Schutz- und Stillfristen keinen Einkommensverlust erleiden, erhalten sie gemäß den §§ 13 Abs. 1 und 14 Abs. 1 *Mutterschaftsgeld* in Höhe von 13 € je Kalendertag von der Krankenkasse sowie einen Zuschuss zum Mutterschaftsgeld vom Arbeitgeber in Höhe des Unterschiedsbetrages zwischen 13 € und dem um die gesetzlichen Abzüge verminderten durchschnittlichen kalendertäglichen Arbeitsentgelt.

Bundeserziehungsgeldgesetz (BErzGG)

Das *Gesetz zum Erziehungsgeld und zur Elternzeit* (Bundeserziehungsgeldgesetz – BErzGG) gewährt gemäß § 15 Abs. 2 einen Anspruch auf *Elternzeit* bis zur Vollendung des 3. Lebensjahres des Kindes. Die Elternzeit kann, auch anteilig, von jedem Elternteil allein oder von beiden Elternteilen gemeinsam genommen werden. Gemäß Abs. 4 ist während der Elternzeit Erwerbstätigkeit zulässig, wenn die vereinbarte wöchentliche Arbeitszeit für jeden Elternteil, der eine Elternzeit nimmt, 30 Stunden nicht übersteigt. Darüber hinaus wird nach § 4 Abs. 1 *Erziehungsgeld* bis zur Vollendung des 24. Lebensmonats gewährt. Es beträgt gemäß § 5 Abs. 1 bis zur Vollendung des 12. Lebensmonats 460 € monatlich und in weiteren 12 Monaten danach 307 € monatlich, sofern bestimmte Einkommensgrenzen nicht überschritten werden. Ferner darf der Arbeitgeber gemäß § 18 Abs. 1 das Arbeitsverhältnis ab dem Zeitpunkt, von dem an Elternzeit verlangt worden ist, höchstens jedoch 8 Wochen vor Beginn der Elternzeit, und während der Elternzeit nicht kündigen. Nach § 19 kann der Arbeitnehmer das Arbeitsverhältnis zum Ende der Elternzeit nur unter Einhaltung einer Kündigungsfrist von 3 Monaten kündigen.

Arbeitsplatzschutzgesetz (ArbplSchG)

Nach dem Gesetz über den *Schutz des Arbeitsplatzes bei Einberufung zum Wehrdienst* (ArbplSchG) darf der Arbeitgeber gemäß § 2 Abs. 1 von der Zustellung des Einberufungsbescheides bis zur Beendigung des Grundwehrdienstes sowie während einer Wehrübung das Arbeitsverhältnis nicht kündigen. Während des Grundwehrdienstes oder einer Wehrübung ruht das Arbeitsverhältnis. Dieser Kündigungsschutz gilt auch für Wehrdienstverweigerer, die als Ersatz Zivildienst leisten (§ 78 Zivildienstgesetz).

Insolvenzordnung (InsO)

Die *Insolvenz eines Arbeitgebers* hat Auswirkungen auf das Arbeitsverhältnis und die Betriebsverfassung. Die Insolvenzordnung (InsO) enthält Sondervorschriften in den §§ 113–128, die im Insolvenzverfahren von den sonst geltenden Bestimmungen des Arbeitsrechts abweichen. Auch im Insolvenzverfahren gelten der Allgemeine und Besondere Kündigungsschutz, bei betriebsbedingten Kündigungen gemäß den §§ 125–128 InsO jedoch mit Einschränkungen.

Hat ein Arbeitnehmer bei Eröffnung des Insolvenzverfahrens über das Vermögen seines Arbeitgebers für die vorausgehenden drei Monate des Arbeitsverhältnisses noch Ansprüche auf Arbeitsentgelt, so kann er vom Arbeitsamt *Insolvenzgeld* zum Ausgleich seines ausgefallenen Arbeitsentgelts gemäß den §§ 183 ff SGB III verlangen.

Sozialgesetzbuch III – Arbeitsförderung

Die Arbeitsförderung wurde durch das *Sozialgesetzbuch* (SGB), 3. Buch (III) vom 24.03.1997 (BGBl. I S. 594), l. Ä. 23.12.2002 (BGBl. I S. 4621) neu geregelt.

Gemäß § 35 Abs. 1 SGB III hat das Arbeitsamt Ausbildung Suchenden, Arbeit Suchenden und Arbeitgebern Ausbildungsvermittlung und Arbeitsvermittlung anzubieten. In den §§ 292–297 SGB III ist die Ausbildungsvermittlung und Arbeitsvermittlung durch Dritte geregelt.

Ausländer, die nicht aus einem Mitgliedsland der Europäischen Union kommen, dürfen gemäß § 284 Abs. 1 eine Beschäftigung nur mit Genehmigung des Arbeitsamtes ausüben und von Arbeitgebern nur beschäftigt werden, wenn sie eine solche Genehmigung besitzen.

Die §§ 117–148 enthalten Regelungen zum *Arbeitslosengeld* (Regelvoraussetzungen, Sonderformen, Anspruchsdauer, Höhe des Arbeitslosengeldes, Minderung und Ruhen des Anspruchs).

Die §§ 169–179 SGB III enthalten analoge Regelungen zur Gewährung von *Kurzarbeitergeld*.

Sozialgesetzbuch VII – Gesetzliche Unfallversicherung

Erleidet ein Arbeitnehmer einen Arbeitsunfall, so hat er Ansprüche aus der gesetzlichen Unfallversicherung, für die die Beiträge allein vom Arbeitgeber aufgebracht werden. Arbeitgeber haften bei einem Arbeitsunfall für einen Personenschaden, d. h. einen Schaden wegen Verletzung von Leben und Gesundheit nur, wenn sie den Versicherungsfall vorsätzlich herbeigeführt haben. Für Sachschäden ist dagegen die Haftung für Arbeitgeber nicht eingeschränkt (§ 104 SGB VII). Diese Regelung gilt auch für die Haftung eines Arbeitnehmers gegenüber seinen Arbeitskollegen (§ 105 SGB VII).

Arbeitnehmerüberlassungsgesetz (AÜG)

Nach § 1b AÜG ist die *gewerbsmäßige Arbeitnehmerüberlassung in Betrieben des Baugewerbes* für Arbeiten, die üblicherweise von Arbeitern verrichtet werden, unzulässig. Sie ist jedoch gestattet

- zwischen Betrieben des Baugewerbes und anderen Betrieben, wenn diese Betriebe erfassende, für allgemein verbindlich erklärte Tarifverträge dies bestimmen, oder
- zwischen Betrieben des Baugewerbes, wenn der verleihende Betrieb nachweislich seit mindestens 3 Jahren von denselben Rahmen- und Sozialkassentarifverträgen oder von deren Allgemeinverbindlichkeit erfasst wird.

Arbeitssicherheitsgesetz (ArbSichG)

Nach dem Gesetz über Betriebsärzte, Sicherheitsingenieure und andere Fachkräfte für Arbeitssicherheit (*ArbSichG*) haben Arbeitgeber *Betriebsärzte und Fachkräfte für Arbeitssicherheit* zu bestellen, soweit dies wegen der Betriebsart und der damit für die Arbeitnehmer verbundenen Unfall- und Gesundheitsgefahren, der Zahl der beschäftigten Arbeitnehmer und der Zusammensetzung der Arbeitnehmerschaft sowie der Betriebsorganisation, insbesondere im Hinblick auf die Zahl und die Art der für den Arbeitsschutz und die Unfallverhütung verantwortlichen Personen, erforderlich ist. Die Betriebsärzte und Fachkräfte für Arbeitssicherheit sind gemäß § 9 Abs. 3 mit Zustimmung des Betriebsrats zu bestellen und abzuberufen. Ferner ist in Betrieben mit mehr als 20 Beschäftigten gemäß § 11 ein Arbeitsschutzausschuss zu bilden. Dieser hat die Aufgabe, Anliegen des Arbeitsschutzes und der Unfallverhütung zu beraten und mindestens einmal vierteljährlich zusammenzutreten.

Jugendarbeitsschutzgesetz (JArbSchG)

Nach dem *Jugendarbeitsschutzgesetz (JArbSchG)* ist zwischen Kindern und Jugendlichen zu unterscheiden. Gemäß § 2 ist Kind, wer noch nicht 15 Jahre alt ist, Jugendlicher, wer zwar $\geq$ 15, aber noch nicht 18 Jahre alt ist. Jugendliche, die noch der Vollzeitschulpflicht unterliegen, gelten ebenfalls als Kinder. Die Beschäftigung von Kindern ist gemäß § 5 Abs. 1 verboten. Ferner dürfen Jugendliche gemäß § 8 Abs. 1 nicht mehr als 8 Stunden täglich, nicht mehr als 40 Stunden wöchentlich, jedoch nicht samstags (§ 16 Abs. 1) und nicht sonntags (§ 17 Abs. 1) beschäftigt werden. Ferner bestehen Beschäftigungsverbote und -beschränkungen gemäß den §§ 22–27 JArbSchG.

Sozialgesetzbuch IX – Rehabilitation und Teilhabe behinderter Menschen

Das Schwerbehindertenrecht wurde als Teil 2 in das SGB IX vom 19.06.2001 integriert. Zum geschützten Personenkreis zählen Schwerbehinderte und diesen gleichgestellte behinderte Menschen. Gemäß § 2 SGB IX sind Menschen behindert, „wenn ihre körperliche Funktion, geistige Fähigkeit oder seelische Gesundheit mit hoher Wahrscheinlichkeit länger als 6 Monate von dem für das Lebensalter typischen Zustand abweichen und daher ihre Teilhabe am Leben in der Gesellschaft beeinträchtigt ist."

Gemäß Absatz 2 sind Menschen im Sinne des Teils 2 SGB IX schwerbehindert, „wenn bei ihnen ein Grad der Behinderung von wenigstens 50 vorliegt und sie ihren Wohnsitz, ihren gewöhnlichen Aufenthalt oder ihre Beschäftigung auf einem Arbeitsplatz im Sinne des § 73 rechtmäßig im Geltungsbereich dieses Gesetzbuches haben."

Gemäß § 69 stellt das Versorgungsamt auf Antrag des behinderten Menschen das Vorliegen und den Grad einer Behinderung fest, die Gleichstellung behinderter Menschen mit schwerbehinderten Menschen mit einem Grad der Behinderung von weniger als 50, aber ≥ 30 gemäß § 2 Absatz 3 stellt auf Antrag gemäß § 68 Absatz 2 das Arbeitsamt fest.

Arbeitgeber, die über mindestens 20 Arbeitsplätze verfügen, haben mit Wirkung vom 01.01.2004 auf wenigstens 6 % der Arbeitsplätze schwerbehinderte Menschen zu beschäftigen (§ 71). Bei Nichterfüllung dieser Pflicht hat der Arbeitgeber für jeden unbesetzten Pflichtplatz monatlich eine Ausgleichsabgabe von mindestens 105 € je unbesetztem Pflichtarbeitsplatz zu entrichten (§ 77).

Für schwerbehinderte Menschen gilt ein besonderer Kündigungsschutz (§§ 85–92), der wie der allgemeine Kündigungsschutz gemäß § 1 KSchG erst nach einer unterbrechungsfreien Beschäftigung von 6 Monaten einsetzt.

Schwerbehinderte Menschen werden auf ihr Verlangen gemäß § 124 von Mehrarbeit freigestellt. Sie haben ferner gemäß § 125 Anspruch auf einen bezahlten zusätzlichen Urlaub von 5 Arbeitstagen im Urlaubsjahr.

In Betrieben und Dienststellen, in denen wenigstens 5 schwerbehinderte Menschen nicht nur vorübergehend beschäftigt sind, werden gemäß § 94 Absatz 1 eine Vertrauensperson und wenigstens 1 stellvertretendes Mitglied als Schwerbehindertenvertretung gewählt. Diese Personen haben gegenüber dem Arbeitgeber die gleiche persönliche Rechtsstellung wie ein Mitglied des Betriebs- oder Personalrats. Repräsentant für Mitwirkungs- und Mitbestimmungsrechte ist aber auch für die Schwerbehinderten allein der Betriebs- oder Personalrat.

Gesetz zur Bekämpfung der Schwarzarbeit (SchwarzarbG)

Nach § 1 des Gesetzes zur *Bekämpfung der Schwarzarbeit (SchwarzarbG)* handelt ordnungswidrig, wer Dienst- oder Werkleistungen in erheblichem Umfang erbringt, ohne seinen gesetzlichen Mitteilungspflichten oder der Verpflichtung zur Anzeige nach § 14 GewO nachgekommen zu sein, oder ein Handwerk selbständig betreibt, ohne in der Handwerksrolle eingetragen zu sein (§ 1 der Handwerksordnung). Die Ordnungswidrigkeit kann mit einer Geldbuße bis zu 300.000 € geahndet werden.

Nach § 2 handelt ebenfalls ordnungswidrig, wer Dienst- oder Werkleistungen in erheblichem Umfang ausführen lässt, indem er eine oder mehrere Personen beauftragt, die diese Leistungen unter Verstoß gegen die in § 1 Abs. 1 genannten Vorschriften erbringen. Diese Ordnungswidrigkeit kann ebenfalls mit einer Geldbuße bis zu 300.000 € geahndet werden.

Das Bundeskabinett verabschiedete am 18.02.2004 den Entwurf für ein „Gesetz zur Intensivierung der Bekämpfung der Schwarzarbeit und damit zusammenhängender Steuerhinterziehung".

Mit dem Gesetz sollen die gesetzlichen Regelungen zur Schwarzarbeit gebündelt und effektivere Strukturen zur Bekämpfung organisierter Schwarzarbeit und illegaler Beschäftigung im Bereich der gewerblichen Wirtschaft geschaffen werden, basierend auf vier Säulen:

- Schaffung eines gemeinsamen Bewusstseins, welchen Schaden Schwarzarbeit dem Gemeinwesen zufügt,
- Bauen einer Brücke in die Legalität, in der der Bevölkerung rechtmäßige Alternativen, insbesondere für Privathaushalte (z. B. Minijobregelung), aufgezeigt werden,
- Schaffung leistungsfähiger Strukturen im Zoll zur Bekämpfung der gewerbsmäßigen Schwarzarbeit und
- transparente Bündelung der Rechtsvorschriften zur Schwarzarbeit, wobei Regelungslücken geschlossen werden.

Vom Begriff der Schwarzarbeit nicht mehr erfasst werden die im bisherigen Gesetz zur Bekämpfung der Schwarzarbeit als Ordnungswidrigkeiten genannten Fälle, in denen handwerks- und gewerberechtliche Eintragungs- und Anzeigepflichten verletzt werden. Neben der bußgeldrechtlichen Erfassung im Handwerks- und Gewerberecht sollen diese Tatbestände nicht zusätzlich als Schwarzarbeit verfolgt werden.

Hilfeleistungen durch Angehörige sowie in Form der Nachbarschaftshilfe, Gefälligkeiten oder Selbsthilfe sind weiterhin zulässig. Voraussetzung ist jedoch, dass diese nicht nachhaltig auf Gewinn gerichtet sind, d. h. dass sie gegen geringes Entgelt erbracht werden.

Die Kontrollregelungen aus den verschiedenen Vorschriften, insbesondere des Sozialgesetzbuches, werden inhaltlich zusammengeführt. Die Kontrollrechte der Zollverwaltung hinsichtlich der Einhaltung der sich aus Dienst- oder Werkleistungen ergebenden steuerlichen Pflichten werden erweitert und damit die enge Zusammenarbeit der Zollverwaltung mit den Länderfinanzbehörden verbessert, da Schwarzarbeit und Steuerhinterziehung in unmittelbarem Sachzusammenhang stehen.

Die bisherige Zuständigkeit des Zolls für Prüfungen und Ermittlungen von Ordnungswidrigkeiten im Bereich geringfügiger Beschäftigungsverhältnisse in Privathaushalten soll auf die nach Landesrecht für die Verfolgung von Ordnungswidrigkeiten nach der Handwerks- und Gewerbeordnung zuständigen Behörden übergehen.

Durch Neufassung von § 266a StGB sollen auch die Nichtanmeldung und das Nichtabführen von Arbeitgeberanteilen an Sozialversicherungsbeiträgen als Straftatbestand erfasst werden. Bisher gilt dies nur für das Vorenthalten von Arbeitnehmeranteilen zur Sozialversicherung. Das Nichtanmelden und Nichtabführen von Sozialversicherungsbeiträgen bei geringfügigen Beschäftigungsverhältnissen in Privathaushalten (Minijobs) soll jedoch nur als Ordnungswidrigkeit geahndet werden.

Auch der vorsätzliche rechtswidrige Bezug von Leistungen nach dem Sozialgesetzbuch oder dem Asylbewerberleistungsgesetz soll künftig gemäß § 263 StGB bestraft werden.

Ferner soll es künftig eine Rechnungsausstellungspflicht des Unternehmers bei grundstücksbezogenen Leistungen sowie eine Aufbewahrungspflicht des privaten Auftraggebers geben. Bisher braucht der Unternehmer privaten Auftraggebern keine Rechnung auszustellen. Daher ist es schwer, beim privaten Auftraggeber zu prüfen, ob eine Leistung legal erbracht wurde. Bei Leistungen von Unternehmern im Zusammenhang mit einem Grundstück (z. B. Bauleistungen, Gartenarbeiten, Instandhaltungsarbeiten in und an Gebäuden, Fensterputzen) soll der Unternehmer deshalb verpflichtet werden, auch bei Leistungen an einen privaten Empfänger eine Rechnung auszustellen. Der private Leistungsempfänger soll verpflichtet werden, diese Rechnung 2 Jahre lang aufzubewahren. Die vorgenannten Pflichten können mit Bußgeldern belegt werden

- bei Verstoß gegen die Rechnungsausstellungspflicht mit bis zu 5.000 €,
- bei Verstoß gegen die Rechnungsaufbewahrungspflicht mit bis zu 1.000 €.

Der Sozialversicherungsausweis wird abgeschafft, da dieser nicht fälschungssichere Ausweis durch moderne Meldeverfahren für die Sozialversicherer überflüssig geworden ist (BMF, März 2004). Weitere Ausführungen zur Bekämpfung der Schwarzarbeit enthält Kapitel 1.9.

Berufsbildungsgesetz (BbiG)

Durch das Berufsbildungsgesetz (BbiG) wurde das Recht der *Berufsausbildung* vereinheitlicht. Es enthält vor allem Bestimmungen über Begründung, Inhalt und Beendigung der Arbeitsverhältnisse mit Auszubildenden. Gemäß § 73 gilt die Handwerksordnung für die Berufsbildung in Gewerben der Anlage A dieser Ordnung.

Gemäß § 75 ist die für die Berufsbildung zuständige Stelle in Gewerbebetrieben, die nicht Handwerksbetriebe sind, die Industrie- und Handelskammer.

Arbeitsgerichtsgesetz (ArbGG)

Das *Arbeitsgerichtsgesetz (ArbGG)* regelt vor allem die Zuständigkeit der Arbeitsgerichte, die Besetzung, den Gang des Verfahrens sowie die Parteifähigkeit und Prozessvertretung. Gemäß § 1 wird die Gerichtsbarkeit in Arbeitssachen in dreistufigem Aufbau ausgeübt durch die Arbeits-, die Landesarbeitsgerichte und das Bundesarbeitsgericht. Zu unterscheiden sind das Urteilsverfahren gemäß den §§ 46 ff, das gemäß § 2 Anwendung auf bürgerliche Rechtsstreitigkeiten vor allem zwischen Arbeitnehmern und Arbeitgebern sowie auch zwischen Tarifvertragsparteien findet, und das Beschlussverfahren gemäß den §§ 80 ff, das Anwendung findet für Streitigkeiten aus dem Betriebsverfassungsgesetz, dem Sprecherausschussgesetz, dem Mitbestimmungsgesetz sowie über die Tariffähigkeit und Tarifzuständigkeit einer Vereinigung.

1.3.2 Betriebsverfassungs- und Mitbestimmungsgesetz

Betriebsverfassungsgesetz (BtrVG)

Das Betriebsverfassungsgesetz (BetrVG) i. d. F. vom 25.09.2001, l. Ä. 10.12.2001, regelt die Betriebsverfassung für die Privatwirtschaft. Maßgebliche Organisationseinheit für eine Repräsentation der Arbeitnehmer ist der Betrieb. Hat dieser i. d. R. ≥ 5 ständige wahlberechtigte Arbeitnehmer, von denen ≥ 3 wählbar sind (Vollendung des 18. Lebensjahres und Betriebszugehörigkeit ≥ 6 Monate), so kann gemäß § 1 ein Betriebsrat gewählt werden. Nicht zur vom Betriebsrat repräsentierten Belegschaft gehören die leitenden Angestellten (§ 5 Abs. 2 bis 4).

Das Gesetz regelt zunächst in den §§ 7–20 die Zusammensetzung und Wahl des Betriebsrats. In § 9 ist die Zahl der Betriebsratsmitglieder geregelt. Er besteht z. B. danach in Betrieben mit i. d. R.

- 5 bis 20 wahlberechtigten Arbeitnehmern aus einer Person,
- 51 bis 100 wahlberechtigten Arbeitnehmern aus 5 Mitgliedern und
- 1.001 bis 1.500 Arbeitnehmern aus 15 Mitgliedern.

Gemäß § 13 finden die regelmäßigen Betriebsratswahlen alle 4 Jahre in der Zeit vom 01. März bis 31. Mai statt. Die letzten regelmäßigen Betriebsratswahlen fanden im Frühjahr 2002 statt. Für die Wahl gilt ergänzend die *Wahlordnung* vom 11.12.2001.

In den §§ 21–41 sind die Amtszeit und die Geschäftsführung des Betriebsrats geregelt. Die regelmäßige Amtszeit beträgt nach § 21 in Übereinstimmung mit § 13 4 Jahre. Nach § 26 wählt der Betriebsrat aus seiner Mitte den Vorsitzenden und dessen Stellvertreter. Hat ein Betriebsrat ≥ 9 Mitglieder (ab 201 wahlberechtigten Arbeitnehmern), so bildet er nach § 27 Abs. 1 einen Betriebsausschuss. Dieser führt gemäß Abs. 2 die laufenden Geschäfte des Betriebsrats. Nach § 30 finden die Sitzungen des Betriebsrats i. d. R. während der Arbeitszeit statt. Nach § 31 kann auf Antrag von 1/4 der Mitglieder oder der Mehrheit einer Gruppe des Betriebsrats ein Beauftragter einer im Betriebsrat vertretenen Gewerkschaft an den Sitzungen beratend teilnehmen. Nach § 37 Abs. 1 führen die Mitglieder des Betriebsrats ihr Amt unentgeltlich als Ehrenamt. Gemäß Abs. 2 sind sie von ihrer beruflichen Tätigkeit ohne Minderung des Arbeitsentgelts zu befreien, wenn und soweit es nach Umfang und Art des Betriebs zur ordnungsgemäßen Durchführung ihrer Aufgaben erforderlich ist. § 38 regelt die Anzahl der von ihrer beruflichen Tätigkeit freizustellenden Betriebsratsmitglieder in Abhängigkeit von der Zahl der Arbeitnehmer, z. B. bei ≥ 200 Arbeitnehmern ein Betriebsratsmitglied, bei ≥ 901 Arbeitnehmern 3 Betriebsratsmitglieder und bei ≥ 2.001 Arbeitnehmern 5 Betriebsratsmitglieder. Nach § 40 trägt die durch die Tätigkeit des Betriebsrats entstehenden Kosten der Arbeitgeber.

Der äußeren Unabhängigkeit der Betriebsratsmitglieder dient der besondere Kündigungsschutz gemäß §§ 15, 16 KSchG. In den §§ 42–46 BetrVG ist die Betriebsversammlung geregelt. Nach § 43 Abs. 1 hat der Betriebsrat in jedem Kalendervierteljahr eine Betriebsversammlung einzuberufen und in ihr einen Tätigkeitsbericht zu erstatten. Nach § 44 finden Betriebsversammlungen während der Arbeitszeit statt. Die Zeit der Teilnahme ist den Arbeitnehmern wie Arbeitszeit zu vergüten.

Besteht ein Unternehmen aus mehreren Betrieben, so haben die Betriebsräte gemäß § 47 Abs. 1 durch Entsendung einen Gesamtbetriebsrat zu bilden.

Eine betriebliche Jugend- und Auszubildendenvertretung wird gemäß den §§ 60–73 in Betrieben mit ≥ 5 Arbeitnehmern gebildet, die < 18 Jahre (jugendliche Arbeitnehmer) oder als Azubis < 25 Jahre sind. Diese Vertretung setzt sich für deren spezielle Belange gegenüber dem Betriebsrat ein. Die §§ 74–113 enthalten die Regelungen für die Mitwirkung und Mitbestimmung der Arbeitnehmer. Nach § 74 Abs. 1 sollen Arbeitgeber und Betriebsrat mindestens einmal im Monat zu einer Besprechung zusammentreten. Sie haben über strittige Fragen mit dem ernsten Willen zur Einigung zu verhandeln und Vorschläge für die Beilegung von Meinungsverschiedenheiten zu machen.

Nach § 77 sind Betriebsvereinbarungen zwischen Betriebsrat und Arbeitgeber gemeinsam zu beschließen und schriftlich niederzulegen. Sie werden vom Arbeitgeber durchgeführt. Arbeitsentgelte und sonstige Arbeitsbedingungen, die durch Tarifvertrag geregelt sind oder üblicherweise geregelt werden, können gemäß § 77 Abs. 3 nicht Gegenstand einer Betriebsvereinbarung sein. Nach § 80 Abs. 1 hat der Betriebsrat im Rahmen seiner allgemeinen Aufgaben u. a. darüber zu wachen, dass die zugunsten der Arbeitnehmer geltenden Gesetze, Verordnungen, Unfallverhütungsvorschriften, Tarifverträge und Betriebsvereinbarungen durchgeführt werden, und Maßnahmen, die dem Betrieb und der Belegschaft dienen, beim Arbeitgeber zu beantragen.

Nicht zum Betriebsverfassungs-, sondern zum Individualarbeitsrecht gehören die Bestimmungen über das Mitwirkungs- und Beschwerderecht des Arbeitnehmers gemäß den §§ 81–86, darunter auch das Recht des Arbeitnehmers zur Einsicht in die Personalakten (§ 83).

Nach den §§ 87–89 hat der Betriebsrat Mitbestimmungsrechte in sozialen Angelegenheiten wie u. a.

- Fragen der Ordnung des Betriebs und des Verhaltens der Arbeitnehmer im Betrieb,
- Beginn und Ende der täglichen Arbeitszeit einschl. der Pausen,
- vorübergehende Verkürzung oder Verlängerung der betriebsüblichen Arbeitszeit sowie
- Zeit, Ort und Art der Auszahlung der Arbeitsentgelte.

Die Mitbestimmungsrechte in personellen Angelegenheiten sind eingehend in den §§ 92–105 geregelt. Nach § 92 Abs. 1 hat der Arbeitgeber den Betriebsrat über die Personalplanung und Maßnahmen der Berufsbildung rechtzeitig und umfassend zu unterrichten. Gemäß § 93 kann der Betriebsrat verlangen, dass Arbeitsplätze vor ihrer Besetzung innerhalb des Betriebs ausgeschrieben werden. Gemäß § 94 bedürfen Personalfragebogen, allgemeine Beurteilungsgrundsätze sowie Richtlinien über die personelle Auswahl bei Einstellungen, Versetzungen, Umgruppierungen und Kündigungen der Zustimmung des Betriebsrats.

Gemäß § 99 Abs. 1 hat der Arbeitgeber in Betrieben mit i. d. R. > 20 Arbeitnehmern den Betriebsrat vor jeder Einstellung, Eingruppierung, Umgruppierung und Versetzung zu unterrichten, ihm die erforderlichen Bewerbungsunterlagen vorzulegen und Auskunft über die beteiligten Personen zu geben.

Nach § 100 kann der Arbeitgeber, wenn dies aus sachlichen Gründen dringend erforderlich ist, die personellen Maßnahmen vorläufig durchführen, auch wenn der Betriebsrat die Zustimmung verweigert und dies dem Arbeitgeber mitgeteilt hat. In diesem Fall darf der Arbeitgeber die vorläufige personelle Maßnahme nur aufrechterhalten, wenn er innerhalb von 3 Tagen beim Arbeitsgericht die Ersetzung der Zustimmung des Betriebsrats und die Feststellung beantragt, dass die Maßnahme aus sachlichen Gründen dringend erforderlich war. Lehnt das Gericht durch rechtskräftige Entscheidung die Ersetzung der Zustimmung des Betriebsrats ab, so endet die vorläufige personelle Maßnahme mit Ablauf von 2 Wochen nach Rechtskraft der Entscheidung.

Gemäß § 102 Abs. 1 ist der Betriebsrat vor jeder Kündigung zu hören. Bedenken hat er gemäß Abs. 2 dem Arbeitgeber bei einer ordentlichen Kündigung innerhalb von 1 Woche, bei einer außerordentlichen Kündigung innerhalb von 3 Tagen schriftlich mitzuteilen.

Kündigt der Arbeitgeber, obwohl der Betriebsrat der Kündigung widersprochen hat, so hat er dem Arbeitnehmer mit der Kündigung eine Abschrift der Stellungnahme des Betriebsrats zuzuleiten (Abs. 4). Hat der Betriebsrat einer ordentlichen Kündigung frist- und ordnungsgemäß widersprochen und hat der Arbeitnehmer nach § 4 KSchG Klage auf Feststellung erhoben, dass das Arbeitsverhältnis durch die Kündigung nicht aufgelöst ist, so muss der Arbeitgeber auf Verlangen des Arbeitnehmers diesen nach Ablauf der Kündigungsfrist bis zum rechtskräftigen Abschluss des Rechtsstreits bei unveränderten Arbeitsbedingungen weiter beschäftigen (Abs. 5).

In wirtschaftlichen Angelegenheiten ist der Betriebsrat in Betrieben mit > 20 Arbeitnehmern über geplante Betriebsänderungen gemäß § 111 zu unterrichten.

Kommt zwischen Arbeitgeber und Betriebsrat ein Interessenausgleich oder eine Einigung über einen Sozialplan zustande, so ist dieser gemäß § 112 Abs. 1 schriftlich niederzulegen und von Arbeitgeber und Betriebsrat zu unterschreiben.

Kommt ein Interessenausgleich oder eine Einigung über den Sozialplan nicht zustande, so können beide Seiten gemäß Abs. 2 zunächst den Präsidenten des Landesarbeitsamtes um Vermittlung ersuchen und bei Ergebnislosigkeit oder aber unmittelbar die Einigungsstelle gemäß § 76 anrufen. Diese setzt sich nach § 76 Abs. 2 aus einer gleichen Anzahl von Beisitzern, die vom Arbeitgeber und Betriebsrat bestellt werden, und einem unparteiischen Vorsitzenden, auf dessen Person sich beide Seiten einigen müssen, zusammen.

Kommt eine Einigung über den Sozialplan nicht zustande, so entscheidet gemäß § 112 Abs. 4 die Einigungsstelle über die Aufstellung eines Sozialplans. Deren Spruch ersetzt die Einigung zwischen Arbeitgeber und Betriebsrat.

Mitbestimmungsgesetz (MitbestG)

Durch das Mitbestimmungsgesetz (MitbestG) wird in Ergänzung zum Betriebsverfassungsgesetz die *Mitbestimmung in der Unternehmensordnung* geregelt. Es gilt gemäß § 1 für alle Kapitalgesellschaften und Genossenschaften, die i. d. R. > 2.000 Arbeitnehmer beschäftigen, auch für die GmbH & Co. KG. Durch § 7 MitBestG wird die *paritätische Mitbestimmung* durch die gleiche Zahl der Anteilseigner- und Arbeitnehmervertreter im Aufsichtsrat verwirklicht. So setzt sich der Aufsichtsrat eines Unternehmens mit i. d. R. ≤ 10.000 Arbeitnehmern aus je 6 Aufsichtsratsmitgliedern der Anteilseigner und der Arbeitnehmer zusammen. Unter den Aufsichtsratsmitgliedern der Arbeitnehmer müssen sich 4 Arbeitnehmer des Unternehmens (darunter mindestens 1 leitender Angestellter, 1 Angestellter und 1 Arbeiter entsprechend ihrem zahlenmäßigen Verhältnis) und 2 Vertreter von Gewerkschaften befinden.

Gemäß § 29 bedürfen Beschlüsse des Aufsichtsrats der Mehrheit der abgegebenen Stimmen. Bei Stimmengleichheit hat bei einer erneuten Abstimmung über denselben Gegenstand der Aufsichtsratsvorsitzende 2 Stimmen. Das dadurch bewirkte leichte Übergewicht der Anteilseignerseite ist nicht verfassungswidrig (BVerfGE 50, S. 290 ff).

Gemäß § 33 hat der Aufsichtsrat einen Arbeitsdirektor als gleichberechtigtes Vorstandsmitglied zu bestellen. Dieser hat seine Aufgaben im engsten Einvernehmen mit dem Gesamtvorstand auszuüben. Damit ist über die paritätische Mitbestimmung im Aufsichtsrat und dessen Verpflichtung zur Bestellung eines Arbeitsdirektors die paritätische Mitbestimmung der Arbeitnehmerseite bis in die Bestellung von Vorstandsmitgliedern hinein erreicht worden.

1.3.3 Tarifrecht in der Bauwirtschaft

Das moderne Arbeitsrecht wird vom Grundsatz der sozialen Selbstverwaltung geprägt. Das Grundrecht der Arbeitsverfassung ist die Koalitionsfreiheit gemäß Art. 9 Abs. 3 GG.

In einem gemeinsamen Protokoll zum Vertrag über die Schaffung einer Währungs-, Wirtschafts- und Sozialunion zwischen der Bundesrepublik Deutschland und der Deutschen Demokratischen Republik vom 18.05.1990 (BGBl II S. 537) heißt es ergänzend unter A. Generelle Leitsätze III. Soziale Union:

„2. Tariffähige Gewerkschaften und Arbeitgeberverbände müssen frei gebildet, gegnerfrei, auf überbetrieblicher Grundlage organisiert und unabhängig sein sowie das geltende Tarifrecht als für sich verbindlich anerkennen; ferner müssen sie in der Lage sein, durch Ausüben von Druck auf den Tarifpartner zu einem Tarifabschluss zu kommen.

3. Löhne und sonstige Arbeitsbedingungen werden nicht vom Staat, sondern durch freie Vereinbarungen von Gewerkschaften, Arbeitgeberverbänden und Arbeitgebern festgelegt."

Das *Tarifvertragsgesetz (TVG)* regelt in § 1 Inhalt und Form des Tarifvertrages, der einerseits in einem schuldrechtlichen oder obligatorischen Teil die Rechte und Pflichten der Tarifvertragsparteien regelt und andererseits in einem normativen Teil Rechtsnormen enthält, die den Inhalt, den Abschluss und die Beendigung von Arbeitsverhältnissen sowie betriebliche und betriebsverfassungsrechtliche Fragen ordnen können. Tarifverträge bedürfen der Schriftform.

Tarifvertragsparteien sind gemäß § 2 Gewerkschaften, einzelne Arbeitgeber sowie Vereinigungen von Arbeitgebern. Daher sind Verbands- und Firmentarifverträge zu unterscheiden. Tarifgebunden sind gemäß § 3 die Mitglieder der Tarifvertragsparteien und der einzelne Arbeitgeber, der selbst Partei des Tarifvertrages ist. Durch die Tarifgebundenheit haben die Tarifvertragsparteien eine obligatorische Friedenspflicht. Bei Rechtsnormen über betriebliche und betriebsverfassungsrechtliche Fragen genügt es für die Tarifgeltung im Betrieb, dass der Arbeitgeber tarifgebunden ist. Die Rechtsnormen des Tarifvertrages gelten gemäß § 4 Abs. 1 unmittelbar und zwingend zwischen den beiderseits Tarifgebundenen. Abweichende Abmachungen sind nur zugunsten des Arbeitnehmers zulässig. Nach Ablauf des Tarifvertrages gelten seine Rechtsnormen weiter, bis sie durch eine andere Abmachung ersetzt werden.

Gemäß § 5 kann ein Tarifvertrag für allgemein verbindlich erklärt werden, wenn

„1. die tarifgebundenen Arbeitgeber nicht weniger als 50 v. H. der unter den Geltungsbereich des Tarifvertrages fallenden Arbeitnehmer beschäftigen und

2. die allgemein verbindliche Erklärung im öffentlichen Interesse geboten erscheint."

Mit der Allgemeinverbindlichkeitserklärung erfassen die Rechtsnormen des Tarifvertrages in seinem Geltungsbereich gemäß Abs. 4 auch die bisher nicht tarifgebundenen Arbeitgeber und Arbeitnehmer.

Tarifvertragsparteien in der Bauwirtschaft sind
für das Baugewerbe

- der Zentralverband des Deutschen Baugewerbes (ZDB) und der Hauptverband der Deutschen Bauindustrie (HVBi) einerseits sowie
- die Industriegewerkschaft Bauen-Agrar-Umwelt (IG BAU) andererseits,

für die Bauplaner

- der Arbeitgeberverband selbständiger Ingenieure und Architekten (ASIA) bzw. die Vereinigung freischaffender Architekten (VfA) bzw. die Arbeitgebergemeinschaft für Architekten und Ingenieure (AAI) einerseits sowie
- die Vereinte Dienstleistungsgewerkschaft (ver.di) bzw. die Industriegewerkschaft Bauen-Agrar-Umwelt (IG BAU) andererseits.

Die Tarifvertragsparteien des Baugewerbes haben sich, wie die meisten anderen Wirtschaftszweige in Deutschland auch, für Streitfälle, die zu Kampfmaßnahmen führen können, zur Durchführung eines *Schlichtungsverfahrens* nach dem Schlichtungsabkommen Bau (1979, 1993) verpflichtet. Dieses Abkommen zwingt die Tarifvertragsparteien zur Anrufung einer Zentralschlichtungsstelle unter der Leitung eines unparteiischen Vorsitzenden. Während dieses Verfahrens besteht Friedenspflicht, d. h. die Durchführung von Urabstimmungen, Streiks, Aussperrungen oder sonstigen Kampfmaßnahmen ist unzulässig. Den Verfahrensablauf zeigt *Abb. 1.35*.

Arbeitskampfmaßnahmen sind hierdurch erst nach einem Scheitern des Schlichtungsverfahrens zulässig. Als wichtigste Kampfmittel gelten der Streik der Arbeitnehmerseite und die Aussperrung durch die Arbeitgeberseite.

Das Streikrecht ist durch Art. 9 Abs. 3 GG verfassungsrechtlich garantiert. N. h. M. wird ein Streik nur unter folgenden Voraussetzungen als rechtmäßig anerkannt:

- Er muss von einer Gewerkschaft geführt werden.
- Er muss sich gegen einen Tarifpartner richten.
- Mit dem Streik muss die kollektive Regelung von Arbeitsbedingungen erstrebt werden.
- Der Streik darf nicht gegen Grundregeln des kollektiven Arbeitsrechts verstoßen.
- Der Streik darf nicht gegen das Prinzip der fairen Kampfführung verstoßen.
- Die Gewerkschaft muss alle Möglichkeiten der friedlichen Einigung ausgeschöpft haben (Friedenspflicht).

Ein Streikbeschluss wird i. d. R. durch eine Urabstimmung herbeigeführt, bei der alle Mitglieder befragt werden. Dabei müssen sich mindestens 75 % der Befragten für einen Streik aussprechen.

Die Rechtsfolgen eines rechtmäßigen Streiks bestehen darin, dass die Arbeitnehmer für die Dauer des Streiks nicht verpflichtet sind zu arbeiten. Sie haben für diese Zeit aber auch keinen Anspruch auf Arbeitslohn oder bezahlten Urlaub. Die Gewerkschaften zahlen während eines Streiks Streikvergütungen an ihre Mitglieder.

Die Beteiligung am Streik muss freiwillig sein. Wer arbeiten will, darf von der Streikleitung nicht daran gehindert werden. Eine psychologische Einflussnahme ist jedoch erlaubt. Wenn Arbeitswillige wegen streikender Arbeitnehmer nicht arbeiten können, so erhalten alle Arbeitnehmer keinen Lohn, da der Unternehmer sonst den gegen sich gerichteten Streik finanzieren müsste.

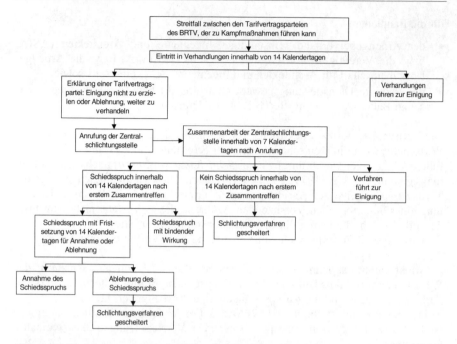

Abb. 1.35 Verfahren nach dem Schlichtungsabkommen für das Baugewerbe (Quelle: Zander, 2003, S. 403)

Die Aussperrung stellt das Gegenrecht des Arbeitgebers zum Streik dar. Sie bedeutet die Aussetzung (Suspendierung) des Arbeitsverhältnisses, nur ausnahmsweise deren Auflösung, wenn diese nach dem Grundsatz der Verhältnismäßigkeit gerechtfertigt ist. Eine Aussperrung, die gezielt nur die Mitglieder der streikenden Gewerkschaft erfasst, ist rechtswidrig.

Der erste Bauarbeitertarif wurde im Jahre 1910 vereinbart und ist eines der vielfältigsten Tarifsysteme mit knapp 40 meist bundesweit gültigen Tarifverträgen.

Die *Tarifsammlung für die Bauwirtschaft* gliedert sich in vier große Gruppen (Zander, 2003):

- Entgelttarifverträge,
- Rahmentarifverträge,
- Sozialkassentarifverträge und
- Verfahrenstarifverträge.

1.3.3.1 Entgelttarifverträge

Die Entgelttarifverträge regeln insbesondere die Lohn- und Gehaltssätze für die verschiedenen Berufsgruppen, aber auch sonstige Zahlungsansprüche der Arbeitnehmer, u. a. auf Auslösung, auf 13. Monatseinkommen oder auf vermögenswirksame Leistungen. Sie gelten i. d. R. für eine Mindestlaufzeit von 1 Jahr (höchstens 2 Jahre). Da der Anteil der Personalkosten am Bruttoproduktionswert im Bauhauptgewerbe mit 47,2 % (2000) überdurchschnittlich hoch ist (Maschinenbau 34,1 %, Chemie 20,7 %), gehören die Löhne und Gehälter zu den wichtigsten Kostenfaktoren.

Im Bauhauptgewerbe gelten unterschiedliche Lohntarifverträge für die alten und neuen Bundesländer sowie für Berlin. Bei den Gehaltstarifverträgen existieren zusätzlich spezielle Regelungen für die Angestellten und Poliere in Bayern.

Die Entgelttarifverträge unterscheiden nach dem Status der Arbeitnehmer in

- gewerbliche Arbeitnehmer sowie
- Angestellte und Poliere.

In den Lohntarifverträgen für gewerbliche Arbeitnehmer ist u. a. der *Bundeseck-lohn* festgelegt. Er entspricht dem Tarifstundenlohn der Lohngruppe 4 (Spezial-facharbeiter/Baumaschinenführer) und beträgt seit dem 01.04.2003 13,96 € (TV Lohn/West) bzw. 12,45 € (TV Lohn/Ost). Der *Gesamttarifstundenlohn (GTL)* setzt sich aus dem *Tarifstundenlohn (TL)* und dem *Bauzuschlag (BZ)* in Höhe von 5,9 % des Tarifstundenlohns zusammen. Dieser wird gewährt zum Ausgleich der besonderen Belastungen, denen der Arbeitnehmer durch den ständigen Wechsel der Baustelle (2,5 v. H.) und die Abhängigkeit von der Witterung außerhalb der Schlechtwetterzeit (2,9 v. H.) ausgesetzt ist. Er dient ferner in Höhe von 0,5 v. H. dem Ausgleich von Lohneinbußen während der gesetzlichen Schlechtwetterzeit.

Arbeitnehmer, die überwiegend nicht auf Baustellen, sondern stationär beschäf-tigt werden, erhalten den Tarifstundenlohn ohne Bauzuschlag.

Mit dem Tarifvertrag zur Regelung eines Mindestlohnes im Baugewerbe *(TV Mindestlohn)* haben die Tarifvertragsparteien des Baugewerbes eine wesentliche Voraussetzung zur Wirksamkeit des *Arbeitnehmer-Entsendegesetzes (AEntG)* geschaffen, d. h. dass für gleiche Arbeit am gleichen Ort auch der gleiche Lohn gezahlt wird. Diese Mindestlöhne gelten für gewerbliche Arbeitnehmer, die eine nach dem SGB VI versicherungspflichtige Tätigkeit ausüben. Als Voraussetzung zur Wirksamkeit der Mindestlohnvereinbarung ist der TV Mindestlohn vom Bun-desministerium für Arbeit und Sozialordnung (BM AS) in § 1 der Dritten Verord-nung über zwingende Arbeitsbedingungen im Baugewerbe (MindestlohnVO) vom 21.08.2002 (BGBl. I S. 3372 ff), allerdings vorerst befristet bis zum 31.08.2004, für zwingend anwendbar und damit für allgemein verbindlich erklärt worden. Der Mindestlohn GTL aus TL + BZ beträgt für den Zeitraum vom 01.09.2003 bis zum 31.08.2004 in den Lohngruppen 1 (Werker) und 2 (Fachwerker)

- in den alten Bundesländern 10,36 € und 12,47 €,
- in den neuen Bundesländern 8,95 € und 10,01 €.

Im TV Lohn/Ost sowie durch einen Tarifvertrag zur Sicherung des Standortes Berlin für das Baugewerbe (TV Standort Berlin) sind *Wettbewerbs- und Beschäf-tigungssicherungsklauseln* eingeführt worden, wonach zur Sicherung der Beschäf-tigung der Arbeitnehmer, zur Verbesserung der Wettbewerbsfähigkeit der Betrie-be sowie zur Stärkung des regionalen Baugewerbes durch freiwillige Betriebsver-einbarung oder, wenn kein Betriebsrat besteht, durch einzelvertragliche Vereinba-rung um bis zu 10 v. H. (bzw. in Berlin um bis zu 5 v. H., jedoch nur befristet bis zum 31.03.2004) von den Tariflöhnen abweichende Löhne vereinbart werden können, wobei „der höchste geltende Mindestlohn nicht unterschritten werden darf". Die Zielsetzungen dieser Öffnungsklauseln bestehen insbesondere in der Vermeidung von Kurzarbeit und von betriebsbedingten Kündigungen, in der

Übernahme von Azubis und in der Vermeidung der arbeitskostenbedingten Vergabe von Nachunternehmerleistungen.

Die Ausbildungsvergütungen sind für Azubis, gestaffelt nach Ausbildungsjahren, in den *TV Lohn* und *TV Gehalt* ausgewiesen.

Bei den Angestellten und Polieren werden die Gehälter in Gehaltsgruppen A I bis A X gestaffelt. Diese Gehaltsgruppen sind in § 5 Nr. 2 des Rahmentarifvertrags für die Angestellten und Poliere des Baugewerbes (RTV Angestellte) definiert, z. B.:

- A I Angestellte, die einfache Tätigkeiten ausführen, die eine kurze Einarbeitungszeit und keine Berufsausbildung erfordern

- A VII Angestellte, die schwierigere Tätigkeiten selbstständig und weitgehend eigenverantwortlich ausführen, für die

  - eine abgeschlossene Ausbildung an einer Technischen Hochschule oder Universität oder
  - eine abgeschlossene Ausbildung an einer Fachhochschule oder an einer vergleichbaren Einrichtung erforderlich ist, und
  - Poliere, welche die Prüfung gemäß der „Verordnung über die Prüfung zum anerkannten Abschluss ‚Geprüfter Polier'" erfolgreich abgelegt haben und als Polier angestellt wurden oder die als Polier angestellt wurden, ohne diese Prüfung abgelegt zu haben, sowie Meister

- A X Angestellte, die umfassende Tätigkeiten selbstständig ausführen, eine besondere Verantwortung haben sowie über eine eigene Dispositions- und Weisungsbefugnis verfügen, für die

  - eine abgeschlossene Ausbildung an einer Technischen Hochschule oder Universität und eine vertiefte Berufserfahrung oder
  - eine abgeschlossene Ausbildung an einer Fachhochschule oder an einer vergleichbaren Einrichtung erforderlich ist.

Tarifgehälter für die Gruppe A VII betragen seit dem 01.04.2003 nach TV Gehalt/West bzw. /Ost in den alten (neuen) Bundesländern 3.309 € (2.951 €) pro Monat.

Nach § 2 Abs. 1 des TV 13. ME/Ang/Pol über die Gewährung eines 13. Monatseinkommens für die Angestellten des Baugewerbes haben Angestellte, Poliere und Azubis für den Beruf eines Angestellten Anspruch auf ein 13. Monatseinkommen in Höhe von 55 v. H. ihres Tarifgehalts.

Gemäß § 6 Abs. 1 ist das 13. Monatseinkommen je zur Hälfte zusammen mit der Zahlung des Gehalts bzw. der Ausbildungsvergütung für den Monat November und für den Monat April des Folgejahres auszuzahlen.

Gemäß § 2 Nr. 1 des Tarifvertrags über die Gewährung vermögenswirksamer Leistungen für die Angestellten und Poliere des Baugewerbes (TV VermB/Ang/Pol) ist der Arbeitgeber verpflichtet, dem Angestellten monatlich eine vermögenswirksame Leistung im Sinne des Gesetzes zur Förderung der Vermögensbildung der Arbeitnehmer in der jeweils geltenden Fassung in Höhe von 23,52 € pro Monat (Arbeitgeberzulage) zu gewähren, wenn der Angestellte gleichzeitig mindestens 3,07 € aus seinem Monatsgehalt (Eigenleistung) im Wege der Umwandlung vom Arbeitgeber vermögenswirksam anlegen lässt. Gemäß § 5 Nr. 1 sind die Eigenleistung des Angestellten bzw. des Auszubildenden und die vermögenswirksame Leistung des Arbeitgebers gemeinsam anzulegen.

Der Gehaltstarifvertrag für die Angestellten in Ingenieur-, Architektur- und Planungsbüros zwischen ASIA in Ettlingen und ver.di in Berlin gilt für das gesamte Bundesgebiet und richtet sich nach einer dem Angestelltentarifvertrag des Baugewerbes ähnelnden Qualifikationsskala mit 5 bzw. 6 Berufsgruppen. Absolventen von Fach- sowie Technischen Hochschulen werden in die Gehaltsgruppe T 4/I A 1 eingruppiert mit 2.430 €/Mt im 1. Jahr (Stand 01.11.2003). Begründung für die Abweichung um 26,6 % (Ost: 17,7 %) nach unten gegenüber den Tarifgehältern des Baugewerbes ist, dass von den Angestellten im Baugewerbe ein erhebliches Maß an Überstunden ohne Überstundenvergütung erwartet wird.

1.3.3.2 Rahmentarifverträge

Der für allgemein verbindlich erklärte (vgl. AVE-Tabelle in Zander, 2003, S. 463) Bundesrahmentarifvertrag (BRTV) für das Baugewerbe (außerhalb der Bauwirtschaft Manteltarifvertrag genannt) ist der für das Baugewerbe bedeutendste Tarifvertrag, da er die Arbeitsverhältnisse für die gewerblichen Arbeitnehmer des Baugewerbes in den alten und den neuen Bundesländern gestaltet. Die aktuelle Fassung (Zander, 2003, S. 183 ff) vom 04.07.2002 trat am 01.09.2002 in Kraft und hat eine Laufdauer bis mindestens zum 31.12.2006, sofern er 6 Monate vorher schriftlich gekündigt wird.

Seine Rechtsnormen gelten wegen der Allgemeinverbindlichkeit auch für die Arbeitgeber und Arbeitnehmer des Baugewerbes, die den Tarifvertragsparteien nicht als Mitglied angehören. Eine Inhaltsübersicht zeigt *Abb. 1.36*.

Ein Schaubild im Anhang zum BRTV enthält die Struktur der Lohngruppen 1 bis 6 für die gewerblichen Arbeitnehmer des Baugewerbes nach § 5 BRTV (*Abb. 1.37*).

Der § 7 des BRTV vom 04.07.2002 enthält zur Auslösung analoge Regelungen anstelle des nicht mehr verlängerten TV Auslösung. Gemäß § 7 Nr. 3 haben Arbeitnehmer auf Arbeitsstellen mit täglicher Heimfahrt Anspruch auf eine Fahrtkostenabgeltung von 0,30 € je Arbeitstag und Entfernungskilometer (Kilometergeld) und Verpflegungszuschuss bei Abwesenheit von mehr als 10 Stunden in Höhe von 4,09 € je Arbeitstag in den alten und 2,56 € in den neuen Bundesländern.

Arbeitet der Arbeitnehmer auf einer mindestens 50 km vom Betrieb entfernten Arbeitsstelle und beträgt der normale Zeitaufwand für seinen Weg von der Wohnung zur Arbeitsstelle mehr als 1 ¼ Stunden, so hat er gemäß § 7 Nr. 4 Anspruch auf eine Auslösung als Ersatz für den Mehraufwand für Verpflegung und Übernachtung. Die Auslösung beträgt für jeden Kalendertag 34,50 € bzw. bei einer vom Arbeitgeber gestellten ordnungsgemäßen Unterkunft 28,00 €. Bei Wochenendheimfahrten enthält der Arbeitnehmer eine Fahrtkostenabgeltung durch Kilometergeld von 0,30 € je Entfernungskilometer. Für Berlin gelten gemäß § 7 Nr. 5 BRTV gesonderte Regelungen für die Wegekostenerstattung.

Die früher in § 4 des BRTV enthaltene Regelung zur Entgeltfortzahlung im Krankheitsfall wurde in die Fassung vom 04.07.2002 nicht übernommen. Somit gilt nunmehr auch für gewerbliche Arbeitnehmer des Baugewerbes das *Entgeltfortzahlungsgesetz*. Gemäß § 3 Abs. 1 dieses Gesetzes hat ein Arbeitnehmer einen Anspruch auf Entgeltfortzahlung im Krankheitsfall durch den Arbeitgeber für die Zeit der Arbeitsunfähigkeit bis zur Dauer von 6 Wochen.

Bundesrahmentarifvertrag für das Baugewerbe (BRTV) vom 04.07.2002
zwischen
dem Zentralverband des Dt. Baugewerbes, Berlin,
dem Hauptverband der Dt. Bauindustrie, Berlin,
und der IG Bauen-Agrar-Umwelt, Frankfurt a. M.

Inhaltsverzeichnis

8. Entschädigung
9. Ansprüche bei Tod des Arbeitnehmers
10. Urlaub für volljährige Arbeitnehmer im Auslernjahr
11. Urlaub für jugendliche Arbeitnehmer
12. Urlaub bei Altersteilzeit
13. Anrechnung von Urlaub entsandter Arbeitnehmer
14. Abtretungsverbot
15. Urlaubskassen der Bauwirtschaft
16. Gerichtsstand
17. Sonderregelung für Bayern

§ 9 Freistellung zu Arbeitsgemeinschaften
1. Voraussetzungen der Freistellung
2. Rechtsverhältnisse während der Dauer der Freistellung

§ 10 Sterbegeld

§ 11 Besondere Bestimmungen für Werkpoliere, Baumaschinen-Fachmeister und Ofenwärter im Feuerungsbau
1. Ruhen der Arbeit und Arbeitsmangel
2. Kündigungsfrist

§ 12 Beendigung des Arbeitsverhältnisses
1. Kündigungsfristen und Schriftformerfordernis
1.1 Allgemeine Kündigungsfristen
1.2 Verlängerte Kündigungsfristen
1.3 Schriftformerfordernis
2. Kündigungsausschluss
3. Unzulässigkeit von Schwarzarbeit
4. Aushändigung von Restlohn und Arbeitspapieren

§ 13 Zutritt zu den Unterkünften

§ 14 Arbeitssicherheit und Gesundheitsschutz

§ 15 Ausschlussfristen

§ 16 Besondere Lohn- und Arbeitsbedingungen für Spezialgewerbezweige

§ 17 Durchführung des Vertrages

§ 18 In-Kraft-Treten und Laufdauer

Abb. 1.36 Inhaltsverzeichnis des Bundesrahmentarifvertrags für das Baugewerbe (BRTV) vom 04.07.2002

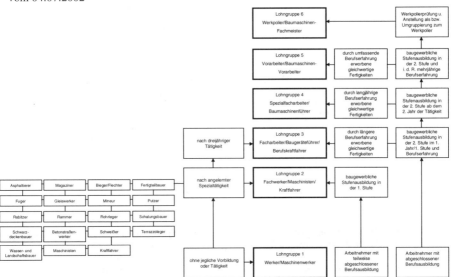

Abb. 1.37 Schaubild der Struktur der Lohngruppen 1 bis 6 für die gewerblichen Arbeitnehmer des Baugewerbes im Anhang des BRTV (Quelle: Zander, 2003, S. 226 f)

Für die Angestellten und Poliere des Baugewerbes gilt ebenfalls ein *Rahmentarifvertrag (RTV Angestellte)* vom 04.07.2002 seit dem 01.09.2002 bis mindestens zum 31.12.2006, der jedoch nicht für allgemein verbindlich erklärt wurde (Zander, 2003, S. 276 ff). Die Inhaltsübersicht zeigt *Abb. 1.38*.

Rahmentarifvertrag für die Angestellten und
Poliere des Baugewerbes (RTV Angestellte)
vom 04.07.2002
zwischen
dem Zentralverband des Dt. Baugewerbes,
Berlin, dem Hauptverband der Dt. Bauindustrie,
Berlin, und
der IG Bauen-Agrar-Umwelt, Frankfurt a. M.

Inhaltsverzeichnis

Abb. 1.38 Inhaltsverzeichnis des Rahmentarifvertrags für die Angestellten und Poliere des
Baugewerbes (RTV Angestellte) vom 04.07.2002

Im RTV Angestellte ist unter § 4 Ziff. 2 die Gehaltsfortzahlung im Krankheitsfall nach wie vor wie folgt geregelt:

Gemäß Ziff. 2.1 gelten für die Gehaltsfortzahlung im Krankheitsfall die jeweiligen gesetzlichen Bestimmungen. Gemäß Ziff. 2.2 erhalten Angestellte nach dreijähriger ununterbrochener Betriebszugehörigkeit, wenn sie in Folge von Krankheit an der Arbeitsleistung verhindert sind (Arbeitsunfähigkeit), von der siebten Woche an einen Zuschuss vom Arbeitgeber bis zur Dauer von 6 Wochen. Der Zuschuss wird in Höhe desjenigen Betrages gewährt, der sich als Unterschied zwischen 90 v. H. des Nettogehalts und den beitragspflichtigen Leistungen der gesetzlichen Krankenversicherung oder Unfallversicherung ergibt.

Der Tarifvertrag über die *Berufsbildung im Baugewerbe (BBTV)* gilt für Auszubildende (Azubis), die in einem staatlich anerkannten Ausbildungsberuf im Sinne des § 25 des Berufsbildungsgesetzes (BbiG) oder des § 25 der Handwerksordnung (HwO) ausgebildet werden und vor Beginn dieser Ausbildungsverhältnisse noch nicht beruflich tätig waren oder aber bei Beginn der Ausbildung das 28. Lebensjahr noch nicht vollendet hatten. Er enthält im Abschnitt I Regelungen zu Ansprüchen der Azubis gegen die Arbeitgeber, in den Abschnitten II bis V zu Ansprüchen der Arbeitgeber gegen die Urlaubs- und Lohnausgleichskasse der Bauwirtschaft (ULAK), Wiesbaden, bzw. im Gebiet des Landes Berlin gegen die Sozialkasse des Berliner Baugewerbes, auf Erstattung von Ausbildungsvergütungen, Urlaubskosten, von überbetrieblichen Ausbildungskosten sowie Ausbildungskosten bei Zweitausbildung, im Abschnitt V zum Beitrag sowie Schlussbestimmungen.

Einen Überblick über die 36-monatige Stufenausbildung in der Bauwirtschaft zeigt *Abb. 1.39*.

Der Rahmentarifvertrag für *Leistungslohn im Baugewerbe (RTV Leilo)* enthält Regelungen für solche Arbeiten, die im Rahmen eines Arbeitsverhältnisses zur Herbeiführung eines bestimmten Arbeitserfolges gegen eine sich nach dem erzielten Arbeitsergebnis richtende Vergütung erbracht werden (§ 2 Nr. 1). Dazu sind Vorgabewerte grundsätzlich methodisch durch den Arbeitgeber nach einer einvernehmlich mit dem Betriebsrat zu bestimmenden Methode zu ermitteln (§ 3). Die Grundlagen für die Ermittlung der Vorgabewerte sollen gemeinsam von den Tarifvertragsparteien erarbeitete Richtwerte bilden (vgl. *Tabelle 1.6*). Die Leistungsbedingungen zwischen dem Arbeitgeber und der Leistungsgruppe sind schriftlich zu vereinbaren. Der Kolonnenführer hat täglich die geleisteten Arbeitsstunden, getrennt nach Zeitlohn- und Leistungslohnstunden, aufzuzeichnen sowie mit dem Arbeitgeber Aufmaß und Massenermittlung der erbrachten Leistungen gemeinsam vorzunehmen (§ 4). Die Berechnung des Leistungsentgeltes erfolgt nach den Vorgabewerten und den geleisteten Mengen (§ 8):

- Sollstunden = Ist-Mengen x Vorgabewerte,
- Ist-Stunden = tatsächlich geleistete Stunden,
- Differenz (Soll- ./. Ist-Stunden) = Leistungslohnmehrstunden, die der Arbeitgeber auf die Mitglieder der Leistungsgruppe entsprechend der Anzahl der von ihnen geleisteten Ist-Stunden zu verteilen hat. Daraus ergibt sich der von der Leistungsgruppe angestrebte Mehrverdienst von mindestens 15 % der geleisteten Ist-Stunden. Aus der Lohnabrechnung muss der sich aus der Arbeit im Leistungslohn ergebende Mehrverdienst zu ersehen sein.

Ausbildungs-Abschlussprüfungen bzw. Gesellenprüfungen

Zimmerer/-in · Stuckateur/-in · Fliesen-, Platten und Mosaikleger/-in · Estrichleger/-in · Wärme-, Kälte- und Schallschutzisolierer/-in*) · Trockenbaumonteur/-in*) · Maurer/-in · Beton- und Stahlbetonbauer/-in · Feuerungs- und Schornsteinbauer/-in · Straßenbauer/-in · Rohrleitungsbauer/-in*) · Kanalbauer/-in*) · Brunnenbauer/-in · Spezialtiefbauer/-in*) · Gleisbauer/-in*)

3. Ausbildungsjahr
Berufliche
Fachbildung II

Begleitender Berufs-
schulunterricht in
Teilzeit
oder Blockform

Überbetriebliche Ver-
tiefung und Ergänzung
(4 Wochen)

— 2. Stufe (1 Jahr) —

Abschluss-**) oder Zwischenprüfung**

Ausbau-facharbeiter Schwerpunkte	Hochbau-facharbeiter Schwerpunkte	Tiefbau-facharbeiter Schwerpunkte

Zimmererarbeiten · Stuckateurarbeiten · Fliesen-, Platten- und Mosaikarbeiten · Estricharbeiten · Wärme-, Kälte- und Schallschutzarbeiten · Trockenbauarbeiten · Maurerarbeiten · Beton- und Stahlbetonarbeiten · Feuerungs- und Schornsteinarbeiten · Straßenbauarbeiten · Rohrleitungsarbeiten · Kanalbauarbeiten · Brunnenbau- und Spezialtiefbauarbeiten · Gleisbauarbeiten

2. Ausbildungsjahr
Berufliche
Fachbildung I

Begleitender Berufs-
schulunterricht in
Teilzeit
oder Blockform

Überbetriebliche Ver-
tiefung und Ergänzung
(11–13 Wochen)

berufsbezogene Vertiefung

gleich lautende Ausbildungsinhalte im

Bereich **Ausbau**	Bereich **Hochbau**	Bereich **Tiefbau**

gleich lautende Ausbildungsinhalte für alle Bauberufe
(Berufsfeldbreite Grundbildung)

1. Ausbildungsjahr
Berufliche
Grundbildung

Begleitender Berufs-
schulunterricht in
Teilzeit
oder Blockform

Überbetriebliche Grund-
bildung
(17–20 Wochen)

— 1. Stufe (2 Jahre) —

*) Ausbildungsberufe, die nur für den Bereich der Industrie anerkannt sind, aber auch im Handwerk
ausgebildet werden können (§ 91 Abs. 2 HWO)
**) In Kurzverträgen über die 1. Stufe (2 Jahre) findet eine Abschlussprüfung statt, mit der
Möglichkeit der Ausbildungsfortsetzung in der 2. Stufe (1 Jahr). In Langverträgen über beide Stufen
(3 Jahre) findet die Prüfung als Zwischenprüfung statt.

Abb. 1.39 Schaubild der Berufsausbildung in der Bauwirtschaft Stufenausbildung) im
Anhang des BBTV (Quelle: Zander, 2003, S. 329)

Sofern die Ist-Stunden > Soll-Stunden sind, sind die Ist-Stunden mit dem an-
rechnungsfähigen tariflichen Stundenlohn zu vergüten. Damit erhalten die Mitglieder der Leistungsgruppe stets mindestens die tarifliche Vergütung der geleisteten Ist-Stunden.

Tabelle 1.6 Ausgewählte Arbeitszeitrichtwerte für Leistungslohn im Baugewerbe –
(Quelle: Tarifvertrag für Leistungslohn im Baugewerbe München vom 08.04.1991 mit Arbeits-
zeitwerten (Hochbau), S. 25 f)

Pos.	Art der Arbeit	Einheit	Std./Einheit
M	**Mauerwerk ab 14,5 cm Wanddicke** bei Verwendung von Turmdrehkränen zum Material- transport		
M1	Herstellen von Mauerwerk ab 14,5 cm Wanddicke mit Großformatsteinen über 4,5 NF (Beispiele: 30 x 24 x 17,5 cm = 5,7 NF 36,5 x 24 x 17,5 cm = 6,75 NF)	m^3	3,10
M2	Herstellen von Mauerwerk mit Großformatsteinen über 2,3 NF bis einschl. 4,5 NF (Beispiele: 36,5 x 24 x 11,3 cm = 4,5 NF 30 x 24 x 11,3 cm = 3,75 NF)	m^3	3,60
M3	Herstellen von Mauerwerk mit Steinen von 1½ NF bis einschl. 2,3 NF (Beispiele: 24 x 11,5 x 11,3 cm = 1½ NF 24 x 17,5 x 11,3 cm = 2¼ NF 30 x 14,5 x 11,3 cm = 2,3 NF)	m^3	4,05
M4	Herstellen von Mauerwerk mit Steinen unter 1½ NF (Beispiele: 24 x 11,5 x 5,2 cm = DF 24 x 11,5 x 7,1 cm = NF)	m^3	5,13
M5	Herstellen von Mauerwerk mit Steinen ab 14,5 cm Wanddicke mit Porensteinen und Hohlblöcken bis 22,5 kg Einzelgewicht, sofern sie nicht in die Pos. M1 mit Pos. M4 fallen	m^3	3,05
M6	Wie Pos. M5, jedoch mit Steinen vom Format 49,0/30,0/23,8 cm und Format 49,0/36,5/23,8 cm, sowie entsprechende Planblockformate nach DIN	m^3	3,30
M7	Wie Pos. M5, jedoch über 22,5 kg Einzelgewicht	m^3	3,55
M8	Zulage zu Pos. M1–6 für das Mauern von aufgehenden Ecken	stgdm	0,12
M9	Zulage zu Pos. M1–6 für das Einbinden bei Verarbeitung von verschiedenformatigen Steinen	stgdm	0,18
M10	Zuschlag zu Pos. M3 und M4 für das Herstellen von Mauerwerk in Steinen mit einer Rohdichte ab 1,6 Zuschlag	m^3	0,18
M11	Zuschlag zu Pos. M3 und M4 für das Herstellen von Mauerwerk in Klinkern Zuschlag	m^3	0,55

Die übernommenen Arbeiten sind von der Leistungsgruppe nach anerkannten Erkenntnissen der Bautechnik sach- und fachgerecht auszuführen (§ 5). Geschieht dies nicht, hat der Arbeitgeber Mängel unverzüglich zu rügen und die Leistungsgruppe aufzufordern, die Mängel zu beseitigen (§ 6 Abs. 2). Mängel sind durch einwandfreie Nacharbeit von der Leistungsgruppe innerhalb einer angemessenen Frist ohne Vergütung und unter Übernahme der Selbstkosten für zusätzliches Material zu beheben (§ 6 Abs. 4). Werden die Mängel von der Leistungsgruppe nicht fristgerecht beseitigt, so kann der Arbeitgeber die Mängelbeseitigung vornehmen (lassen) und die dafür aufgewendeten Kosten der Leistungsgruppe berechnen (§ 6 Abs. 5).

Als Sonderform des Leistungslohnes kann ein Prämienlohn vereinbart werden (§ 17). Dieser besteht aus dem Zeitlohn und einer von der Leistung abhängigen Leistungsprämie, z. B. für besondere Qualität der Arbeit, Ersparnis von Material, hohe Auslastung der Betriebsmittel oder Einhaltung von Terminen.

1.3.3.3 Materielle Sozialkassentarifverträge

Zentrale Einrichtung des Sozialkassensystems der Bauwirtschaft ist die SoKa-Bau mit Sitz in Wiesbaden, die die Urlaubs- und Lohnausgleichskasse der Bauwirtschaft (ULAK) und die Zusatzversorgungskasse des Baugewerbes VVaG (ZVK-Bau) unter einem Dach vereinigt (Zander, 2003, S. 341 ff). Diese sind von den zentralen Tarifvertragsparteien gegründete gemeinsame Einrichtungen gemäß § 4 Abs. 2 Tarifvertragsgesetz. Ihre Hauptaufgaben bestehen in der Sicherstellung zahlreicher tarifvertraglich vereinbarter Zahlungen an die Arbeitnehmer der Baubranche einerseits und der Erstattungen an die Arbeitgeber andererseits im Wege eines Solidarausgleichsverfahrens.

Da die Sozialkassentarifverträge des Baugewerbes regelmäßig für allgemein verbindlich erklärt werden, erfassen sie alle Betriebe des Baugewerbes. Die Kassen erhalten monatlich von sämtlichen Betrieben bestimmte, von den Tarifvertragsparteien festgelegte Beträge auf Basis der betrieblichen Bruttolohnsummen. Als Gegenleistung erstatten die Kassen den Betrieben bestimmte, von den Arbeitgebern an die Arbeitnehmer geleistete Zahlungen bzw. zahlen direkt an Arbeitnehmer, Rentner und Hinterbliebene. Für den Beitragseinzug ist zur Vermeidung von Verwaltungsaufwand und -kosten stets die ZVK-Bau zuständig. Bei den Sozialkassen wird für jeden gewerblichen Arbeitnehmer ein persönliches Konto geführt.

Urlaubs- und Lohnausgleichskasse der Bauwirtschaft (ULAK)

Die Urlaubs- und Lohnausgleichskasse der Bauwirtschaft (ULAK) in Wiesbaden erbringt für alle Bundesländer mit Ausnahme von Bayern und Berlin Leistungen im Urlaubs-, Lohnausgleichs- und Berufsbildungsverfahren und hat damit Anspruch auf das zur Finanzierung dieser Verfahren festgesetzte Beitragsaufkommen:

• Sicherung der Auszahlung des den Arbeitnehmern gemäß BRTV zustehenden Urlaubsentgelts und des zusätzlichen Urlaubsentgelts. Die ULAK erstattet dem Arbeitgeber die von ihm an die Arbeitnehmer ausgezahlten Urlaubsvergütungen (§§ 13 ff VTV).

- Sicherung der den Arbeitnehmern gemäß TV Lohnausgleich zustehenden Ausgleichszahlungen. Die ULAK erstattet dem Arbeitgeber die von ihm gezahlten Lohnausgleichsbeträge (§§ 16 f VTV).
- Regelung des Verfahrens zur Beitragsmeldung und -zahlung (§§ 25 ff VTV).

Mit Hilfe des Urlaubskassenverfahrens können gewerbliche Arbeitnehmer *Freizeit- und Vergütungsansprüche* für einen zusammenhängenden Urlaub ansparen. Eine Urlaubsregelung nach dem Bundesurlaubsgesetz wäre für viele Arbeitnehmer im Baugewerbe nachteilig, da sie nicht ganzjährig in einem Arbeitsverhältnis zu einem Baubetrieb stehen. Die Urlaubsansprüche werden von der ULAK auf dem persönlichen Konto jeweils zusammengerechnet.

Arbeitnehmer der Bauwirtschaft haben Anspruch auf eine *Urlaubsvergütung* aus Urlaubsentgelt und zusätzlichem Urlaubsgeld, die sich nach der Höhe des bis zum Urlaubsbeginn verdienten Bruttolohns richtet. Die ULAK erstattet den Arbeitgebern die tarifvertragsgemäß an Arbeitnehmer gezahlten Urlaubsvergütungen, auch wenn deren Ansprüche bei einem anderen Arbeitgeber erworben wurden.

Durch den Tarifvertrag zur Förderung der Aufrechterhaltung der Beschäftigungsverhältnisse im Baugewerbe während der Winterperiode (TV Lohnausgleich) erhalten gewerbliche Arbeitnehmer im Interesse der Förderung der ganzjährigen Beschäftigung vom Arbeitgeber für die Zeiträume vom 24. bis 26. Dezember sowie für den 31. Dezember und 1. Januar jeweils einen *Lohnausgleich* in Höhe eines Pauschalbetrages gemäß jeweils aktueller Lohnausgleichs-Tabelle in Abhängigkeit vom durchschnittlichen Bruttostundenverdienst des vor dem Ausgleichszeitraum liegenden letzten Lohnabrechnungszeitraumes von mindestens 4 Wochen. Arbeitgebern wird der gezahlte Lohnausgleich auf Antrag von der ULAK erstattet (Zander, 2003, S. 345 ff).

Die durch Ausbildungsmaßnahmen in den Betrieben anfallenden Kosten werden dadurch weitgehend von allen Unternehmen der Bauwirtschaft getragen, dass sämtliche Betriebe einen bestimmten Prozentsatz ihrer Bruttolohnsumme an die SOKA-BAU zahlen. Den ausbildenden Arbeitgebern werden nach dem Tarifvertrag über die Berufsbildung im Baugewerbe (BBTV) ein Teil der Ausbildungsvergütungen und die überbetrieblichen Ausbildungskosten von der ULAK erstattet.

Mit § 3 Nr. 1.4 BRTV wurde zur Abdeckung von witterungsbedingten Ausfallstunden die Möglichkeit der ganzjährigen Flexibilisierung der Arbeitszeit durch Führung von Arbeitszeitkonten eingeführt. Bei der ULAK kann für jeden Arbeitnehmer ein Sicherungskonto eröffnet werden, um hinterlegtes Guthaben aus Arbeitsflexibilisierung und auch aus Altersteilzeit vor den Folgen einer möglichen Insolvenz zu schützen.

Zusatzversorgungskasse des Baugewerbes VVaG (ZVK-Bau)

Die Zusatzversorgungskasse des Baugewerbes (ZVK-Bau) in Wiesbaden zählt zu den größten Pensionskassen Deutschlands. Ihre Aufgaben sind die Gewährung von Rentenbeihilfen und die Organisation der Tariflichen Zusatzrente sowie der Beitrags- und Winterbauumlageeinzug.

Die ZVK-Bau gewährt zusätzliche Leistungen zu den gesetzlichen Renten. Sie hat gegenüber Betrieben im Gebiet der alten Bundesländer Anspruch auf die zur Finanzierung dieser Leistungen festgesetzten Beiträge (§ 3 Abs. 2 VTV).

Nach dem Vertrag über Rentenbeihilfen im Baugewerbe (TVR) vom 31.10.2002 zahlt die ZVK-Bau ihren Versicherten bei Erfüllung der Anspruchsvoraussetzungen eine *Beihilfe zu allen Renten* aus der gesetzlichen Rentenversicherung, der gesetzlichen Rente wegen Erwerbsminderung und der Rente aus der gesetzlichen Unfallversicherung, wenn eine Minderung der Erwerbsfähigkeit zu mindestens 50 v. H. vorliegt. Außerdem gewährt die ZVK-Bau eine Beihilfe zur gesetzlichen Hinterbliebenenrente. Zur Finanzierung dieser Beihilfen sind gemäß § 13 Abs. 1 TVR von den Arbeitgebern für jede Stunde, für die ein Lohnanspruch eines gewerblichen Arbeitnehmers besteht, 0,246 € als Beitrag an die ZVK-Bau abzuführen (Zander, 2003, S. 357 ff).

Mit Hilfe des am 01.06.2001 in Kraft getretenen *Tarifvertrages über eine Zusatzrente im Baugewerbe (TVTZR)* wird den Arbeitnehmern des Baugewerbes der Aufbau einer kapitalgedeckten zusätzlichen Altersversorgung ermöglicht. Gemäß § 2 Absatz 1 TVTZR haben die Arbeitnehmer zur Finanzierung von Altersversorgungsleistungen Anspruch auf einen Arbeitgeberanteil in Höhe von 30,68 € pro Monat, wenn sie zugleich eine Eigenleistung in Höhe von 9,20 € im Wege der Entgeltumwandlung erbringen und den monatlichen Gesamtbetrag in Höhe von 39,88 € vom Arbeitgeber für diesen Zweck verwenden lassen. Die ZVK-Bau bietet zur Umsetzung dieser Zusatzrente zur Zeit 7 Tarifoptionen an (Zander, 2003, S. 330 ff und 344).

Die ZVK-Bau zieht von den Betrieben in der Bundesrepublik Deutschland zugleich mit ihren eigenen Beiträgen diejenigen der ULAK, der Urlaubskasse des Bayerischen Baugewerbes (UKB) und der Sozialkasse des Berliner Baugewerbes (SOKA Berlin) ein; sie ist damit Einzugsstelle für die Sozialkassenbeiträge gemäß den §§ 18 f VTV.

Nach dem *Tarifvertrag über die Aufteilung des an die tariflichen Sozialkassen des Baugewerbes abzuführenden Gesamtbetrages* vom 10.12.2002 (TV Aufteilung) werden die Sozialkassenbeiträge für gewerbliche Arbeitnehmer in Höhe von 18,60 v. H. der Bruttolohnsumme in den neuen Bundesländern bzw. von 20,60 v. H. der Bruttolohnsumme in den alten Bundesländern nach § 18 Abs. 1 und 2 VTV gemäß *Tabelle 1.7* aufgeteilt:

Tabelle 1.7 Verwendung der Sozialkassenbeiträge für gewerbliche Arbeitnehmer

Verwendung	neue Bundesländer	alte Bundesländer
• für Urlaub	15,60 v. H.	15,60 v. H.
• für Lohnausgleich	0,80 v. H.	0,80 v. H.
• für Erstattung von Kosten der Berufsausbildung	1,60 v. H.	1,60 v. H.
• für Zusatzversorgung	0,00 v. H.	2,00 v. H.
• Summe	18,00 v. H.	20,00 v. H.

Gemäß § 18 Abs. 3 VTV beträgt der Sozialkassenbeitrag in West-Berlin 27,75 v. H. und in Ost-Berlin 25,75 v. H. (wegen des um 2,00 v. H. verminderten Satzes für die Zusatzversorgung). Der um 7,75 v. H. höhere Beitrag in Berlin resultiert mit 7,15 v. H. vor allem aus einer Aufwandserstattung an den Arbeitgeber für geleistete Sozialaufwendungen zu gezahlten Urlaubsvergütungen in Höhe von 45 %. Im übrigen Bundesgebiet wird dieser Sozialaufwand nicht erstattet.

1.3.3.4 Verfahrenstarifverträge

Hierzu zählen:

- der Tarifvertrag über das Sozialkassenverfahren im Baugewerbe vom 20.12.1999, l. Ä. 10.12.2002 (VTV) sowie
- der Tarifvertrag über die Aufteilung des an die tariflichen Sozialkassen des Baugewerbes abzuführenden Gesamtbetrages vom 10.12.2002 (TV Aufteilung).

Grundlagen des Sozialkassenverfahrens sind § 2 VTV, § 8 BRTV, § 12 TV Lohnausgleich und § 13 Absatz 5 TVR mit besonderen Grundlagen für Bayern und Berlin.

Der VTV regelt die Aufgaben der Sozialkassen des Baugewerbes ULAK und ZVK-Bau sowie der dazu von den Betrieben einzuhaltenden Meldeverfahren.

1.3.3.5 Zuschlagssatz für Lohnzusatzkosten des Baugewerbes

Lohnzusatzkosten sind die Soziallöhne und Sozialkosten, die auf Grund tariflicher und betrieblicher Vereinbarungen zu den Grundlöhnen hinzukommen. Sie sind allein mitarbeiterbezogen und enthalten keinerlei Anteile zur Deckung von Gemeinkosten der Baustelle oder von Allgemeinen Geschäftskosten der Bauunternehmung. Muster für die Berechnung des Zuschlagssatzes für Lohnzusatzkosten baugewerblicher Arbeitnehmer in den alten bzw. neuen Bundesländern enthält Zander (2003, S. 158 ff bzw. 170 ff). Der Zuschlagssatz für Lohnzusatzkosten beträgt danach mit Stand vom 01.01.2003 96,22 % (ABL) bzw. 85,29 % (NBL) der Grundlöhne. Baufirmen kalkulieren erfahrungsgemäß mit Werten von 85 % bis 95 % (ABL) bzw. 75 % bis 85 % (NBL) auf Grund regional und betrieblich unterschiedlicher Schlechtwettertage, Kurzarbeit, betrieblicher Ausfalltage und Krankheitstage mit und ohne Lohnfortzahlung. Die grafische Verdichtung zeigt *Abb. 1.40.*

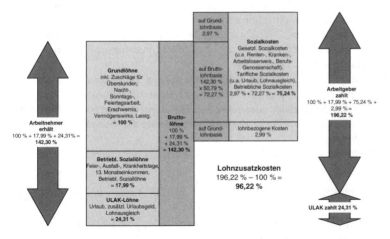

Abb. 1.40 Löhne und Lohnzusatzkosten des Baugewerbes in den alten Bundesländern, Stand 01.01.2003 (Quelle: Zander, 2003, S. 158–169)

1.3.3.6 Förderung der ganzjährigen Beschäftigung in der Bauwirtschaft (Winterbauförderung)

Zur Vermeidung der Entlassung von Bauarbeitern im Winter und Förderung der ganzjährigen Beschäftigung in der Bauwirtschaft gilt das „3-Säulen-Modell", das zur Erreichung dieser Zielsetzung Beiträge von den Arbeitnehmern, den Arbeitgebern und der Bundesagentur für Arbeit fordert:

- 30-Stunden-Pflichtbeitrag der Arbeitnehmer zum Ausgleich witterungsbedingter Ausfallstunden
- Winterausfallgeld für die 31. bis 100. Ausfallstunde aus arbeitgeberfinanzierter Winterbauumlage
- Winterausfallgeld aus Mitteln der Bundesagentur für Arbeit ab der 101. Ausfallstunde

Rechtsgrundlage für den Beitrag der Arbeitnehmer ist § 3 des BRTV, Ziff. 1.4 *Betriebliche Arbeitszeitverteilung in einem zwölfmonatigen Ausgleichszeitraum.* Gemäß Nr. 1.41 kann durch Betriebsvereinbarung oder einzelvertragliche Vereinbarung für einen Zeitraum von 12 zusammenhängenden Lohnabrechnungszeiträumen (zwölfmonatiger Ausgleichszeitraum) eine von der tariflichen Arbeitszeitverteilung abweichende Verteilung der Arbeitszeit auf die einzelnen Werktage ohne Mehrarbeitszuschlag vereinbart werden, wenn gleichzeitig ein Monatslohn gezahlt wird. Der Arbeitgeber kann innerhalb von 12 Kalendermonaten 150 Arbeitsstunden vor- und 30 Arbeitsstunden nacharbeiten lassen. Die Lage und Verteilung dieser Arbeitsstunden im Ausgleichszeitraum ist im Einvernehmen mit dem Betriebsrat oder mit den Arbeitnehmern festzulegen.

Bei betrieblicher Arbeitszeitverteilung wird gemäß Nr. 1.42 während des gesamten Ausgleichszeitraumes unabhängig von der jeweiligen monatlichen Arbeitszeit in den Monaten April bis Oktober ein Monatslohn in Höhe von 174 Gesamttarifstundenlöhnen (GTL) und in den Monaten November bis März ein Monatslohn in Höhe von 162 GTL gezahlt. Gemäß Nr. 1.43 wird für jeden Arbeitnehmer ein individuelles Ausgleichskonto eingerichtet. Auf diesem Ausgleichskonto ist die Differenz zwischen dem Lohn für die tatsächlich geleisteten Arbeitsstunden und dem nach Nr. 1.42 errechneten Monatslohn für jeden Arbeitnehmer gutzuschreiben bzw. zu belasten.

Das Arbeitszeitguthaben und der dafür einbehaltene Lohn dürfen zu keinem Zeitpunkt 150 Stunden, die Arbeitszeitschuld und der dafür bereits gezahlte Lohn zu keinem Zeitpunkt 30 Stunden überschreiten. Wird ein Guthaben für 150 Stunden erreicht, so ist der Lohn für die darüber hinausgehenden Stunden neben dem Monatslohn auszuzahlen.

Auf dem Ausgleichskonto gutgeschriebener Lohn darf nur ausgezahlt werden

- zum Ausgleich für den Monatslohn,
- als Winterausfallgeld-Vorausleistung für bis zu 100 Stunden bei witterungsbedingtem Arbeitsausfall in der Schlechtwetterzeit,
- bei witterungsbedingtem Arbeitsausfall außerhalb der Schlechtwetterzeit,
- am Ende des Ausgleichszeitraumes oder
- bei Ausscheiden des Arbeitnehmers bzw.
- im Todesfall.

Das Ausgleichskonto soll nach 12 Kalendermonaten ausgeglichen sein. Besteht am Ende des Ausgleichszeitraumes noch ein Guthaben, das nicht mehr durch arbeitsfreie Tage ausgeglichen werden kann, so sind die Guthabenstunden abzugelten.

Gemäß Nr. 1.44 hat der Arbeitgeber in geeigneter Weise, z. B. durch Bankbürgschaft, Sperrkonto oder Hinterlegung bei der ULAK sicherzustellen, dass das Guthaben jederzeit bestimmungsgemäß ausgezahlt werden kann.

Weitere Rechtsgrundlage ist das *SGB III* – Arbeitsförderung – 4. Kapitel, Leistungen an Arbeitnehmer, 9. Abschnitt, *Förderung der ganzjährigen Beschäftigung in der Bauwirtschaft*, §§ 209–214a.

Gemäß § 209 SGB III haben Arbeitnehmer in der Bauwirtschaft

1. Anspruch auf Wintergeld
    a) in der Förderungszeit zur Abgeltung witterungsbedingter Mehraufwendungen und für geleistete Arbeitsstunden (*Mehraufwands-Wintergeld*) und
    b) als Zuschuss zu einer *Winterausfallgeld-Vorausleistung* (*Zuschuss-Wintergeld*) bzw.
2. Anspruch auf *Winterausfallgeld* bei witterungsbedingtem Arbeitsausfall in der Schlechtwetterzeit im Anschluss an eine Winterausfallgeld-Vorausleistung,

wenn die allgemeinen Förderungsvoraussetzungen und die besonderen Anspruchsvoraussetzungen der einzelnen Leistungen erfüllt sind.

Gemäß § 210 SGB III sind die allgemeinen Förderungsvoraussetzungen erfüllt, wenn

1. der Arbeitnehmer in einem Betrieb des Baugewerbes auf einem witterungsabhängigen Arbeitsplatz beschäftigt ist unddas Arbeitsverhältnis
2. des Arbeitnehmers in der Schlechtwetterzeit nicht aus witterungsbedingten Gründen gekündigt werden kann.

Gemäß § 211 Abs. 2 SGB III ist Förderungszeit die Zeit vom 15. Dezember bis zum 28. bzw. 29. Februar. Schlechtwetterzeit ist die Zeit vom 1. November bis zum 31. März.

Gemäß Abs. 3 ist Winterausfallgeld-Vorausleistung eine Leistung, die das Arbeitsentgelt bei witterungsbedingtem Arbeitsausfall in der Schlechtwetterzeit für mindestens 100 Stunden ersetzt, in angemessener Höhe im Verhältnis zum Winterausfallgeld steht und durch Tarifvertrag, Betriebsvereinbarung oder Arbeitsvertrag geregelt ist. Winterausfallgeld-Vorausleistungen sind auch gegeben, wenn das Arbeitsentgelt für weniger als 100, mindestens jedoch für 30 Stunden in voller Höhe ersetzt wird und ein über 30 Stunden hinausgehendes Arbeitszeitguthaben des Arbeitnehmers für die Schlechtwetterzeit nicht vorhanden ist.

Gemäß Abs. 4 liegt witterungsbedingter Arbeitsausfall nur vor, wenn

1. dieser ausschließlich durch zwingende Witterungsgründe verursacht ist und
2. an einem Arbeitstag mindestens eine Stunde der regelmäßigen betrieblichen Arbeitszeit ausfällt (Ausfalltag).

Ansprüche auf Wintergeld bestehen durch Mehraufwands-Wintergeld und Zuschuss-Wintergeld.

Anspruch auf *Mehraufwands-Wintergeld* besteht gemäß § 212 SGB III für die vom Arbeitnehmer innerhalb der regelmäßigen betrieblichen Arbeitszeit im Kalendermonat geleisteten Arbeitsstunden in Höhe von 1,03 € je Arbeitsstunde. Anspruch auf *Zuschuss-Wintergeld* in der Schlechtwetterzeit haben gemäß § 213 SGB III Arbeitnehmer, die

a) Anspruch auf eine Winterausfallgeld-Vorausleistung haben, die niedriger ist als der Anspruch auf das ohne den witterungsbedingten Arbeitsausfall erzielte Arbeitsentgelt, oder
b) für die eine Umlagepflicht zur Finanzierung von Winterausfallgeld besteht für jede Ausfallstunde ab der 31. Ausfallstunde, zu deren Ausgleich im tarifvertraglich zulässigen Rahmen angespartes Arbeitszeitguthaben aufgelöst wird.

Bei Erfüllung weiterer Voraussetzungen gemäß § 214 SGB III besteht ein Anspruch auf *Winterausfallgeld* nach den Vorschriften für das Kurzarbeitergeld entsprechend.

Die besonderen Voraussetzungen für einen Anspruch auf Winterausfallgeld in der Schlechtwetterzeit erfüllen gemäß § 214 Abs. 1 SGB III u. a. Arbeitnehmer, deren Anspruch auf eine Winterausfallgeld-Vorausleistung in der jeweiligen Schlechtwetterzeit ausgeschöpft ist.

Gemäß Abs. 2 gelten für die Bemessung und die Höhe des Winterausfallgeldes und die Einkommensanrechnung sowie für die Leistungsfortzahlung im Krankheitsfall die Vorschriften für das Kurzarbeitergeld entsprechend.

Gemäß § 214a SGB III erstattet die Bundesagentur für Arbeit dem Arbeitgeber auf Antrag die von ihm allein zu tragenden Beiträge zur Sozialversicherung, soweit das Winterausfallgeld aus einer Umlage nach § 354 SGB III gezahlt wird.

Gemäß § 354 SGB II werden die Mittel für das Wintergeld, das Winterausfallgeld bis zur 100. Ausfallstunde und die Erstattung der Arbeitgeberbeiträge zur Sozialversicherung einschließlich der Verwaltungskosten und der sonstigen Kosten, die mit der Gewährung dieser Leistungen zusammenhängen, von den Arbeitgebern des Baugewerbes, in deren Betrieben die ganzjährige Beschäftigung zu fördern ist, durch Umlage aufgebracht.

In der *Baubetriebe-Verordnung* ist festgelegt, welche Gewerbezweige des Bauhaupt- und Baunebengewerbes in die Winterbauförderung einbezogen werden.

Die *Wintergeld-Verordnung* regelt die Gewährung von Wintergeld an entsandte Arbeitnehmer, die *Winterbau-Umlageverordnung* regelt die Höhe und Zahlung der Winterbau-Umlage.

1.4 Unternehmensrechnung

Ganz allgemein ist das Rechnungswesen zahlenmäßiges Spiegelbild aller wirtschaftlichen Unternehmens- und Betriebsvorgänge. Es dient dazu, alle in Zahlen ausdrückbaren wirtschaftlichen Tatbestände und Vorgänge mengen- und wertmäßig zu erfassen, zu verarbeiten und in Erfüllung unternehmensexterner und unternehmensinterner Aufgaben auszuwerten.

Zu den unternehmensexternen Aufgaben gehört in erster Linie die Rechenschaftslegung gegenüber den so genannten Stakeholdern, die ein berechtigtes Interesse an Unternehmensdaten und -informationen haben. Dazu zählen

* Gesellschafter (Shareholder),

- Gläubiger (Banken und sonstige Kreditgeber),
- Kunden,
- Finanzbehörden,
- Arbeitnehmer,
- Lieferanten und
- die interessierte Öffentlichkeit.

Die unternehmensinterne Aufgabe besteht in der Bereitstellung von Unterlagen für die wirtschaftliche Steuerung des betrieblichen Geschehens sowie für die Preisermittlung.

Das Rechnungswesen hat damit insbesondere Zahlen zu liefern über

- Vermögen und Kapital,
- Aufwendungen, Erträge und Erfolg sowie
- Kosten, Leistungen und Ergebnisse.

Dabei sind die aus den §§ 238 ff HGB abgeleiteten Grundsätze ordnungsmäßiger Buchführung und Bilanzierung sowie darüber hinausgehende handels-, steuer- und preisrechtliche sowie sonstige einschlägige gesetzliche Vorschriften zu beachten.

1.4.1 Aufbau des betrieblichen Rechnungswesens

Nach traditioneller Einteilung wird zwischen externem und internem Rechnungswesen unterschieden.

Das *externe Rechnungswesen* (Unternehmensrechnung, Finanzbuchhaltung) erfasst die Werteveränderungen einer Unternehmung (den äußeren Kreis) aus seinen Geschäftsbeziehungen zur Umwelt und die dadurch bedingten Veränderungen der Vermögens- und Kapitalverhältnisse durch Aufstellung von Bilanzen, Gewinn- und Verlustrechnungen sowie des Jahresabschlusses.

Das *interne Rechnungswesen* (Betriebsbuchhaltung, Baubetriebsrechnung) dient, auf den Werten der Finanzbuchhaltung aufbauend, der innerbetrieblichen Abrechnung (dem inneren Kreis) zur zahlenmäßigen Erfassung und Darstellung der innerbetrieblichen Kosten-, Leistungs- und Ergebnisdaten.

Die Systembereiche des baubetrieblichen Rechnungswesens zeigt *Tabelle 1.8.*

1.4.1.1 *Kontenrahmen*

Zwecks Erreichung einer aufschlussreichen Buchführung soll für jeden Wirtschaftszweig durch einen spezifischen Kontenrahmen eine systematische Anordnung und Gliederung der Konten und damit auch der Buchhaltungszahlen erreicht werden. Sachlich gleichartige Konten werden nach Kontengruppen geordnet. Diese werden zu Kontenklassen zusammengefasst. Die Anzahl der Konten und Unterkonten richtet sich nach den einzelbetrieblichen Bedürfnissen und Wünschen. Für Gliederung und Kodierung der Konten wird allgemein das Zehnersystem angewandt:

1. Stelle = Kontenklasse
2. Stelle = Kontengruppe
3. Stelle = Konto
4. Stelle = Unterkonto

Tabelle 1.8 Systembereiche des baubetrieblichen Rechnungswesens

Unternehmensrechnung		Baubetriebsrechnung			
Bilanz	Gewinn- und Verlust-Rechnung	Bauauf-tragsrech-nung	Kosten-, Leistungs-, Ergebnis-rechnung	Soll-Ist-Vergleichs-rechnung	Kennzahlen-rechnung
Aktiva	**Erträge aus**	Vor-kalkulation	Abgren-zungsrech-nung	von Mengen	für Bauauf-tragsrech-nung
• Anlage-vermögen	• Umsatz			von Werten	
• Umlauf-vermögen	• anderen Leistungen	Auftrags-kalkulation	Kosten-rechnung		aus Kosten-,
• Rechnungs-abgren-zungs-posten	• Gewinngemein-schaften • Beteiligungen • Finanzanlagen	Arbeits-kalkulation	Leistungs-rechnung		Leistungs-, Ergebnis-rechnung
• Verlust	• Zinsen etc. • Sonstigem	Nachtrags-kalkulation	Ergebnis-rechnung		aus Soll-Ist-
Passiva	**Aufwendungen für**				Vergleichs-rechnung
• Eigen-kapital	• Roh-/Hilfs-/ Be-triebsstoffe	Nach-kalkulation			
• Fremd-kapital	• bezogene Waren				
• Rechnungs-abgren-zungs-posten	• Löhne • Sozialabgaben • Abschreibungen • Zinsen etc.				
• Gewinn	• Sonstiges				
	Jahresüberschuss/ -fehlbetrag				
	Gewinn-/Verlustvortrag aus dem Vorjahr				
	Entnahmen aus offenen Rücklagen				
	Einstellungen aus Jahresüberschuss in offene Rücklagen				
	Reingewinn/-verlust				

Der Kontenrahmen soll nicht nur ein systematisches Kontenverzeichnis zwecks einheitlicher Buchung der Geschäftsvorfälle sein, sondern auch einen Organisationsplan der betrieblichen Rechnungslegung bilden. Er muss daher einen einwandfreien Einblick in die Rechnungslegung hinsichtlich Vermögensstand und -änderung, Eigen- und Fremdkapital sowie Aufwendungen und Erträge in ihrem zeitlichen Ablauf gewähren.

Nach allgemeinen betriebswirtschaftlichen Grundsätzen dient ein branchenbezogener Kontenrahmen dem systematischen Aufbau der Buchführung dieses Wirtschaftszweiges. Dieser bildet dann die Grundlage für den Kontenplan der diesem Wirtschaftszweig angehörenden Unternehmen.

Für die Bauwirtschaft wurde im Jahre 1973 der Baukontenrahmen von den beiden Spitzenverbänden der Deutschen Bauwirtschaft (Hauptverband der Deutschen Bauindustrie und Zentralverband des Deutschen Baugewerbes) auf der Basis des Industriekontenrahmens 1971 veröffentlicht und mit Einführung des Bilanzrichtliniengesetzes zum BKR 87 fortgeschrieben (*Tabelle 1.9*).

Tabelle 1.9 Baukontenrahmen 1987 (BKR 87)

Bilanzkonten		Erfolgskonten	Eröffnung und Abschluss
Aktiva	**Passiva**		

Kontenklasse 0
Sachanlagen und immaterielle Vermögensgegenstände
00 Ausstehende Einlagen; Aufwendungen für die Ingangsetzung u. Erweiterung des Geschäftsbetriebes; immaterielle Vermögensgegenstände
01 Grundstücke u. grundstücksgleiche Rechte mit Geschäfts-, Fabrik- u. anderen Bauten
02 Grundstücke u. grundstücksgleiche Rechte mit Wohnbauten
03 Grundstücke u. grundstücksgleiche Rechte
04 Bauten auf fremden Grundstücken
05 Baugeräte
06 Techn. Anlagen u. stationäre Maschinen
07 Betriebs- und Geschäftsausstattung
08 Anlagen im Bau u. geleistete Anzahlungen
09 Frei
Kontenklasse 1
Finanzvermögen
10 Anteile an verbundenen Unternehmen
11 Ausleihungen an verbundene Unternehmen
12 Beteiligungen
13 Ausleihungen an Unternehmen, mit denen ein Beteiligungsverhältnis besteht
14 Wertpapiere des Anlagevermögens
15 Sonstige Ausleihungen
16 Anteile an verbundenen Unternehmen
17 Eigene Anteile
18 Sonstige Wertpapiere u. Schuldscheindarlehen
19 Schecks; Kassenbestand; Guthaben bei Bundesbank u. Kreditinstituten
Kontenklasse 2
Vorräte, Forderungen und aktive Rechnungsabgrenzung
20 Roh-, Hilfs- u. Betriebsstoffe; Ersatzteile
21 Nicht abgerechnete (unfertige) Bauleistungen; unfertige Erzeugnisse
22 Fertige Erzeugnisse u. Waren
23 Geleistete Anzahlungen auf Vorräte
24 Forderungen aus Lieferungen u. Leistungen einschl. Wechselforderungen
25 Forderungen gegen Arbeitsgemeinschaften
26 Frei für interne Verrechnungskonten
27 Forderungen gegen verbundene Unternehmen u. Beteiligungsgesellschaften
28 Sonstige Vermögensgegenstände
29 Aktive Rechnungsabgrenzungsposten; Steuerabgrenzung

Kontenklasse 3
Eigenkapital, Wertberichtigungen und Rückstellungen
30 Kapitalkonten/Gezeichnetes Kapital
31 Kapitalrücklagen
32 Gewinnrücklagen
33 Ergebnisverwendung
34 Ausgleichsposten
35 Sonderposten mit Rücklageanteil
36 Wertberichtigungen
37 Rückstellungen für Pensionen und ähnl. Verpflichtungen
38 Steuerrückstellungen
39 Sonstige Rückstellungen
Kontenklasse 4
Verbindlichkeiten und passive Rechnungsabgrenzung
40 Anleihen u. Verbindlichkeiten gegenüber Kreditinstituten
41 Erhaltene Anzahlungen auf Bestellungen
42 Verbindlichkeiten aus Lieferungen u. Leistungen
43 Verbindlichkeiten gegenüber Arbeitsgemeinschaften
44 Verbindlichkeiten aus Annahme gezogener Wechsel u. Ausstellung eigener Wechsel
45 Verbindlichkeiten gegenüber verbundenen Unternehmen u. Beteiligungsgesellschaften
46 Verbindlichkeiten aus Steuern
47 Verbindlichkeiten im Rahmen der sozialen Sicherheit
48 Andere sonstige Verbindlichkeiten
49 Passive Rechnungsabgrenzungsposten

Kontenklasse 5
Erträge
50 Umsatzerlöse aus Bauleistungen
51 Umsatzerlöse aus Lieferungen u. Leistungen u. Ergebnisanteile von Arbeits- u. Beteiligungsgemeinschaften
52 Sonstige Umsatzerlöse
53 Erhöhung od. Verminderung des Bestandes an fertigen u. unfertigen Erzeugnissen u. Bauleistungen
54 Andere aktivierte Eigenleistungen
55 Erträge aus Beteiligungen u. sonstigen Finanzanlagen
56 Sonstige Zinsen u. ähnliche Erträge
57 Erträge aus Abgang von/aus Zuschreibungen zu Gegenständen des Anlagevermögens
58 Erträge aus Auflösungen von Wertberichtigungen, Rückstellungen u. Sonderposten mit Rücklageanteil
59 Sonstige Erträge; Erträge aus Verlustübernahme u. außerordentliche Erträge
Kontenklasse 6
Betriebliche Aufwendungen – Kostenarten
60 Personalaufwendungen für gewerbl. Arbeitnehmer, Poliere u. Meister sowie Auszubildende
61 Personalaufwendungen für techn./kaufm. Angestelle sowie Auszubildende
62 Aufwendungen für Roh-, Hilfs- u. Betriebsstoffe, Ersatzteile sowie für bezogene Waren
63 Aufwendungen für Rüst- u. Schalmaterial
64 Aufwendungen für Baugeräte
65 Aufwendungen für Baustellen-, Betriebs- u. Geschäftsausstattung
66 Aufwendungen für bezogene Leistungen
67 Versch. Aufwendungen
68 Aufwendungen aus Zuführung zu Rückstellungen
69 Frei (für innerbetriebl. Leistungsverrechnung)
Kontenklasse 7
Sonstige Aufwendungen
70 Abschreibungen auf aktivierte Aufwendungen für Ingangsetzung u. Erweiterung des Geschäftsbetriebes
71 Abschreibungen auf Finanzanlagen u. Wertpapiere des Umlaufvermögens
72 Verluste aus Wertminderungen od. Abgang von Vorräten
73 Verluste aus Wertminderungen von Gegenständen des Umlaufvermögens außer Vorräten u. Wertpapieren sowie aus Erhöhung der Pauschalwertberichtigung zu Forderungen
74 Verluste aus Abgang von Gegenständen des Umlaufvermögens außer Vorräten
75 Verluste aus Abgang von Gegenständen des Anlagevermögens
76 Zinsen u. ähnl. Aufwendungen
77 Steuern vom Einkommen, vom Ertrag u. sonst. Steuern
78 Einstellungen in Sonderposten mit Rücklageanteil
79 Andere Aufwendungen; Aufwendungen aus Verlustübernahme; außerordentl. Aufwendungen

Kontenklasse 8
Abgrenzungen und Abschluss
80 Betriebsergebnisrechnung
81 Periodische Ergebnisabgrenzungen
82 Kalkulatorische Ergebnisabgrenzungen
83 Umwertungsabgrenzungen
84 Sonstige Ergebnisrechnung
85 Kurzfristige Erfolgsrechnung (KER)
86 Gewinn- und Verlustrechnung
87 Bilanzrechnung
88 Frei
89 Frei
Kontenklasse 9
90 Aus der Unternehmensrechnung übernommene Aufwendungen und Erträge
91 Unternehmensbezogene Abgrenzungen
92 Betriebsbezogene Abgrenzungen
93 Kosten- und Leistungsarten
94 Schlüsselkosten
95 Verwaltung
96 Hilfsbetriebe und Verrechnungskostenstellen
97 Baustellen
98 Übergangskostenstellen zu Gemeinschaftsbaustellen (z. B. ARGEN)
99 Ergebnisrechnung

Der BKR 87 ist gegliedert in Bilanz- und Erfolgskonten, in Eröffnung und Abschluss sowie in Konten für die Kosten- und Leistungsrechnung:

- Die Klassen 0 bis 2 enthalten die aktiven, die Klassen 3 bis 4 die passiven Bestandskonten.
- Klasse 5 nimmt die Ertragskonten auf, die Klassen 6 und 7 enthalten die Aufwandskonten.
- Klasse 8 ist den Eröffnungs- und Abschlusskonten vorbehalten, Klasse 9 der Kosten- und Leistungsrechnung.

1.4.1.2 Buchführungsvorschriften

Das Bilanzrecht wird im Wesentlichen im 3. Buch des HGB (§§ 238–339) geregelt. Der 1. Abschnitt (§§ 238–263) enthält diejenigen Vorschriften über die Buchführung und Bilanzierung, die von allen Kaufleuten zu beachten sind. Der 2. Abschnitt (§§ 264–335) enthält ergänzende Vorschriften für Kapitalgesellschaften (AG, KGaA, GmbH), der 3. Abschnitt (§§ 336–339) solche für eingetragene Genossenschaften.

Nach § 238 Abs. 1 HGB ist jeder Kaufmann verpflichtet, Bücher zu führen und in diesen seine Handelsgeschäfte und die Lage seines Vermögens nach den Grundsätzen ordnungsmäßiger Buchführung ersichtlich zu machen.

Statt des in Gesetzestexten noch vorhandenen Begriffes „Buchführung" hat sich in der Praxis der Begriff „Rechnungswesen" durchgesetzt.

Jeder Kaufmann hat gemäß § 240 HGB zu Beginn seines Handelsgewerbes und danach für Schluss eines jeden Geschäftsjahres ein Inventar (Verzeichnis der Vermögensgegenstände und Schulden) aufzustellen. Gemäß § 242 HGB hat er zu Beginn seines Handelsgewerbes und für den Schluss eines jeden Geschäftsjahres einen das Verhältnis seines Vermögens und seiner Schulden darstellenden Abschluss (Eröffnungsbilanz, Bilanz) aufzustellen. Ferner hat er für den Schluss eines jeden Geschäftsjahres eine Gegenüberstellung der Aufwendungen und Erträge des Geschäftsjahres vorzunehmen (Gewinn- und Verlustrechnung). Die Bilanz und die Gewinn- und Verlustrechnung bilden den Jahresabschluss.

Gemäß § 243 HGB ist der Jahresabschluss nach den *Grundsätzen ordnungsmäßiger Buchführung* aufzustellen. Er muss klar und übersichtlich sein sowie gemäß § 245 HGB vom Kaufmann unter Angabe des Datums unterzeichnet werden.

Unternehmen, denen handelsrechtliche Verpflichtungen auf dem Gebiet der Buchführung obliegen (allen Kaufleuten gemäß den §§ 1–7 HGB), haben diese gemäß Abgabenordnung auch für die Besteuerung zu erfüllen (§ 140 AO). Gemäß § 5 Abs. 1 EStG sind steuerrechtliche Wahlrechte bei der Gewinnermittlung in Übereinstimmung mit der handelsrechtlichen Jahresbilanz auszuüben. Damit versucht der Steuergesetzgeber, die Bildung stiller Rücklagen zu unterbinden und damit die Kürzung des Gewinnausweises in möglichst engen Grenzen zu halten. Andererseits dürfen gemäß § 254 HGB steuerrechtlich zulässige (Sonder-)Abschreibungen über die handelsrechtlich zulässigen Abschreibungen hinaus vorgenommen werden. Durch diese umgekehrte Maßgeblichkeit der Steuerbilanz für die Handelsbilanz können Wertansätze in die Handelsbilanz gelangen, die weit unter den tatsächlichen Werten liegen. Damit wird der handelsrechtlich gewünschte Einblick in die tatsächliche Vermögens- und Ertragslage erheblich erschwert (Wöhe, 2002, S. 863).

Bei einem Jahresumsatz von > 350.000 € oder einem Gewinn aus einem Gewerbebetrieb von > 30.000 € jährlich ist jedes Unternehmen nach § 141 Abs. 1 AO verpflichtet, Bücher zu führen und aufgrund jährlicher Bestandsaufnahmen Abschlüsse zu machen.

Unternehmen, die weder nach Handelsrecht noch nach § 141 AO bilanzpflichtig sind, können den steuerpflichtigen Gewinn als Überschuss der Betriebseinnahmen über die Betriebsausgaben nach § 4 Abs. 3 EStG ermitteln (Istversteuerung). Sie haben aber aufgrund des § 5 Abs. 1 EStG auch das Recht, ihrer Steuererklärung einen den handelsrechtlichen Grundsätzen und Vorschriften entsprechenden Jahresabschluss zugrunde zu legen.

§ 238 HGB verlangt eine Buchführung, die so beschaffen sein muss, dass sie einem sachverständigen Dritten innerhalb angemessener Zeit einen Überblick über die Geschäftsvorfälle und über die Lage des Unternehmens vermitteln kann. Die Geschäftsvorfälle müssen sich in ihrer Entstehung und Abwicklung verfolgen lassen. Gemäß § 239 Abs. 2 HGB müssen die Eintragungen und Aufzeichnungen vollständig, richtig, zeitgerecht und geordnet vorgenommen werden.

Die Grundsätze der Vollständigkeit sowie formellen und materiellen Richtigkeit verlangen, dass keine Geschäftsvorfälle weggelassen, hinzugefügt oder anders dargestellt werden, als sie sich tatsächlich abgespielt haben. Der ursprüngliche Buchungsinhalt darf nicht unleserlich gemacht bzw. gelöscht werden. Bei teilweise noch vorkommenden manuellen Buchungen sind Bleistifteintragungen unzulässig. Zwischen den Buchungen dürfen keine Zwischenräume gelassen werden („Buchhalternase"). Sämtliche Buchungen müssen aufgrund der Belege jederzeit nachprüfbar sein („keine Buchung ohne Beleg").

Der Grundsatz der rechtzeitigen und geordneten Buchung verlangt, dass die Buchungen innerhalb einer angemessenen Frist in ihrer zeitlichen Reihenfolge vorgenommen werden. Kasseneinnahmen und -ausgaben sollen i. d. R. täglich festgehalten werden (§ 146 Abs. 1 AO).

Handelsbücher, Inventare, Eröffnungsbilanzen, Jahresabschlüsse aus Bilanz sowie Gewinn- und Verlustrechnung (§ 242 HGB), Lageberichte (§ 289 HGB) und Konzernabschlüsse (§§ 290–315) und Buchungsbelege sind 10 Jahre und sonstige Unterlagen 6 Jahre aufzubewahren (§ 257 Abs. 4 HGB).

Bei dem nach § 242 HGB vorgeschriebenen System der doppelten Buchführung wird jede durch einen Geschäftsvorfall ausgelöste und aufgrund eines Beleges vorgenommene Buchung auf mindestens zwei Konten festgehalten, die im Buchungssatz benannt werden.

Nach dem gedanklich bei der Buchung zu beachtenden Buchungssatz werden die durch einen Geschäftsvorfall betroffenen Konten in der Weise angesprochen, dass die auf der linken Seite (im Soll) betroffenen Konten zuerst und die auf der rechten Seite (im Haben) betroffenen Konten zuletzt genannt werden, verbunden durch das Wörtchen „an" oder auch nur durch Schrägstrich.

Werden lediglich zwei Konten bei einer Buchung benötigt, so wird dies durch einen einfachen Buchungssatz ausgedrückt, z. B. Kontengruppe 64 Aufwendungen für Baugeräte an Gruppe 19 Guthaben bei Kreditinstituten. Sobald auf mehr als zwei Konten zu buchen ist, erfolgt die Buchungsanweisung durch einen zusammengesetzten Buchungssatz bzw. eine Kette von mehreren Buchungssätzen.

Damit geschieht die Ermittlung des Periodenerfolges ebenfalls zweifach durch

- die Bilanz sowie
- die Gewinn- und Verlustrechnung.

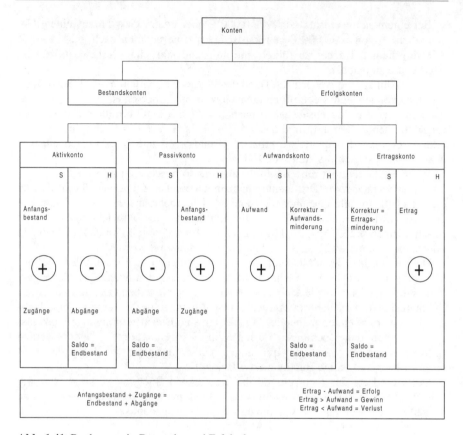

Abb. 1.41 Buchungen in Bestands- und Erfolgskonten

Daher ist stets auch eine rechnerische Kontrolle für die Richtigkeit des ausgewiesenen Gewinns (oder Verlustes) gegeben, vorbehaltlich der Richtigkeit der Wertansätze der Buchungsdaten.

Die Grundregeln für Buchungen auf den Bestandskonten der Bilanz und Erfolgskonten der Gewinn- und Verlustrechnung werden durch *Abb. 1.41* deutlich:

- Jedes Konto besitzt eine linke Seite (Soll) und eine rechte Seite (Haben).
- Auf den Aktivkonten der Bilanz werden die Zugänge auf der linken Seite (Soll), auf den Passivkonten auf der rechten Seite (Haben) gebucht.
- Aufwendungen werden immer auf der linken Seite (Soll) gebucht, Erträge werden immer auf der rechten Seite (Haben) gebucht.

Aufwands- und Ertragskonten sind Unterkonten (Vorkonten) des Kapitalkontos zum Abschluss der Gewinn- und Verlustrechnung.

Der Unternehmenserfolg (Jahresüberschuss oder Jahresfehlbetrag) ergibt sich sowohl aus der Differenz zwischen Aktiv- und Passivkonten zum Stichtag sowie aus der Differenz zwischen den Ertrags- und Aufwandskonten zum Stichtag.

Die in der Bilanz enthaltenen Werte werden durch die laufenden Geschäftsvorfälle ständig verändert. Dabei können 5 „Veränderungstypen" auftreten:

1. *Aktivtausch*: Es wird lediglich die Aktivseite der Bilanz berührt. Die Bilanzsumme bleibt unverändert (z. B. Abhebung für die Bürokasse vom Bankkonto; Kasse an Bank).
2. *Passivtausch*: Es wird lediglich die Passivseite der Bilanz berührt. Die Bilanzsumme bleibt unverändert (z. B. Ausgleich einer Lieferantenrechnung durch einen Bankkredit; Verbindlichkeiten aus Lieferungen an Verbindlichkeiten gegenüber Kreditinstituten).
3. *Aktiv-/Passiv-Mehrung* (Bilanzverlängerung): Aktiv- und Passivseite nehmen um den gleichen Betrag zu (z. B. Kauf eines Grundstücks durch Bankkredit; Grundstücke an Verbindlichkeiten gegenüber Kreditinstituten).
4. *Aktiv-/Passiv-Minderung* (Bilanzverkürzung): Aktiv- und Passivseite nehmen um den gleichen Betrag ab (z. B. Ausgleich einer Lieferantenrechnung durch Überweisung vom Bankkonto; Verbindlichkeiten aus Lieferungen an Bank).
5. Ansprache von Aktiv- oder Passivkonten der Bilanz einerseits sowie von Aufwands- oder Ertragskonten der GuV andererseits (z. B. Personalaufwendungen für technische und kaufmännische Angestellte an Guthaben bei Kreditinstituten).

Die Rechnungslegung nach Handels- und Steuerrecht basiert vorrangig auf gesetzlichen Einzelvorschriften im HGB und im EStG. Daneben sind von jedem Kaufmann die Grundsätze ordnungsmäßiger Buchführung (GoB) bei der Verbuchung der Geschäftsvorfälle (§ 238 Abs. 1 HGB), beim handelsrechtlichen Jahresabschluss (§ 243 Abs. 2 HGB) und bei der Erstellung der Steuerbilanz (§ 5 Abs. 1 EStG) zu beachten. Damit haben die über den kodifizierten Vorschriften stehenden GoB die Aufgabe, gesetzliche Regelungslücken auszufüllen.

Vorrangige Aufgabe der GoB ist es, die Dokumentation des Geschäftsablaufs zu sichern und die Buchführung vor Verzerrungen und Verfälschungen zu bewahren.

Die Anforderungen nach § 239 Abs. 2 HGB verlangen, dass die Bücher und sonstigen Aufzeichnungen

- nach einem geordneten Kontenplan,
- in einer lebenden Sprache,
- nach dem Belegprinzip (keine Buchung ohne Beleg),
- bei Offenlegung nachträglicher Veränderungen sowie
- nach dem Grundsatz der Einzelerfassung und Nachprüfbarkeit

zu führen sind.

Es müssen alle Geschäftsvorfälle lückenlos erfasst, auf dem zutreffenden Konto verbucht und es dürfen keine Buchungen fingiert werden.

Für die ordnungsmäßige Bilanzierung ist nach Allgemeinen Grundsätzen, Ansatzgrundsätzen und Bewertungsgrundsätzen zu unterscheiden (Wöhe, 2002, S. 866 ff):

Allgemeine Grundsätze sind

(1) Der Jahresabschluss hat den GoB zu entsprechen (§ 243 Abs. 1 HGB).
(2) Der Jahresabschluss von Kapitalgesellschaften hat ein den tatsächlichen Verhältnissen entsprechendes Bild der Vermögens-, Finanz- und Ertragslage zu vermitteln (§ 264 Abs. 2 HGB).

(3) Der Grundsatz der Klarheit und Übersichtlichkeit verlangt insbesondere die Beachtung der Gliederungsvorschriften der Bilanz und Erfolgsrechnung sowie den klaren Aufbau von Anhang und Lagebericht (§ 243 Abs. 2 HGB).

(4) Der Grundsatz der Bilanzwahrheit verlangt nicht nur rechnerische Richtigkeit, sondern auch Erfüllung des Bilanzzwecks.

(5) Der Jahresabschluss ist innerhalb von 3 bis max. 12 Monaten des folgenden Geschäftsjahres aufzustellen (§ 243 Abs. 3 und § 264 Abs. 1 HGB).

Folgende *Ansatzgrundsätze* sind zur Bilanzierung dem Grunde nach zu beachten:

(1) Die Bilanzidentität erfordert die Identität der Eröffnungsbilanz mit der Schlussbilanz des Vorjahres (§ 252 Abs. 1 Nr. 1 HGB).

(2) Der Grundsatz der Vollständigkeit erfordert den Ausweis sämtlicher Vermögensgegenstände, Schulden, Rechnungsabgrenzungsposten, Aufwendungen und Erträge sowie bei Kapitalgesellschaften sämtlicher Pflichtangaben im Anhang und Lagebericht (§ 246 Abs. 1, § 284, § 285, § 289 HGB).

(3) Der Grundsatz des Verrechnungsverbotes (Saldierungsverbot, Bruttoprinzip) verlangt, Posten der Aktivseite nicht mit Posten der Passivseite, Aufwendungen nicht mit Erträgen sowie Grundstücksrechte nicht mit Grundstückslasten zu verrechnen (§ 246 Abs. 2 HGB).

(4) Der Grundsatz der Bilanzkontinuität verlangt, die Form der Darstellung, insbesondere die Gliederung der aufeinanderfolgenden Bilanzen und Gewinn- und Verlustrechnungen, beizubehalten (§ 265 Abs. 1 HGB).

Als *Bewertungsgrundsätze* zur Bewertung der Höhe nach sind zu beachten:

(1) Bei der Bewertung ist von der Fortführung der Unternehmenstätigkeit auszugehen (Going-Concern-Prinzip), nicht der Liquidation (§ 252 Abs. 1 Nr. 2 HGB).

(2) Die Vermögensgegenstände und Schulden sind zum Abschlussstichtag einzeln zu bewerten (§ 255 Abs. 1 Nr. 3 HGB).

(3) Nach dem Prinzip der Wesentlichkeit kann bei Wertansätzen mit nur geringem Einfluss auf das Jahresergebnis auf eine nur schwer erreichbare Genauigkeit verzichtet werden (nicht kodifiziert).

(4) Nach dem Prinzip der materiellen Bilanzkontinuität sollen die auf den vorhergehenden Jahresabschluss angewandten Bewertungsmethoden beibehalten werden (§ 252 Abs. 1 Nr. 6 HGB).

(5) Nach dem Prinzip der Methodenbestimmtheit sind Vermögensgegenstände und Schulden nach einer Bewertungsmethode zu ermitteln. Zwischenwerte aus alternativ zulässigen Methoden sind nicht erlaubt, z. B. aus dem Sachwert- und dem Ertragswertverfahren bei bebauten Immobilien (nicht kodifiziert).

(6) Nach dem Anschaffungskostenprinzip bzw. dem Prinzip der nominellen Kapitalerhaltung bilden die Anschaffungs- bzw. Herstellungskosten die obere Grenze der Bewertung und für die Bemessung der Gesamtabschreibungen. Höhere Wiederbeschaffungskosten dürfen nicht berücksichtigt werden (§ 253 HGB).

(7) Nach dem Vorsichtsprinzip sind alle vorhersehbaren Risiken und Verluste, die bis zum Abschlussstichtag entstanden sind, zu berücksichtigen, selbst wenn diese erst zwischen dem Abschlussstichtag und dem Tag der Aufstellung des Jahresabschlusses bekannt geworden sind. Gewinne sind nur zu berücksichti-

gen, wenn sie am Abschlussstichtag realisiert sind. Danach gilt das Realisationsprinzip, das Niederstwertprinzip für Aktivposten, das Höchstwertprinzip für Passivposten und somit das Imparitätsprinzip (§ 252 Abs. 1 Nr. 4 HGB).

(8) Nach dem Prinzip der Periodenabgrenzung sind Aufwendungen und Erträge des Geschäftsjahres unabhängig von den Zeitpunkten der entsprechenden Zahlungen im Jahresabschluss zu berücksichtigen (§ 252 Abs. 1 Nr. 5 HGB).

1.4.1.3 Bilanz

Die Bilanz ist eine stichtagsbezogene Gegenüberstellung des Vermögens (der Aktiva) und des Kapitals (der Passiva). Auf der Aktivseite werden die Vermögenswerte (Anlage- und Umlaufvermögen) dargestellt. Die Passivseite gibt Auskunft über die Vermögensquellen (Eigen- und Fremdkapital). Durch Gegenüberstellung von Anlagevermögen und Eigenkapital sowie Umlaufvermögen und Fremdkapital kann überprüft werden, inwieweit die Fristenkongruenz nach dem ersten Grundsatz der Unternehmensfinanzierung erfüllt ist.

Das Jahresergebnis (Gewinn- oder Verlust einer Abrechnungsperiode) ergibt sich in der Bilanz als Differenz (Saldo) zwischen den Aktiv- und den Passivposten zum Stichtag. Überwiegen die Aktivposten, so wurde ein Gewinn erwirtschaftet. Überwiegen dagegen die Passivposten, so ist ein Verlust zu verzeichnen.

Die *Gliederungsvorschriften* für die Bilanzen der Einzelfirmen und der Personengesellschaften sind relativ einfach. Nach § 247 Abs. 1 HGB sind das Anlage- und das Umlaufvermögen, das Eigenkapital, die Schulden sowie die Rechnungsabgrenzungsposten gesondert auszuweisen und hinreichend aufzugliedern. Die Bilanz muss das gesamte Haftungskapital und die Ertragslage der Gesellschaft deutlich offen legen und bei Kapitalgesellschaften gemäß § 266 HGB gegliedert werden (*Tabelle 1.10*).

Aktiva

Die Aktivseite der Bilanz unterscheidet zwischen Anlage- und Umlaufvermögen. Entscheidend für die Bilanzierung im Anlage- oder Umlaufvermögen ist nicht die Art des Vermögensgegenstandes, sondern seine Zweckbestimmung. Das Anlagevermögen ist dazu bestimmt, dem Betrieb des Unternehmens dauerhaft zu dienen. Das Umlaufvermögen dagegen dient unmittelbar dem Umsatz bzw. entsteht aus dem Umsatz, z. B. aus der Erbringung von Bauleistungen. Wenn ein Projektentwicklungsunternehmen z. B. Grundstücke kauft und darauf Gebäude errichtet entweder zur Vermietung oder zum Verkauf, so wird bei der Vermietung ein langfristiger Nutzen erzielt. Das Gebäude ist im Anlagevermögen zu bilanzieren. Wird es dagegen verkauft, so ist ein kurzfristiger Umsatz beabsichtigt. Damit zählt es zum Umlaufvermögen (Leimböck, 2000, S. 433).

Tabelle 1.10 Beispiel einer Schlussbilanz mit einer Gliederung nach § 266 HGB (Quelle: Leimböck, 1997, S. 52 f)

AKTIVA	Berichts-jahr T€	Vorjahr T€	PASSIVA	Berichts-jahr T€	Vorjahr T€
Immaterielle Vermögens-gegenstände	1.029	1.200	Gezeichnetes Kapital	1.500	1.000
Sachanlagen: Grundstücke			Kapitalrücklage	1.263	950
und Bauten einschl. der			Gewinnrücklage	909	750
Bauten auf fremden Grund-	2.842	2.264	Jahresüberschuss	410	290
stücken					
technische Anlagen und	3.434	2.104			
Maschinen					
and. Anlagen, Betriebs- u.	2.841	1.725			
Geschäftsausstattung					
Geleistete Anzahlungen u.	41	16			
Anlagen im Bau					
Finanzanlagen	389	207			
Anlagevermögen gesamt	**10.576**	**6.316**	**Eigenkapital gesamt**	**4.082**	**2.990**
Vorräte: Roh-, Hilfs- und			Sonderposten mit Rückla-		
Betriebsstoffe	543	664	geanteil (§ 6b EStG)	311	73
Zum Verkauf bestimmte			Pensionsrückstellungen	1.744	890
Grundstücke	996	996	Steuerrückstellungen	364	190
Geleistete Anzahlungen	106	52	Sonstige Rückstellungen	9.948	4.904
Nicht abgerechnete Bauten	46.943	23.230			
./. erhaltene Abschlagszah-	-38.855	-18.884			
lungen					
Vorratsvermögen gesamt	**9.733**	**6.058**	**Rückstellungen gesamt**	**11.914**	**7.477**
Forderungen und sonstige			Verbindlichkeiten gegen-	6.572	6.156
Vermögensgegenstände			über Kreditinstituten		
aus Lieferungen und Leis-			Erhaltene Anzahlungen	3.017	2.766
tungen	12.729	12.307	Verbindlichkeiten aus Lie-	12.409	9.780
gegen Arbeitsgemeinschaf-			ferungen und Leistungen		
ten	5.383	5.365	Verbindlichkeiten gegen-	13.465	12.940
gegen verbundene Unter-			über Arbeitsgemeinschaften		
nehmen und Unternehmen,			Verbindlichkeiten gegen-	1.287	863
mit denen ein Beteili-			über verbundenen Unter-		
gungsverhältnis besteht			nehmen und U., mit denen		
Sonstige Vermögensge-	355	169	ein Beteiligungsverhältnis		
genstände			besteht		
Flüssige Mittel	2.713	2.413	Sonstige Verbindlichkeiten	5.241	3.965
	16.778	13.161	davon im Rahmen der	(964)	(450)
			sozialen Sicherheit		
Umlaufvermögen gesamt	**47.691**	**39.473**	**Verbindlichkeiten gesamt**	**41.991**	**36.470**
Rechnungsabgrenzungs-posten	**34**	**23**	**Rechnungsabgrenzungs-posten**	**3**	**2**
Aktiva gesamt	**58.301**	**45.812**	**Passiva gesamt**	**58.301**	**45.812**
			Verbindlichkeiten aus der		
			Begebung und Übertragung		
			von Wechseln	32	8
			Verbindlichkeiten aus Bürg-		
			schaften	3.202	2.337
			Verbindlichkeiten aus Ge-		
			währleistungen	6.258	6.018
			Haftungsverhältnisse gesamt	**9.492**	**8.363**

Anlagevermögen

Zum Anlagevermögen zählen gemäß § 266 Abs. 2 HGB folgende Positionen:

I.   Immaterielle Vermögensgegenstände wie z. B. Patente und Lizenzen
     Dieser Bilanzposten hat in den meisten Bauunternehmen nur geringe Bedeutung. Aus den Bilanzen 2003 der großen deutschen Bauaktiengesellschaften ist ein Anteil zwischen 3 und 9 % an der Bilanzsumme ablesbar.

II. Sachanlagen
     Dazu zählen Grundstücke, grundstücksgleiche Rechte und Anlagen im Bau auf eigenen Grundstücken, die z. B. bei Projektentwicklungsgesellschaften, die die errichteten Objekte auch vermieten und betreiben, regelmäßig den Schwerpunkt des Sachanlagevermögens bilden. Weiterhin zählen zu den Sachanlagen Technische Anlagen und Maschinen sowie die Betriebs- und Geschäftsausstattung.

III. Finanzanlagen
     Dazu zählen Anteile und Ausleihungen an verbundene Unternehmen, Beteiligungen und Wertpapiere des Anlagevermögens wie z. B. Bundesanleihen, Pfandbriefe, Obligationen von Kommunen, Banken oder Industrieunternehmen.

Umlaufvermögen

Das Umlaufvermögen besteht aus Vorräten, Forderungen und sonstigen Vermögensgegenständen, Wertpapieren sowie liquiden Mitteln.

I.   Vorräte
     Das Vorratsvermögen ist das zum Umsatz bestimmte Sachvermögen. Es besteht aus Produktionsmitteln (Roh-, Hilfs- und Betriebsstoffe sowie Ersatzteile) und aus Produkten (unfertige Erzeugnisse wie z. B. zum Verkauf bestimmte Immobilien, Betonfertigteile).
     Kern des Vorratsvermögens sind in Bauunternehmen die am Bilanzstichtag noch in der Ausführung befindlichen, nicht abgerechneten Bauleistungen.
     Bauleistungen auf fremdem Grund und Boden – dies ist für die meisten Bauunternehmen der Regelfall – zählen rechtlich für das Bauunternehmen nicht zu den Sachanlagen, sondern zum Vorratsvermögen. Dieses wird erst nach rechtsgeschäftlicher Abnahme und Schlussabrechnung umgewandelt in eine Forderung aus erbrachten Leistungen.
     „Bauaufträge bilden bis zur Abnahme des erstellten Bauwerks schwebende Geschäfte, so dass aus ihnen noch keine Gewinne realisiert und damit bilanziert werden dürfen. Unabgerechnete Bauaufträge auf fremden Grundstücken werden als Forderungen im Vorratsvermögen mit ihren Herstellungskosten oder ihren „niedrigeren beizulegenden Werten" bilanziert. Erhaltene Abschlagszahlungen werden in der Vorspalte von den bilanzierten Werten abgesetzt. Erhaltene Vorauszahlungen sind dagegen als Verbindlichkeiten auf der Passivseite auszuweisen" (Leimböck/Schönnenbeck, 1992, S. 44).

II. Forderungen und sonstige Vermögensgegenstände
     Hierzu zählen Forderungen aus Lieferungen und Leistungen, auch gegen verbundene Unternehmen und gegen Unternehmen, mit denen ein Beteiligungsverhältnis besteht, sowie sonstige Vermögensgegenstände.

Die Forderungen aus Lieferungen und Leistungen sind bei Bauunternehmen im Wesentlichen ausstehende Schlusszahlungen für schlussabgerechnete Aufträge, bei Projektentwicklungsgesellschaften im Wesentlichen Forderungen aus Vermietungen. Forderungen gegenüber Arbeitsgemeinschaften (ARGEN) entstehen aus Bareinlagen z. B. für die Anfangsfinanzierung, aus Gerätevermietung an die ARGE und anderen Lieferungen und Leistungen sowie aus dem Anspruch auf anteilige Ergebnisse nach Abschluss der ARGEN.

Die sonstigen Vermögensgegenstände bilden einen Sammelposten für nicht an anderer Stelle konkret bezeichnete Titel wie kurzfristige Darlehen und geleistete Reisekostenvorschüsse sowie Steuererstattungsansprüche.

III. Wertpapiere

Hierzu zählen Anteile an verbundenen Unternehmen, eigene Anteile und sonstige Wertpapiere.

IV. Liquide Mittel

Dazu gehören Kassenbestände, Bankguthaben, Schecks und kurzfristig liquidierbare Wertpapiere.

Aktive Rechnungsabgrenzungsposten

Zur periodengerechten Ergebnisabgrenzung müssen solche Ausgaben und Einnahmen korrigiert werden, die nicht Aufwand oder Ertrag des laufenden, sondern des folgenden Geschäftsjahres darstellen. Als aktive Rechnungsabgrenzungsposten kommen i. d. R. nur Ausgaben in Betracht, die vor dem Bilanzstichtag angefallen sind, als Aufwand aber der Zeit nach dem Stichtag zuzurechnen sind. Hierzu zählen z. B. Vorauszahlungen für Mieten und Versicherungsprämien. Im neuen Geschäftsjahr wird das aktive Rechnungsabgrenzungskonto zu Lasten des Aufwandskontos (sonstige betriebliche Aufwendungen, hier Mieten und Versicherungsprämien) aufgelöst. Der vorausbezahlte Betrag wird damit dem neuen Geschäftsjahr aufwandsmäßig zugerechnet.

Anlagespiegel

Gemäß § 268 Abs. 2 ist in der Bilanz oder im Anhang die Entwicklung der einzelnen Posten des Anlagevermögens und des Postens „Aufwendungen für die Ingangsetzung und Erweiterung des Geschäftsbetriebes" darzustellen. Dabei sind, ausgehend von den gesamten Anschaffungs- und Herstellungskosten, die Zugänge, Abgänge, Umbuchungen und Zuschreibungen des Geschäftsjahres sowie die Abschreibungen in ihrer gesamten Höhe gesondert aufzuführen. Die Abschreibungen des Geschäftsjahres sind entweder in der Bilanz bei dem betreffenden Posten zu vermerken oder im Anhang in einer der Gliederung des Anlagevermögens entsprechenden Aufgliederung anzugeben.

Die Struktur eines solchen Anlagespiegels zeigt *Abb. 1.42* (Wöhe, 2002, S. 885). Darin enthält Spalte (1) jeden Einzelposten des Anlagevermögens. In die übrigen Spalten sind die Werte für folgende Sachverhalte einzutragen:

(2) Anschaffungs-, Herstellungskosten (historisch/kumuliert),
(3) Zugänge des Geschäftsjahres zu Anschaffungs- bzw. Herstellungskosten,
(4) Abgänge des Geschäftsjahres zu Anschaffungs- bzw. Herstellungskosten,

(1)	(2)	(3)	(4)	(5)	(6)	(7)	(8)	(9)	(10)
Bilanz-posten	Ako/Hko	Zu-gänge	Ab-gänge	Umbu-chungen	Zu-schrei-bungen	kum. Ab-schrei-bung	lfd. Ab-schrei-bung	RBW Vorjahr	RBW lfd. Jahr
		+	−	+/−	+	−	−		
•	•	•	•	•	•	•	•	•	•
•	•	•	•	•	•	•	•	•	•
techn. Anl.	800	+100	-80	+40	+20	-350	-50	500	530
•	•	•	•	•	•	•	•	•	•
•	•	•	•	•	•	•	•	•	•
•	•								

Abb. 1.42 Anlagespiegel (Auszug) nach § 268 Abs. 2 HGB (Quelle: Wöhe, 2002, S. 885)

(5) Umbuchungen zu Anschaffungs- bzw. Herstellungskosten (z. B. von „Technische Anlagen" zu „Betriebs- und Geschäftsausstattung"),
(6) Zuschreibungen des Geschäftsjahres (= wertmäßige Erhöhung durch Rückgängigmachung überhöhter Vorperiodenabschreibung),
(7) kumulierte Abschreibung, d. h. Summe aller bisherigen Abschreibungen einschließlich der laufenden Jahresabschreibung,
(8) Abschreibung im lfd. Geschäftsjahr,
(9) Restbuchwert (RBW) am Vorjahresende und
(10) Restbuchwert (RBW) am Ende des laufenden Geschäftsjahres.

Zu den wichtigsten Informationen, die der Leser dem Anlagespiegel entnehmen kann, gehören der Einblick in die Altersstruktur (2)–(7) bzw. in die Fluktuation im Anlagenbestand (3) bzw. (4).

Passiva

Auf der Passivseite der Bilanz (Vermögensquellen) wird gemäß § 266 Abs. 2 HGB nach Eigenkapital, Rückstellungen, Verbindlichkeiten und Passiven Rechnungsabgrenzungsposten unterschieden.

Eigenkapital

Eigenkapital unterscheidet sich vom Fremdkapital dadurch, dass es dem Unternehmen i. d. R. zeitlich unbegrenzt zur Verfügung steht. Bei Personengesellschaften ist die dauerhafte Verfügbarkeit rechtsformbedingt nicht gesichert.

Eigenkapital hat im Gegensatz zum Fremdkapital keinen Anspruch auf Verzinsung und Rückzahlung bestimmter Beträge zu bestimmten Terminen. Es ist dagegen gewinn- und verlustberechtigt bzw. -verpflichtet. Gewinn kann allerdings erst entstehen, wenn alle Kosten des Unternehmens gedeckt sind. Verbleibt bei Auflösung eines Unternehmens nach Erfüllung aller Verpflichtungen gegenüber den Kreditoren ein Erlös, steht dieser Betrag als Rückvergütung für das Eigenkapital zur Verfügung. Solche Auflösungen sind bei ARGEN der Bauwirtschaft regelmäßige Geschäftsvorfälle.

Eigenkapital gibt das Recht zur alleinigen oder anteiligen Geschäftsführung. Dieses Recht ist sowohl nach dem anteiligen Umfang des Eigenkapitals als auch nach der Rechtsform des Unternehmens unterschiedlich. Dem Recht zur Eigentümergeschäftsführung steht die Haftung für die Verbindlichkeiten des Unternehmens gegenüber. Persönlich haftende Gesellschafter müssen mit ihrem gesamten Vermögen haften.

Gemäß § 266 Abs. 3 HGB setzt sich das Eigenkapital einer Kapitalgesellschaft aus folgenden Posten zusammen:

I   Gezeichnetes Kapital,
II   Kapitalrücklage,
III Gewinnrücklagen (gesetzliche, für eigene Anteile, satzungsmäßige, andere),
IV   Gewinnvortrag/Verlustvortrag und
V   Jahresüberschuss/Jahresfehlbetrag.

Nach § 272 Abs. 1 HGB ist gezeichnetes Kapital das Kapital, auf das die Haftung der Gesellschafter für die Verbindlichkeiten der Kapitalgesellschaft gegenüber den Gläubigern beschränkt ist. Bei der GmbH ist es das satzungsmäßige Stammkapital.

Kapitalrücklagen sind gemäß § 272 Abs. 2 HGB die Beträge, die bei der Ausgabe von Anteilen (Aktien, GmbH-Anteile) über den Nennbetrag hinaus erzielt werden (Aufgeld oder Agio), sowie Zuzahlungen, die Gesellschafter gegen Gewährung eines Vorzugs für ihre Anteile leisten.

Als Gewinnrücklagen dürfen gemäß § 272 Abs. 3 HGB nur Beträge ausgewiesen werden, die im Geschäftsjahr oder in einem früheren Geschäftsjahr aus erzielten und bilanzierten, aber nicht ausgeschütteten Gewinnen des Unternehmens gebildet wurden. Dazu gehören u. a. aus dem Ergebnis zu bildende gesetzliche Rücklagen. Gemäß § 150 Abs. 2 AktG sind bei Aktiengesellschaften in die gesetzliche Rücklage solange mindestens 5 % des um einen Verlustvortrag aus dem Vorjahr geminderten Jahresüberschusses einzustellen, bis die gesetzliche Rücklage und die Kapitalrücklagen nach § 272 Abs. 2, Nr. 1–3 HGB ≥ 10 % des Grundkapitals erreichen (gemäß Satzung ggf. mehr).

Sonderposten mit Rücklageanteil

Gemäß § 247 Abs. 3 HGB dürfen Passivposten in der Bilanz gebildet werden, die für Zwecke der Steuern vom Einkommen und Ertrag zulässig sind. Sie sind als Sonderposten mit Rücklageanteil auszuweisen und nach Maßgabe des Steuerrechts aufzulösen. Einer Rückstellung bedarf es insoweit nicht. Solche steueraufschiebenden Posten sind für die Innenfinanzierung interessant. Folgende Erträge sind sonderpostenfähig (Leimböck, 2000, S. 438):

- Gewinne aus der Veräußerung bestimmter Anlagegegenstände (§ 6b EStG)
- Zuschüsse zur Anschaffung oder Herstellung von Anlagegütern
- Rücklagen für die Ersatzbeschaffung von Anlagen, die „in Folge höherer Gewalt oder zur Vermeidung eines behördlichen Eingriffs" aus dem Betriebsvermögen ausscheiden.

Rückstellungen

Gemäß § 249 HGB sind Rückstellungen für ungewisse Verbindlichkeiten und für drohende Verluste aus schwebenden Geschäften zu bilden, die zwar dem Grunde nach bekannt, aber hinsichtlich ihrer Höhe oder des Zeitpunkts ihres Eintritts unbestimmt sind.

Sie führen damit vermutlich erst in späteren Rechnungsperioden zu Ausgaben, sind wirtschaftlich betrachtet aber schon in der abgelaufenen Periode entstanden und daher als Aufwand der laufenden Periode zu berücksichtigen. Sie dienen damit der periodengerechten Verrechnung.

Besondere Bedeutung in der Wirtschaft haben Gewährleistungsrückstellungen aus Planer- und Bauverträgen.

Gemäß § 634a Abs. 1 Nr. 2 BGB verjähren Mängelansprüche in 5 Jahren bei einem Bauwerk und einem Werk, dessen Erfolg in der Erbringung von Planungs- oder Überwachungsleistungen hierfür besteht. Ist bei einem Bauvertrag die Vergabe- und Vertragsordnung für Bauleistungen, Teil B Allgemeine Vertragsbedingungen für die Ausführung von Bauleistungen (VOB/B), vereinbart, so beträgt gemäß § 13 Nr. 4 Abs. 1 die Verjährungsfrist für Mängelansprüche für Arbeiten an einem Bauwerk 4 Jahre, für Arbeiten an einem Grundstück und für die vom Feuer berührten Teile von Feuerungsanlagen 2 Jahre, sofern keine andere Verjährungsfrist im Vertrag vereinbart ist.

Ohne näheren Nachweis der tatsächlichen Gewährleistungsaufwendungen erkennen die Finanzämter im Rahmen von Betriebsprüfungen erfahrungsgemäß einen pauschalen Ansatz von 1,0 % der Schlussabrechnungssumme im ersten Jahr der Gewährleistungsfrist und eine lineare Abminderung über den Gewährleistungszeitraum an, d. h. bei einer Verjährungsfrist von 5 Jahren 0,8 % im 2. Jahr und schließlich 0,2 % im 5. Jahr.

Die jeweils frei werdenden Rückstellungsbeträge müssen in den darauf folgenden Geschäftsjahren aufgelöst bzw. durch neue Rückstellung für neue Gewährleistungsverpflichtungen ersetzt werden. Kommt es zu einer Verminderung der Rückstellungen im Folgejahr im Vergleich zu dem Ansatz im laufenden Jahr, so führt dies zu einem „Ertrag aus der Auflösung von Rückstellungen" und damit zu einer Ergebnisverbesserung. Weitere Rückstellungen fallen regelmäßig an für im Geschäftsjahr nicht in Anspruch genommene Urlaubszeiten sowie für Steuern und Kosten des Jahresabschlusses.

Gemäß § 249 Abs. 1 Nr. 2 sind Rückstellungen auch zu bilden für Gewährleistungen, die ohne rechtliche Verpflichtung erbracht werden (Kulanzleistungen). Ferner dürfen Rückstellungen gebildet werden für unterlassene Aufwendungen für Instandhaltung, wenn diese innerhalb von 3 Monaten des folgenden Geschäftsjahres nachgeholt werden.

Verbindlichkeiten

Verbindlichkeiten sind Verpflichtungen des Unternehmens, die im Grunde und der Höhe nach sowie hinsichtlich des Zeitpunktes ihrer Fälligkeit feststehen und i. d. R. Zahlungsverpflichtungen sind. Nur bei erhaltenen Anzahlungen (Vorauszahlungen) bestehen Verpflichtungen des Unternehmens zu Lieferungen oder Leistungen. Sie stehen mit dem Auszahlungsbetrag in der Bilanz. Bei verzinslichen Zahlungsverpflichtungen ist die Summe aus Zinszahlungen und Kreditrückzahlungsbeträgen auszuweisen.

Passive Rechnungsabgrenzungsposten

Gemäß § 250 Abs. 2 HGB sind als Passive Rechnungsabgrenzungsposten Einnahmen vor dem Bilanzstichtag auszuweisen, soweit sie Ertrag für eine bestimmte Zeit nach diesem Tag darstellen, wie z. B. erhaltene Mietvorauszahlungen.

Haftungsverhältnisse

Gemäß § 251 HGB sind Haftungsverhältnisse, sofern sie nicht auf der Passivseite auszuweisen sind, unter der Bilanz als Verbindlichkeiten „unter dem Strich" aus der Begebung und Übertragung von Wechseln, aus Bürgschaften, Wechsel- und Scheckbürgschaften und aus Gewährleistungsverträgen sowie Haftungsverhältnisse aus der Bestellung von Sicherheiten für fremde Verbindlichkeiten zu vermerken.

Der Ausweis der Haftungsverhältnisse ist wichtig, da der Unternehmer damit rechnen muss, aus ihnen in Anspruch genommen zu werden. Droht eine solche Inanspruchnahme konkret bei der Bilanzaufstellung, ist die betreffende Verpflichtung direkt als Rückstellung zu bilanzieren und nicht unter den Haftungsverhältnissen aufzuführen. Die ausgewiesenen Haftungsverhältnisse stellen insoweit nur „Eventualverbindlichkeiten" dar, mit deren Eintritt nicht ernsthaft gerechnet wird. Hier ist jedoch Vorsicht geboten, da Konzernbürgschaften oder Patronatserklärungen, wie sie von großen Unternehmen vielfach für ihre Beteiligungsgesellschaften gegeben werden, um deren Kreditwürdigkeit gegenüber Kreditinstituten und Lieferanten zu stärken, in der Bauwirtschaft wegen der anhaltenden Strukturkrise in den vergangenen Jahren verstärkt in Anspruch genommen wurden.

1.4.1.4 Gewinn- und Verlustrechnung (GuV)

Die Bilanz als Zeitpunktdarstellung wird ergänzt durch eine Zeitraumdarstellung (GuV). Für die Gliederung der GuV der Kaufleute, die keine Kapitalgesellschaften sind, gibt es keine Vorschriften.

Gemäß § 275 HGB ist die Gewinn- und Verlustrechnung in Staffelform nach dem Gesamtkostenverfahren des Absatzes 2 oder dem Umsatzkostenverfahren des Absatzes 3 aufzustellen. Dabei sind die bezeichneten Posten in der angegebenen Reihenfolge auszuweisen.

Beim Gesamtkostenverfahren (Produktionsrechnung) besteht der Ertrag in der Gesamtleistung der Periode (Umsatzerlöse ./. Bestandsabnahme + Bestandserhöhung) und der Aufwand im Produktionsaufwand der Periode.

Beim Umsatzkostenverfahren (Umsatzrechnung) wird der Ertrag nur durch die Umsatzerlöse bewertet, während der Umsatzaufwand sich zusammensetzt aus Produktionsaufwand + Bestandsabnahme ./. Bestandserhöhung.

Das Gesamtkosten- und das Umsatzkostenverfahren führen zu demselben Jahresergebnis.

In der Bauwirtschaft wird das Gesamtkostenverfahren bevorzugt. Der Ertrag und damit die Bauleistung ergibt sich aus dem Umsatz der Periode, korrigiert um die Veränderung der Bestände an unfertigen Bauten. Im Aufwand wird der Produktionsaufwand der Abrechnungsperiode erfasst. *Abb. 1.43* zeigt die hierarchische Struktur des Gesamtkostenverfahrens vom Bilanzgewinn (Bilanzverlust) zu den Ausgangsdaten.

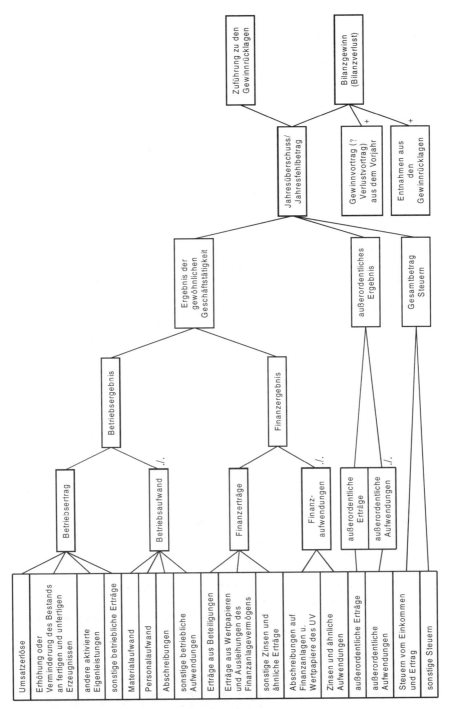

Abb. 1.43. Hierarchische Struktur der Gliedperung der GuV nach dem Gesamtkostenverfahren gemäß § 275 Abs. 2 HGB (Quelle: Wöhe, 2002, S. 947)

Die Gliederung der Kontenklassen 5 bis 7 des BKR 87 entspricht im Wesentlichen derjenigen nach dem Gesamtkostenverfahren gemäß § 275 Abs. 2 HGB. Zu den nachfolgenden Erläuterungen wird verwiesen auf *Tabelle 1.11.*

Umsatzerlöse

Die ausgewiesenen Umsatzerlöse weisen nicht alle Bauleistungen des Berichtsjahres, sondern nur die im Geschäftsjahr schlussabgerechneten Bauaufträge aus, jedoch mit vollen Auftragswerten, auch soweit sie aus Bauleistungen von Vorjahren stammen. Falls Aufträge im Geschäftsjahr begonnen und beendet wurden, sind beide Rechnungsgrößen identisch. Die Position „Erhöhung (oder Minderung) des Bestandes an nicht abgerechneten Bauten" gibt die jeweilige Veränderung in Bezug auf das Vorjahr an. Wegen der geringen Aussagekraft der Erlöse ist daher stets eine gesonderte Aufstellung der Jahresleistung erforderlich.

Aus der Beteiligung des Unternehmens an ARGEN ergeben sich Umsatzerlöse durch Leistungen des Unternehmens für ARGEN sowie anteilige ARGE-Ergebnisse, die als sonstige betriebliche Erträge gebucht werden. Die dadurch bewirkten Aufwendungen werden als sonstige betriebliche Aufwendungen verbucht.

Bestandsveränderungen an nicht abgerechneten Bauten werden mit Herstellungskosten oder dem „niedrigeren beizulegenden Wert" (z. B. bei absehbaren Verlusten), die Umsatzerlöse dagegen mit ihren Vertragspreisen angesetzt.

Bei „anderen aktivierten Eigenleistungen" handelt es sich um selbst erstellte Anlagengegenstände, die mit den dadurch entstandenen und gebuchten Aufwendungen und damit ergebnisneutral zu bewerten sind.

Erträge aus der Auflösung von Rückstellungen sind in der Bauwirtschaft vor allem solche aus nicht mehr bestehenden Gewährleistungsverpflichtungen.

Aufwendungen

Zu den maßgeblichen Aufwendungen nach dem Gesamtkostenverfahren gemäß § 275 Abs. 2 HGB gehören:

- Materialaufwand für Roh-, Hilfs- und Betriebsstoffe sowie für bezogene Waren sowie für Rüst- und Schalmaterial,
- Personalaufwendungen mit Löhnen und Gehältern sowie sozialen Abgaben und Aufwendungen für die Altersversorgung,
- Abschreibungen auf immaterielle Vermögensgegenstände des Anlagevermögens und Sachanlagen sowie auf aktivierte Aufwendungen für die Ingangsetzung und Erweiterung des Geschäftsbetriebs und auf Vermögensgegenstände des Umlaufvermögens, soweit diese die in der Kapitalgesellschaft üblichen Abschreibungen überschreiten (z. B. auf Vorräte, Forderungen und sonstige Vermögensgegenstände) und
- sonstige betriebliche Aufwendungen wie z. B. Verluste aus dem Abgang von Gegenständen des Anlage- oder Umlaufvermögens.

Weitere sonstige betriebliche Aufwendungen sind z. B. die Zuführung zu Rückstellungen wegen Gewährleistungsverpflichtungen und Aufwendungen des Bürobetriebes, d. h. der Allgemeinen Geschäftskosten ohne Personalaufwand (jedoch für Kommunikation, Beiträge, Versicherungen, Kosten des Aufsichtsrates oder des Beirates, der Haupt- oder Gesellschafterversammlung, Rechts- und Beratungskosten etc.).

Ergebnis der gewöhnlichen Geschäftstätigkeit und außerordentliches Ergebnis

Aus der Differenz zwischen Umsatzerlösen und betrieblichen Aufwendungen ergibt sich zunächst das Ergebnis der gewöhnlichen Geschäftstätigkeit (§ 2 Nr. 14 HGB).

Danach sollen gemäß § 277 Abs. 4 HGB noch außerordentliche Erträge und außerordentliche Aufwendungen ausgewiesen werden, deren Differenz dann zum außerordentlichen Ergebnis führt (§ 275 Abs. 2 Nr. 17 HGB). Außerordentliche Erträge und außerordentliche Aufwendungen haben den Charakter seltener Ausnahmeposten bekommen, die z. B. im Zusammenhang mit Strukturmaßnahmen entstehen. Die Posten sind hinsichtlich Art und Betrag im Anhang zu erläutern, soweit die ausgewiesenen Beträge für die Beurteilung der Ertragslage nicht von untergeordneter Bedeutung sind.

Im Geschäftsbericht 2003 der Bilfinger Berger AG heißt es zu den Aufwendungen aus Sondereinflüssen in Höhe von 160 Mio. €: „Die Sonderabschreibungen bei den zum Verkauf bestimmten Grundstücken betreffen die vorsorglichen Wertkorrekturen der Bestandsimmobilien im Zusammenhang mit dem Rückzug aus dem klassischen Projektentwicklungsgeschäft und der Konzentration auf die Auftragsentwicklung ohne Kapitaleinsatz. Mit den verminderten Buchwerten wird die Voraussetzung für eine beschleunigte Verwertung der Objekte geschaffen. Die Vorsorge für Länderrisiken betrifft die Absicherung möglicher politischer und wirtschaftlicher Risiken des Engagements in Entwicklungs- und Schwellenländern. Des Weiteren wurde für Kapazitätsanpassungen im Baugeschäft sowie für die Bereinigung im Beteiligungsportfolio Vorsorge getroffen."

Aus dem Ergebnis der gewöhnlichen Geschäftstätigkeit ergibt sich das Ergebnis vor Zinsen und Steuern (EBITA Earnings before Interest, Taxes and Amortisation). Aus dem außerordentlichen Ergebnis, das ggf. noch durch Firmenwert-(Goodwill-)Abschreibungen beeinflusst wird, ergibt sich das Ergebnis vor Zinsen und Steuern (EBIT Earnings before Interest and Taxes). Werden weiter das Beteiligungs- und das Zinsergebnis berücksichtigt, erhält man das Ergebnis vor Ertragsteuern (EBT Earnings before Taxes).

Steuern vom Einkommen und Ertrag

Dies sind die Einkommen- und Ertragsteuer (Körperschaftsteuer bei Kapitalgesellschaften und Gewerbeertragsteuer), die das Unternehmen als Steuerschuldner zu entrichten hat. Dabei kann es sich um Vorauszahlungen für das laufende Jahr, um Zuführung zu den Steuerrückstellungen oder um Steuern für zurückliegende Jahre handeln, wenn keine ausreichenden Rückstellungen gebildet wurden. Zu den sonstigen Steuern zählen u. a. Grundsteuer und Kfz-Steuer.

Tabelle 1.11 Beispiel einer Gewinn- und Verlustrechnung nach Gesamtkostenverfahren
(§ 275 Abs. 2 HGB) (Quelle: Leimböck/Schönnenbeck, 1992, S. 38)

Alle Werte in T€	Berichtsjahr	Vorjahr
Umsatzerlöse abgerechneter Bauten	74.183	66.630
Erhöhung (Vorjahr Minderung) des Bestandes an nicht abgerechneten Bauten	23.713	-637
Andere aktivierte Eigenleistungen	170	99
Gesamtleistung	**98.066**	**66.092**
Sonstige betriebliche Erträge		
Erträge aus dem Abgang von Gegenständen des Anlagevermögens	2.291	301
Erträge aus der Auflösung von Rückstellungen	646	901
Übrige Erträge	356	273
	3.293	1.475
Betriebliche Erträge gesamt	**101.359**	**67.657**
Materialaufwand		
• Aufwendungen für Roh-, Hilfs- und Betriebsstoffe und für bezogene Waren	29.355	22.827
• Aufwendungen für bezogene Leistungen	18.372	9.901
	47.727	32.728
Personalaufwand		
• Löhne und Gehälter	34.924	20.748
• Soziale Abgaben und Aufwendungen für Altersversorgung und Unterstützung	9.063	6.369
	43.987	27.117
Abschreibungen auf immaterielle Anlagen und Sachanlagen	4.974	4.162
Sonstige betriebliche Aufwendungen	4.031	3.039
	9.005	7.201
Betriebliche Aufwendungen gesamt	100.719	67.046
Betriebliches Ergebnis	**640**	**521**
Ergebnis Finanzlagen	302	422
Zinsergebnis (Erträge ./. Aufwendungen)	50	-180
Ergebnis der gewöhnlichen Geschäftstätigkeit	992	763
Außerordentliches Ergebnis (Erträge ./. Aufwendungen)	51	100
Steuern	-474	-373
Jahresüberschuss	**569**	**490**
Einstellungen in Gewinnrücklagen	**-159**	**-200**
Gewinn	**410**	**290**

Aus dem Ergebnis vor Ertragsteuern (EBT) errechnet sich nach Abzug der Steuern vom Einkommen und Ertrag sowie der sonstigen Steuern das Konzernergebnis. Dieses bewegt sich nach den vorliegenden Jahresabschlüssen 2003 der deutschen Bauaktiengesellschaften, bezogen auf die Gesamtleistung, zwischen 0,7 und 2,7 %.

1.4.2 Jahresabschluss

Um die rechnerische und buchungstechnische Richtigkeit der Buchführung festzustellen, ist für den Jahresabschluss zunächst eine Rohbilanz aufzustellen. Nach dem System der doppelten Buchführung muss die Summe aller Sollseiten auch der Summe der Habenseiten entsprechen.

Gemäß § 240 HGB hat jeder Kaufmann zu Beginn seines Handelsgewerbes und für den Schluss eines jeden Geschäftsjahres ein Inventar seiner Vermögenswerte und seiner Verbindlichkeiten aufzustellen. Dabei ist für die realen Vermögensgegenstände i. d. R. alle 3 Jahre eine körperliche Bestandsaufnahme durchzuführen, soweit nicht durch Anwendung eines den Grundsätzen ordnungsmäßiger Buchführung entsprechenden anderen Verfahrens gesichert ist, dass der Bestand der Vermögensgegenstände nach Art, Menge und Wert auch ohne die körperliche Bestandsaufnahme für diesen Zeitpunkt festgestellt werden kann.

Aufgrund des Inventurergebnisses sind sodann die vorbereitenden Abschlussbuchungen zur Rechnungsabgrenzung und zum internen Kontenausgleich vorzunehmen, die folgende Bereiche betreffen:

- die Beständeerfassung,
- die Aktivierung unfertiger Bauleistungen und Bestandsveränderungen,
- die Abschreibungen,
- die Rückstellungen sowie
- die aktiven und passiven Rechnungsabgrenzungen.

Nach diesen Ergänzungsbuchungen kann die Schlussbilanz erstellt werden. Die Differenz zwischen der Summe der Aktiva und der Summe der Passiva entspricht dem Bilanzgewinn.

Die Salden der Erfolgskonten werden ebenfalls zur GuV-Rechnung abgeschlossen. Der Unterschied zwischen Aufwendungen und Erträgen stellt wiederum Gewinn oder Verlust dar. Dem Wesen der doppelten Buchführung entsprechend wird der Jahresgewinn damit in doppelter Weise nachgewiesen.

1.4.3 Anhang und Lagebericht

Die Leser des Jahresabschlusses, insbesondere einer Kapitalgesellschaft, erwarten daraus Erkenntnisse über die tatsächlichen Verhältnisse der Vermögens-, Finanz- und Ertragslage des Unternehmens gemäß § 264 Abs. 2 HGB. Den erwarteten „true and fair view" können Bilanz und GuV aus folgenden Gründen allein nicht vermitteln (Wöhe, 2002, S. 951 ff):

- Es handelt sich um eine komprimierte Darstellung von Vermögen, Schulden und Periodenerfolg.
- Der Ersteller des Jahresabschlusses ist an gesetzliche Vorschriften der Bilanzierungs- und Bewertungswahlrechte und die Dominanz des Vorsichtsprinzips gebunden.
- Dem Jahresabschluss fehlt der Zukunftsbezug.

Diese Lücke soll gemäß § 264 Abs. 1 HGB dadurch geschlossen werden, dass Kapitalgesellschaften verpflichtet sind,

- einen Anhang (§ 284–288 HGB) und
- einen Lagebericht (§ 289 HGB)

zu erstellen.

Der Anhang hat vor allem das Zahlenwerk der Bilanz und der GuV-Rechnung zu interpretieren und zu ergänzen. Zur Verbesserung des Einblicks in die Ertragslage werden vor allem folgende Pflichtangaben gefordert:

- Angaben zu den Bilanzierungs- und Bewertungsmethoden sollen darüber informieren, in welchem Maße das Unternehmen eine eher pessimistische oder eher realistische Bilanzierung vornimmt (§ 284 Abs. 2 Nr. 1 HGB).
- Angaben zur Änderung der Bilanzierungs- und Bewertungsmethoden sollen Auskunft darüber geben, in welchem Maß das ausgewiesene Jahresergebnis durch Bildung bzw. Auflösung stiller Rücklagen beeinflusst wurde (§ 284 Abs. 2 Nr. 3 HGB).
- Durch Angabe des Einflusses steuerrechtlicher Abschreibung nach § 254 HGB soll der Einfluss auf den handelsrechtlichen Ergebnisausweis quantifiziert werden (§ 285 Nr. 5 HGB).

Mit § 285 HGB werden umfangreiche sonstige Pflichtangaben gefordert. Dazu gehören auszugsweise (Nummerierung gemäß HGB):

1. Zu den in der Bilanz ausgewiesenen Verbindlichkeiten
   a) der Gesamtbetrag der Verbindlichkeiten mit einer Restlaufzeit von mehr als 5 Jahren,
   b) der Gesamtbetrag der Verbindlichkeiten, die durch Pfandrechte oder ähnliche Rechte gesichert sind, unter Angabe von Art und Form der Sicherheiten;
3. der Gesamtbetrag der sonstigen finanziellen Verpflichtungen, die nicht in der Bilanz erscheinen und auch nicht nach § 251 HGB (Haftungsverhältnisse) anzugeben sind, sofern diese Angabe für die Beurteilung der Finanzlage von Bedeutung ist (z. B. Verpflichtungen aus langjährigen Mietverträgen),
4. die Aufgliederung der Umsatzerlöse nach Tätigkeitsbereichen sowie nach geografisch bestimmten Märkten, soweit sich diese erheblich unterscheiden,
7. die durchschnittliche Zahl der während des Geschäftsjahres beschäftigten Arbeitnehmer, getrennt nach Gruppen, sowie
11. Name und Sitz anderer Unternehmen, von denen die Kapitalgesellschaft oder eine für Rechnung der Kapitalgesellschaft handelnde Person mindestens 20 % der Anteile besitzt. Zu nennen ist die Höhe des Anteils am Kapital, das Eigenkapital und das Ergebnis des letzten Geschäftsjahres dieser Unternehmen.

Neben dem Anhang hat jede Kapitalgesellschaft gemäß § 289 HGB einen Lagebericht zu erstellen. Gemäß Abs. 1 sind im Lagebericht zumindest der Geschäftsverlauf und die Lage der Kapitalgesellschaft so darzustellen, dass ein den tatsächlichen Verhältnissen entsprechendes Bild vermittelt wird. Dabei ist auch auf die Risiken der künftigen Entwicklung einzugehen.

Dazu gehören Angaben über

- Marktstellung und Konkurrenzsituation,
- Auftragseingang und Beschäftigungsgrad,
- Entwicklung von Erlösen und Kosten sowie
- Liquiditätsentwicklung und Finanzierung.

Gemäß Abs. 2 soll der Lagebericht auch auf Vorgänge von besonderer Bedeutung nach dem Bilanzstichtag eingehen, z. B.

- Abschluss von Großverträgen und
- Geschäftserweiterungen/Betriebsschließungen.

Ausführungen über die voraussichtliche Entwicklung der Kapitalgesellschaft innerhalb der nächsten 2 bis 3 Jahre erfordern Angaben zur Geschäftsfeld- und Auftragsentwicklung sowie den Kundenbeziehungen, zur Personalentwicklung und zum Aktionsradius.

Angaben zum Bereich Forschung und Entwicklung erfordern Auskünfte über die Schwerpunkte, die Aufwendungen und den erwarteten Einfluss auf die künftigen Aufträge.

Mit diesen Pflichtangaben im Lagebericht hat das berichtende Unternehmen weitgehende Gestaltungsfreiheiten, die viele Unternehmen zu einer aktiven Informationspolitik nutzen.

1.4.4 Freiwillige Zusatzangaben

Durch freiwillige Zusatzinformationen versuchen viele Kapitalgesellschaften, ihr Ansehen bei den Bilanzadressaten (Stakeholdern) im Sinne einer aktiven Informationspolitik zu verbessern. Dazu zählen die Kapitalflussrechnung, die Segmentberichterstattung sowie die Sozial- und Umweltberichterstattung.

Kapitalflussrechnung

Die Kapitalflussrechnung hat das Ziel, den Zahlungsmittelstrom eines Unternehmens transparent zu machen. Die GuV-Rechnung stellt lediglich Ertrag und Aufwand gegenüber, jedoch nicht Einzahlungen und Auszahlungen. Dadurch können drohende Zahlungsengpässe nicht rechtzeitig erkannt werden. Die Insolvenzprophylaxe ist unzureichend.

Man unterscheidet zwischen vergangenheits- und zukunftsorientierter (retro- und prospektiver) Kapitalflussrechnung. Die künftige Zahlungsfähigkeit ist nur auf Grund prospektiver Kapitalflussrechnung möglich, jedoch mit Unsicherheiten über die Prognosedaten behaftet. Börsennotierte Mutterunternehmen eines Konzerns sind gemäß § 297 Abs. 1 Satz 2 HGB zur Erstellung retrospektiver Kapitalflussrechnungen verpflichtet: „... so besteht der Konzernabschluss außerdem aus einer Kapitalflussrechnung, einer Segmentberichterstattung sowie einem Eigenkapitalspiegel."

Eine Kapitalflussrechnung zeigt die Veränderung des Liquiditätspotenzials und deren Ursachen im Betrachtungszeitraum. Sie setzt sich zusammen aus dem Cashflow aus

- laufender Geschäftstätigkeit,
- der Investitionstätigkeit und
- der Finanzierungstätigkeit.

Ein Beispiel einer Konzern-Kapitalflussrechnung zeigt *Tabelle 1.12.*

Tabelle 1.12 Beispiel einer Konzern-Kapitalflussrechnung

Cashflow Anteile 2003 in Mio. €

1.	Konzernergebnis nach Steuern	122,5
2.	Abschreibungen auf das Anlagevermögen	85,3
3.	Abnahme der Rückstellungen	-16,4
4.	Ergebnis aus dem Abgang von Anlagevermögen und von Wertpapieren des Umlaufvermögens	-42,8
5.	Zunahme der Vorräte	-23,6
6.	Abnahme der Forderungen	136,1
7.	Abnahme der Verbindlichkeiten, ohne Bankverbindlichkeiten	-129,1
8.	Sonstige zahlungsunwirksame Aufwendungen und Erträge (i. W. Abschreibungen auf Wertpapiere des Umlaufvermögens und Equity-Bewertung)	16,2
9.	**Cashflow aus laufender Geschäftstätigkeit**	**148,2**
10.	Einzahlungen aus Abgängen der Sach- und Finanzanlagen	327,5
11.	Auszahlungen für Investitionen in immaterielle Vermögenswerte, Sach- und Finanzanlagen	-358,6
12.	**Cashflow aus Investitionstätigkeit**	**-31,1**
13.	Einzahlungen aus Kapitalerhöhungen und Zuschüssen der Gesellschafter	2,6
14.	Dividendenauszahlungen an Aktionäre und andere Gesellschafter	-38,4
15.	Einzahlungen aus der Aufnahme von Anleihen und Krediten	122,3
16.	Auszahlungen für die Tilgung von Anleihen und Krediten	102,6
17.	**Cashflow aus Finanzierungstätigkeit**	**-16,1**
18.	**Zahlungswirksame Veränderungen der Wertpapiere und liquiden Mittel (Zeilen 9, 12 und 17)**	**101,0**
19.	Sonstige Wertänderungen der Wertpapiere und liquiden Mittel (aus Wechselkursänderungen etc.)	-12,6
20.	**Veränderung der Wertpapiere und liquiden Mittel insgesamt**	**88,4**
21.	**Wertpapiere und liquide Mittel am 01.01.**	**738,4**
22.	**Wertpapiere und liquide Mittel am 31.12.**	**826,8**

Segmentberichterstattung

Die Segmentberichterstattung hat die Aufgabe, segmentspezifische Unternehmensinformationen für die Leser des Geschäftsberichtes aufzubereiten. Die Segmentberichterstattung ist nach § 285 Nr. 4 HGB für den Einzelabschluss großer Kapitalgesellschaften und nach § 314 Abs. 1 Nr. 3 HGB für den Konzernabschluss zwingend vorgeschrieben. Es heißt dort gleichlautend „Ferner sind im Anhang anzugeben:
... die Aufgliederung der Umsatzerlöse nach Tätigkeitsbereichen sowie nach geografisch bestimmten Märkten, soweit sich ... die Tätigkeitsbereiche und geografisch bestimmten Märkte untereinander erheblich unterscheiden".
   Bei der Berichterstattung nach Geschäftsfeldern unterscheiden Bauaktiengesellschaften z. B. nach

- Ingenieurbau, Hoch- und Industriebau, Entwickeln und Betreiben, Dienstleistungen und Umwelt, oder nach
- Airport, Development, Construction, Unternehmenszentrale/Konsolidierung/Management der finanziellen Ressourcen.

Bei der Unterteilung der Leistungen nach Regionen werden z. B. unterschieden: Deutschland, übriges Europa, Amerika, Afrika, Asien und Australien.

Sozial- und Umweltberichterstattung

In ihren Geschäftsberichten machen immer mehr Unternehmen auf freiwilliger Basis Angaben zu ihren sozialen und ökologischen Leistungen. Die Sozialberichterstattung ist in erster Linie an die Belegschaft, die Umweltberichterstattung an die interessierte Öffentlichkeit gerichtet. Darüber hinaus sind diese Informationen für alle Stakeholder von Interesse.
   In der Sozialberichterstattung enthalten die Geschäftsberichte unter der Überschrift „Personal" z. B. Angaben über die Zahl der Mitarbeiter, die Anpassung von Personalkapazitäten, den Tarifabschluss, die Ausgabe von Belegschaftsaktien und Aktienoptionen, die systematische Personalentwicklung und den Dank an die Mitarbeiter.
   Andere Unternehmen stellen heraus, dass sie in ihrer Personalplanung Kundenorientierung, unternehmerisches Denken, internationale Mobilität und Weiterbildung fördern. Durch die Personal- und Führungskräfteentwicklung mit Mitarbeiterbeurteilungen, Potenzialanalysen und Nachfolgeplänen werde für einen adäquaten Mitarbeitereinsatz gesorgt. Das Engagement im ethisch-sozialen Bereich komme dadurch zum Ausdruck, dass sich die Mitarbeiter verpflichteten, weltweit verbindliche Verhaltensregeln (business ethics) einzuhalten.
   Durch die Umweltberichterstattung geben die Unternehmen Rechenschaft über die Auswirkungen ihres unternehmerischen Handelns auf die Umwelt. Es wird berichtet über Aufwendungen und Investitionen für den Umweltschutz sowie über Verfahren und Betriebsabläufe zur Gewährleistung ökologischer Arbeitsweisen. Im Vordergrund der Anstrengungen steht der Grundsatz nachhaltigen Handelns zur Schaffung eines ausgewogenen Verhältnisses zwischen Ökonomie, Ökologie und sozialem Engagement. Einige Unternehmen geben inzwischen regelmäßig Umweltberichte inklusive Arbeitssicherheit und Gesundheitsschutz heraus, um die erzielten Erfolge und noch bestehenden Defizite in den Bereichen Ökologie sowie

Arbeits- und Gesundheitsschutz gegenüber Kunden, Nachunternehmern und Mitarbeitern als integralen Bestandteil einer offenen und partnerschaftlichen Informationspolitik zu dokumentieren, dies nicht zuletzt deshalb, da dieser Bereich immer häufiger ein wichtiges Entscheidungskriterium bei der Auftragsvergabe für Großprojekte darstellt.

Ergänzend ist zu erläutern, dass nachhaltige Handlungs- und Bauweise bedeutet, die Regenerationsfähigkeit der Natur in die Planungen mit einzubeziehen. Es darf nicht mehr verbraucht werden als in der Nutzungszeit wieder regeneriert werden kann. Eine nachhaltige Entwicklung erfüllt das Bedürfnis der handelnden Generation, ohne die Möglichkeiten zukünftiger Generationen zu gefährden (Getto, 2002, S. 13).

1.4.5 Bilanzanalyse

Die Ziele der Bilanzanalyse bestehen in der Informationsverbesserung durch bedarfsgerechte Unterrichtung externer Bilanzadressaten. Ausgangsdaten sind der Jahresabschluss mit Anhang und Lagebericht. Die Methodik besteht in der Bereinigung und bedarfsadäquaten Aufbereitung (Verdichtung) von Jahresabschlussdaten.

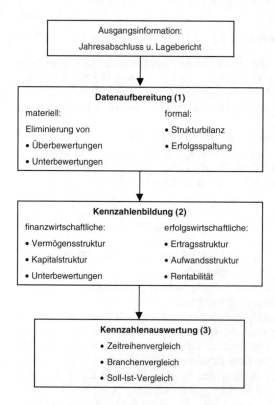

Abb. 1.44 Arbeitsschritte der Bilanzanalyse (Quelle: Wöhe, 2002, S. 1057)

Die Erkenntnisse aus der Bilanzanalyse eines Unternehmens werden wesentlich erhöht, wenn mehrere aufeinander folgende Jahresabschlüsse des Unternehmens und die Jahresabschlüsse von Unternehmen der gleichen Branche in die Untersuchung einbezogen werden.

Ablauftechnisch lässt sich die Bilanzanalyse nach Wöhe (2002, S. 1056 ff) in die drei Arbeitsschritte Datenaufbereitung, Kennzahlenbildung und Kennzahlenauswertung gliedern (*Abb. 1.44*).

1.4.5.1 Aufbereitung von Jahresabschlussdaten

Die Datenaufbereitung hat die Aufgabe, die Jahresabschlussangaben in materieller Hinsicht zu bereinigen und in formaler Hinsicht zur Erstellung einer Strukturbilanz und zur Erfolgsspaltung umzugliedern.

Wertmäßige Bereinigung der Jahresabschlussdaten

Durch eine solche Bereinigung sollen die Wertansätze einzelner Vermögenspositionen der Bilanz durch Schätzung den aktuellen Marktgegebenheiten angepasst werden. Da die Anschaffungskosten die Wertobergrenze bilden, stecken in schon lange zum Betriebsvermögen gehörenden Positionen vielfach erhebliche stille Zwangsrücklagen, insbesondere bei Grundstücken und Beteiligungen.

Eine Abwertung von Vermögensgegenständen ist eher als Ausnahmefall anzusehen, da die handelsrechtlichen Bewertungsvorschriften nach dem Niederstwertprinzip ohnehin den Ansatz eines niedrigeren beizulegenden Wertes für den Bilanzausweis vorschreiben. Bei den Passivpositionen können sich Rückstellungen als korrekturbedürftig erweisen. Bei dem Versuch, die Bilanzansätze für Aktiva und Passiva an die tatsächlichen Wertverhältnisse anzupassen, bietet die Berichterstattung im Anhang über die angewandten Bilanzierungs- und Bewertungsmethoden sowie deren Änderung wertvolle Hinweise auf die vom Unternehmen verfolgte bilanzpolitische Strategie, stille Rücklagen zu bilden oder aufzulösen.

Strukturbilanz

Wichtige Daueraufgabe der Unternehmensführung ist für die Unternehmensexistenz die Sicherung der künftigen Zahlungsfähigkeit. Dazu hat die Praxis Finanzierungsregeln entwickelt. Die horizontalen Finanzierungsregeln stellen eine Beziehung zwischen der investitionsbedingten Dauer der Kapitalbindung und der Dauer der Kapitalverfügbarkeit her.

Die *goldene Finanzierungsregel* fordert eine Fristenkongruenz zwischen der Mittelbindung auf der Aktivseite und der Kapitalverfügbarkeit auf der Passivseite. Diese Regel wird von den führenden Bauaktiengesellschaften sehr gut eingehalten. Nach den Geschäftsberichten 2003 wird deren Anlagevermögen vollständig durch Eigenkapital gedeckt, während die meisten Bauunternehmen dazu auch langfristiges Fremdkapital und manchmal auch kurzfristiges Fremdkapital benötigen. Die *goldene Bilanzregel* fordert eine pauschalierte Fristenkongruenz, wonach Anlagevermögen und langfristig gebundenes Umlaufvermögen durch Eigenkapital und langfristiges Fremdkapital finanziert werden müssen. Nur das kurzfristig gebundene Umlaufvermögen darf mit kurzfristigem Kapital finanziert werden.

Finanzierungsregeln werden in Literatur und Praxis heftig kritisiert, da die Einhaltung der Finanzierungsregeln nicht unbedingt die Zahlungsfähigkeit garantiert und deren Missachtung auch nicht zwangsläufig zur Zahlungsunfähigkeit führt. In der Strukturbilanz ist die Umgliederung der Passivseite von besonderem Interesse:

- Der Sonderposten mit Rücklageanteil wird je zur Hälfte dem Eigenkapital und dem mittelfristigen Fremdkapital zugeordnet.
- Der Bilanzgewinn wird dem kurzfristigen Fremdkapital zugeordnet, da schon wenige Monate nach dem Bilanzstichtag mit einem Mittelabfluss in Form von Dividendenzahlungen zu rechnen ist.
- Rückstellungen sind dem kurzfristigen Fremdkapital zuzuordnen mit Ausnahme von evtl. Pensionsrückstellungen.

Erfolgsspaltung

Der Jahresabschluss informiert über den Erfolg der abgelaufenen Periode. Die Anteilseigner benötigen jedoch Informationen über die Höhe künftiger Erfolge. Durch Erfolgsspaltung versucht die Bilanzanalyse, die Informationsempfänger, ausgehend vom Jahresüberschuss der abgelaufenen Periode über den nachhaltig erzielbaren Erfolg durch Eliminierung „ungewöhnlicher Ergebniskomponenten" zu unterrichten.

In dem Gliederungsschema der GuV nach § 275 Abs. 2 lassen sich durch eine Umgliederung das ordentliche Betriebsergebnis, das Finanzergebnis, das Ergebnis der gewöhnlichen Geschäftstätigkeit (Nr. 14), das außerordentliche Ergebnis (Nr. 17), das Gesamtergebnis vor Ertragsteuern und schließlich der Jahresüberschuss (plus) oder der Jahresfehlbetrag (minus) ableiten.

Die Erfolgsspaltung verfolgt das Ziel, mit dem korrigierten Ergebnis aus der gewöhnlichen Geschäftstätigkeit den nachhaltig erzielbaren Periodenerfolg auszuweisen. Dieses Ziel wird trotz Umgruppierung nicht erreicht. Die Deutsche Vereinigung zur Finanzanalyse und Anlageberatung e. V. (DVFA) erarbeitete ein integriertes Konzept zur Erfolgsspaltung und Erfolgsbereinigung. Aktienanalysten orientieren sich am Arbeitsschema der DVFA, wenn sie den Gewinn pro Aktie ermitteln wollen (Küting/Weber, 1990, S. 270 ff).

1.4.5.2 Ermittlung und Auswertung von Kennzahlen

Nach der Aufbereitung der Jahresabschlussdaten werden diese zu Kennzahlen verdichtet. Sie lassen sich in finanzwirtschaftliche und erfolgswirtschaftliche Kennzahlen einteilen (*Abb. 1.45*).

Zur Auswertung finanzwirtschaftlicher Kennzahlen zählen die Investitions-, die Finanzierungs- und die Liquiditätsanalyse.

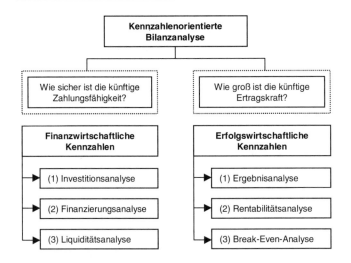

Abb. 1.45 Kennzahlenorientierte Bilanzanalyse (Quelle: Wöhe, 2002, S. 1062)

Investitionsanalyse

Gegenstand der Investitionsanalyse ist die Durchleuchtung des Vermögenspotenzials eines Unternehmens. Zielsetzung ist es, aus der Vermögensstruktur Aussagen über die künftige Zahlungsfähigkeit abzuleiten. Dabei sind insbesondere die Selbstliquidationsperioden zu beachten, während derer die Vermögensgegenstände bei normalem Geschäftsablauf wieder zu liquiden Mitteln werden. Eine hohe Anlagenintensität wird von Kreditgebern kritisch gesehen, da der erwartete Mittelrückfluss erst langfristig zu erwarten ist. Wichtige Kennzahlen zur Investitionsanalyse zeigt *Abb. 1.46*.

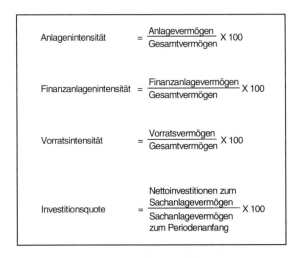

Abb. 1.46 Wichtige Kennzahlen zur Investitionsanalyse (Quelle: Wöhe, 2002, S. 1063)

Finanzierungsanalyse

Durch die Finanzierungsanalyse sollen Finanzierungsrisiken abgeschätzt werden. Diese sind besonders hoch bei kurzfristigen Darlehensverbindlichkeiten, da der Schuldner das Risiko einer Anschlussfinanzierung mit höherem Zinssatz hat. Ursachen einer Verringerung der Eigenkapitalquote im Zeitreihenvergleich können auf verstärkte Fremdfinanzierung zur Ausnutzung des Leverage-Effekts oder auf eine Aushöhlung der Eigenkapitalbasis durch Verluste zurückzuführen sein. Im Branchenvergleich zu hohe Fremdkapitalzinsen können u. a. darauf hinweisen, dass das Unternehmen wegen schlechter Bonität hohe Risikoaufschläge an seine Gläubiger zahlen muss.

Der Bilanzkurs ist üblicherweise niedriger als der korrigierte Bilanzkurs nach Auflösung der stillen Reserven. Der Börsenkurs sollte wegen guter Ertragsaussichten und somit einem entsprechend hohen Firmenwert (Goodwill) stets deutlich darüber liegen.

Die wichtigsten Kennzahlen zur Finanzierungsanalyse zeigt *Abb. 1.47*.

Liquiditätsanalyse

Liquiditätskennzahlen geben an, zu wie viel Prozent die kurzfristigen Verbindlichkeiten am Bilanzstichtag durch vorhandene Liquidität gedeckt sind. Durch Erweiterung der Zahlungsmittel um kurzfristige Forderungen und Vorräte gelangt man zu gestaffelten Liquiditätsgraden. Das Networking Capital ähnelt in seinem Aussagegehalt der Liquidität 3. Grades (*Abb. 1.48*).

$$\text{Statischer Verschuldungsgrad} = \frac{\text{Fremdkapital (FK)}}{\text{Eigenkapital (EK)}} \times 100$$

$$\text{Eigenkapitalquote} = \frac{\text{EK}}{\text{Gesamtvermögen}} \times 100$$

$$\text{Anpassungsgrad} = \frac{\text{FK}}{\text{Gesamtvermögen}} \times 100$$

$$\text{Intensität langfristigen Kapitals} = \frac{\text{EK + lfr. FK}}{\text{Gesamtvermögen}} \times 100$$

$$\text{Fremdkapitalzinslast} = \frac{\text{Zinsen + ähnliche Aufwendungen}}{\text{Gesamtvermögen}} \times 100$$

$$\text{Bilanzkurs} = \frac{\text{Bilanzielles Eigenkapital (b. E.)}}{\text{Zahl der Aktien}}$$

$$\text{Korrigierter Bilanzkurs} = \frac{\text{b. E. + stille Rücklagen}}{\text{Zahl der Aktien}}$$

Abb. 1.47 Wichtige Kennzahlen zur Finanzierungsanalyse (Quelle: Wöhe, 2002, S. 1064)

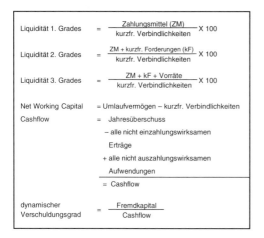

Liquidität 1. Grades	=	$\dfrac{\text{Zahlungsmittel (ZM)}}{\text{kurzfr. Verbindlichkeiten}} \times 100$
Liquidität 2. Grades	=	$\dfrac{\text{ZM + kurzfr. Forderungen (kF)}}{\text{kurzfr. Verbindlichkeiten}} \times 100$
Liquidität 3. Grades	=	$\dfrac{\text{ZM + kF + Vorräte}}{\text{kurzfr. Verbindlichkeiten}} \times 100$

Net Working Capital = Umlaufvermögen – kurzfr. Verbindlichkeiten

Cashflow = Jahresüberschuss

    – alle nicht einzahlungswirksamen

    Erträge

    + alle nicht auszahlungswirksamen

    Aufwendungen

    = Cashflow

dynamischer Verschuldungsgrad $= \dfrac{\text{Fremdkapital}}{\text{Cashflow}}$

Abb. 1.48 Wichtige Kennzahlen zur Liquiditätsanalyse (Quelle: Wöhe, 2002, S. 1066)

Alle Liquiditätskennzahlen liefern nur Aussagen über die Zahlungsfähigkeit an einem bereits vergangenen Stichtag. Die Stakeholder sind jedoch interessiert an Informationen über die künftige Zahlungsfähigkeit. Zur Schließung dieser Lücke werden die periodenbezogenen Einzahlungen und Auszahlungen herangezogen (Finanzplan). Durch Ermittlung des Cashflows (Jahresüberschuss + Abschreibungen ./. Erhöhung/Verminderung der langfristigen Rückstellungen) wird deutlich, welches Innenfinanzierungsvolumen eines Unternehmens zur Finanzierung von Investitionen oder zur Rückzahlung von Verbindlichkeiten eingesetzt werden kann. Dabei wird unterstellt, dass der Cashflow des abgelaufenen Jahres in Zukunft in gleicher Höhe erwirtschaftet werden kann.

Die Auswertung volkswirtschaftlicher Kennzahlen umfasst die Ergebnis-, Rentabilitäts- und Break-Even-Analyse.

Ergebnisanalyse

Dic Ergebnisquellenanalyse soll zeigen, welche Teile des Jahreserfolgs dem ordentlichen Betriebsergebnis, dem Finanzergebnis und dem außerordentlichen Ergebnis im Sinne einer Erfolgsspaltung zuzuordnen sind.

Ergänzend soll die Analyse der Aufwands- und Ertragsstruktur zeigen, welchen Beitrag die einzelnen Aufwands- und Ertragskomponenten zur Erzielung des Gesamtergebnisses leisten (*Abb. 1.49*).

Die Aufwand-Ertrag-Relationen geben Auskunft über die Wirtschaftlichkeit des Unternehmens. Die Kennzahlen dürfen jedoch nicht isoliert, sondern müssen im gegenseitigen Verhältnis sowie im Zeitreihen- und im Branchenvergleich betrachtet werden.

Die Ertrag-Ertrag-Relationen zeigen die Stärken und Schwächen des Unternehmens in den einzelnen Geschäftsfeldern bzw. in den einzelnen Regionen.

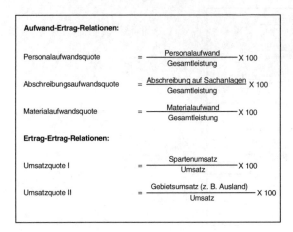

Abb. 1.49 Wichtige Kennzahlen zur Ergebnisanalyse (Quelle: Wöhe, 2002, S. 1068)

Rentabilitätsanalyse

Rentabilitätskennzahlen werden aus dem Verhältnis einer Ergebnisgröße (Gewinn, Jahresüberschuss, ordentliches Betriebsergebnis, Cashflow oder Bruttogewinn) zu einer Kapital- oder Vermögensgröße (Eigenkapital, Gesamtkapital oder betriebsnotwendiges Vermögen) oder auch zum Umsatz gebildet (*Abb. 1.50*).

Zur Beurteilung der Ertragskraft ist die Eigenkapitalrentabilität mit der branchenüblichen Eigenkapitalrentabilität oder der marktüblichen Verzinsung langfristiger Kapitalanlagen zu vergleichen. Dabei sollte von einem nachhaltig erzielbaren Gewinn vor Steuern ausgegangen werden.

Im zwischenbetrieblichen Vergleich ist die Gesamtkapitalrentabilität ein zuverlässigerer Indikator, da sie die Ertragskraft des Unternehmens unabhängig von der Höhe des Verschuldungsgrads zeigt. Maßgebliche Größe für die Höhe der Eigenkapital-, Gesamtkapital- und Umsatzrentabilität ist daher der Gewinn. Die Verwendung des Cashflows ist dagegen wegen seiner wesentlichen Aufwandsbestandteile problematisch, wenngleich er zur Quantifizierung des Innenfinanzierungsvolumens unverzichtbar ist.

Der Gewinn je Aktie ist für Anleger eine wichtige Erfolgskennziffer, jedoch weniger für die abgelaufene, sondern vielmehr für die laufende Periode. Änderungen der Gewinnprognosen der Bilanzanalysten haben daher entsprechende Kursänderungen an der Börse zur Folge.

Bei den Anlageempfehlungen (Kaufen, Halten, Verkaufen) hat die Price-Earnings-Ratio bzw. das Kurs-Gewinn-Verhältnis (KGV) eine große Bedeutung. Ein KGV von z. B. 25 entspricht einer erwarteten Kapitalverzinsung von 4 %. Bei vordergründiger Betrachtung sind Aktien mit einem niedrigen KGV kaufenswerter als Aktien mit einem hohen KGV. Dies ist jedoch keineswegs zwingend, da die Aktie eines Unternehmens mit steigenden Gewinnerwartungen und einem höheren KGV durchaus kaufenswerter sein kann als eine Aktie aus einer Krisenbranche mit einem niedrigen KGV.

$$\text{Eigenkapitalrentabilität} = \frac{\text{Gewinn}}{\text{EK}} \times 100$$

$$\text{Gesamtkapitalrentabilität} = \frac{\text{Gewinn} + \text{FKZ}}{\text{EK} + \text{FK}} \times 100$$

$$\text{Umsatzrentabilität} = \frac{\text{Gewinn}}{\text{Umsatz}} \times 100$$

$$\text{Return on Investment} = \frac{\text{Ergebnisgröße}}{\text{Gesamtkapital}} \times 100$$

$$\text{Gewinn je Aktie} = \frac{\text{Gewinn}}{\text{Grundkapital}} \times \text{Aktiennennbetrag}$$

$$\text{Price-Earnings-Ratio} = \frac{\text{Preis je Aktie}}{\text{Gewinn je Aktie}}$$

EK = Eigenkapital
FK = Fremdkapital
FKZ = Fremdkapitalzinsen

Abb. 1.50 Wichtige Kennzahlen zur Rentabilitätsanalyse (Quelle: Wöhe, 2002, S. 1069)

Beim Return-On-Investment (ROI) bilden der Gewinn (vor Steuern) und die Fremdkapitalzinsen (FKZ) die dem Gesamtkapital adäquate Ergebnisgröße für die Gesamtkapitalverzinsung (Gesamtkapitalrentabilität):

$$\text{ROI} = \frac{\text{Gewinn} + \text{FKZ}}{\text{Gesamtkapital}} \times 100$$

Erweitert man diesen Quotienten im Zähler und im Nenner um den Umsatz, dann erhält man

$$\text{ROI} = \frac{\text{Gewinn} + \text{FKZ}}{\text{Umsatz}} \times \frac{\text{Umsatz}}{\text{Gesamtkapital}}$$

ROI = Umsatzrentabilität x Kapitalumschlag

Diese Kennzahlenerweiterung verdeutlicht, dass eine Steigerung der Gesamtkapitalrentabilität sowohl durch Erhöhung der Umsatzrentabilität als auch durch Erhöhung der Häufigkeit des Kapitalumschlags erreicht werden kann.

Break-Even-Analyse

Im Rahmen der Break-Even-Analyse wird versucht, den Zeitpunkt der Gewinnschwelle durch Deckung der fixen und variablen Kosten (Break-Even-Point) im Jahresablauf zu ermitteln. Methode hierzu ist die Deckungsbeitragsrechnung mit Unterscheidung der Gesamtkosten einer Abrechnungsperiode in variable (leistungsabhängige) und fixe (der Deckung der Betriebsbereitschaft dienende) Kosten. Die Gewinnschwelle wird innerhalb eines Geschäftsjahres dann erreicht, wenn der Deckungsbeitrag (Erlöse ./. variable Kosten) die Fixkosten des Geschäftsjahres deckt. Dies ist bei den meisten Bauunternehmen – wenn überhaupt – erst im letzten Quartal des Geschäftsjahres der Fall (vgl. Ziff. 1.5.2.8).

1.4.5.3 Grenzen der Bilanzanalyse

Die Bilanzanalyse soll Informationen zur Beurteilung der künftigen Zahlungsfähigkeit und des Zukunftserfolgspotenzials eines Unternehmens liefern. Die Mängel des Jahresabschlusses bestehen jedoch in folgenden Faktoren:

- mangelnde Vollständigkeit der Informationen über die Qualität des Managements, die Marktstellung des Unternehmens sowie die Forschungs- und Entwicklungspotenziale,
- mangelnde Zukunftsbezogenheit der Informationen über die künftige Liquidität und die künftigen Erfolge und
- mangelnde Objektivität der Informationen über das „tatsächliche" Vermögen und den „tatsächlichen" Erfolg wegen der Dominanz des Vorsichtsprinzips und der unsicherheitsbedingten Bewertungssubjektivität.

Aus dem Jahresabschluss sind jedoch durchaus Indikatoren für starke oder schwache Unternehmen zu erkennen. Starke Unternehmen zeichnen sich z. B. dadurch aus, dass sie es sich leisten können, offene und stille Rücklagen durch degressive Abschreibungen, Zuführungen zu den Rückstellungen und eine Bewertung der Herstellungskosten zu Teilkosten vorzunehmen.

1.4.6 Rechnungslegung nach International Accounting Standards (IAS)

International orientierte Kapitalanleger erwarten von der externen Rechnungslegung, dass die Jahresabschlüsse zwei Bedingungen erfüllen:

- Sie sollen über die aktuelle und zukünftige wirtschaftliche Lage des Unternehmens informieren und
- sie sollen international verständlich und vergleichbar sein.

Durch die übermäßige Betonung des Gläubigerschutzes im HGB und die zentrale Stellung des Vorsichtsprinzips vermittelt der HGB-Abschluss ein pessimistisch verzerrtes Bild der wirtschaftlichen Lage des Unternehmens. Dagegen bemüht sich die anglo-amerikanische Rechnungslegung um eine objektive Darstellung der Vermögens- und Ertragslage (true and fair view).

Nach § 292a Abs. 2 Nr. 2 HGB ist es deutschen Konzernmüttern, die den internationalen Kapitalmarkt in Anspruch nehmen, erlaubt, wahlweise einen Konzernabschluss nach deutschem HGB oder nach international akzeptierten Rechnungslegungsnormen aufzustellen. Damit sind zwei Normensysteme gemeint:

- die International Accounting Standards (IAS) mit den International Financial Reporting Standards (IFRS) und
- die Generally Accepted Accounting Principles (US-GAAP).

Die IAS/IFRS werden vom International Accounting Standards Board (IASB) mit Sitz in London herausgegeben, das 1973 als Vereinigung berufsständischer Organisationen aus dem Bereich der Rechnungslegung gegründet wurde. Die International Organization of Securities Commissions (IOSCO), der internationale Zusammenschluss der Börsenaufsichtsbehörden, empfahl bereits im Jahr 2000 ihren Mitgliedern, die IAS für das Listing an nationalen Börsen zuzulassen. Für den Zugang zum amerikanischen Kapitalmarkt sind jedoch ergänzend die von den US-GAAP geforderten Kriterien zu beachten. Die nachfolgenden Ausführungen konzentrieren sich auf die Anforderungen nach IAS/IFRS (Wöhe, 2002, S. 966 ff).

Die deutsche Rechnungslegung nach HGB stellt den Gläubigerschutz durch vorsichtige Bilanzierung und Bildung stiller Rücklagen zur Erzielung einer möglichst hohen Haftungssubstanz in den Mittelpunkt der Bilanzierung. Die Interessen der Fremdkapitalgeber werden über die der Eigenkapitalgeber gestellt. Nach IAS stehen jedoch die Bedürfnisse der Eigenkapitalgeber im Mittelpunkt des Interesses. Die Ursache liegt in den unterschiedlichen Finanzierungstraditionen. In Deutschland dominiert bisher die Banken- und damit die Fremdfinanzierung. Angelsächsische Unternehmen finanzieren sich stärker über den Eigenkapitalmarkt.

Die Rechnungslegungsvorschriften in Kontinentaleuropa werden primär vom Gesetzgeber erlassen (code law). Im angelsächsischen Raum folgen die verabschiedeten Normen einer einzelfallspezifischen Regelungstechnik (case law).

Im Juni 2002 verabschiedete der EU-Ministerrat eine Verordnung, wonach alle kapitalmarktorientierten Unternehmen der EU ab 2005 ihren Konzernabschluss nach IAS erstellen müssen.

1.4.6.1 International Accounting Standards (IAS)

Damit stellt sich auch für deutsche Unternehmen zunehmend die Frage, ob sie ihren Jahresabschluss umstellen müssen, indem sie vom HGB auf IAS übergehen.

Ziele und Adressaten der IAS

Ziel der Erstellung eines Jahresabschlusses nach IAS ist die Vermittlung von Informationen über die Vermögens-, Finanz- und Ertragslage eines Unternehmens inkl. ihrer Veränderungen. Die Entscheidungsunterstützung (decision usefulness) der Anleger ist zentrales Merkmal der IAS-Rechnungslegung. Die Adressaten der IAS-Rechnungslegung sind die Eigenkapitalgeber nach dem Shareholder-Value-Konzept. Dabei wird unterstellt, dass die übrigen Stakeholder ähnliche Informationsbedürfnisse haben.

Die IAS haben im Gegensatz zum HGB nur eine Informations- und keine Zahlungsbemessungsfunktion. Hierzu sind den Jahresabschluss ergänzende Rechnungen oder Vereinbarungen als Grundlage zur Bestimmung von Ausschüttungen (Dividenden) und Ertragsteuerzahlungen vorzunehmen.

Die Zukunftseinschätzung wird nach IAS neutral, nach HGB vorsichtig und pessimistisch vorgenommen. Stille Rücklagen sind nach IAS nicht, nach HGB durchaus zulässig. IAS ermöglichen wegen weniger Bilanzierungs- und Bewertungswahlrechte einen eindeutigen Erfolgsausweis im Gegensatz zum HGB.

Geltungsbereich der IAS

Nach derzeitigem Rechtsstand (Juli 2004) dürfen nach § 292a HGB alle kapitalmarktorientierten Unternehmen in Deutschland bis einschließlich 2004 einen IAS-
Konzernabschluss erstellen. Ab 2005 wird die Rechnungslegung nach IAS auch
für die übrigen Unternehmen eine wesentlich höhere Bedeutung erlangen. Zu
erwarten ist, dass der deutsche Gesetzgeber den Unternehmen mindestens ein
Wahlrecht zwischen IAS- und HGB-Abschluss einräumen wird.

Grundkonzeption der IAS

Die IAS bestehen aus dem „framework for the preparation and presentation of
financial statements" sowie den 34 International Accounting Standards.
   Das Framework enthält allgemeine Grundsätze und Leitlinien der IAS-
Rechnungslegung zur Koordination und Interpretation der einzelnen IAS. Es dient
als Grundlage zur Ableitung neuer und Überarbeitung bestehender Standards. Das
Framework selbst stellt keinen IAS-Standard dar und ist mit den deutschen handelsrechtlichen Grundsätzen ordnungsmäßiger Buchführung (GoB) vergleichbar.
   Die einzelnen Standards enthalten die eigentlichen Bilanzierungs- und Bewertungsvorschriften, die mit den Einzelnormen des HGB vergleichbar sind. Sie gelten grundsätzlich rechtsform-, unternehmensgrößen- und branchenunabhängig für
den Einzel- und Konzernabschluss.
   Derzeit gelten die IAS 1 und 2, 7 und 8, 10 bis 12 sowie 14 bis 41. IAS 1 „Presentation of Financial Statements" gilt seit dem 01.07.1998, IAS 40 „Investment
Property" seit dem 01.01.2001. Alle Informationen dazu können mit entsprechender Berechtigung im Internet abgerufen werden unter www.iasc.org.uk.

Jahresabschlussbestandteile

Die Jahresabschlussbestandteile nach HGB und IAS sind weitgehend identisch, da
auch nach § 264 Abs. 2 HGB der Jahresabschluss ein den tatsächlichen Verhältnissen entsprechendes Bild der Vermögens-, Finanz- und Ertragslage zu vermitteln hat. Nach IAS werden ein „true and fair view" bzw. eine „fair presentation"
gefordert (*Abb. 1.51*).
   Die Erläuterungspflichten nach IAS (notes) entsprechen dem Anhang des
HGB-Abschlusses. Pflichtbestandteile sind nach IAS:

- Bilanz (balance sheet)
- Gewinn- und Verlustrechnung (income statement)
- Anhang und Lagebericht (notes)
- Kapitalflussrechnung (cash flow statement)
- Segmentberichterstattung (segment reporting)
- Eigenkapitalentwicklung (statement of changes in stockholders' equity)

Der IAS-Abschluss gibt durch erweiterte Berichtspflichten, die Kapitalflussrechnung und die Segmentberichterstattung, die nicht nur von Kapitalgesellschaften,
sondern von jedem Unternehmen gefordert werden, einen besseren Einblick in die
Lage des Unternehmens als der HGB-Abschluss.

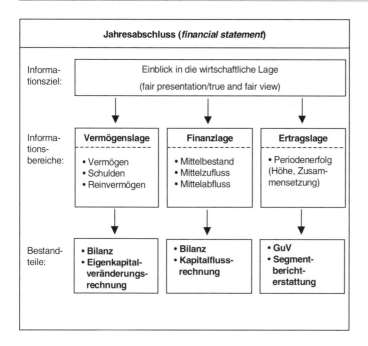

Abb. 1.51 Informationsbereiche und Bestandteile des Jahresabschlusses nach IAS (Financial Statement) (Quelle: Wöhe, 2002, S. 976)

1.4.6.2 Grundprinzipien der Rechnungslegung nach IAS

Analog zu den Grundsätzen ordnungsmäßiger Buchführung und Bilanzierung im HGB existieren auch in den IAS Grundprinzipien der Rechnungslegung. Einen Überblick gibt *Abb. 1.52*.

Aus der decision usefulness als Ziel der IAS-Rechnungslegung werden zwei Grundannahmen (underlying assumptions bzw. fundamental accounting assumptions) abgeleitet, ohne deren Einhaltung keine Entscheidungsunterstützung möglich ist.

Die Grundannahme des going concern (1) unterstellt, dass bei der Erstellung des Jahresabschlusses analog zu § 252 Abs. 1 Nr. 2 HGB von der Fortführung des Unternehmens über den Bilanzstichtag hinaus auszugehen ist. Auch die Grundannahme der accrual basis (2) entspricht analog § 252 Abs. 1 Nr. 5 HGB dem Prinzip periodengerechter Erfolgsermittlung. Zur Erreichung des Zieles unter Beachtung der Grundannahmen gehört die Einhaltung bestimmter qualitativer Merkmale (primary qualitative characteristics). Diese Anforderungen werden z. T. durch weitere Merkmale (secondary qualitative characteristics) unterstützt.

Analog zu § 243 Abs. 2 HGB wird understandability (3) gefordert.

Informationen müssen für einen aktuellen oder potenziellen Investor Relevanz (4) haben, die durch Wesentlichkeit (materiality) erreicht wird.

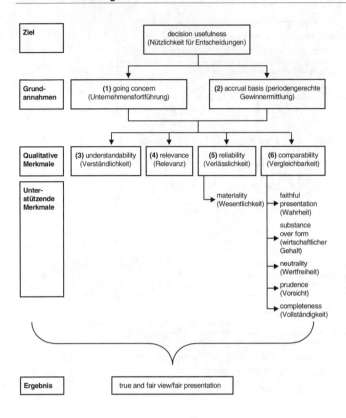

Abb. 1.52 Grundprinzipien der IAS-Rechnungslegung (Quelle: Wöhe, 2002, S. 979)

Die reliability (5) verlangt

- faithful presentation durch Erfassung nur hinreichend sicherer Sachverhalte,
- eine Betrachtung der substance over form vorzunehmen,
- die neutrality zu wahren,
- die prudence zu beachten und
- die completeness im Sinne von § 246 Abs. 1 HGB sicherzustellen.

Ferner hat der Jahresabschluss das Prinzip der comparability (6) im Zeitreihenvergleich und auch im externen Vergleich mit anderen Unternehmen zu erfüllen. Dies schließt gemäß § 252 Abs. 1 Nr. 6 HGB das Stetigkeitsprinzip (consistency of presentation) ein.

Eine unter Beachtung der aufgeführten Prinzipien vorgenommene Rechnungslegung vermittelt ein den tatsächlichen Verhältnissen entsprechendes Bild der Vermögens-, Finanz- und Ertragslage (true and fair view bzw. fair presentation).

Die wesentlichen Unterschiede zwischen den Rechnungslegungsgrundsätzen nach IAS und HGB bestehen in folgenden Punkten:

- Dem Grundsatz des true and fair view kommt die Stellung einer Generalnorm durch die Annahme zu, dass ein nach den IAS-Grundsätzen erstellter Jahresabschluss automatisch zur Vermittlung eines den tatsächlichen Verhältnissen entsprechenden Bildes führt.

- Das Vorsichtsprinzip ist nach IAS lediglich als Schätzregel zur Berücksichtigung unsicherer Erwartungen aufzufassen.
- Die periodengerechte Gewinnermittlung ist nach IAS dominierende Norm und wird nach HGB durch den Gläubigerschutz stark eingeschränkt.
- Durch das Realisationsprinzip (realization principle), wonach Erträge dann auszuweisen sind, wenn sie zuverlässig bestimmbar sind, und die Wahrung des zeitlichen Zusammenhanges zwischen Ertragsausweis und Aufwandsverrechnung (matching principle) soll der in der Periode wirtschaftlich entstandene Erfolg weder zu hoch noch zu niedrig ausgewiesen werden. Wegen des Gläubigerschutzes wird der Gewinn nach HGB jedoch eher zu niedrig ausgewiesen. Dies führt im Ergebnis nach IAS tendenziell zu einem früheren Gewinnausweis. Während nach deutscher Rechnungslegung ein Ertrag erst mit dem Umsatzzeitpunkt entsteht, gilt er nach IAS bereits dann als realisiert, wenn er zuverlässig bestimmbar ist. Erträge werden daher nach IAS tendenziell früher erfasst als nach HGB.
- Das Anschaffungskostenprinzip nach HGB verbietet eine Bewertung von Vermögensgegenständen über die Anschaffungskosten hinaus. Nach IAS sind Zuschreibungen bei wirtschaftlich entstandenen Wertsteigerungen möglich (z. B. Börsenkurs der Wertpapiere des Umlaufvermögens liegt über den Anschaffungskosten).
- Das Imparitätsprinzip ist nach IAS nicht bekannt, hat nach HGB jedoch eine dominierende Stellung.
- Die Prinzipien der Relevanz (relevance) und der Verlässlichkeit (reliability) haben nach IAS zentrale Bedeutung, zählen dagegen nicht zu den GoB nach HGB.

1.4.6.3 Die Bilanz nach IAS (balance sheet)

Beim Jahresabschluss nach IAS (financial statement) ist die periodengerechte Gewinnermittlung (accrual basis) wichtiges Ziel. Zentrale Bedeutung hat dabei die Bilanz (balance sheet) vor der GuV-Rechnung (income statement).

Inhalt der Bilanz

Für HGB und IAS gilt die Bilanzgleichung:

HGB: Vermögen = Eigenkapital + Schulden
IAS: assets   = equity   + liabilities

Die IAS-Bilanz dient vorrangig der periodengerechten Gewinnermittlung (= dynamische Bilanzauffassung). Danach sind assets das Potenzial künftiger Mittelzuflüsse und liabilities das Potenzial künftiger Mittelabflüsse.

Sofern ein Sachverhalt die abstrakten und konkreten Ansatzvorschriften der IAS erfüllt, muss er als asset bzw. liability in die Bilanz aufgenommen werden. Aktivierungs- und Passivierungswahlrechte sind damit im Gegensatz zum HGB ausgeschlossen.

Die abstrakten Definitionsmerkmale für assets und liabilities sind im Framework (F49a) enthalten. Bei den assets muss es sich um eine Ressource handeln, die in der Vergangenheit entstanden ist, dem Unternehmen zur Verfügung steht und durch die ein künftiger Nutzenzufluss erwartet wird. Analog muss es sich bei einer liability um eine Verpflichtung handeln, die in der Vergangenheit entstanden ist, durch das Unternehmen zu erfüllen ist und aus der ein künftiger Nutzenabfluss erwartet wird.

Zusätzlich müssen für den Eingang eines assets oder einer liability in die Bilanz konkrete Ansatzkriterien erfüllt sein. Die probability verlangt eine Wahrscheinlichkeit für den Mittelzu- bzw. Mittelabfluss von > 50 %. Die Forderung des reliable measurement verlangt, dass der Wert des assets oder der liability verlässlich bestimmbar ist.

Für Eventualverbindlichkeiten (contingent liabilities) gilt analog zu § 251 HGB ein Passivierungsverbot, verbunden mit Pflichtangaben im Anhang (notes).

Die wesentlichen Unterschiede zu den HGB-Regelungen lassen sich wie folgt zusammenfassen:

- Der HGB-Abschluss strebt nach vorsichtigem Erfolgsausweis (Aktivierung im Zweifelsfall: nein; Passivierung im Zweifelsfall: ja).
- Der IAS-Abschluss strebt nach neutralem Erfolgsausweis (neutrale Anforderungen für Aktivierung und Passivierung).
- Der IAS-Abschluss strebt nach eindeutigem Erfolgsausweis (keine Aktivierungs- und Passivierungswahlrechte).
- Im IAS-Abschluss gibt es keinen eigenständigen Posten für Rückstellungen, sondern nur Verbindlichkeitsrückstellungen (provisions).

Gliederung der Bilanz

Aufgabe der Bilanzgliederung ist ein klarer und übersichtlicher Einblick in die Vermögens-, Schulden- und Liquiditätslage des Unternehmens. Die Bilanzgliederung nach IAS (1.66 und 1.68) folgt der gleichen Grundstruktur wie das HGB.

Es werden jedoch keine Rechnungsabgrenzungsposten ausgewiesen. Sie gehören zu den current assets oder den current liabilities. Ferner werden auch keine Rückstellungen ausgewiesen. Je nach Fristigkeit gehören sie zu den non-current liabilities oder den current liabilities.

Im Gegensatz zur HGB-Bilanz gibt es für die IAS-Bilanz kein verbindliches Mindestgliederungsschema für Kapitalgesellschaften, keine vorgeschriebene Reihenfolge für Bilanzposten und keine Vorschriften bezüglich Konto- oder Staffelform.

Ein vereinfachtes Bilanzgliederungsschema für den Einzelabschluss einer Kapitalgesellschaft zeigt *Abb. 1.53*.

Bei den intangible assets handelt es sich um immaterielle Vermögensgegenstände (goodwill, development costs, patents, licences).

Der Posten property, plant and equipment entspricht den Sachanlagen nach HGB (land and buildings, plant, equipment).

Die financial assets entsprechen den Finanzanlagen nach HGB (investments in subsidiaries, investments in associates, other investments).

Deferred taxes sind als aktive oder passive latente Steuern gesondert als non-current asset oder non-current liability auszuweisen.

Assets	Balance sheet	Equity and liabilities
Non-current assets • Intangible assets • Property, plant and equipment • Financial assets • Deferred tax assets **Current Assets** • Inventories • Trade and other receivables • Trading securities • Prepaid expenses • Cash and cash equivalents		**Capital and reserves** • Issued capital • Reserves **Non-current liabilities** • Interest bearing borrowings • Deferred tax liabilities • Retirement benefit obligation **Current liabilities** • Trade and other payables • Short term borrowings • Provisions • Deferred income

Abb. 1.53 Vereinfachtes Gliederungsschema zur IAS-Bilanz (Quelle: Wöhe, 2002, S. 988)

Der Posten inventories entspricht den Vorräten nach HGB (raw materials and supplies, work in progress, finished goods and merchandises). Zu trade and other receivables gehören die Forderungen (trade receivables, other receivables).

Bei trading securities handelt es sich um Wertpapiere des Umlaufvermögens, die zum alsbaldigen Verkauf bestimmt sind.

Prepaid expenses und deferred income entsprechen den aktiven bzw. passiven Rechnungsabgrenzungsposten nach HGB.

Cash and cash equivalents entsprechen dem Posten Schecks, Kassenbestand, Sichtguthaben nach HGB.

Issued capital/reserves werden als gezeichnetes Kapital und als Rücklagen gesondert ausgewiesen.

Bei interest bearing borrowings handelt es sich um langfristige verzinsliche Verbindlichkeiten gegenüber Kreditinstituten und Inhabern von Anleihen.

Retirement benefit obligations sind Pensionsrückstellungen nach HGB.

Trade and other payables sind Verbindlichkeiten aus Lieferungen und Leistungen sowie sonstige Verbindlichkeiten.

Short term borrowings sind kurzfristige verzinsliche Verbindlichkeiten.

Zu provisions gehören alle Rückstellungen, bei denen mit kurzfristiger Inanspruchnahme durch Dritte zu rechnen ist (z. B. Garantie-, Steuer- und Prozesskostenrückstellungen).

Bewertungsmaßstäbe und Bewertungsprinzipien

Der IAS-Abschluss strebt nach neutralem (keine stillen Rücklagen) und eindeutigem Erfolgsausweis. Deshalb sind Wahlrechte bei Abschreibungen und Zuschreibungen grundsätzlich ausgeschlossen.

Assets mit zeitlich begrenzter Nutzung (property, plant und equipment sowie intangible assets) werden nach IAS weitgehend identisch mit den HGB-Vorschriften planmäßig abgeschrieben (depreciation bzw. amortization).

Für außerplanmäßige Abschreibungen gilt nach IAS prinzipiell das strenge Niederstwertprinzip. Liegt der fair value am Bilanzstichtag unter dem bisherigen Buchwert (carrying amount), ist eine außerplanmäßige Abschreibung in Höhe des Differenzbetrages zwingend vorgeschrieben. Die Vorschriften zur Ermittlung des Niederstwertes (impairment test) sind in IAS 36 enthalten. Der als Aufwand zu verrechnende Abschreibungsbetrag ist der impairment loss.

Ist der Grund für eine frühere außerplanmäßige Abschreibung entfallen, gilt ein strenges Wertaufholungsgebot auf den ursprünglichen Wert (reversal of impairment).

Kommt es zu unrealisierten Wertsteigerungen über die Anschaffungs- oder Herstellungskosten, so gelten nach IAS differenzierte Zuschreibungsvorschriften des Zuschreibungsverbotes, des Methodenwahlrechtes oder der Zuschreibungspflicht.

Bilanzierung und Bewertung ausgewählter Aktiva

Die Bilanzierung und Bewertung von Sachanlagen (IAS 16) nach dem benchmark treatment entspricht weitgehend den Bilanzierungsvorschriften für den HGB-Abschluss. Die Bilanzierung immaterieller Vermögensgegenstände (intangible assets) ist in IAS 38 geregelt.

Die Bilanzierung und Bewertung der Vorräte (inventuries) sind in IAS 2 geregelt, die Bilanzierung langfristiger Fertigungsaufträge (construction contracts) dagegen in IAS 11. Diese haben für die Bauwirtschaft besondere Bedeutung, insbesondere, wenn sie sich über mehrere Geschäftsperioden erstrecken. Nach HGB werden diese Aufträge bis zum Jahr der Fertigstellung zu Herstellungskosten bilanziert. Der Gesamterfolg = Erlös ./. Herstellungskosten wird in dem Geschäftsjahr der Abnahme und Schlussabrechnung ausgewiesen. In den vorangegangenen Geschäftsjahren/Bauperioden werden keine Erfolge ausgewiesen. Damit wird das Prinzip der Vergleichbarkeit der Periodenergebnisse im HGB-Abschluss grob verletzt. Der Einblick in die Ertragslage des Unternehmens ist gestört.

Nach IAS werden die Erträge jedoch den einzelnen Fertigungsperioden nach Maßgabe des Baufortschritts (percentage of completion) zugerechnet. Der Gesamterfolg wird somit anteilig auf die einzelnen Fertigungsperioden verteilt. Diese Bilanzierungsform ist jedoch auch nur anwendbar, wenn der künftige Erlös zuverlässig bestimmbar und sicher ist. Der Baufortschritt (Fertigstellungsgrad) wird dabei nach dem Verhältnis von auftragsbezogenen Kosten der Periode zu auftragsbezogenen Gesamtkosten in Prozent gemessen (percentage of completion oder cost-to-cost-method).

Zur Bilanzierung der financial assets werden in IAS 39 die financial instruments geregelt. Sie beinhalten eine Kapitalgeber-Kapitalnehmer-Beziehung. Dazu gehören alle Verträge, die beim Kapitalgeber ein Aktivum (financial asset) und beim Kapitalnehmer ein Passivum in Form von Eigenkapital (equity) oder einer Verbindlichkeit (financial liability) entstehen lassen. Zu den financial assets gehören Forderungen aus Lieferungen und Leistungen, Darlehensforderungen, Anleihen, Zerobonds und Aktien.

Bilanzierung und Bewertung der Aktiva im Überblick

Die nachfolgenden *Abb. 1.54* und *Abb. 1.55* zeigen die wesentlichen Unterschiede in den Ansatz- und Bewertungsvorschriften des Anlagevermögens und des Umlaufvermögens nach IAS und HGB.

Anlagevermögen

Bilanzposten	IAS	HGB
Sachanlagen (*property, plant and equipment*) • Ansatz: • Erstbewertung: • Folgebewertungen:	IAS 16 und 36 • Aktivierungspflicht • AHK • <u>benchmark:</u> fortgeführte AHK <u>allowed alternative:</u> Neubewertung (*fair value*)	§§ 246 I und 253 HGB • Aktivierungspflicht • AHK • fortgeführte AHK
Finanzanlagen (*available-for-sale*) • Ansatz: • Erstbewertung: • Folgebewertungen:	IAS 25 • Aktivierungspflicht • AHK • fair value	§§ 246 I und 253 HGB • Aktivierungspflicht • AHK • aktueller Wert mit AHK als Wertobergrenze
Geschäfts- oder Firmenwert (*goodwill*) • Ansatz: • Erstbewertung: • Folgebewertungen:	IAS 22 • originärer: Aktivierungsverbot • derivativer: Aktivierungspflicht • Differenz aus Kaufpreis und Zeitwert der übernommenen Vermögenswerte abzgl. Schulden • planmäßige Abschreibung über die voraussichtliche Nutzungsdauer (maximal 20 Jahre)	§§ 248 II und 255 IV HGB • originärer: Aktivierungsverbot • derivativer: Aktivierungswahlrecht • Differenz aus Kaufpreis und Zeitwert der übernommenen Vermögenswerte abzgl. Schulden • Abschreibung mit mindestens 25 % pro Jahr oder planmäßig über die voraussichtliche Nutzungsdauer
Forschungskosten (*research costs*) • Ansatz:	IAS 38 • Aktivierungsverbot	§ 248 II HGB • Aktivierungsverbot
Entwicklungskosten (*development costs*) • Ansatz: • Erstbewertung: • Folgebewertungen:	IAS 38 • Aktivierungspflicht • direkt zurechenbare Kosten • <u>benchmark:</u> fortgeführte Herstellungskosten <u>allowed alternative:</u> Neubewertung (*fair value*)	§ 248 II HGB • Aktivierungsverbot

Abb. 1.54 Ansatz und Bewertung des Anlagevermögens nach IAS und HGB (Quelle: Wöhe, 2002, S. 1004)

Umlaufvermögen

Bilanzposten	IAS	HGB
Vorräte *(inventories)*	IAS 2	§§ 246 I und 253 HGB
• Ansatz:	• Aktivierungspflicht	• Aktivierungspflicht
• Erstbewertung:	• AHK	• AHK
• Folgebewertungen:	• aktueller Wert mit AHK als Wertobergrenze	• aktueller Wert mit AHK als Wertobergrenze
• langfristige Fertigungsaufträge:	• u. U. Realisierung von Teilperiodenerfolgen	• Erfolgsausweis erst in Verkaufsperiode
Forderungen *(receivables)*	IAS 39	§§ 246 I und 253 HGB
• Ansatz:	• Aktivierungspflicht	• Aktivierungspflicht
• Erstbewertung:	• Anschaffungskosten	• Anschaffungskosten
• Folgebewertungen:	• aktueller Wert mit AHK als Wertobergrenze	• aktueller Wert mit AHK als Wertobergrenze
Wertpapiere *(trading securities)*	IAS 39	§§ 246 I und 253 HGB
• Ansatz:	• Aktivierungspflicht	• Aktivierungspflicht
• Erstbewertung:	• Anschaffungskosten	• Anschaffungskosten
• Folgebewertungen:	• fair value	• aktueller Wert mit AHK als Wertobergrenze

Abb. 1.55 Ansatz und Bewertung des Umlaufvermögens nach IAS und HGB (Quelle: Wöhe, 2002, S. 1005)

Zusammenfassend bestehen nach IAS im Vergleich mit dem HGB folgende Bewertungsunterschiede:

• erweiterter Aktivierungstatbestand
• höhere Wertansätze für Aktiva
• Einschränkung von Wahlrechten

Damit gelangt der IAS-Abschluss zu einem eindeutigen Erfolgsausweis unter weitgehender Vermeidung stiller Rücklagen.

Bilanzierung und Bewertung ausgewählter Passiva

Das Eigenkapital wird nach IAS und HGB einheitlich bewertet. Gemäß Framework gilt

Eigenkapital   =   Vermögen ./. Schulden,
equity   =   assets   ./. liabilities.

Es gibt jedoch nach IAS kein Eigenkapitalgliederungsschema für Kapitalgesellschaften, lediglich den getrennten Ausweis von

• gezeichnetem Kapital (issued capital) und
• Rücklagen (reserves).

Ferner gibt es nach IAS auch keine spezifischen Vorschriften zur begrenzten Verwendung des Periodengewinns. Jedoch sind auch in einem IAS-Abschluss deutscher Unternehmen die Vorschriften des deutschen AktG, eventuelle Satzungsregelungen zur Rücklagenbildung und einschlägige Regelungen in Darlehensverträgen zu achten.

Im IAS-Abschluss werden finanzielle Verbindlichkeiten (financial liabilities), Rückstellungen (provisions) und passive Rechnungsabgrenzungsposten (deferred income) unter dem Oberbegriff liabilities zusammengefasst. Für Bürgschaftsverpflichtungen (contingent liabilities) gilt wie im HGB ein Passivierungsverbot (IAS 37.27).

Ein getrennter bilanzieller Ausweis von langfristigen (non-current) und kurzfristigen Verbindlichkeiten (current liabilities) ist nach IAS nicht zwingend vorgeschrieben, jedoch zur Verbesserung des Zeithorizonts künftigen Mittelabflusses wünschenswert.

Die Bilanzierung und Bewertung von financial liabilities ist in IAS 39 geregelt. Dazu gehören i. d. R. Lieferantenverbindlichkeiten (trade payables) und Darlehensverbindlichkeiten (interest bearing borrowings).

Die Regeln zur Bildung von Rückstellungen (provisions) enthält IAS 37. Im IAS-Abschluss sind nur Verbindlichkeitsrückstellungen zu passivieren. Für Aufwandsrückstellungen gilt ein strenges Passivierungsverbot in Verfolgung der Eigenkapital- und Erfolgsausweisstrategie.

Bilanzierung und Bewertung der Passiva im Überblick

Einen zusammenfassenden Vergleich enthält *Abb. 1.56.*

Bilanzposten	IAS	HGB
Verbindlichkeiten	Framework	§§ 246 I und 253 I HGB
• Ansatz:	• Passivierungspflicht	• Passivierungspflicht
• Bewertung:	• Rückzahlungsbetrag	• Rückzahlungsbetrag
Verbindlichkeits-rückstellungen	IAS 10, 12 und 19	§§ 249 und 253 I HGB
• Ansatz:	• Passivierungspflicht	• Passivierungspflicht
• Bewertung:	• nach wahrscheinlicher Inanspruchnahme	• nach vernünftiger kaufmännischer Beurteilung
Aufwandsrückstellungen	IAS 10	§§ 249 und 253 I HGB
• Ansatz:	• Passivierungsverbot	• teilweise: – Passiv.-pflicht – Passiv.-wahlrecht – Passiv.-verbot
• Bewertung:		• nach vernünftiger kaufmännischer Beurteilung

Abb. 1.56 Ansatz und Bewertung von Schulden und Rückstellungen nach IAS und HGB (Quelle: Wöhe, 2002, S. 1014)

1.4.6.4 Die Erfolgsrechnung nach IAS (income statement)

Nach IAS wird der ausgewiesene Jahreserfolg durch die Wertansätze in der Bilanz bestimmt. Die GuV-Rechnung (income statement) hat zusätzliche Informationsfunktion. Durch die strukturelle Aufbereitung von Erträgen, Aufwendungen und Zwischenergebnissen soll der Einblick in die derzeitige und künftige Ertragslage des Unternehmens erleichtert werden.

Während IAS und HGB bei der Ermittlung der Erfolgshöhe in der Bilanz z. T. stark voneinander abweichen, dominieren beim Erfolgsausweis in der GuV-Rechnung die Gemeinsamkeiten. Die IAS verzichten auf die Vorgabe stringenter Mindestgliederungsvorschriften. Es gibt Gestaltungshinweise zum Gesamtkostenverfahren (IAS 1.80) bzw. zum Umsatzkostenverfahren (IAS 1.82).

Ein Gliederungsschema nach dem Gesamtkostenverfahren zeigt *Abb. 1.57*.

Auch beim income statement nach IAS wird eine saubere Erfolgsspaltung zur Ermittlung des nachhaltig erzielbaren Ergebnisses aus dem Kerngeschäft nicht direkt sichtbar gemacht.

Income statement	
(nature of expense method)	
1. Revenues	1. Umsatzerlöse
2. Other operating income	2. Sonst. betriebl. Erträge
3. Changes in finished goods and work in progress	3. Bestandsänderungen an Halb- und Fertigfabrikaten
4. Work performed by the enterprise	4. Aktivierte Eigenleistungen
5. Raw materials	5. Materialaufwand
6. Staff costs	6. Personalaufwand
7. Depreciation and amortization expenses	7. Abschreibungen planm./außerplanm.
8. Other operation expenses	8. Sonst. betriebl. Aufwand
9. Profit or loss on sale of discounting operations	9. Erbgebnis aus der Aufgabe von Geschäftsbereichen
= Operating profit	**= Betriebsergebnis**
10. Finance costs	10. Finanzergebnis ohne Equities
11. Income from associates	11. Ergebnis aus Equitygesellsch.
= Profit/ loss before tax	**= Ergebnis vor Steuern**
12. Income tax	12. Ertragsteuern
= Profit/ loss after tax	**= Ergebnis nach Steuern**
13. Minority interest	13. Ergebnis von Minderheiten
= Profit/ loss from ordinary activities	**= Ergeb. aus der gewöhnlichen Geschäftstätigkeit**
14. Extraordinary items	14. Außerord. Ergebnis
= Net profit or loss for the period	**= Ergebnis der Periode**
15. Earnings per share	15. Ergebnis je Aktie

Abb. 1.57 Income statement nach dem Gesamtkostenverfahren (Quelle: Wöhe, 2002, S. 1016)

1.4.6.5 Weitere Jahresabschlusselemente nach IAS

Zur Verbesserung des Einblicks in die Vermögens-, Finanz- und Ertragslage dienen die notes, das statement of changes in equity, das cash flow statement und das segment reporting.

Anhang nach IAS (notes)

Die notes nach IAS entsprechen dem Anhang nach HGB. Jedoch sind nach IAS 1 Unternehmen aller Rechtsformen zur Abgabe von notes verpflichtet.

Eigenkapitalveränderungsrechnung nach IAS (statement of changes in equity)

Die Eigenkapitalveränderungsrechnung soll über die Gewinnverwendung, die Verlustabdeckung, die Umschichtung innerhalb der Eigenkapitalposten und erfolgswirksame bzw. -neutrale Eigenkapitalveränderungen unterrichten.

Die Grundstruktur der nach IAS 1 geforderten Eigenkapitalveränderungsrechnung zeigt *Abb. 1.58.*

Kapitalflussrechnung nach IAS (cash flow statement)

Nach IAS 7.3 sind alle Unternehmen verpflichtet, eine Kapitalflussrechnung zu erstellen. Dabei ist der Mittelzufluss bzw. -abfluss aus laufender Geschäfts-, Investitions- und Finanzierungstätigkeit gesondert auszuweisen.

Der Aufbau der Kapitalflussrechnung ist international üblich und entspricht dem Beispiel unter Ziff. 1.4.4 (*Tabelle 1.12*).

Segmentberichterstattung nach IAS (segment reporting)

Nach IAS 14 ist jedes börsennotierte Unternehmen zu sektoraler und regionaler Segmentberichterstattung verpflichtet. Merkmale international tätiger Großunternehmen sind wirtschaftliche Tätigkeiten in unterschiedlichen Geschäftsfeldern (business segments) und unterschiedlichen Weltregionen (geographical segments).

Eigenkapitalposten	Anfangs-bestand	Zugänge	Abgänge	End-bestand
1. Issued capital				
2. Capital reserves				
3. Revenge reserves 3.1 Retained earnings 3.2 Statutory reserves 3.3 Legal reserves 3.4 Other revenue reserves				
4. Other reserves				

Abb. 1.58 Grundstruktur der Eigenkapitalveränderungsrechnung nach IAS (Quelle: Wöhe, 2002, S. 1020)

Zur Beurteilung der wirtschaftlichen Lage wollen die Adressaten des Jahresabschlusses wissen, ob und inwieweit das betreffende Unternehmen in einer Zu-
kunfts- oder Krisenbranche und in einer Wachstums- oder Krisenregion tätig ist.

Ein eigenständig berichtspflichtiges Segment nach Geschäftsfeld oder Region
ist dann zu bilden, wenn der Anteil am Gesamtumsatz oder am Gesamtgewinn
oder am Gesamtvermögen > 10 % beträgt. Geschäftsfelder/Regionen unterhalb der
10-%-Grenze werden zu einem Sammelposten „Übrige" zusammengefasst. Für
die einzelnen Segmente/Regionen müssen im Rahmen des primary reporting for-
mat folgende Jahresabschlussgrößen segmentiert werden:

- Umsatzerlöse
- Operatives Ergebnis
- Vermögen
- Anlageinvestitionen der Periode
- Abschreibung auf Anlageinvestitionen
- Schulden
- zahlungsunwirksamer Aufwand/Ertrag

Zeigt eine so strukturierte Segmentberichterstattung, dass das Unternehmen vor-
zugsweise in Wachstumsbranchen und Wachstumsregionen tätig ist, ist für die
Zukunft mit einer überdurchschnittlichen Unternehmensentwicklung zu rechnen.

1.5 Baubetriebsrechnung

Die Baubetriebsrechnung hat unternehmensinterne und -externe Aufgaben.

Zu den unternehmensinternen Aufgaben gehören die Bereitstellung von Unterlagen für
- die Preisermittlung und -beurteilung (Bauauftragsrechnung/Kalkulation),
- die Steuerung und Überwachung der betrieblichen Leistungserstellung (Kos-
  ten-, Leistungs- und Ergebnisrechnung sowie Kennzahlenrechnung),
- das innerbetriebliche Berichtswesen sowie Sonderrechnungen (Soll-Ist-
  Vergleichsrechnung) und
- die Bewertung von Beständen an unfertigen Bauleistungen für die kurzfristige
  Ergebnisrechnung.

Zu den unternehmensexternen Aufgaben gehört das Bereitstellen von Unterlagen
für die Bewertung von Beständen zum Jahresabschluss sowie für andere unter-
nehmensexterne Zwecke (Anfragen statistischer Ämter, Verbände und Institute).

Die drei „klassischen" Elemente der Kostenrechnung sind die Kostenarten-, die
Kostenstellen- und die Kostenträgerrechnung.

Die *Kostenartenrechnung* hat zu zeigen, welche Kosten entstehen oder entstanden sind (Lohn-, Stoff-, Geräte-, Nachunternehmerkosten).

Die *Kostenstellenrechnung* hat Aufschluss darüber zu geben, wo die Kosten
entstanden sind (eigene Baustellen und Gemeinschaftsbaustellen, Verwaltung,
Hilfsbetriebe und Verrechnungskostenstellen).

In der *Kostenträgerrechnung* werden die Kosten dem einzelnen Produkt bzw.
den Produktgruppen zugeordnet. In der Bauwirtschaft sind normalerweise die

Bauleistungen, die i. d. R. nach Positionen im Leistungsverzeichnis beschrieben sind, die eigentlichen Kostenträger.

Für Zwecke der Kalkulation interessieren vor allem die Kostenarten für die einzelnen Bauleistungen, für Zwecke der Kosten-, Leistungs- und Ergebnisrechnung die Kostenarten und Kostenstellen.

1.5.1 Bauauftragsrechnung (Kalkulation)

Die Hauptaufgaben der Bauauftragsrechnung bestehen in der Kostenermittlung für Bauleistungen vor, während und nach der Leistungserstellung. Ermittelt werden die Kosten der für die Erstellung der Bauleistungen erforderlichen Waren und Dienstleistungen.

1.5.1.1 Kalkulationsarten und Auftragsphasen

In Abhängigkeit von dem jeweiligen Abwicklungsstadium werden die in *Abb. 1.59* dargestellten Kalkulationsarten unterschieden.

Vorkalkulation

Die Vorkalkulation ist der Oberbegriff für alle Arten der Kostenermittlung vor und während der Bauausführung.

Angebotskalkulation

Aufgabe der Angebotskalkulation ist die Kostenermittlung von Bauleistungen zur Erstellung eines Angebotes. Grundlage sind die Verdingungsunterlagen des Auslobers. Gemäß § 9 VOB/A ist die Leistung eindeutig und so erschöpfend zu be-

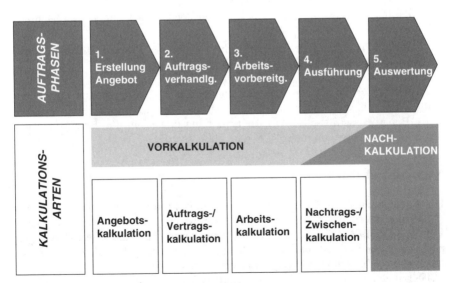

Abb. 1.59 Kalkulationsarten und Auftragsphasen

schreiben, dass alle Bewerber die Beschreibung im gleichen Sinne verstehen müssen und ihre Preise sicher und ohne umfangreiche Vorarbeiten berechnen können.

Auftrags-/Vertragskalkulation

Vor Auftragserteilung finden vielfach Verhandlungen zwischen dem Auftraggeber und dem potentiellen Auftragnehmer statt. Diese können sich auf zusätzliche oder Teilleistungen, die Auswahl von Alternativ- oder Eventualpositionen sowie auf Standardänderungen beziehen. Die Abweichungen gegenüber den Verdingungsunterlagen müssen in ihren Kostenauswirkungen überprüft und mit der Angebotskalkulation verglichen werden. Daraus entsteht die zum Zeitpunkt des Vertragsabschlusses gültige Auftragskalkulation.

Arbeitskalkulation

Bei der Erstellung der Angebotskalkulation ist der Kalkulator vielfach auf vorläufige Ablaufplanungen angewiesen. Material- und Nachunternehmerpreise basieren auf früheren Angeboten bzw. Erfahrungswerten oder auf unvollständigen Preisanfragen während der Angebotsphase.

Nach der Auftragserteilung beginnt die detaillierte Planung des Bauablaufes und der erforderlichen Kapazitäten durch die Arbeitsvorbereitung, deren Ziel die wirtschaftliche Abwicklung des Auftrages unter den vorgegebenen Bedingungen ist. Dabei stellt sich häufig heraus, dass andere als in der Angebotskalkulation angenommene Ausführungsmaßnahmen und Bauverfahren zweckmäßiger sind. Ferner werden aufgrund von Vergaben die Material- und Nachunternehmerpreise endgültig festgelegt. Damit hat die Arbeitskalkulation folgende Aufgaben zu erfüllen:

- Überprüfung der Spanne für Allgemeine Geschäftskosten, Wagnis und Gewinn aus der Angebotssumme ./. Herstellkosten
- Richtlinie für die Bauleitung zur wirtschaftlichen Abwicklung des Bauauftrages
- Lieferung von Vorgabewerten für die monatliche Kosten-, Leistungs- und Ergebniskontrolle mit Soll-Ist-Vergleichen

Dazu wird in vielen Unternehmen bei komplexen Bauaufträgen eine Zuordnung der LV-Leistungspositionen zu Arbeitspositionen gemäß einem betriebsspezifischen Bauarbeitsschlüssel (BAS) zur Ermittlung und Kontrolle der entsprechenden Sollkosten vorgenommen (KLR Bau, 2001, S. 103).

Nachtragskalkulation

Für Bauleistungen, deren Grundlagen der Preisermittlung sich geändert haben (Änderung des Bauentwurfs oder andere Anordnungen der Auftraggebers nach § 2 Nr. 5 VOB/B) oder die im Vertrag nicht vorgesehen sind (Zusatzleistungen nach § 2 Nr. 6 VOB/B), müssen im Rahmen von Nachtragskalkulationen, -angeboten und -verhandlungen Preise festgelegt werden.

Hierzu gehört ein entsprechendes Nachtragsmanagement (vgl. Abschn. 1.6).

Zwischen- und Nachkalkulation

Werden während der Bauausführung in bestimmten Intervallen Vergleiche zwischen den Soll- und Ist-Daten der Arbeitskalkulation durchgeführt, dann werden dem Bauleiter durch diese Soll-/Ist-Vergleiche erforderliche Korrekturen der Bauabwicklung ermöglicht. Ziel solcher Zwischenkalkulationen ist es, durch rechtzeitiges Erkennen von Abweichungen und Einleiten von Anpassungsmaßnahmen wirtschaftliche Baustellenergebnisse zu erreichen. Dazu ist es unerlässlich, dass auch die Arbeitskalkulation laufend auf den neuesten Stand gebracht wird, d. h. es müssen sämtliche Nachtragsaufträge bei der Sollzahlenermittlung per Stichtag berücksichtigt werden.

Im Rahmen der Nachkalkulation werden die bei der Ausführung entstandenen Ist-Kosten ermittelt, so dass die Ansätze der Vorkalkulation überprüft werden können. Darüber hinaus soll sie Richtwerte für die künftigen Angebotskalkulationen ähnlicher Bauvorhaben liefern.

1.5.1.2 Kostenbegriffe

Kosten entstehen aus dem bewerteten Verbrauch von wirtschaftlichen Gütern (Waren und Dienstleistungen) materieller und immaterieller Art

- zur Herstellung und Verwertung der betrieblichen Leistung,
- zur Aufrechterhaltung der hierfür notwendigen Betriebsbereitschaft und
- zur Vorhaltung der hierfür notwendigen Kapazitäten.

Kosten = Produktionsfaktormenge x Produktionsfaktorpreis

Zu den bauwirtschaftlichen Produktionsfaktoren wird verwiesen auf Abschn. 1.2.3. Für Zwecke der Kalkulation empfiehlt es sich, Kosten nach weiteren Kriterien einzuteilen.

Variable und fixe Kosten

Variable und fixe Kosten beschreiben das Kostenverhalten bei Änderungen der Ausbringungsmenge bzw. des Beschäftigungsgrades. Variable Kosten verändern sich dabei entweder

- im gleichen Verhältnis (proportionale Kosten),
- schneller (progressive Kosten) oder
- langsamer (degressive Kosten).

Fixe Kosten ändern sich bei Veränderung der Ausbringungsmenge bzw. des Beschäftigungsgrades nicht (Bereitschaftskosten).

Zeitabhängige und zeitunabhängige Kosten

Zeitabhängige Kosten verändern sich mit der Bauzeit, d. h. erhöhen sich bei einer Verlängerung bzw. vermindern sich bei einer Verkürzung (z. B. Vorhaltekosten der Geräte).

Zeitunabhängige Kosten entstehen dagegen unabhängig von der Bauzeit (z. B. Materialkosten).

Einzel- und Gemeinkosten

Einzel- und Gemeinkosten werden nach der Kostenzurechenbarkeit unterschieden.

Einzelkosten oder auch direkte Kosten können einem Erzeugnis verursachungsgemäß unmittelbar zugerechnet werden; sie sind meistens variable Kosten, z. B. bauleistungsbezogene Arbeitslöhne und Stoffkosten.

Gemeinkosten sind solche Kosten, die einem Erzeugnis nicht direkt, sondern nur mit Hilfe von Umlageschlüsseln zugerechnet werden können. Für die Kalkulation bedeutet dies, dass sie nicht bei den einzelnen Teilleistungen erfasst, sondern getrennt kalkuliert und als Zuschlag (Umlage) zugerechnet werden müssen.

Ausgabewirksame und nicht ausgabewirksame Kosten

Ausgabewirksame Kosten sind solche, die innerhalb der Abrechnungsperiode zu Ausgaben führen (z. B. Löhne und Gehälter, Baustoff- und Betriebsstoffkosten).

Nicht ausgabewirksame Kosten sind solche, die außerhalb der Abrechnungsperiode oder auch niemals zu Ausgaben führen, z. B. die kalkulatorischen Kostenarten für Abschreibung, Verzinsung, Wagnis, Unternehmerlohn sowie Rückstellungen.

Tilgungszahlungen sind Ausgaben, die keine Kosten darstellen, sondern lediglich den Ersatz von Fremdkapital durch Eigenkapital.

Ist- und Soll-Kosten

Hierbei handelt es sich um die Unterscheidung nach dem Genauigkeitsgrad der Kostenfaktoren.

Bei den Sollkosten der Sollmengen werden die bis zu einem bestimmten Zeitpunkt geplanten Faktormengen (gemäß Soll-Baufortschritt) mit geplanten (kalkulierten) Faktorpreisen bewertet. Bei den Sollkosten der Ist-Mengen werden die Ist-Mengen mit geplanten Preisen bewertet. Die Ist-Kosten der Ist-Mengen bewerten die effektiv erreichten Mengen zu einem Stichtag mit effektiv entstandenen Faktorpreisen. Die Trend-Kosten der Soll- und der Gesamt-Mengen, bewertet zum Kontrollzeitpunkt, lassen den Trend der Abweichungen zwischen Soll- und Ist-Kosten erkennen, sofern keine Anpassungsmaßnahmen eingeleitet werden.

Diese Unterscheidungen werden in *Abb. 1.60* grafisch veranschaulicht.

1.5.1.3 Aufwands- und Leistungswerte

Aufwandswerte benennen die erforderlichen (Soll) oder tatsächlichen (Ist) Arbeits- bzw. Lohnstunden, die für die Herstellung einer Mengeneinheit einer bestimmten Bauleistung benötigt werden. Für Zwecke der Kalkulation interessieren nur die zu bezahlenden Lohnstunden, ggf. inkl. aller Überverdienste aus Leistungslohn- oder Prämienvereinbarungen. Für die Arbeitsvorbereitung und Kapazitätseinsatzplanung interessieren dagegen die zu leistenden Arbeitsstunden vor Ort in der Vorfertigung, beim Transport und auf der Baustelle.

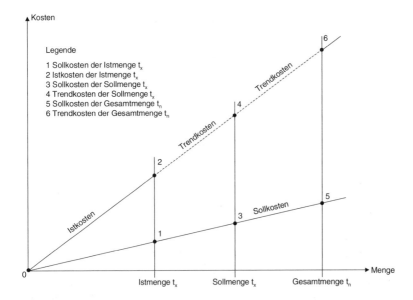

Abb. 1.60 Kostenkontrolle zu einem Stichtag x

$$Aufwandswert = \frac{Lohnstunden}{Mengeneinheit} \left[\frac{Lh}{ME} \right]$$

Beispiele: (nach Hoffmann, 2002, S. 808 ff)

- Schalen von Wänden je nach Schalsystem und Wand- $\Rightarrow$ 0,2 bis 1,2 Lh/m²
  Geometrie
- Mauern von Wänden, d = 24 cm, je nach Steingröße $\Rightarrow$ 2,4 bis 7,3 Lh/m³
- Verlegen von Bewehrungsstabstahl, je nach Stabdurch- $\Rightarrow$ 8,0 bis 30,0 Lh/t
  messer und Bauteil (Fundament, Platte etc.)

Je nach Art des Bauwerks, der Teilleistungen und der Ausführungsbedingungen können Aufwandswerte erheblich streuen.

Maßgebliche Einflussfaktoren sind z. B. für Schalarbeiten:

- das Bauteil und dessen architektonische Gestaltung (Stützen, Wände, Decken, Balken und Unterzüge, Brüstungen, Überzüge und Attiken, Rand- und Seitenschalung),
- Betonoberflächenqualität in Normalausführung oder als Sichtbeton,
- Schalsystem (Bretter-, Schaltafel-, System- oder Großflächenschalungen),
- Einsatzhäufigkeit (Einarbeitungs- und Wiederholungseffekt, Kostenanteil für das Herstellen und Zerlegen der Schalung) sowie
- Höhe der Schalung ($\leq$ 3 m, $\leq$ 5 m, > 5 m).

Leistungswerte benennen die je Kolonnen- oder Gerätestunde zu erbringenden (Soll) oder tatsächlich erbrachten (Ist) Mengeneinheiten.

$$Leistungswert \ = \ \frac{Mengeneinheiten}{Kolonnen\text{-} \ o. \ Gerätestunden} \quad \left[\frac{ME}{Kh \ oder \ Gh} \right]$$

Beispiele: (nach Hoffmann, 2002)

- Schalkolonne für Wände mit 4 Arbeitern $\Rightarrow$ 3,3 bis 20,0 m²/Kh,
- Maurerkolonne für Wände, d = 24 cm, mit $\Rightarrow$ 0,6 bis 1,7 m³/Kh, 4 Arbeitern
- Erdaushub mit Raupenlader, Schaufelinhalt 1,5 m³, $\Rightarrow$ 15 bis 130 m³/Gh. je nach Transportentfernung (5 bis 200 m)

Auch Leistungswerte weisen in Abhängigkeit von der Art des Bauwerks, der Teilleistungen und der Ausführungsbedingungen sowie der Motivation der gewerblichen Arbeitnehmer starke Streuungen auf. Bei der Übernahme von Aufwands- und Leistungswerten aus der Fachliteratur ist stets zu überprüfen, ob und inwieweit die jeweils angenommenen Voraussetzungen und Randbedingungen gegeben sind. Aufwands- und Leistungswerte sind wichtiger Erfahrungsschatz der bauausführenden Unternehmen. Sie unterscheiden sich jedoch zwischen Firmen gleicher Personalstruktur und gleichen Mechanisierungsgrades nicht wesentlich, sondern unterliegen vielmehr einer dynamischen Veränderung im Zeitablauf durch Produktivitätsfortschritt.

Die Tariflohnentwicklung inkl. Lohnzusatzkosten ist von den Unternehmern nur über die Arbeitgeberverbände beeinflussbar. Die Tariflöhne müssen dann nach den geltenden Tarifverträgen in die Kalkulation eingesetzt werden.

Bei den Aufwands- und Leistungswerten ist dagegen eine möglichst realistische auftragsspezifische Ermittlung in Abhängigkeit von den aufwands- oder leistungsbestimmenden Einflussfaktoren sowie die auftragsbegleitende Überprüfung dieser Werte auf Einhaltung und die Aktualisierung/Fortschreibung der Vorgabewerte aufgrund der gewonnenen Erfahrungen vorzunehmen.

1.5.2 Elemente und Ablauf der Kalkulation

Zur Erläuterung der Elemente der Kalkulation dienen *Abb. 1.61* und *Abb. 1.62*.

1.5.2.1 Einzelkosten der Teilleistungen (EkdT)

Nach KLR Bau werden acht Kostenarten unterschieden, die in der Praxis und auch in *Abb. 1.61* zu 4 Kostenarten (Lohn-, Stoff-, Geräte und Nachunternehmerkosten) bzw. häufig auch in nur 2 Kostenarten (Lohnkosten und Sonstige Kosten) verdichtet werden.

Lohnkosten

Die Lohnkosten umfassen die Löhne der gewerblichen Arbeitnehmer (Arbeiter) im Sinne des Manteltarifvertrags für das Baugewerbe (BRTV) und der Entgelttarifverträge (TV Lohn/West bzw. Ost) sowie die Gehälter der Poliere nach den Entgelttarifverträgen (TV Gehalt/West bzw. Ost).

Hierzu gehören die Tariflöhne inkl. Bauzuschlag, Leistungs- und Prämienlöhne, übertarifliche Bezahlung, Zuschläge für Überstunden, Nacht-, Sonn- und Feiertagsarbeit sowie Erschwerniszuschläge und die Arbeitgeberzulage für vermögenswirksame Leistungen.

Die Lohnkosten ergeben sich aus dem Zeitaufwand für die einzelne Teilleistung sowie dem Lohn, der den für die Teilleistung beschäftigten Arbeitern zu zahlen ist. Der Zeitaufwand wird vom Kalkulator entsprechend den in seinem Betrieb aus gleichen oder ähnlichen Arbeiten gesammelten Aufwandswerten angesetzt. Dabei ist das Bestehen von regionalen Akkordtarifverträgen und von Leistungsrichtwerten auf der Grundlage des Rahmentarifvertrags für Leistungslohn im Baugewerbe (RTV Leilo) zu beachten.

Der anzusetzende Lohn richtet sich nach den im Betrieb tatsächlich gezahlten Löhnen. Da bei der Ausführung von Teilleistungen häufig Arbeitskräfte verschiedener Lohngruppen tätig sind, deren Verteilung auf die einzelnen Teilleistungen sich im Voraus jedoch nicht genau ermitteln lässt, ist es zweckmäßig und üblich, mit einem *Mittellohn* zu rechnen. Darunter versteht man das arithmetische Mittel sämtlicher auf einer Baustelle oder in Teilbereichen einer Baustelle voraussichtlich entstehenden Lohnkosten je Arbeitsstunde in Abhängigkeit von dem durchschnittlich eingesetzten Personal. Zu unterscheiden sind

A   Arbeiterlöhne (Grundlöhne),

AS   Arbeiterlöhne inkl. Lohnzusatzkosten,

ASL   Arbeiterlöhne inkl. Lohnzusatzkosten und Lohnnebenkosten sowie

AP   Arbeiterlöhne mit anteiligen Kosten der aufsichtsführenden Poliere.

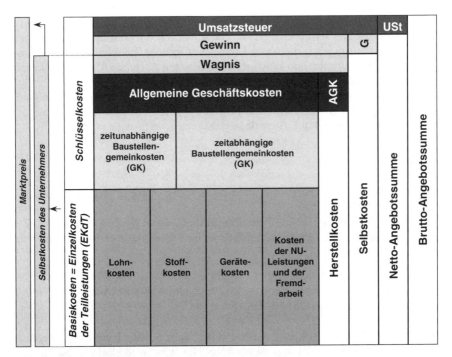

Abb. 1.61 Elemente der Kalkulation nach KLR Bau, 2001

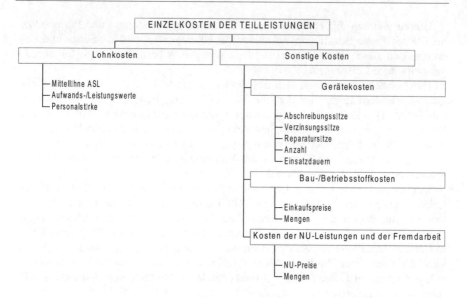

Abb. 1.62 Einzelkosten der Teilleistungen und Preisermittlungsgrundlagen

Die Arbeiterlöhne umfassen die Tariflöhne der gewerblichen Arbeitnehmer inkl. aller Zulagen und Zuschläge.

Unter *Lohnzusatzkosten* sind Soziallöhne und Sozialkosten zu verstehen, die sich aufgrund von Gesetzen, Tarifverträgen, Betriebs- und Einzelvereinbarungen ergeben. Sie werden als Zuschlagssatz erfasst, der auf die Grundlöhne an den tatsächlichen Arbeitstagen (produktive Löhne) bezogen ist. Er schwankt in der Praxis je nach Krankenstand und sonstigen Ausfallzeiten zwischen 85 % (Ost) und 95 % (West) der Grundlöhne (vgl. Abschn. 0).

Lohnnebenkosten erhalten solche Arbeitnehmer, die auf Bau- oder Arbeitsstellen mit oder ohne tägliche Heimfahrt beschäftigt sind. Darunter fallen gemäß § 7 BRTV Fahrtkostenabgeltung, Verpflegungszuschuss und Auslösung.

Stoffkosten

Zu den Stoffen gehören Baustoffe, Rüst-, Schal- und Verbaumaterial sowie Hilfs- und Betriebsstoffe.

Baustoffe werden Bestandteil des Bauwerkes wie z. B. Zuschlagsstoffe, Zement, Bewehrungsstahl, Profilstahl, Mauersteine und Fertigteile. Bestandteile der Baustoffkosten sind

- Einkaufspreise nach Abzug aller Rabatte,
- Frachtkosten für das Anliefern zur Baustelle und Abladen sowie
- Schnitt-, Streu-, Material- und Bruchverluste.

Für genormte Rüst-, Schal- und Verbaustoffe sowie Schal-, Kant- und Rundholz werden den Baustellen meistens monatliche Mietsätze in Rechnung gestellt. Anstelle der Bildung von Verrechnungssätzen besteht die Möglichkeit, Kalkulationswerte über die Einsatzhäufigkeit zu ermitteln. Dabei wird der Baustelle ein Anteil am Neuwert der Stoffe belastet, welcher der Anzahl der Einsätze im Verhältnis zu den insgesamt möglichen Einsätzen entspricht. Hilfsstoffe wie z. B. Kleineisenzeug und Nägel werden i. d. R. nicht den Einzelkosten der Teilleistungen, sondern den Gemeinkosten der Baustelle zugeordnet. Die Kosten der Betriebsstoffe werden i. Allg. ebenfalls bei den Gemeinkosten berücksichtigt. Nur bei geräteintensiven Arbeiten (z. B. Straßenbau) werden sie als Einzelkostenart erfasst. Dabei werden häufig Verrechnungssätze gebildet, in denen die Betriebsstoffe zusammen mit den Gerätekosten kalkuliert werden.

Gerätekosten

Unter Gerätekosten sind allgemein alle diejenigen Kosten zu verstehen, die sich aus der Bereitstellung und dem Betrieb des Gerätes ergeben.

Üblicherweise werden darunter nur die Kosten der Gerätevorhaltung ermittelt, d. h.

- die Kosten für kalkulatorische Abschreibung und Verzinsung (A+V), auch als Kapitaldienst bezeichnet, und
- die Kosten der Reparaturen (R) i. S. der Baugeräteliste 2001 (BGL 2001), d. h. die auf die Reparaturen anfallenden Lohn- und Materialkosten ohne sonstige Gemeinkosten, z. B. der baubetrieblichen Reparaturwerkstätten.

Die weiteren Kosten der Geräte werden meist folgenden Kostenarten zugerechnet:

- die Kosten für Bedienung, Wartung und Pflege den Lohn- und Gehaltskosten,
- die Kosten für Betriebs- und Schmierstoffe den Kosten für Hilfs- und Betriebsstoffe,
- die Kosten für Verladungen, Transporte, Auf-, Um- und Abbau den Gemeinkosten für Einrichten und Räumen der Baustelle, sofern nicht in gesonderten Positionen ausgewiesen und dann den Einzelkosten der Teilleistungen zurechenbar, sowie
- die Kosten für Geräteversicherungen und Kfz-Steuern den Allgemeinen Geschäftskosten.

Für die Gerätebedienung wird für die Wartungs- und Pflegearbeiten außerhalb der baustellenüblichen Arbeitszeit ein Überstundenanteil von etwa 10 % der baustellenüblichen Arbeitszeit angenommen.

Für die Gerätekosten bestehen je nach Art der Ausschreibung im Leistungsverzeichnis drei Zuordnungsmöglichkeiten:

- in den Einzelkosten der Teilleistungen als eigene Positionen, z. B. Einrichten, Vorhalten und Räumen der Baustelle,
- als Bestandteil der Einzelkosten der Teilleistungen, z. B. Baggerkosten im Einheitspreis für den Erdaushub, sowie
- in den Gemeinkosten der Baustelle wegen fehlender direkter Zurechnungsmöglichkeit, z. B. Turmdrehkrane für die gesamten Rohbauarbeiten.

Die BGL 2001 ist ein Tabellenwerk, dem die maßgeblichen Kostendaten für die im Bauhauptgewerbe eingesetzten Geräte entnommen werden können (Hoch- und

Tiefbau, Straßen- und Gleisoberbau, Tunnel- und Stollenbau, zur Dekontamination und zum Umweltschutz etc.) wie

- Nutzungsjahre und Vorhaltemonate,
- monatliche Sätze für Abschreibung und Verzinsung sowie Reparaturkosten,
- Gerätekosten zur Beschreibung der verschiedenen Gerätetypen und mittlere Neuwerte (Listenpreise der Ab-Werk-Preise der gebräuchlichsten Fabrikate auf der Preisbasis 2000 einschl. Bezugskosten wie Frachten, Verpackung, Zölle ohne Mehrwertsteuer).

Es wurde bewusst darauf verzichtet, bestimmte Erzeugnisse, Fabrikate oder Typenbezeichnungen einzeln aufzuführen, um die erforderliche Neutralität zu wahren. Die jeweiligen Kenngrößen ermöglichen jederzeit die Zuordnung bestimmter Fabrikate wie z. B. für

- Turmkrane das Nennlastmoment sowie
- Bagger die Motorleistung und der Löffelinhalt.

In der BGL 2001 sind auch die Konstruktionsgewichte zur Ermittlung von Transport- und Verladekosten enthalten.

Die BGL 2001 dient der Arbeitsvorbereitung zur Auswahl von Geräten und der Betriebsplanung im Baubetrieb, zur Ermittlung von Gerätevorhaltekosten und zu Wirtschaftlichkeitsberechnungen.

Die in der BGL 2001 angegebenen Nutzungsjahre stimmen überein mit den Nutzungsdauern der amtlichen steuerlichen AfA-Tabellen für den Wirtschaftszweig Baugewerbe. Von der Nutzungsdauer gelangt man über die Vorhaltezeit auf der Baustelle und die Einsatzzeit am Bauteil zur Betriebszeit für den jeweiligen Arbeitsvorgang (vgl. *Abb. 1.63*).

Folgende Kostenbegriffe werden zur Gerätekostenermittlung benötigt:

- Mittlerer Neuwert als Listenpreis der Ab-Werk-Preise der gebräuchlichsten Fabrikate auf der Preisbasis 2000 einschließlich Bezugskosten ohne Mehrwertsteuer,
- dessen Hochrechnung auf künftige Wiederbeschaffungsjahre durch Extrapolation des amtlichen „Erzeugerpreisindex' für Baumaschinen" des Statistischen Bundesamtes,
- die Abschreibung a, die in der BGL 2001 linear vorgenommen wird,

$$a\ (\%\ p.\ M.) =\ 100\ /\ v$$

$a = monatlicher\ Anteil\ vom\ mittleren\ Neuwert\ für\ Abschreibung$

$v = Anzahl\ der\ Vorhaltemonate$

- Verzinsung z des in das Gerät investierten und noch nicht abgeschriebenen Kapitals; in der BGL 2001 wird eine einfache Zinsrechnung mit einem kalkulatorischen Zinssatz p von 6,5 % p. a. unabhängig vom tatsächlichen Kapitalmarktzins angesetzt,

$$z(\% \, p. \, M.) = \frac{p \; x \; n}{2 \; x \; v} = \frac{6{,}5\% \; x \; n}{2 \; x \; v}$$

$n = Anzahl \; der \; Nutzungsjahre$

- Kapitaldienst k (Abschreibung und Verzinsung)

$k \; (\% \, p. \, M.) = a + z$

$z = durchschnittlicher \; monatl. \; Anteil \; vom \; mittleren \; Neuwert \; für \; Verzinsung$
$k = monatl. \; Anteil \; vom \; mittleren \; Neuwert \; für \; Abschreibung \; und \; Verzinsung$

$K \; (€ \, p. \, M.) \; = k \; x \; A$

$A = mittlerer \; Neuwert \; in \; €$
$K = monatlicher \; Kapitaldienst$

- die zur Erhaltung und Wiederherstellung der Betriebsbereitschaft insgesamt erforderlichen Reparaturkosten.

$R \; (€ \, p. \, M.) = r \; x \; A$

$r = monatlicher \; Anteil \; vom \; mittleren \; Neuwert \; für \; Reparatur \; in \; \%$
$R = monatlicher \; Reparaturkostenbetrag$

Die Reparaturkosten R gliedern sich in 30 % Instandhaltung und 70 % Instandsetzung. Bei der Aufteilung nach Kostenarten werden 60 % für Lohnkosten (ohne sonstige Gemeinkosten) und 40 % für Stoffkosten angenommen.

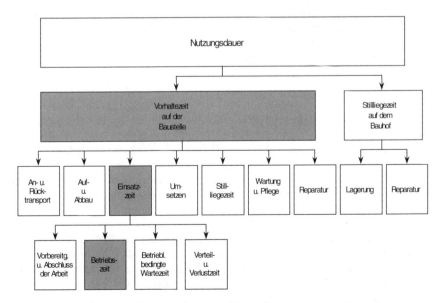

Abb. 1.63 Gliederung der Nutzungsdauer von Baugeräten

Da Gerätekosten zeitabhängig sind, kommen für ihre Ermittlung die Vorhalte-, Einsatz-, Betriebs- und Stillliegezeit in Betracht. Nach BGL 2001 entspricht ein Vorhaltetag 8 Vorhaltestunden und ein Vorhaltemonat 30 Kalendertagen bzw. 170 Vorhaltestunden bzw. 170/8 Vorhaltetagen.

Gerätekostenermittlungen für die Vorhaltezeit werden überwiegend für solche Geräte angewandt, die während längerer Zeit auf der Baustelle vorgehalten werden müssen, ohne jedoch immer in Betrieb zu sein (Hebezeuge und Baustellenausstattungen im Hoch- und Ingenieurbau).

Gerätekostenermittlungen über die Einsatz- oder Betriebszeit werden vor allem für Leistungsgeräte durchgeführt, die bestimmten Teilleistungen zugeordnet werden können (Erdbaugeräte, Geräte für Straßen- und Gleisoberbau).

Bei Stillliegezeiten innerhalb einer Vorhaltezeit von mehr als 10 aufeinander folgenden Arbeitstagen gelten

- für die ersten 10 Kalendertage die volle Abschreibung und Verzinsung sowie die vollen Reparaturkosten,
- vom 11. Kalendertag an 75 % + 8 % (für Wartung und Pflege) der Abschreibungs- und Verzinsungssätze; Reparaturkosten entfallen.

Grundsätzlich ist darauf hinzuweisen, dass für die Höhe der Gerätekosten der Ausnutzungs- oder Beschäftigungsgrad von entscheidender Bedeutung ist, d. h. das Verhältnis zwischen Vorhaltemonaten und Nutzungsjahren.

Kosten der Nachunternehmerleistungen und der Fremdarbeit

Der Nachunternehmer unterscheidet sich vom Fremdunternehmer dadurch, dass der Nachunternehmer Gewährleistungspflichten für die übertragenen Leistungen übernimmt, während dies bei einem Fremdunternehmer nicht der Fall ist (z. B. beim Werklohnunternehmer). In die Angebotskalkulation werden die Kosten der Nachunternehmer und der Fremdarbeit als Einzelkosten der Teilleistungen aus der Anfrage des Hauptunternehmers an potentielle Nachunternehmer „in der ersten Runde" eingesetzt. Erhält dann der Hauptunternehmer den Auftrag, so wird i. d. R. „in der zweiten Runde" nachverhandelt.

1.5.2.2 Gemeinkosten der Baustelle (GK)

Gemeinkosten der Baustelle sind solche Kosten, die durch das Betreiben der Baustelle als Ganzes entstehen und sich keiner Teilleistung direkt zuordnen lassen. Sie werden gesondert berechnet und bei der Bildung der Einheitspreise den Teilleistungen als Bestandteil der Kalkulationszuschläge zugerechnet.

Sind im Leistungsverzeichnis für Teile der Gemeinkosten besondere Positionen vorhanden, z. B. für das Einrichten und Räumen der Baustelle sowie das Vorhalten der Baustelleneinrichtung, so sind die Kosten hierfür wie Einzelkosten der Teilleistungen zu behandeln.

Voraussetzung für die Ermittlung der Gemeinkosten der Baustelle ist ein genaues Durchdenken des gesamten Bauauftrags. Die zeitliche Abfolge der verschiedenen Teilleistungen ist mit Hilfe eines Bauzeitenplans zu ermitteln, der auch als Grundlage zur Bestimmung der Kapazitäten dient (Belegschaftsstärke und Geräteausstattung).

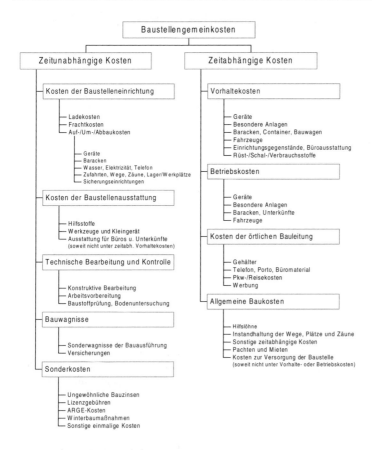

Abb. 1.64 Zeitunabhängige und zeitabhängige Baustellengemeinkosten

Um die Auswirkungen von Bauzeitveränderungen auf die Gemeinkosten verdeutlichen zu können, empfiehlt sich eine Trennung in zeitabhängige und zeitunabhängige Anteile. Eine solche Aufgliederung zeigt *Abb. 1.64.*

Zeitunabhängige Gemeinkosten der Baustelle

- Kosten der Baustelleneinrichtung und -räumung:
  Ladekosten umfassen die Kosten für das Auf- und Abladen auf der Baustelle und auf dem Bauhof. Sie sind abhängig von Gewicht und Art der Ladegüter. Frachtkosten entstehen aus dem Transport zwischen Bauhof und Baustelle bzw. verschiedenen Baustellen.
- Kosten der Baustellenausstattung:
  Hilfsstoffe werden nicht Bestandteil des Bauwerks; deren Kosten können meist nur über Verrechnungssätze ermittelt werden (Schalungsöl, Schalungsanker, Schrauben, Nägel). Werkzeuge und Kleingeräte sind Handwerkszeuge (Hämmer, Zangen, Schraubschlüssel) oder Handmaschinen (Bohrmaschinen,

Handkreissägen), die in der Kalkulation mit 2–5 % der Lohnkosten angesetzt werden. Zur Ausstattung für Büros, Unterkünfte und Sanitäranlagen zählen Schreibtische, Schränke, Stühle, Tische, Beleuchtungskörper und EDV-Anlagen.

- Technische Bearbeitung und Kontrolle:
  Die Kosten der konstruktiven Bearbeitung durch Tragwerksplaner werden nach Zeitaufwand oder ggf. HOAI ermittelt; ggf. sind auch die Kosten des Prüfingenieurs zu berücksichtigen. Eine gesonderte Erfassung der Arbeitsvorbereitung kommt für Großbaustellen und Arbeitsgemeinschaften in Betracht; bei kleineren Aufträgen werden sie den Allgemeinen Geschäftskosten zugeordnet. Der Umfang von Baustoffprüfungen und Bodenuntersuchungen richtet sich nach den Verdingungsunterlagen und den allgemein anerkannten Regeln der Technik.
- Bauwagnisse:
  Sonderwagnisse der Bauausführung sind z. B. noch nicht erprobte Bauverfahren, drohende Vertragsstrafen aus Terminüberschreitung sowie Gefährdung durch Hochwasser. Versicherungsprämien sind zu berücksichtigen, soweit sie speziell für den Bauauftrag abgeschlossen werden (z. B. Bauwesenversicherung).
- Sonderkosten:
  Dazu zählen ungewöhnliche Bauzinsen, die infolge außergewöhnlich langer Zahlungsfristen des Auftraggebers entstehen, Lizenzgebühren, sofern patentrechtlich geschützte Bauverfahren angewandt werden, ARGE-Kosten durch die Gebühren für die Technische und Kaufmännische Federführung, die Tätigkeit der Aufsichtsstelle sowie Kosten für besondere Winterbaumaßnahmen.

Zeitabhängige Gemeinkosten der Baustelle

- Vorhaltekosten mit den Beträgen für die kalkulatorische Abschreibung und Verzinsung sowie die Reparaturkosten, soweit nicht innerhalb der Einzelkosten der Teilleistungen aufgeführt,
- Betriebskosten für flüssige, gasförmige oder feste Betriebsstoffe, Heizöl, Schmierstoffe und elektrische Energie,
- Kosten der örtlichen Bauleitung für Bauleiter, Baukaufleute und Poliere, allgemeine Baukosten, insbesondere durch Hilfslöhne für Hilfskräfte, soweit die erforderlichen Randstunden für z. B. Ablade- und Transportarbeiten, Ausbesserung und Reinigung nicht in den Einzelkosten der Teilleistungen erfasst sind.

1.5.2.3 Allgemeine Geschäftskosten (AGK)

Während Gemeinkosten der Baustelle auftragsbedingt anfielen, werden die Allgemeinen Geschäftskosten durch das Unternehmen als Ganzes verursacht. Sie können den einzelnen Aufträgen daher nur mit Hilfe von Zuschlagssätzen zugerechnet werden. Diese schwanken zwischen 6 % und 8 % der Auftragssumme. Dazu zählen u. a.:

- Kosten der Unternehmensleitung und -verwaltung wie z. B. Gehälter und Löhne, kalkulatorischer Unternehmerlohn (nur bei Einzelunternehmen und Personengesellschaften), Sozialkosten, Büromiete oder Abschreibung, Verzinsung und Instandhaltung eigener Gebäude, Heizung, Beleuchtung und Reinigung sowie Reisekosten,
- Kosten des Bauhofes (Lagerplatz, Magazin, Werkstatt, Fuhrpark),
- freiwillige soziale Aufwendungen für die Gesamtbelegschaft,
- nicht gewinnabhängige Steuern und öffentliche Abgaben (z. B. Grundsteuer), Verbandsbeiträge wie z. B. Arbeitgeberverband, Industrie- und Handelskammer, Betonverein,
- Versicherungen, soweit sie nicht ausschließlich einzelne Aufträge betreffen, d. h. insbesondere Berufs- und Betriebshaftpflicht-, Unfall-, Baugeräte-, Feuer-, Einbruch-, Diebstahl-, Leitungswasserschaden- und Sturmschadenversicherung,
- kalkulatorische Verzinsung des betriebsnotwendigen Kapitals (Bilanzsumme ./. betriebsfremdes Vermögen) sowie
- sonstige Allgemeine Geschäftskosten wie Rechts- und Steuerberatungskosten, Patent- und Lizenzgebühren.

In der Praxis wird der Zuschlagssatz für die Allgemeinen Geschäftskosten (AGK) sowie für Wagnis und Gewinn (W + G) in % der Angebotssumme den Herstellkosten (HK) zugeschlagen. Da aus der Summe der Einzelkosten der Teilleistungen (EkdT) und der Gemeinkosten (GK) nur die Herstellkosten bekannt sind, muss der Zuschlagssatz auf die Herstellkosten nach folgender Formel berechnet werden:

$$p' = \frac{100 \; x \; p}{100 - p}$$

p = *Prozentsatz der Angebotsendsumme für AGK und W + G*
p' = *Prozentsatz, bezogen auf HK*

Beispiel:

$$p' = \frac{100 \; x \; (6 + 4)}{100 - (6 + 4)} = 11{,}11 \% \; von \; HK$$

1.5.2.4 Wagnis und Gewinn (W + G)

Der Zuschlag für Wagnis und Gewinn (W + G) wird i. d. R. in einem Prozentsatz, bezogen auf den Umsatz (Nettoangebotspreis), ausgedrückt.

Durch den Wagnisanteil sollen das allgemeine Unternehmerwagnis, die allgemeinen Bauwagnisse und die üblichen Gewährleistungswagnisse abgedeckt werden. Die besonderen Bauwagnisse sind dagegen in den Gemeinkosten der Baustelle als spezielle Einzelwagnisse anzusetzen. Der vorkalkulatorische Wagniszuschlag sollte im Normalfall 2 % des Angebotspreises nicht unterschreiten. Als mögliche Kalkulationsrisiken sind u. a. zu beachten:

- unklare oder nicht ausreichend detailliert formulierte Leistungsbeschreibungen, z. B. im Hinblick auf Boden- und Grundwasserverhältnisse, Nebenleistungen nach VOB/C, Nr. 4.1, funktionales Leistungsprogramm ohne Mengen,

- Wahl der Aufwands-, Leistungswerte und Mittellöhne,
- örtliche Verhältnisse auf der Baustelle und Einflüsse aus den angrenzenden Baugrundstücken,
- Mengenrisiko,
- Wahl des Bauverfahrens und angebotstechnisch noch nicht ausgereifte Sondervorschläge sowie
- Abweichungen zwischen geplantem und tatsächlichem Ablauf aus Leistungsänderungen, Zusatzleistungen sowie Leistungsstörungen/Behinderungen.

Aus der Summe der Einzelkosten der Teilleistungen (EkdT), der Baustellengemeinkosten (GK), der Allgemeinen Geschäftskosten (AGK) sowie dem Wagnis (W) ergeben sich die Selbstkosten des Unternehmers. Der Übergang von den Selbstkosten des Unternehmers zu den Preisen des Marktes vollzieht sich durch den Gewinnzuschlag (G). Dieser muss mittel- und langfristig > 0 sein, damit für die Anteilseigner ein Anreiz besteht, Kapital in ein Unternehmen zu investieren und eine angemessene Kapitalverzinsung zu erhalten. Seine Höhe ist daher abhängig von den jeweiligen Kapitalmarktverhältnissen. Er soll aber auch eine angemessene Vergütung für die Leistung des Unternehmens in wirtschaftlicher, technischer und organisatorischer Hinsicht darstellen. In einer Marktwirtschaft mit Wettbewerbspreisen entscheidet jedoch der Markt und damit die Intensität der Nachfrage und des Angebots über den möglichen Gewinnzuschlag. Der Markt interessiert sich nicht für die Selbstkosten des Unternehmers.

Kurzfristig ist auch ein Gewinnzuschlag ≤ 0 denkbar, wenn es im Rahmen der Deckungsbeitragsrechnung um einen kurzfristigen Bauauftrag am Jahresende mit scharfer Konkurrenz geht (vgl. Abschn. 1.5.2.8).

1.5.2.5 Umsatzsteuer

Die Umsatzsteuer beträgt seit dem 01.04.1998 16 % auf die Nettoabrechnungswerte. Sie gilt auch für Abschlagsrechnungen (§ 16 Nr. 1 Abs. 1 VOB/B).

1.5.2.6 Kalkulationsverfahren

Im Baugewerbe werden wegen der Unikat- und Einzelfertigung auf immer wieder neuen Baustellen mit jeweils auftragsspezifischen Produktionsbedingungen Verfahren der *Zuschlagskalkulation* angewandt, im Gegensatz zu in der stationären Industrie üblichen anderen Verfahren, z. B. der *Divisionskalkulation*. Dazu ist allerdings festzustellen, dass sich die „Kalkulation" bei kleinen, aber auch mittleren Bauunternehmen vielfach noch darauf beschränkt, Einheitspreise in die Blankette der Leistungsverzeichnisse aus der Erfahrung „hineinzuschreiben", ohne sie durch vorkalkulatorische Kostenermittlungen zu untermauern. Größere Bauunternehmen neigen andererseits vermehrt dazu, die Kalkulation auf das Einholen von Nachunternehmerangeboten zu beschränken, da der Eigenleistungsanteil zunehmend reduziert wird. Beide Vorgehensweisen sind abzulehnen, da die Fähigkeit zu eigenständiger Kalkulation fehlt oder verloren geht.

Bei der Zuschlagskalkulation ist das Verfahren mit vorbestimmten Zuschlägen vom Verfahren über die Angebotsendsumme, d. h. mit auftragsspezifischer Gemeinkostenermittlung, zu unterscheiden.

Kalkulation mit vorbestimmten Zuschlägen

Sie kommt nur für solche Aufträge in Betracht, deren Kostenartenstruktur im Wesentlichen mit der anderer Aufträge vergleichbar ist. Dabei werden die aus der Baubetriebsrechnung oder aus vergleichbaren Aufträgen ermittelten Zuschläge für die Kalkulation verwendet (*Abb. 1.65*).

Dieses Verfahren wird überwiegend für Rohbauangebote einfachen und mittleren Schwierigkeitsgrades sowie für sämtliche Technik- und Ausbauangebote angewandt, sofern die Einheitspreise nicht aus dem Gedächtnis heraus eingesetzt werden.

Kalkulation über die Angebotsendsumme

Bei der Kalkulation über die Endsumme werden die Gemeinkosten der Baustelle für jeden Bauauftrag gesondert ermittelt. Daher ergeben sich jeweils unterschiedlich hohe Zuschläge auf die Einzelkosten der Teilleistungen. Die Allgemeinen Geschäftskosten sowie der Zuschlag für Wagnis und Gewinn werden auch hier mit vorberechneten Zuschlagssätzen den Herstellkosten zugeschlagen. Infolge der auftragsspezifischen Ermittlung der Gemeinkosten der Baustelle engt dieses Kalkulationsverfahren das Risiko von Kalkulationsfehlern erheblich ein. Daher sollte es für alle größeren Rohbauaufträge gewählt werden, insbesondere für solche des konstruktiven Ingenieurhoch- und -tiefbaus (*Abb. 1.66*).

1.5.2.7 Ablauf der Kalkulation

Die Maßnahmen zur Bearbeitung einer Angebotskalkulation gliedern sich in Vorarbeiten, die eigentliche Angebotsbearbeitung und firmenpolitische Abschlussarbeiten.

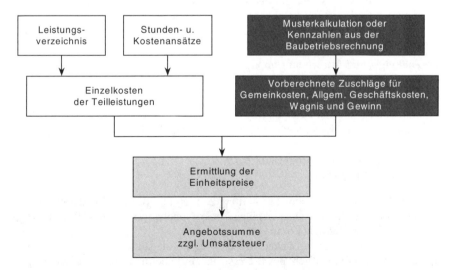

Abb. 1.65 Ablauf der Kalkulation mit vorbestimmten Zuschlägen

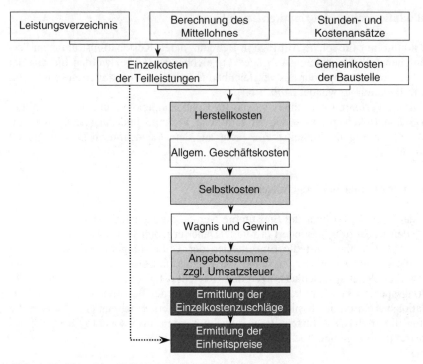

Abb. 1.66 Ablauf der Kalkulation über die Angebotsendsumme

Vorarbeiten

Zunächst ist anhand der vorliegenden Ausschreibungsunterlagen zu entscheiden, ob die anzubietende Leistung fachlich, kapazitiv und von der Konkurrenzsituation her so attraktiv ist, dass der mit der Angebotsbearbeitung verbundene Arbeitsaufwand gerechtfertigt ist (Prozesshürde Start Angebotsbearbeitung).

Sodann sind die in den Verdingungsunterlagen enthaltenen kostenwirksamen Vorgaben zu ermitteln, wie

- Zahlungs- und Abrechnungsmodalitäten,
- Vertragsstrafen,
- Sicherheitseinbehalte,
- Aufhebung von Bedingungen der VOB/B,
- Einschluss von Besonderen Leistungen gemäß VOB/C in die vertraglichen Leistungen,
- Lieferung von Ausführungsunterlagen sowie
- örtliche Verhältnisse.

Anschließend ist die Angebotsbearbeitung zeitlich und personell einzuplanen und zu überprüfen, ob Änderungsvorschläge oder Nebenangebote gemäß § 10 Nr. 5 Abs. 4 VOB/A in Betracht kommen.

Bei Unklarheiten oder Lücken in den Verdingungsunterlagen sind in Wahrnehmung der Prüfungspflicht des Bieters Auskünfte beim Auslober einzuholen.

Leistungspositionen, für die Pauschalpreise angegeben werden sollen, erfordern die Ermittlung der fehlenden Mengenangaben. Einzelne Bauteile sind ggf. konstruktiv zu bearbeiten wie z. B. die Bemessung von Lehrgerüsten oder von Baugrubenverbaukonstruktionen.

Sodann sind seitens der Arbeitsvorbereitung Angaben zu liefern über Art, Anzahl und Einsatzdauer der benötigten Arbeitskräfte, Betriebsmittel und Geräte. Gemeinsam mit der Arbeitsvorbereitung sind Bauablaufpläne mit zeitlicher Abfolge der Arbeiten aufgrund der vorgegebenen Vertragstermine unter Berücksichtigung wirtschaftlicher Arbeitsverfahren sowie der technologischen, betrieblichen und äußeren Abhängigkeiten zu entwickeln. Ferner ist ein Baustelleneinrichtungsplan für den Einsatz der erforderlichen Großgeräte zu entwerfen. In der Praxis wird die Arbeitsvorbereitung häufig erst nach Auftragserteilung eingeschaltet. Dadurch entstehen jedoch oft vermeidbare Kalkulationsfehler.

Für Leistungen, die nicht vom eigenen Unternehmen erbracht werden sollen oder können, sind Subunternehmerangebote einzuholen.

Ermittlung der Einheitspreise für die LV-Positionen

Das Kalkulationsverfahren soll zunächst am Beispiel einer *Kalkulation mit vorbestimmten Zuschlägen* für eine Stützmauer gezeigt werden (*Tabelle 1.13*).

Die Kalkulation wird in folgenden Schritten durchgeführt (KLR Bau, 2001, S. 47 ff):

- Ermittlung der Einzelkosten je Einheit der LV-Position ohne Zuschlag, getrennt nach den Kostenartengruppen „Lohnstunden" und „sonstige Kosten" und Summierung der Lohnstunden sowie der sonstigen Kosten
- Ermittlung der Einheitspreise durch Multiplikation der Lohnstunden je Einheit mit dem Kalkulationslohn von im Beispiel 47,94 €/Lh, der sich z. B. aufgliedert in den Mittellohn APSL von 31,45 €/Lh und einen Zuschlag Z zur Deckung der Schlüsselkosten aus Gemeinkosten, Allgemeinen Geschäftskosten sowie Wagnis + Gewinn von 16,49 €/Lh. Für die sonstigen Kosten wird ein Zuschlag von 5 % gewählt. Diese Werte ergeben sich aus der Baubetriebsrechnung und werden i. d. R. jährlich aktualisiert.
- Durch Multiplikation der Einheitspreise mit den Mengen ergeben sich die Positionspreise, deren Addition ergibt die Nettoangebotssumme von 142.159,84 €.

Der Einheitspreis der Fundamentschalung (Pos. 2.04) von 46,46 €/m² setzt sich damit wie folgt zusammen:

Einzelkosten der Teilleistungen (EkdT)		
Löhne	0,75 Lh x 31,45 €/Lh	23,59 €/m²
Stoffe		10,00 €/m²
		33,59 €/m²
Schlüsselkosten (Slk)		
auf Löhne	0,75 Lh x 16,49 €/Lh	12,37 €/m²
auf Stoffe	10 €/m² x 5 %	0,50 €/m²
		12,87 €/m²
Einheitspreis		46,46 €/m²

In der Pos. 2.03 Wandbeton sind in die Ermittlung der Einzelkosten das Einrichten, Vorhalten und Räumen der Baustelleneinrichtung sowie Betriebskosten hinzugerechnet worden. Infolgedessen ergibt sich hier der gegenüber dem Fundamentbeton mit 101,81 €/m³ wesentlich höhere Einheitspreis von 274,04 €/m³. Würden diese Anteile den Gemeinkosten der Baustelle zugerechnet, so müssten der Kalkulationslohn und der Zuschlag auf sonstige Kosten entsprechend erhöht werden.

Beim *Verfahren über die Angebotsendsumme* sind folgende Schritte durchzuführen (KLR Bau, 2001, S. 52 ff):

- Ermittlung der Einzelkosten je Einheit der LV-Position ohne Zuschlag, getrennt nach den gewählten 4 Kostenarten Löhne, Stoffe, Geräte und Nachunternehmer, und Summierung je Kostenart (*Tabelle 1.14*) mit Summenzeile in den Spalten 11 bis 16),
- Ermittlung der Gemeinkosten der Baustelle (*Tabelle 1.15*) und
- Ermittlung der Herstellkosten, der Angebotssumme und des Angebotslohnes (Kalkulationslohn) im Kalkulationsschlussblatt (*Tabelle 1.16*).

Darin werden in Zeile 1 die Einzelkosten der Teilleistungen aus der Summenzeile von *Tabelle 1.14* übernommen. In Zeile 2 werden die Gemeinkosten der Baustelle als Summenzeile aus *Tabelle 1.15* eingetragen. Die Addition von Zeile 1 und Zeile 2 ergibt in Zeile 3 die Herstellkosten.

In den Zeilen 4 bis 6 werden die vorbestimmten Zuschläge für AGK sowie W + G in % der Angebotssumme (von oben) aufgeführt. Zeile 7 enthält nach Umrechnung den Gesamtzuschlag in % auf die Herstellkosten (von unten), Zeile 8 die Ausmultiplikation und Zeile 9 die Angebotssumme ohne Umsatzsteuer durch Addition von Herstellkosten sowie AGK und W + G.

Zur Ermittlung der Zuschlagssätze und des Angebotslohnes werden zunächst in Zeile 10 die EkdT aus Zeile 1 von der Angebotssumme in Zeile 9 abgezogen. Damit ergeben sich in Zeile 11 die umzulegenden Schlüsselkosten. In Zeile 12 werden die für die Vorabumlage auf alle Kostenarten außer Löhne gewählten Zuschläge aufgeführt. Daraus ergeben sich die Vorabumlagen in Zeile 13, die als Quersumme von den Schlüsselkosten abgezogen werden. Damit verbleibt in Zeile 14 eine Restumlage für die Einzelkosten der Teilleistungen Löhne und dadurch in Zeile 15 ein Zuschlag auf Lohnkosten von 79,93 % und damit in Zeile 16 ein Kalkulationslohn von 56,59 €/Lh.

Anschließend werden die gewählten Vorabumlagen aus Zeile 12 und die Restumlage aus Zeile 15 als Zuschlagsfaktoren in die Kopfzeile der Spalten 17 bis 20 von *Tabelle 1.14* übernommen. Damit ergeben sich in Spalte 22 die Einheitspreise und durch Multiplikation mit den Mengen aus Spalte 2 in Spalte 23 die Gesamtpreise sowie in der Summe eine Angebotssumme netto von 142.645,29 €.

Für die Wahl der Zuschlagssätze, nach denen die Schlüsselkosten auf die Einzelkosten der Teilleistungen umgelegt werden, besteht die Möglichkeit der Vorabumlagen und Restumlagen oder aber eines einheitlichen Zuschlagssatzes für alle Kostenarten. Diese Art der gleichmäßigen Verteilung der Schlüsselkosten ist bei Auslandsaufträgen wegen des hohen Schlüsselkostenanteils durchaus gebräuchlich, in Deutschland jedoch nicht üblich. Sie hat den Vorteil, dass Mengenminderungen in einzelnen Positionen keine Minderung der Schlüsselkosten bewirken, solange die Angebotssumme durch Mengenmehrungen in anderen Positionen oder

Tabelle 1.13 Ermittlung der Einheitspreise durch Kalkulation mit vorbestimmten Zuschlägen für eine Stützmauer (Quelle: KLR Bau, 2001, S. 49)

Pos.Nr.	Menge	Einheit	Beschreibung der Positionen	Kosten je Einheit ohne Zuschlag — Stunden Lh	Kosten je Einheit ohne Zuschlag — Sonstige Kosten €	Kosten je Position ohne Zuschlag — Stunden Lh	Kosten je Position ohne Zuschlag — Sonstige Kosten €	Kosten je Einheit mit Zuschlag — Löhne Lh x 47,94 €	Kosten je Einheit mit Zuschlag — Sonstige Kosten +5% €	Angebotspreise EP €	Angebotspreise Positionspreise €
1.00			**Erdarbeiten**								
1.01	900	cbm	Aushub und seitliches Lagern								
			Laderaupe 50 kW								
			leistet 20 cbm/h								
			Betrieb: 6,00 €/20 cbm		0,30						
			Vorhaltung 25,78 €/20 cbm		1,29						
			Bedienung 2 Mann: 2 Lh/20 cbm	0,10							
				0,10	1,59	90,00	1.431,00	4,79	1,67	6,46	5.814,00
1.02	150	cbm	Abfuhr								
			2 Fahrzeuge:								
			2 × 50,00 €/20 cbm		5,00						
					5,00		750,00		5,25	5,25	787,50
1.03	750	cbm	Hinterfüllung								
			Laderaupe 50 kW								
			leistet 20 cbm/h								
			Betrieb:6,00 €/20 cbm		0,30						
			Vorhaltung: 5,78 €/20 cbm		1,29						
			Rüttelplatte:								
			Betrieb 0,97 €/20 cbm		0,05						
			Vorhaltung: 6,95 €/20 cbm		0,35						
			Bedienung 3 Mann: 3 Lh/20 cbm	0,15							
				0,15	1,99	112,50	1.492,50	7,19	2,09	9,28	6.960,00
2.00			**Beton- und Stahlbetonarbeiten**								
2.01	225	qm	Sauberkeitsschicht 5 cm C12/15								
			0,05 cbm (2 Lh + 50,00 €)	0,10	2,50						
			Abziehen 0,1 Lh	0,10							
				0,20	2,50	45,00	562,50	9,59	2,63	12,21	2.447,25
2.02	120	cbm	Fundamentbeton C 20/25 wu								
			(0,7 Lh + 65,00 €)	0,70	65,00						
				0,70	65,00	84,00	7.800,00	33,56	68,25	101,81	12.217,20
2.03	120	cbm	Wandbeton C 20/25 wu								
			(1,33 Lh + 65,00 €)	1,33	65,00						
			Einrichten und Räumen								
			(220 Lh und 2.700 €/120 cbm)	1,83	22,50						
			Vorhalten Einrichtung								
			(1.200 €/120 cbm)		10,00						
			Betriebskosten:								
			(2.300 €/120 cbm)		19,17						
				3,16	116,67	379,32	14.000,40	151,54	122,50	274,04	32.884,80
2.04	200	qm	Fundamentschalung								
			(0,75 Lh + 10,00 €)	0,75	10,00						
				0,75	10,00	150,00	2.000,00	35,96	10,50	46,46	9.292,00
2.05	800	qm	Wandschalung								
			(1,00 Lh + 10,00 €)	1,00	10,00						
				1,00	10,00	800,00	8.000,00	47,94	10,50	58,44	46.752,00
2.06	12	t	Betonstahl BSt 500 S		750,00						
			Schneiden, Biegen, Liefern und Verlegen		750,00		9.000,00		787,50	787,50	9.450,00
2.07	12	t	Betonstahlmatten BSt 500 M		750,00						
			Schneiden, Biegen, Liefern und Verlegen		750,00		9.000,00		787,50	787,50	9.450,00
2.08	9,5	lfm	Dehnungsfugen	1,00	7,50						
				1,00	7,50	9,50	71,25	47,94	7,88	55,82	530,29
2.09	160	lfm	Arbeitsfugen	0,30	2,50						
				0,30	2,50	48,00	400,00	14,38	2,63	17,01	2.721,60
2.10	30	lfm	Sollbruchfugen	1,00	10,00						
				1,00	10,00	30,00	300,00	47,94	10,50	58,44	1.753,20
2.11	20	Std	Betonfacharbeiter (Stundenlohnarbeiten n. bes. Ermittlung)							40,00	1.800,00
			Nettoangebotssumme			1.748,32	54.807,65				142.159,84

Tabelle 1.14 Ermittlung der Einheitspreise über die Angebotsendsumme für eine Stützmauer (Quelle: KLR Bau, 2001, S. 54 ff)

| | | | | Kosten ohne Zuschlag je Einheit | | | | | | 1 | |
| | | | | 1 | 2 | 3 | 4 | Kosten ohne | | |
Pos. Nr.	Menge	Einheit	Beschreibung der Position	Stunden Lh	Löhne €	Stoffe €	Geräte €	NU €	Zuschlag €	Stunden Lh	Löhne Lh x 31,45 €/Lh
(1)	(2)	(3)	(4)	(5)	(6)	(7)	(8)	(9)	(10)	(11)	(12)
1.00			**Erdarbeiten**								
1.01	900	cbm	Aushub und seitliches Lagern Laderaupe 50 kW leistet 20 cbm/h Betrieb: 6,00 €/20 cbm				0,30				
			Vorhaltung: 25,78 €/20 cbm Bedienung 2 Mann:				1,29				
			2 Lh/20 cbm	0,10							
				0,10			1,59			90,00	
1.02	150	cbm	Abfuhr 2 Fahrzeuge: 2 × 50 €/20 cbm					5,00			
								5,00			
1.03	750	cbm	Hinterfüllung Laderaupe 50 kW leistet 20 cbm/h Betrieb:6,00 €/20bm				0,30				
			Vorhaltung: 25,78 €/20 cbm Rüttelplatte:				1,29				
			Betrieb: 0,97 €/20 cbm				0,05				
			Vorhaltung: 6,95 €/20 cbm Bedienung 3 Mann:				0,35				
			3 Lh/20 cbm	0,15							
				0,15			1,99			112,50	
2.00			**Beton- und Stahlbetonarbeiten**								
2.01	225	qm	Sauberkeitsschicht 5 cm C12/15 0,05 cbm (2 Lh + 50,00 €)	0,10		2,50					
			Abziehen 0,1 h	0,10							
				0,20		2,50				45,00	
2.02	120	cbm	Fundamentbeton C 20/25 wu (0,70 Lh + 65,00 €)	0,70		65,00					
				0,70		65,00				84,00	
2.03	120	cbm	Wandbeton C 20/25 wu (1,33 Lh + 65,00 €)	1,33		65,00					
				1,33		65,00				159,60	
2.04	200	qm	Fundamentschalung (0,75 Lh + 10,00 €)	0,75		10,00					
				0,75		10,00				150,00	
2.05	800	qm	Wandschalung (1,00 Lh + 10,00 €)	1,00		10,00					
				1,00		10,00				800,00	
2.06	12	t	Betonstahl BSt 500 S Schneiden, Biegen, Liefern und Verlegen					750,00			
								750,00			
2.07	12	t	Betonstahlmatten Bst 500 M Schneiden, Biegen, Liefern und Verlegen					750,00			
								750,00			
2.08	9,5	Lfm	Dehnungsfugen	1,00		7,50					
				1,00		7,50				9,50	
2.09	160	Lfm	Arbeitsfugen	0,30		2,50					
				0,30		2,50				48,00	
2.10	30	Lfm	Sollbruchfugen	1,00		10,00					
				1,00		10,00				30,00	
2.11	20	Std	Betonfacharbeiter (Stundenlohnarbeit n. bes. Ermittlung)						40,00		
										1.528,60	48.074,47

Tabelle 1.14 Fortsetzung

	Kosten ohne Zuschlag insgesamt				Kosten mit Zuschlag je Einheit					Angebotspreise	
Pos. Nr.	2 Stoffe	3 Geräte	4 NU	Kosten ohne Zuschlag	1 Löhne	2 Stoffe	3 Geräte	4 NU	Kosten ohne Zuschlag	Einheitspreise	Preis je Teilleistung
	€	€	€	€	€	€	€	€	€	€	€
	(13)	(14)	(15)	(16)	(17)	(18)	(19)	(20)	(21)	(22)	(23)
					x 56,59	x 1,15	x 1,15	x 1,12			
1.00 1.01											
1.02		1.431,00			5,66		1,83			7,49	6.741,00
1.03			750,00					5,60		5,60	840,00
2.00		1.492,50			8,49		2,29			10,78	8.085,00
2.01											
2.02	562,50				11,32	2,88				14,20	3.195,00
2.03	7.800,00				39,61	74,75				114,36	13.723,20
2.04	7.800,00				75,26	74,75				150,01	18.001,20
2.05	2.000,00				42,44	11,50				53,94	10.788,00
2.06	8.000,00				56,59	11,50				68,09	54.472,00
2.07			9.000,00					840,00		840,00	10.080,00
2.08			9.000,00					840,00		840,00	10.080,00
2.09	71,25				56,59	8,63				65,22	619,59
2.10	400,00				16,98	2,88				19,86	3.177,60
2.11	300,00				56,59	11,50				68,09	2.042,70
				800,00					40,00	40,00	800,00
	26.933,75	2.923,50	18.750,00	800,00							

Angebotssumme (netto):	142.645,29
+ 16 % Umsatzsteuer:	22.823,25
Angebotssumme (brutto):	165.468,54

Tabelle 1.15 Ermittlung der Gemeinkosten der Baustelle für eine Stützmauer (Quelle: KLR Bau, 2001, S. 55)

		1		2	3	4
	Gemeinkosten der Baustelle	Stunden	Löhne und Gehälter	Stoffe	Geräte	NU-Leistung
		Lh	€	€	€	€
Zeitunabhängige Gemeinkosten	Kosten für das Einrichten und Räumen der Baustelle (für Umformer, Innenrüttler, sonst. Geräte sowie Schalung und Rüstung)	220,00	6.919,00			2.700,00
	Kosten der technischen Bearbeitung, Konstruktion und Kontrolle		2.900,00			
	Zwischensumme	220,00	9.819,00			2.700,00
Zeitabhängige Gemeinkosten	Vorhaltekosten 2 × 600,00				1.200,00	
	Kosten der örtlichen Bauleitung					
	½ Bauleiter 2 Monate 0,5 × 7.000,00 × 2		7.000,00			
	Vermesser anteilig		700,00			
	0,3 Baukaufmann 2 Monate 0,3 × 5.000,00 × 2		3.000,00			
	Betriebs- und Bedienungskosten				2.300,00	
	Zwischensumme		10.700,00		3.500,00	
	Summe	220,00	20.519,00		3.500,00	2.700,00

Tabelle 1.16 Ermittlung der Herstellkosten, der Angebotssumme und des Kalkulationslohnes (Kalkulationsschlussblatt) für eine Stützmauer (Quelle: KLR Bau, 2001, S. 56)

	I. Ermittlung der Herstellkosten							
	Mittellohn APSL: 31,45 €/Lh	Stunden	1	2	3	4	5	Summe
	Kostenarten		Löhne Gehälter	Stoffe	Geräte	NU	Kosten ohne Zuschlag	
			€	€	€	€	€	€
(1)	Einzelkosten der Teilleistungen	1.528,60	48.074,47	26.933,75	2.923,50	18.750,00	800,00	97.481,72
(2)	Gemeinkosten der Baustelle	220,00	20.519,00		3.500,00	2.700,00		26.719,00
(3)	Herstellkosten		68.593,47	26.933,75	6.423,50	21.450,00	800,00	124.200,72
	II. Ermittlung der Angebotssumme							
(4)	Allgemeine Geschäftskosten in % der Angebotssumme		8,00	8,00	8,00	8,00		
(5)	Gewinn und Wagnis in % der Angebotssumme		5,00	5,00	5,00	5,00		
(6)	Gesamtzuschlag in % der Angebotssumme		13,00	13,00	13,00	13,00		
(7)	Gesamtzuschlag in % auf Herstellkosten (%x100)/(100-%)		14,94	14,94	14,94	14,94		
(8)	Gesamtzuschlag in € auf Herstellkosten		10.247,86	4023,90	959,67	3204,63		18.436,06
(9)	Angebotssumme ohne Umsatzsteuer							142.636,78
	III. Ermittlung der Zuschlagsätze und des Angebotslohnes							
(10)	Abzüglich Einzelkosten der Teilleistungen (1)							-97.481,72
(11)	Umzulegende Kosten (Schlüsselkosten) (9)-(10)							= 45.155,06
(12)	Gewählte Zuschläge (%) auf Einzelkosten der Teilleistungen			15,00	15,00	12,00		
(13)	Summe der Vorabumlage (€)			4.040,06	438,53	2.250,00		-6.728,59
(14)	Restumlage							38.426,47
(15)	Zuschlag auf Lohnkosten (%)	79,93	= (Restumlage x 100)/Löhne der Einzelkosten der Teilleistungen					
			= (38.426,47 x 100)/48.074,47					
(16)	Angebotslohn in €/h	56,59	Mittellohn APSL (€/Lh) x (100 % + Zuschlag auf Lohn (15))					

Zusatzleistungen per Saldo nicht unterschritten wird. Dieser einheitliche Zuschlagssatz für alle Kostenarten ist auf Stoffe, Geräte und Nachunternehmerleistungen deutlich höher und auf Löhne deutlich niedriger als bei den in Deutschland gewohnten Vorabumlagen und den sich danach einstellenden Restumlagen auf Löhne.

Firmenpolitische Abschlussarbeiten

Die für eine Angebotsbearbeitung erforderlichen Arbeiten lassen sich grundsätzlich in zwei Bereiche zerlegen:

- Tätigkeiten, die von allen fachkundigen und erfahrenen Kalkulatoren übernommen werden können, soweit sie die Kostenauswirkungen der jeweils zu wählenden Bauverfahren und die Prinzipien wirtschaftlicher Bauabwicklung kennen, und
- Tätigkeiten, die den firmenpolitischen Spielraum darstellen und üblicherweise von Oberbauleitern, Niederlassungsleitern bzw. Geschäftsführern wahrgenommen werden.

Die firmenindividuellen Einflüsse werden i. d. R. in Form einer Kalkulationsbesprechung durch die Geschäftsleitung eingebracht. Gegenstand dieser Besprechung sind

- die Zuschläge für Allgemeine Geschäftskosten, Wagnis und Gewinn,
- die Bewertung schwierig einzuschätzender Gemeinkostenanteile,
- die Überprüfung der Aufwands- und Leistungswerte wesentlicher Leitpositionen (diejenigen ca. 20 % aller Positionen, die etwa 80 % der Angebotssumme ausmachen),
- die Überprüfung der Endergebnisse durch Plausibilitätskontrollen mit Hilfe von Kostenkennwerten und Verhältniszahlen,
- die Bewertung von risikobeeinflussenden Festlegungen in den Verdingungsunterlagen sowie von äußeren Bedingungen,
- die Einschätzung der jeweiligen Marktlage und
- die Frage, ob das Risiko der Angebotsabgabe mit der daraus entstehenden Bindungswirkung im Auftragsfall beherrschbar ist (Prozesshürde der Angebotsabgabe).

1.5.2.8 Voll- und Teilkostenrechnung (Deckungsbeitragsrechnung)

Bei der Vollkostenrechnung werden sämtliche Kosten der Leistungserstellung den einzelnen Kostenträgern zugerechnet.

Bei der Teilkostenrechnung werden den Kostenträgern lediglich die durch die Leistungserstellung verursachten variablen Kosten zugerechnet, während die beschäftigungsunabhängigen fixen Kosten der Betriebsbereitschaft gesondert erfasst werden.

Anstelle des Begriffs Teilkostenrechnung wird vielfach auch der Begriff Deckungsbeitragsrechnung verwendet. Werden nur noch die variablen Kosten berücksichtigt, so geht die Teilkostenrechnung über in die Grenzkostenrechnung.

Bei der Deckungsbeitragsrechnung werden die Gesamtkosten einer Abrechnungsperiode in variable (leistungsabhängige) und fixe (der Deckung der Betriebsbereitschaft dienende Kosten) unterschieden. Den Kostenträgern werden lediglich die durch die Leistungserstellung verursachten variablen Kosten zugerechnet, während die beschäftigungsunabhängigen fixen Kosten der Betriebsbereitschaft gesondert erfasst werden. Auf eine Aufschlüsselung und Umlage der fixen Kosten auf die variablen Kosten der Kostenstellen wird verzichtet.

Deckungsbeitrag = Erlöse ./. variable Kosten

Die Summe aller Deckungsbeiträge während des Geschäftsjahres dient zunächst zur Deckung aller bei den einzelnen Kostenstellen anfallenden fixen Kosten und nach dem Erreichen der Gewinnschwelle zur Erzielung eines Gewinns. Im Rahmen dieses Gewinns liegt der preispolitische Spielraum. Die Gewinnschwelle in der Deckungsbeitragsrechnung und die Abhängigkeit der Gewinn- und Verlustentwicklung von der Menge/dem Beschäftigungsgrad zeigt *Abb. 1.67*.

Die Deckungsbeitragsrechnung findet Anwendung bei der Preisfindung, der Erfolgskontrolle und -steuerung sowie der Kostenkontrolle der Bereitschaftskosten.

Vielfach wird die Deckungsbeitragsrechnung als Allheilmittel gegen zurückgehende Auftragsbestände angesehen. Dies ist jedoch nur sehr bedingt richtig. Es gilt:

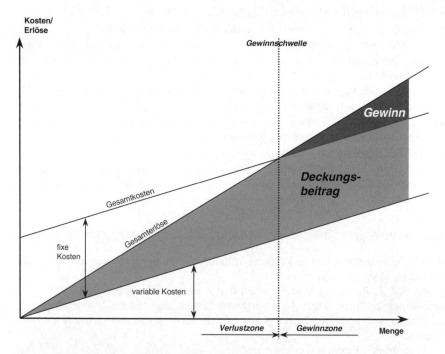

Abb. 1.67 Deckungsbeitrag sowie Kosten- und Erlösverlauf

- Bei der Vollkostenkalkulation wird der Angebotspreis mit voller Deckung der variablen und fixen Kosten ermittelt. Bei sinkender Beschäftigung bzw. rückläufigem Umsatz führt dies zur Notwendigkeit einer Erhöhung der Schlüsselkostenumlage. Hierdurch erhöhen sich entsprechend die Angebotspreise des Unternehmens und verringern sich in marktwirtschaftlichen Systemen seine Auftragschancen.
- Hat das Unternehmen jedoch bereits seine Gewinnschwelle erreicht und die Fixkosten gedeckt, so kann es zusätzliche Aufträge mit kurzen Durchführungszeiten unter teilweisem oder völligem Verzicht auf Deckung weiterer Fixkosten hereinnehmen, um seine Beschäftigungslage zu stabilisieren. Dies gilt jedoch nur für solche Bauaufträge, die nach Erreichen der Gewinnschwelle (z. B. im September/Oktober eines Geschäftsjahres) noch bis zum Jahresende abgewickelt werden können, da ansonsten das neue Geschäftsjahr mit Aufträgen belastet wird, die keine Fixkostendeckung erwirtschaften.

Die Gefahr der Anwendung der Deckungsbeitragsrechnung besteht darin, daß man sich über eine nicht erreichte Fixkostendeckung hinwegsetzt und diese von einer unbestimmten Zukunft erhofft.

Die Ermittlung der Preisuntergrenze bei Aufrechterhaltung der Liquidität bietet sich u. U. dann an, wenn man die Liquidität des Unternehmens kurzfristig nicht verschlechtern will. Es kann dann für bis zum Jahresende abgeschlossene Aufträge auf Wagnis und Gewinn sowie Abschreibung und Verzinsung der Maschinen und Geräte verzichtet werden.

Zur Ermittlung der Preisuntergrenze bei vollständigem Verzicht auf Deckung der Fixkosten werden dagegen von der auf Vollkostenbasis errechneten Angebotssumme zusätzlich abgezogen:

- Allgemeine Geschäftskosten sowie
- Baustellengehaltskosten (örtliche Bauleitung, Poliere und technische Bearbeitung).

1.5.3 Kosten-, Leistungs- und Ergebnisrechnung (KLER)

Die KLER hat folgende Aufgaben:

- kostenstellenbezogene Ermittlungen für eigene Baustellen und Gemeinschaftsbaustellen, für Verwaltungsstellen sowie für Hilfsbetriebe und Verrechnungskostenstellen mit der Zielsetzung der Abgrenzung und Kontrolle von Verantwortungsbereichen, der Ermittlung der Kostenartenstruktur je Kostenstelle, der Analyse der Ergebnisse nach Bausparten und der Bildung innerbetrieblicher Verrechnungssätze und Kalkulationsvorgabewerte,
- bereichsbezogene Ermittlungen für zusammengefaßte Kostenstellen,
- gesamtbetriebliche Ermittlungen zur Darstellung der Kostenarten-, Leistungsarten- und Ergebnisstruktur,
- Ermittlung innerbetrieblicher Verrechnungssätze für innerbetriebliche Leistungen,
- Ermittlung von Kalkulationsvorgabewerten und Zuschlagssätzen,

- Ermittlung der Herstellkosten nach Handels- und Steuerrecht, insbesondere für die Bewertung unfertiger Bauleistungen, und
- Bereitstellung von Zahlen für die Soll-Ist-Vergleichsrechnung.

Der Aufbau der Baubetriebsrechnung hat den Erfordernissen des baubetrieblichen Produktionsprozesses durch eine Kosten-, Leistungs- und Ergebnisrechnung zu entsprechen. Um die Baubetriebsrechnung von der Unternehmensrechnung abgrenzen zu können, ist zusätzlich eine Abgrenzungsrechnung erforderlich.

1.5.3.1 Kostenrechnung

Die Kostenrechnung besteht aus der Kostenarten-, Kostenstellen- und Kostenträgerrechnung sowie der Verrechnung der innerbetrieblichen Kosten.
Kostenartenrechnung

Die Kostenartenrechnung dient der Erfassung sämtlicher Kostenarten in einem bestimmten Zeitabschnitt. Mit der nachfolgend aufgeführten und in der KLR Bau (2001) weiter differenzierten Gliederung werden die Kostenarten in der Bauauftrags-, der Baubetriebsrechnung und im Soll-Ist-Vergleich einheitlich gruppiert:

1. Lohn- und Gehaltskosten für Arbeiter und Poliere,
2. Kosten der Baustoffe und der Fertigungsstoffe,
3. Kosten des Rüst-, Schal- und Verbaumaterials einschl. der Hilfsstoffe,
4. Kosten der Geräte einschl. der Betriebsstoffe,
5. Kosten der Geschäfts-, Betriebs- und Baustellenausstattung,
6. Allgemeine Kosten,
7. Fremdarbeitskosten und
8. Kosten der Nachunternehmerleistungen.

Kostenstellenrechnung

Während die Kostenartenrechnung zeigt, welche Kosten angefallen sind, hat die Kostenstellenrechnung Aufschluss darüber zu geben, wo diese Kosten entstanden sind. Den Kostenstellen sind entstehende Kosten möglichst verursachungsgerecht zuzuordnen. Ihre Bildung kann nach verschiedenen, kombinierbaren Kriterien erfolgen (nach Regionen, Funktionen, Verantwortungsbereichen und rechentechnischen Erwägungen). Da auf den Kostenstellen i. d. R. Leistungen erbracht werden, können sie auch als Leistungsstellen bezeichnet werden (*Abb. 1.68*).

Hauptkostenstellen sind üblicherweise die Baustellen. Als Hilfskostenstellen werden Verwaltungskostenstellen sowie Hilfsbetriebe und Verrechnungskostenstellen bezeichnet.

Bei der direkten Verrechnung werden die Kosten den Kostenstellen dem Verursacherprinzip entsprechend unmittelbar zugeordnet. Bei der indirekten Verrechnung werden die Kosten den Kostenstellen entweder mit Hilfe von Schlüsseln oder im Umlageverfahren zugeordnet.

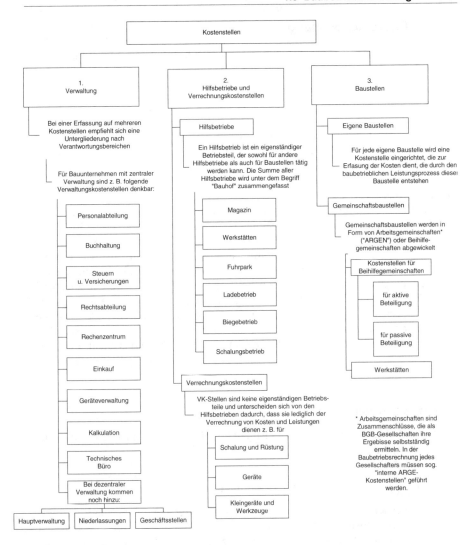

Abb. 1.68 Kostenstellenkatalog nach KLR Bau

Kostenträgerrechnung

Diese ordnet die Kosten dem einzelnen Produkt zu. In der Bauauftragsrechnung sind Bauleistungen die eigentlichen Kostenträger, die nach Positionen im Leistungsverzeichnis beschrieben sind. In der Baubetriebsrechnung werden dagegen die Kosten den Baustellen zugeordnet, die damit zugleich den Charakter eines Kostenträgers erhalten, so dass eine zusätzliche Kostenträgerrechnung nicht erforderlich ist.

1.5.3.2 Leistungsrechnung

Die Leistungsrechnung gliedert sich in die Leistungsarten- und Leistungsstellenrechnung sowie die Verrechnung der innerbetrieblichen Leistungen.

Leistungsartenrechnung

Die Leistungsartenrechnung dient der Erfassung sämtlicher Leistungsarten in einem bestimmten Zeitabschnitt. Die Gliederung entspricht im Wesentlichen der Kontenklasse 5 des BKR 87 in der Unternehmensrechnung (vgl. *Tabelle 1.9*). Die wesentliche Leistungsart sind Bauleistungen, bestehend aus Hauptauftrag, Zusatz- und Nachtragsaufträgen.

Um zu einem bestimmten Stichtag eine Abschlagsrechnung an den Auftraggeber stellen zu können, müssen alle Leistungen, die bis zum Stichtag erbracht wurden, in einer Leistungsmeldung erfasst werden. Dazu werden zunächst pro Position des Leistungsverzeichnisses aus Ausführungsplänen oder durch Aufmaß die zum Stichtag erbrachten Mengen ermittelt. Diese werden mit den im Einheitspreisvertrag festgelegten Einheitspreisen multipliziert. Anschließend werden die Nachtragsarbeiten und evtl. Stundenlohnarbeiten in gleicher Weise bewertet. Ggf. sind Leistungsberichtigungen aus Minderungen wegen Preisnachlässen oder aus Mängeln zu berücksichtigen. Nur teilweise ausgeführte Positionen sind entsprechend ihrem Fertigstellungsgrad zu bewerten. Angelieferte, aber noch nicht eingebaute Stoffe sind mit den um das Einbauen reduzierten Preisen in die Leistungsmeldung aufzunehmen.

Leistungsstellenrechnung

In der Baubetriebsrechnung sind Leistungsstellen identisch mit Kostenstellen und deren Gliederung.

Verrechnung innerbetrieblicher Leistungen

Die innerbetriebliche Leistungsverrechnung bewertet den Tatbestand, dass zwischen den verschiedenen Stellen des Baubetriebes ein ständiger Leistungsaustausch stattfindet. Diese Leistungen müssen zunächst ermittelt und dann der empfangenden Kostenstelle mit Hilfe von Verrechnungssätzen belastet und der abgebenden Stelle als innerbetriebliche Leistung anhand interner Verrechnungssätze gutgeschrieben werden.

1.5.3.3 Ergebnisrechnung

Ergebnis im Rahmen der KLER ist die Differenz zwischen den erbrachten Bauleistungen und den dadurch verursachten Kosten. Dabei ist zu unterscheiden zwischen Einzel- und Gesamtergebnissen für einzelne Aufträge (kostenstellen- und periodenbezogene Ergebnisse), für einzelne Bereiche (z. B. Abteilung Hochbau) oder für das gesamte Unternehmen.

Die Objekte, auf die Kosten und Leistungen bezogen und für die damit Ergebnisse ermittelt werden, können sein:

• die Teilleistungen eines Bauauftrages als Kostenträger,

- die einzelnen Baustellen oder alle Baustellen einer Sparte als Kostenstellen sowie
- das Bauunternehmen als Ganzes als Kostenstelle.

Bei den Perioden, auf die Ergebnisse bezogen werden können, unterscheidet man:

- Abrechnungsperioden (z. B. Monat),
- Zeit vom Baubeginn bis zum vorherigen Stichtag,
- Zeit vom Baubeginn bis zum jeweiligen Stichtag,
- Zeit vom Beginn des Geschäftsjahres bis zum vorherigen Stichtag sowie
- Zeit vom Beginn des Geschäftsjahres bis zum jeweiligen Stichtag.

Das Beispiel einer monatlichen Kosten-, Leistungs- und Ergebnisrechnung einer Baustelle zeigt *Tabelle 1.17* (s. S. 182–183). Wichtig ist, das Ergebnis vom Stichtag bis zum Auftragsende in der Prognose fortzuschreiben, dann monatlich mit dem Ist-Ergebnis zu vergleichen und die Abweichungen zu begründen. Dadurch können rechtzeitig ggf. erforderliche ergebnisverbessernde Anpassungsmaßnahmen eingeleitet werden.

1.5.4 Abgrenzungsrechnung als Bindeglied zwischen Unternehmensrechnung und KLER

Die Ermittlung des Ergebnisses für ein gesamtes Unternehmen kann entweder mittels eines Betriebsabrechnungsbogens (BAB) oder aber mit Hilfe von zwei Abstimmkreisen vorgenommen werden.

Bei Verwendung eines Betriebsabrechnungsbogens werden zunächst die Kosten und Leistungen der Kostenstellen ermittelt und direkt oder indirekt den empfangenden und abgebenden Stellen zugeordnet. Anschließend werden die innerbetrieblichen Kosten und Leistungen entweder mit festgelegten Verrechnungssätzen oder durch Umlage der Ist-Kosten verrechnet. Nach Verrechnung der Verwaltungskosten auf die Baustellen können die Selbstkosten der Baustellen ermittelt werden. Die Subtraktion der Selbstkosten von den Leistungen ergibt die Baustellenergebnisse.

Das Betriebsergebnis erhält man dann durch die Addition der summierten Baustellenergebnisse unter Berücksichtigung der im Bereich Verwaltung, Hilfsbetriebe und Verrechnungskostenstellen entstandenen Über- und Unterdeckungen (KLR Bau, 2001, S. 97 f).

Tabelle 1.17 Monatliche Kosten-, Leistungs- und Ergebnisrechnung einer Baustelle (Quelle: KLR Bau, 2001, S. 101)

KLR Bau		Kostenarten	von Baubeginn bis Vormonat	Berichtsmonat	von Baubeginn bis Stichtag	Anteil an Herstellkosten
	Nr.	Bezeichnung	von Beginn des Geschäftsjahres bis Vormonat €	€	von Beginn des Geschäftsjahres bis Stichtag €	%
1	2	3	4	5	6	7
Direkte und indirekte Verrechnung der Kosten auf die Kostenstelle sowie die in die entspr. Kostenart eingefügten Beträge aus der innerbetriebl. Verrechnung	1.	Lohn- und Gehaltskosten AP einschließlich geschlüsselte Sozialkosten	216.072 / 110.000	46.800	262.872 / 156.800	40,7 / 47,8
	2.	Kosten der Baustoffe und des Fertigungsmaterials	186.162 / 89.900	47.000	233.162 / 139.900	36,1 / 41,7
	3.	Kosten des Rüst-, Schal- und Verbaumaterials	5.065 / 4.000	3.000	8.065 / 7.000	1,2 / 2,1
	4.	Kosten der Geräte	12.482 / 5.500	2.500	14.982 / 8.000	2,3 / 2,5
	5.	Kosten der Betriebs- und Baustellenausstattung	14.145 / 4.200	1.800	15.945 / 6.000	2,5 / 1,8
	6.	Allgemeine Kosten	3.277 / 1.610	490	3.767 / 2.100	0,6 / 0,6
	7.	Fremdarbeitskosten	2.400 / 2.400	2.100	4.500 / 4.500	0,7 / 1,4
	8.	Kosten der Nachunternehmerleistungen	99.059 / 3.300	3.000	102.059 / 6.300	15,8 / 1,9
	+/./.	Noch nicht in der Abgrenzung erfasste Korrekturen	280 / 100	500	780 / 600	0,1 / 0,2
	1 bis 8 +/./. Korrekt.	Herstellkosten	538.942 / 221.010	107.190	646.132 / 328.200	100 / 100
	Herstellkosten + Allg. Geschäftskosten = Gesamtkosten	Verrechnete Allgemeine Geschäftskosten	80.841 / 33.151	16.079	96.920 / 49.230	15 / 15
		Gesamtkosten	619.783 / 254.161	123.269	743.052 / 377.430	115 / 115

KLR Bau						
Leistung von Baubeginn bis Vormonat	656.327 €		Leistung von Beginn des Geschäftsjahres bis Vormonat	329.500 €	Leistung/Monat	107.300 €
Kosten von Baubeginn bis Vormonat	619.783 €		Kosten von Beginn des Geschäftsjahres bis Vormonat	254.161€	Kosten/Monat	123.269 €
Ergebnis von Baubeginn bis Vormonat	36.544 €	5,9[5]	Ergebnis von Beginn des Geschäftsjahres bis Vormonat	75.339 €	29,6[5] — Ergebnis/Monat	./. 15.969 €

[1] Die in dieses Kostenstellenblatt eingehenden Kosten und Leistungen bzw. Verrechnungen sind grundsätzlich abgegrenzt

[2] Auf die Aufführung der einzelnen Leistungsarten kann verzichtet werden

[3] Werte aus Leistungsmeldungen

Tabelle 1.17 (Fortsetzung)

KLR Bau		Leistungsarten[2]		von Baubeginn bis Vormonat[3]	Berichtsmonat	von Baubeginn bis Stichtag[3]	Anteil an Gesamtleistung
	Nr.	Bezeichnung		von Beginn des Geschäftsjahres bis Vormonat €	€	von Beginn des Geschäftsjahres bis Stichtag €	%
8	9	10		11	12	13	14
Verrechnung der Leistung	010	Bauleistungen	Erbrachte und abgerechnete Bauleistungen laut LV	16.300 / 9.800	6.000	22.300 / 15.800	2,9 / 3,6
			Erbrachte und abgeschlossene, aber noch nicht abgerechnete Bauleistungen	505.900 / 245.400	68.100	574.000 / 313.500	75,2 / 71,8
			Teilfertige Bauleistungen laut LV	89.500 / 44.000	20.500	110.000 / 64.500	14,4 / 14,8
	014						
	015	Nachtragsarbeiten	Erbrachte und abgerechnete Nachtragsarbeiten	6.068 / 4.500	2.000	8.068 / 6.500	1,1 / 1,5
			Erbrachte, aber noch nicht abgerechnete Nachtragsarbeiten	15.100 / 12.000	-	15.100 / 12.000	2,0 / 2,7
	016	Stundenlohnarbeiten	Erbrachte und abgerechnete Stundenlohnarbeiten	- / -	-	- / -	- / -
			Erbrachte, aber noch nicht abgerechnete Stundenlohnarbeiten	14.600 / 10.000	4.300	18.900 / 14.300	2,5 / 3,3
	019	Sonst. Bauleistungen	Sonstige Bauleistungen abgerechnet[4]	2.100	-	2.100	0,2
			nicht abgerechnet[4]	-		-	-
		Vorverrechnungen	Abgerechnet, aber noch zu erbringende Bauleistungen	5.959 / 3.000	6.300	12.259 / 9.300	1,6 / 2,1
	+	Leistungsberichtigungen	Erhöhungen	800 / 800	100	900 / 900	0,1 / 0,2
	./.		Minderungen	- / -	-	- / -	- / -
			Gesamtleistung	656.327 / 329.500	107.300	763.627 / 436.800	100,0 / 100,0

KLR Bau	Leistung von Baubeginn bis Stichtag	763.627 €		Leistung von Beginn des Geschäftsjahres bis Stichtag	436.800 €	
	Kosten von Baubeginn bis Stichtag	743.052 €		Kosten von Beginn des Geschäftsjahres bis Stichtag	377.430 €	
	Ergebnis von Baubeginn bis Stichtag	20.575 €	2,8[5]	Ergebnis von Beginn des Geschäftsjahres bis Stichtag	59.370 €	15,7[5]
	% gegenüber Vormonat	./. 43,7 %		% gegenüber Vormonat	./. 21,2 %	

[4] Korrekturen ggf. bei der einzelnen Kostenart vornehmen
[5] Jeweiliges Ergebnis in % der entsprechenden Kosten. Es ist auch möglich, das jeweilige Ergebnis in % der Leistung auszudrücken.

Wird eine mit der Unternehmensrechnung verbundene KLER mit zwei Abstimmkreisen aufgebaut, so sind drei Gruppen von Geschäftsvorfällen zu unterscheiden (KLR Bau, 2001, S. 78 ff):

- nur die Unternehmensrechnung betreffend:
  - bilanzielle Abschreibungen und
  - Erhöhung oder Verminderung des Bestandes an nicht abgerechneten Bauleistungen;
- nur die KLER betreffend:
  - kalkulatorische Abschreibungen entsprechend dem Werteverzehr des baubetrieblichen Leistungsprozesses,
  - kalkulatorische Zinsen auf das betriebsnotwendige Kapital und
  - nicht abgerechnete Bauleistungen;
- sowohl die Unternehmensrechnung als auch die KLER betreffend:
  - periodengerechte Abgrenzung und Zuordnung, vollständige Erfassung aller Kosten und Leistungen des Baubetriebes sowie
  - Abgrenzung der Bestände am Schluss eines Geschäftsjahres aufgrund der Inventur.

Es entspricht den Anforderungen an eine leistungsfähige KLER, jederzeit und unabhängig von der handels- und steuerrechtlichen Bilanzierung die Kosten, Leistungen und Ergebnisse der Baustellen ermitteln zu können. Voraussetzung hierfür ist eine Trennung der Unternehmensrechnung von der KLER. Diese Trennung lässt sich mit einem sog. Übernahmekonto erreichen.

Die Buchhaltung beider Abrechnungskreise lässt sich mit Hilfe von Zuordnungsziffern steuern, die angeben, ob nur die Unternehmensrechnung, nur die KLER oder beide betroffen sind.

1.5.5 Soll-Ist-Vergleichsrechnung

Im Rahmen von Soll-Ist-Vergleichen werden Soll- und Ist-Zahlen gegenübergestellt, um deren Abweichungen zu ermitteln und zu analysieren (KLR Bau, 2001, S. 102). Sie dienen

- der Kontrolle der Aufwands- und Leistungswerte sowie der Faktorpreise der Vorkalkulation mittels Nachkalkulation zur Verbesserung künftiger Vorkalkulationen,
- der Kontrolle und Steuerung des baubetrieblichen Geschehens sowie
- der Bildung von Kennzahlen.

Ferner werden im Rahmen der Projektsteuerung Soll-Ist-Vergleiche durchgeführt, wie z. B. zur Ermittlung von Zeitabweichungen zwischen der Bauablaufplanung und dem tatsächlichen Bauablauf sowie von Abweichungen zwischen ausgeführten Mengen und ausgeschriebenen LV-Mengen.

Soll-Ist-Vergleiche können sich auf die Gesamtbaustelle, einzelne Bauabschnitte, Arbeitsvorgänge gemäß BAS (Bauarbeitsschlüssel) oder einzelne LV-Positionen beziehen. Als Mengen sind Arbeits- und Gerätestunden, -tage bzw. -monate sowie Stoffe zu erfassen. Als Werte sind Kosten, Leistungen und Ergebnisse zu messen. Die Vergleiche sind zweckmäßigerweise periodisch während der Leistungserstellung anzustellen, um bei Abweichungen noch steuernd eingreifen zu können. Nach abgeschlossener Leistung dienen sie lediglich noch der Gewinnung von Kennzahlen.

Die Ermittlung von Ist-Zahlen setzt ein entsprechendes Berichtswesen voraus. Dazu gehören

- Lohnberichte für die tägliche Berichterstattung der Arbeitsstunden, ggf. nach BAS,
- Baugeräteberichte für die Berichterstattung der Gerätestunden und der vom Gerät erbrachten Bauleistungen,
- Lieferscheine bzw. Rechnungen für die Stoffe sowie
- Leistungsmeldungen mit den tatsächlich erbrachten Leistungsmengen.

Abbildung 1.69 zeigt einen Kostenvergleich für Schalarbeiten mit Ursachenanalyse.

		SOLL	IST	IST-SOLL
Menge	m^2	1.000	600	-400
Aufwandswert	Lh/m^2	0,5	(0,8)	(+0,3)
Zeitaufwand	Lh	500	480	-20
Kalkulationslohn	€/Lh	50	55	+5
Lohnkosten	€	25.000	26.400	+1.400
Lohnkosten / E	€/m^2	25	44	19

Kostendifferenzen		€
1 aus Mengenunterschreitung		-10.000
-400 x 0,3 x 50		
2 aus Aufwandsüberschreitung		
600 x 0,3 x 50		+9.000
3 aus Kalkulationslohnüberschreitung		
600 x 0,8 x 5		+2.400

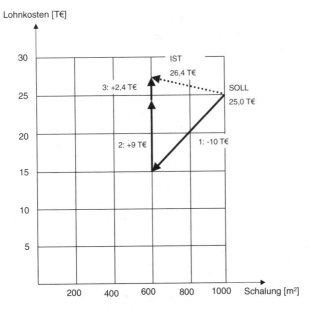

Abb. 1.69 Soll-Ist-Vergleich der Kosten für Schalarbeiten und Ursachenanalyse

1.5.6 Kennzahlenrechnung

Jedes Bauunternehmen muss für sich entscheiden, welche Kennzahlen benötigt werden. Dies gilt auch für diejenigen, die anhand der Daten der KLR Bau (2001) ausgewählt und gebildet werden können. Dabei ist jeweils der Verwendungszweck zu berücksichtigen, der in der betriebsinternen Vorgabe, im Zeitreihenvergleich oder aber im zwischenbetrieblichen Branchenvergleich (Benchmarktest) liegen kann.

Es empfiehlt sich, Kennzahlen der KLR Bau (2001) zunächst nach den Bereichen Bauauftragsrechnung, KLER und Soll-Ist-Vergleichsrechnung zu gliedern.

Kennzahlen im Rahmen der Bauauftragsrechnung sind im Wesentlichen Aufwands- und Leistungswerte, Mittellöhne sowie Lohnkosten, bezogen auf die Herstellkosten. Durch die Bauauftragsrechnung werden keine neuen Kennzahlen gebildet. Vielmehr arbeitet sie mit Kennzahlen aus der KLER und insbesondere aus der Soll-Ist-Vergleichsrechnung.

Kennzahlen der KLER sind nach Kosten-, Leistungs- und Ergebnisrechnung zu unterscheiden.

Im Rahmen der Kostenrechnung ergeben sich

- Kennzahlen der Kostenarten des Gesamtbetriebes aus der Relation der in der KLER ermittelten Kosten zueinander (z. B. Anteil der Löhne und Gehälter an den Gesamtkosten),
- Kennzahlen der Kosten der Verwaltung (z. B. Anteil der Gehaltskosten an den gesamten Verwaltungskosten),
- Kennzahlen der Kosten der Hilfsbetriebe (z. B. Entwicklung des Geräteausnutzungsgrads zwischen Berichtsjahr und Vorjahr) sowie
- Kennzahlen der Kosten der Baustellen (z. B. Löhne und Gehälter/Arbeitsstunden).

Im Rahmen der Leistungsrechnung sind Kennzahlen zu bilden für

- die Leistungsarten des Gesamtbetriebes aus den anteiligen Relationen und in Relation zur Gesamtleistung (z. B. Anteil der Leistungen einzelner Bausparten an den gesamten Bauleistungen),
- die Leistungen der Verwaltung und der Hilfsbetriebe (z. B. innerbetrieblich verrechnete Leistungen/Gesamtkosten der Verwaltung und der Hilfsbetriebe),
- die Leistungsstruktur der Baustellen (z. B. Anteil der Nachunternehmerleistungen an der gesamten Bauleistung) sowie für
- die Arbeitsproduktivität (z. B. Leistung je Beschäftigtem und Jahr).

Kennzahlen der Ergebnisrechnung erstrecken sich auf

- die Betriebsergebnisrechnung (z. B. Gesamtergebnis der eigenen Baustellen in % der Gesamtleistung der eigenen Baustellen),
- die Ergebnisrechnung der Verwaltung und der Hilfsbetriebe (z. B. Ergebnis eines Hilfsbetriebes in % der Leistungen eines Hilfsbetriebes) sowie
- die Ergebnisrechnung der Baustellen (z. B. Ergebnis in % der Gesamtleistung vom Jahresbeginn bis zum Stichtag).

Kennzahlen der Soll-Ist-Vergleichsrechnung betreffen i. d. R. nur den Baustellen-bereich. Dabei geht es vorrangig um die Ermittlung von Soll-Ist-Abweichungen für

- den Mittellohn im Berichtszeitraum,
- die Arbeitsstunden im Berichtszeitraum sowie
- die Aufwands- und Leistungswerte.

1.6 Nachtragsprophylaxe und Claimmanagement

Für Bauverträge ist es typisch, dass die von Auftraggebern ausgeschriebenen Leistungen und die nach Auftragserteilung tatsächlich von den Unternehmern geforderten Leistungen wesentliche Abweichungen aufweisen, sei es aus Mengenänderungen, Teilkündigungen, geänderten oder zusätzlichen Leistungen. Hinzu kommen häufig Behinderungen, vor allem wegen nicht rechtzeitiger Planlieferungen. Diese für Bauaufträge typischen Fälle werden erweitert durch *Abb. 1.70* und *Tabelle 1.18* mit vier nicht deckungsgleichen Ellipsen aus erforderlichen, beauftragten, ausgeführten und bezahlten Leistungen. Daraus ist ersichtlich, dass lediglich die Teilfläche 15 konfliktfrei ist. Konflikte ergeben sich

- für den Auftraggeber aus den Teilflächen 1, 4, 5, 8, 10, 11, 12 und 14,
- für den Auftragnehmer aus den Teilflächen 3, 7, 9 und 13 sowie
- für Auftraggeber und Auftragnehmer aus den Teilflächen 2 und 6.

Um diese Konflikte zu vermeiden, ist es notwendig, dass seitens der Auftraggeber rechtzeitig Maßnahmen zur Nachtragsprophylaxe und seitens der Auftragnehmer rechtzeitig Maßnahmen für das Nachtrags- oder Claimmanagement eingeleitet werden.

Zielsetzung der AG und der AN sollte stets sein, Meinungsverschiedenheiten über die Vergütung von Leistungsänderungen, Zusatzleistungen und Behinderungsfolgen auf dem Verhandlungswege außergerichtlich beizulegen.

Bauprozesse sind langwierig (Prozessdauer in der 1. Instanz selten unter 18 Monaten), aufwendig und i. d. R. für jede Partei unbefriedigend. Sowohl bei Vergleichen als auch bei Urteilen liegen die Ergebnisse i. d. R. zwischen 30 und 70 % des Streitwertes mit einer Häufung bei 50 % (Diederichs, 2004b).

Durch die zunehmend funktionale und nur pauschale Beschreibung sowie Vergabe von Bauleistungen im Globalpauschalvertrag entstehen zwischen Auftraggebern (AG) und Auftragnehmern (AN) immer häufiger unterschiedliche Auffassungen über die vertraglich zu erbringende Leistung. Ausgangspunkt ist das Bau-Soll, d. h. die vertraglich geforderte Leistung. Davon abzugrenzen sind Leistungen, die auf Veranlassung des Auftraggebers nach Vertragsabschluß vom AN zu ändern oder zusätzlich zu erbringen sind, sowie Schadensersatzansprüche des AN, die vom AG durch Leistungsstörungen bewirkt werden.

Die durch den AN zu erbringenden Leistungen und die seitens des AG dafür zu entrichtende Vergütung werden durch den Vertrag festgelegt. Bei geänderten oder zusätzlichen Leistungen kann der AN unter bestimmten Voraussetzungen eine

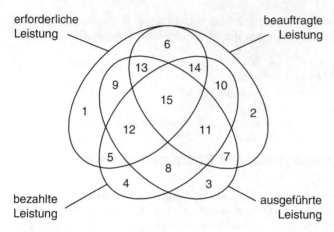

Abb. 1.70 Schnittmengenmodell aus erforderlichen, beauftragten, ausgeführten und bezahlten Leistungen

Tabelle 1.18 Schnittmengenmatrix aus erforderlichen, beauftragten, ausgeführten und bezahlten Leistungen

Nr.	erforderlich	beauftragt	ausgeführt	bezahlt	problematisch für:
1	●	○	○	○	AG
2	○	●	○	○	AG/AN
3	○	○	●	○	AN
4	○	○	○	●	AG
5	●	○	○	●	AG
6	●	●	○	○	AG/AN
7	○	●	●	○	AN
8	○	○	●	●	AG
9	●	○	●	○	AN
10	○	●	○	●	AG
11	○	●	●	●	AG
12	●	○	●	●	AG
13	●	●	●	○	AN
14	●	●	○	●	AG
15	●	●	●	●	

geänderte oder zusätzliche Vergütung (Nachtrag) fordern bzw. bei vom AG zu vertretenden Leistungsstörungen Ersatz des dadurch bewirkten nachgewiesenen Schadens verlangen.

Daraus ergeben sich für beide Vertragspartner unterschiedliche Interessen. Der AG versucht, durch Nachtragsprophylaxe Nachträge des AN zu vermeiden bzw. dennoch gestellte Nachtragsforderungen durch sorgfältige Prüfung abzuwehren. Der AN kann als Bieter vor Auftragserteilung durch entsprechende Vorbereitungen seine nachtragsstrategische Ausgangsposition verbessern. Nach Auftragserteilung wird er dann versuchen, bei Eintritt entsprechender nachtrags- oder schadensersatzrelevanter Ereignisse Nachträge und Schadensersatzansprüche zu stellen und durchzusetzen. Daraus ergeben sich vier Untersuchungsbereiche:

* für den Auftraggeber
    - vor dem Nachtragseingang die Nachtragprophylaxe und
    - nach dem Nachtragseingang die Nachtragsprüfung,
* für den Auftragnehmer
    - vor der Nachtragsstellung die Nachtragsstrategie und -vorbereitung sowie
    - bei Eintritt einer Leistungsänderung, Zusatzleistung oder Leistungsstörung die Nachtrags- bzw. Schadensersatzanspruchgeltendmachung und -durchsetzung.

1.6.1 Nachtragsprophylaxe und Nachtragsprüfung des AG

Diese zeitlich aufeinander folgenden Aufgaben des AG werden nachfolgend behandelt.

1.6.1.1 Nachtragsprophylaxe des AG

Der Leitsatz für die Nachtragsprophylaxe des AG lautet:
„Der Auftraggeber hat Leistungsänderungen und Leistungsstörungen ab dem Versand der Verdingungsunterlagen zwingend zu vermeiden!"
Dazu dienen folgende Maßnahmen:
1. Sicherung der Finanzierung für das Auftragsbudget,
2. Sorge für die Einschaltung einer fachkundigen, erfahrenen, leistungsfähigen und zuverlässigen Projektleitung und Projektsteuerung,
3. Sorge für die Einschaltung fachkundiger, erfahrener, leistungsfähiger und zuverlässiger Planer mit ausreichender verfügbarer Kapazität, bei öffentlichen AG unter Beachtung der Vorschriften der VOF,
4. Ausschaltung von Projektrisiken, u. a. aus dem Grundstück (Tragfähigkeit, Altlasten, Kampfmittel, Bodendenkmäler), der Nachbarbebauung, der infrastrukturellen Voraussetzungen sowie der Produktionsbedingungen,
5. rechtzeitige Beibringung der baurechtlichen und ggf. haushaltsrechtlichen Genehmigungen, u. a. aus Bebauungsplan-, Baugenehmigungs- oder Planfeststellungsverfahren, ergänzt durch umweltrechtliche, denkmalschutzrechtliche, wasserrechtliche, gewerbeaufsichtliche und verkehrspolizeiliche Genehmigungsverfahren,
6. Grundstückssicherung im rechtlichen, wirtschaftlichen und technischen Sinne hinsichtlich Vermessung, Grundbucheintrag, Wertermittlung, Grenzsicherung, Erschließung und Altbebauung,

7. präzise Bestimmung des Bau-Solls durch Leistungsbeschreibung, Ausschreibungspläne, Probestücke sowie sorgfältige Leistungs-/Schnittstellenabgrenzung zu den Leistungen anderer Unternehmer (und Planer),

8. sorgfältige Ausarbeitung der Vertragsbedingungen, insbesondere der BVB, aber auch der ZVB und der ZTV unter besonderer Beachtung AGBG-konformer Vollständigkeitsklauseln,

9. Gleichbehandlung aller Bieter während der Ausschreibungsphase (§ 17 Nr. 7 Abs. 2 VOB/A) zur Vermeidung von Streitigkeiten aus c. i. c.,

10. Überprüfung der Fachkunde, Erfahrung, Leistungsfähigkeit und Zuverlässigkeit der Bieter,

11. Sorge für möglichst vollständige Übergabe vom AG sorgfältig geprüfter und vom AN bei der Bildung seines Angebotspreises berücksichtigter Ausführungspläne vor Vertragsunterzeichnung,

12. Sorge für eindeutig abgestimmte Planlieferungstermine und deren Einhaltung sowie Dokumentation des Planlaufs durch Planlieferlisten,

13. baustellenbezogene Sicherung der Infrastruktur für Wasser, Abwasser, Strom, Telekommunikation, Zufahrtswege, Parkplätze, Lagerplätze, Wohnlager, Sanitäranlagen und Verkehrssicherungsmaßnahmen unter Wahrung von Nutzerbelangen zur möglichst geringen Beeinträchtigung der Betriebsbedingungen,

14. Beschaffung der vollständigen erforderlichen Unterlagen zur Vorbereitung der Nachtragsabwehr:
    - Vergabe- und Vertragsunterlagen,
    - Terminplan der Ausführung im Soll und im Ist mit Planlieferungsterminen im Soll und im Ist,
    - Urkalkulation des AN, auch für die Leistungen der Nachunternehmer, in einer Gliederungstiefe, die die Grundlagen der Preisermittlung für die vertragliche Leistung zweifelsfrei verdeutlicht,
    - Besprechungsprotokolle der Baubesprechungen und relevanten Schriftwechsel,
    - Bautagesberichte und Stundennachweise des AN,
    - Bautagebuch des AG,
    - regelmäßige Leistungsmeldungen, differenziert nach Gewerken, Bauteilen und Ebenen (möglichst monatlich),
    - Analyse abgeschlossener Projekte im Hinblick auf das Schnittmengenmodell der *Abb. 1.70*,

15. Abwehr von mündlichen oder schriftlichen Nachtragsankündigungen des AN durch schriftliche Beantwortung durch den AG und

16. Schulung der Mitarbeiter mit Erfolgskontrolle durch Testaufgaben.

1.6.1.2 Nachtragsprüfung des AG

Dazu gilt folgender Leitsatz:

„Der Maßstab für die Qualität der Nachtragsprophylaxe und der Nachtragsprüfung des AG ist das deutliche Abnehmen des Prozentsatzes genehmigter Nachträge im Verhältnis zur Auftragssumme (< 5 %)!"

Im Rahmen der Nachtragsprüfung sind folgende Aufgaben wahrzunehmen:

1. Reaktion auf den Nachtragseingang in formaler, inhaltlicher und strategischer Hinsicht,

2. Beschaffung bzw. Anforderung erforderlicher Unterlagen,

3. Kompensation nicht beschaffbarer Unterlagen, z. B. bei fehlender Urkalkulation Ansatz von Regelwerten für AGK 6 %, W 2 % und G je nach Konjunkturlage z. B. 2 bis 4 %,

4. Prüfung des Anspruchs dem Grunde nach im Hinblick auf die Rechtsgrundlagen (§ 2 oder 6 VOB/B, §§ 305 bis 310 und 642 BGB, Ziff. 4.1 und 4.2 der VOB/C); bei strittiger Anspruchsgrundlage Einschaltung eines Baujuristen; eindeutige Abgrenzung von Nachtragsforderung, relevantem Bau-Soll und nachträglich geforderter Leistungsabweichung bzw. vom AG zu vertretender Leistungsstörung,

5. Prüfung des Anspruchs der Höhe nach, ggf. unter Hinzuziehung eines Sachverständigen,

6. Prüfung der Möglichkeit von Gegenforderungen – Verhandlungsmanagement mit Vorbereitung von Ort, Zeit und Ablauf, Eröffnung, These – Gegenthese – Synthese, Abschluss mit „Siegern auf beiden Seiten" und Protokollierung,

7. Überprüfung der Vertragsbeziehung zum AN,

8. Ziehen der Konsequenzen aus abgelehnten, anerkannten und strittig bleibenden Nachträgen sowie

9. Schulung der Mitarbeiter.

1.6.2 Nachtragsvorbereitung und -durchsetzung durch den AN

Auch für den AN sind die Phasen vor und nach Nachtragseinreichung zu unterscheiden.

1.6.2.1 Nachtragsstrategie und -vorbereitung durch den AN

Leitsatz der Nachtragsstrategie des AN muss sein:
„Grundlage erfolgreicher Nachforderungen ist die Analyse und Bewertung der Abweichungen zwischen den vorausgesetzten, aus den Verdingungsunterlagen erkennbaren, vorkalkulatorischen Produktionsbedingungen und den tatsächlich vorgefundenen/zu beachtenden/einzuhaltenden Produktionsbedingungen!"
Daraus ergeben sich folgende Aufgaben:

1. Abschätzen der Risiken aus wesentlichen Mengenänderungen, differenziert nach erkennbarer erheblicher Mengenüberschreitung oder -unterschreitung bei kostenbestimmenden Teilleistungen oder Leitpositionen unter Einbeziehung von Grund-, Alternativ-, Eventual- und Zulagepositionen,

2. Abschätzen der Risiken und Konformität von Vollständigkeitsklauseln mit den §§ 305–310 BGB bei Allgemeinen Geschäftsbedingungen,

3. Analyse der Vergabe- und Vertragsunterlagen, u. a. im Hinblick auf Konformität zwischen Leistungsbeschreibung und Ausschreibungsplänen, Geltungsreihenfolge der Vertragsbestandteile, Eingriff in VOB/B als Ganzes,

4. Identifikation und Behandlung von gemäß den §§ 305–310 BGB AGBG-widrigen Klauseln (durch Unterschrift, Vermeidung von Individualvereinbarungen und Eliminierung nach Auftragserteilung),

5. Formulierung des Angebotsschreibens (Wettbewerbsvorteile darstellen, vorausgesetzte Produktionsbedingungen beschreiben, ggf. Öffnungsklauseln einbauen),

6. Ausarbeitung von Änderungsvorschlägen und Nebenangeboten nach § 21 Nr. 3 VOB/A unter Beachtung der Vorteile und Risiken,

7. Gestaltung der beim AG zu hinterlegenden Urkalkulation,
8. Dokumentation durch Bautagesberichte, Planeingangsliste, Protokolle und Korrespondenz,
9. Prüfung von nach Vertragsabschluss übergebenen Ausführungsunterlagen auf Vertragskonformität,
10. Sorge für die Erstellung eines Basisablaufplans für die Vertragsleistungen mit Planlieferliste und Bemusterungsterminen,
11. Analyse und Bewertung der Vertragspartner des AG (Projektmanager, baubegleitender Rechtsberater, Architekt, Fachplaner, Gutachter, Vorunternehmer),
12. Abwägung von Chancen (Ergebnisverbesserung) und Risiken (Belastung der Geschäftsbeziehungen zum AG) aus potentiellen Nachträgen,
13. Auswertung bereits abgeschlossener Aufträge auf Nachtragsrelevanz und
14. Schulung der Mitarbeiter.

1.6.2.2 Nachtragsstellung und -durchsetzung durch den AN

Der Leitsatz hierfür lautet:

„Der Maßstab für die Qualität der Nachtragsoffensive ist die nachweisliche Steigerung der Erfolgsquote eingereichter Nachträge (> 80 %)!"

Testnachträge nach dem Motto: „Ein Drittel ist zu streichen, ein Drittel ist zu verhandeln und ein Drittel brauchen wir wirklich!" sind unklug und in hohem Maße imageschädigend. Auftragnehmer sollen Nachträge derart vorbereiten und nur dann einreichen, wenn sie als Auftraggeber diese sowohl dem Grunde als auch der Höhe nach selbst zu 100 % anerkennen könnten. Die Vorschriften der §§ 2 und 6 VOB/B sind eindeutig und bieten keine Handhabe für „Glücksspiele". Im Einzelnen sind seitens des AN folgende Aufgaben zu erfüllen:

1. Beachten von Ankündigungserfordernissen (§§ 2 Nr. 6 und 6 Nr. 1 VOB/B),
2. Aufbereiten des Nachtrags mit allen Unterlagen dem Grunde nach, ggf. unter Hinzuziehung eines Baujuristen, und Einholung des Anerkenntnisses des AG; der Aufwand für die Vorbereitung von Nachträgen der Höhe nach, die dann wegen fehlenden Anspruchs dem Grunde nach vom AG abgelehnt werden, ist voll als Verlust beim AN zu verbuchen; bei Ablehnung des AG strategische Neuausrichtung, bei Anerkennung durch AG weiter bei Ziff. 3,
3. Aufbereiten des Nachtrags mit allen Unterlagen der Höhe nach, ggf. unter Einschaltung eines Sachverständigen,
4. Nachtragsanmeldung und -präsentation nach vorheriger Terminvereinbarung (Timing) durch persönliche Übergabe und qualifizierte Erläuterung auf Basis hervorragend aufbereiteter Unterlagen,
5. Stellungnahme zu Gegenargumenten des AG zur Prozessvermeidung,
6. Ziehen der Konsequenzen aus genehmigten, abgelehnten oder strittig bleibenden Nachträgen im Hinblick auf Kosten, Termine, Qualität und Organisation; jeder berechtigte Nachtrag berechtigt den AN auch zu einer entsprechenden Terminverlängerung, es sei denn, dass der AG eine Beschleunigungsanordnung nach § 2 Nr. 5 VOB/B trifft, deren Auswirkung jedoch in die Nachtrags vereinbarung einbezogen werden muss,
7. interne Kritik am Nachtragsmanagementsystem des AN zur Einleitung von Verbesserungsmaßnahmen und
8. Schulung der Mitarbeiter.

1.6.3 Vergütungsänderungen aus Leistungsänderungen und Zusatzleistungen gemäß § 2 Nr. 3 ff VOB/B

Der § 2 „Vergütung" der VOB/B ist in den Nrn. 1 und 2 nicht relevant für Vergütungsänderungen aus Leistungsänderungen und Zusatzleistungen, da diese lediglich regeln, welcher Leistungsumfang durch die vereinbarten Preise abgegolten ist (Nr. 1) und dass sich die Vergütung beim Einheitspreisvertrag aus den vertraglich vereinbarten Einheitspreisen und den tatsächlich ausgeführten Mengen der Positionen ergibt (Nr. 2). Die Nrn. 3 bis 7 sind jedoch relevant für Vergütungsänderungen (Diederichs, 1985a).

1.6.3.1 Abweichungen zwischen ausgeführten und ausgeschriebenen Mengen beim Einheitspreisvertrag (Nr. 3)

Anwendungsvoraussetzung für Nr. 3 ist, dass die Mengenabweichung nicht durch mengenändernde Eingriffe seitens des AG nach Vertragsabschluss zustande gekommen ist, sondern die Mengenermittlung des Ausschreibers fehlerhaft war. Mengenabweichungen beim Einheitspreisvertrag nach Nr. 3 betreffen damit nur Änderungen zwischen den beim Vertragsabschluss in den Vordersätzen der Leistungsverzeichnisse ausgewiesenen und insoweit unverändert gebliebenen und den tatsächlich auszuführenden Leistungsmengen. Sie betreffen nicht nach Vertragsabschluss seitens des AG vorgenommene Änderungen des Bauentwurfs oder andere leistungsändernde Anordnungen, die nach § 1 Nrn. 3 und 4, § 2 Nrn. 5, 6 und 8 sowie § 8 Nr. 1 VOB/B in der Dispositionsbefugnis des Auftraggebers liegen.

Planung ist Aufgabe des AG. Deren veränderte Ausführung nach Vertragsabschluss außerhalb der Grenzen von ±10 v. H. der ausgeschriebenen Mengen liegt in seinem Risikobereich und damit innerhalb der Grenzen von ±10 v. H. im Risikobereich des AN.

Ein Ausschluss von § 2 Nr. 3 durch ZVB oder BVB wurde bisher von den Gerichten regelmäßig als AGBG-widrig entschieden (Verstoß gegen § 308 Nr. 4 BGB). So wurde durch BGH-Urteil vom 25.01.1996 (BGH VII ZR 233/94; BauR 96, 378) entschieden, dass ein Ausschluss des § 2 Nr. 3 VOB/B den Kernbereich der VOB/B berühre, da er das Risiko einer unzutreffenden Preiskalkulation im Zusammenhang mit einer unzutreffenden Schätzung der Massen durch den Auftraggeber ohne rechtfertigenden Grund auf den Auftragnehmer verlagere. Dem stehe keine vergleichbare Risikoübernahme durch den Auftraggeber gegenüber. Dies gelte sowohl für Hauptauftrags- als auch für Nachtragsangebote.

Unter dieser Voraussetzung sind 4 Fälle zu unterscheiden:

Fall 1: Mengenabweichung ≤ 10 % der ausgeschriebenen Menge (Abs. 1): im Bereich zwischen 90 % und 110 % der ausgeschriebenen Menge gilt der vertragliche Einheitspreis. Ein Anspruch auf Vergütungsänderung ist daher dem Grunde nach nicht gegeben.

Fall 2: Mengenminderung unter 90 % der ausgeschriebenen Menge (Abs. 3, 1. Hs. und Satz 2):

Sofern der AN nicht bei anderen Positionen oder in anderer Weise (z. B. durch Zusatzleistungen) einen Ausgleich erhält, ist auf Verlangen (i. d. R. des AN) für die verbleibende Leistung < 90 % der Einheitspreis zu erhöhen, sofern die Bauzeit durch Mengenminderung nicht wesentlich verkürzt werden kann. Die vorkalkulatorisch vorgesehenen Gemeinkosten, Allgemeinen Geschäftskosten sowie auch der kalkulierte Gewinn für diese Teilleistung können auf die verbleibende Menge umgelegt werden. Strittig ist, ob dies auch für das Wagnis gilt. Seitens des Verfassers wird dies befürwortet, da Wagnisse i. d. R. bei Leistungsbeginn auftreten und nicht erst am Leistungsende. Damit können sämtliche entfallenden Schlüsselkosten (GK + AGK + (W + G)) auf die verbleibende Menge bezogen werden.

Beispiel:

Der Einheitspreis der Pos.-Nr. 2.03 Wandbeton C 20/25 wu in *Tabelle 1.14* beträgt 150,01 €/m³ für eine Menge von 120 m³. Er gliedert sich in:

Einzelkosten der Teilleistungen (EkdT)
Löhne 1,33 Lh x 31,45 =   41,83
Stoffe   65,00
                                                          106,83
Schlüsselkosten (Slk)
Zuschlag auf Löhne 79,93 %   33,43
Zuschlag auf Stoffe 15 %   9,75
                                                           43,18

Einheitspreis   150,01

Die Schlüsselkosten gliedern sich z. B. in

W+G 5 % des EP ⇒   7,50
AGK 8 % des EP ⇒   12,00
GK = Slk ./. AGK ./. (W + G)   23,68

Der neue Einheitspreis ergibt sich aus der Formel:

$$EP_{neu} = EkdT + Slk \times M_{Soll}/M_{Ist}$$

z. B. für M_{Ist} = 84,0 m³ (für 70 %)
EP_{neu} = 106,83 + 43,18 x 120/84 = 168,52 €/m³.

Das Mengenwagnis des AN bei 108,0 m³ (90 %) besteht aus einem Schlüsselkostenverlust für 10 % der ausgeschriebenen Menge, d. h.
(120 ./. 108) x 43,1   = 518,16 €
bzw. über die Differenz der Einheitspreise an der Grenze 90 %
108,0 x ((106,83 + 43,18 x 120/108) ./. 150,01)   = 518,16 €.

Unterhalb von 90 % wird dieses Mengenwagnis zugunsten des AN aufgelöst (BGH BauR 1987, 217). Aus diesem Beispiel wird bereits deutlich, dass mit fallender Menge der neue Einheitspreis stetig steigt. In *Abb. 1.71* ist für Pos. 2.03 die Veränderung des Einheitspreises grafisch eingetragen.

Fall 3: Mengenmehrung über 10 % der ausgeschriebenen Menge hinaus (Abs. 2):
    110 % der ausgeschriebenen Menge werden mit dem vertraglichen Einheitspreis abgerechnet. Für die darüber hinausgehenden Mengen ist auf Verlangen

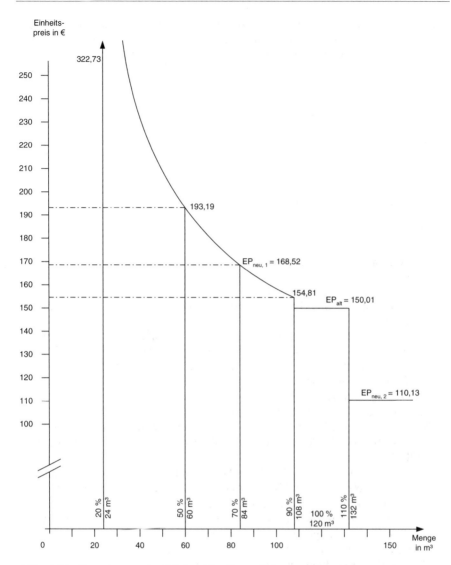

Abb. 1.71 Veränderung des EP für Wandbeton bei Mengenänderung gemäß § 2 Nr. 3 VOB/B

(i. d. R. des AG) ein neuer Einheitspreis unter Berücksichtigung der Mehr- und Minderkosten zu vereinbaren, der im Normalfall niedriger sein wird als der vertragliche Einheitspreis, sofern die vertraglich vereinbarte Bauzeit eingehalten und auch die Kapazitäten nicht erhöht werden müssen (Intensitätsanpassung). Wird eine Kapazitätserhöhung seitens des AG angeordnet, so handelt es sich um eine Leistungsänderung gem. § 2 Nr. 5 VOB/B (vgl. Ziff. 1.6.3.3).

Werden die Gemeinkosten (GK) und die Allgemeinen Geschäftskosten (AGK) durch die Mehrleistungen nicht erhöht, so kann der AN diese nicht mehr verlangen, zumal sie bereits zu 110 % gedeckt sind. Dies gilt auch für das Wagnis (W), solange durch die Mehrmengen kein weiteres Wagnis begründbar ist. Der Gewinnzuschlag ist strittig. Streng genommen ist auch dieser zu kürzen, da er bei der Mengenunterschreitung < 90 % voll auf die verbleibende Menge umgelegt wird. Andererseits ist dem AN eine Erbringung von Mehrleistungen oberhalb der 110 %-Grenze unter Vergütung nur der Einzelkosten der Teilleistungen (EkdT) nicht zuzumuten, da es sich um einen Ausschreibungsfehler des AG handelt, der sich dem Einflugbereich des AN entzieht. Eine faire Lösung besteht daher darin, den vertraglichen Gewinnzuschlag, bezogen auf die EkdT, zu vereinbaren.

Nach dem Beispiel der Pos. 2.03 Wandbeton bedeutet dies einen neuen Einheitspreis bei einer auszuführenden Menge von > 110 % der ausgeschriebenen Menge:

EP (> 110 %) = EkdT + G anteilig

EP (> 110 %) = 106,83 x (1 + 0,03 / 0,97) = 110,13 €/m³

Dieser verminderte Einheitspreis ist bei erheblichen Mehrmengen sicherlich kritisch zu hinterfragen. In Sonderfällen (z. B. beim Transport von Aushubmaterial auf eine weiter entfernt liegende Kippe und dort verlangten höheren Kippgebühren) kann es auch zu Mehrkosten und damit einer Erhöhung des neuen Einheitspreises kommen.

Wurde der vertragliche Einheitspreis mit Verlust kalkuliert, so setzt sich der Verlust auch für den neuen Einheitspreis fort. Dies gilt umgekehrt auch für „satt kalkulierte" Einheitspreise. Von dem Grundsatz der Fortschreibung auch von Fehlkalkulationen sind dann Ausnahmen zu machen, wenn die Fehlkalkulation in den Risikobereich des AG fällt. Solche Ausnahmefälle sind

- eine für den durchschnittlich sorgfältigen Kalkulator offenkundig nicht erkennbare lückenhafte Leistungsbeschreibung in Verletzung der Verpflichtung des AG zu einer eindeutigen und erschöpfenden Leistungsbeschreibung (§ 9 VOB/A),

- ein unterlassener Hinweis des AG auf einen von ihm erkannten Kalkulationsirrtum des AN, sofern der AN dem AG diese Erkenntnis beweisen kann,

- ein externer Kalkulationsirrtum, sofern der AN mit Billigung des AG die Urkalkulation ausdrücklich zum Gegenstand der entscheidenden Vertragsverhandlungen machte (praxisfremd), und

- eine Entwicklung von Nebenpositionen zu Hauptpositionen, sofern dies für den Kalkulator bei üblicher Sorgfalt nicht vorauszusehen war.

Fall 4: Ausgleich von Mengenminderungen durch Mengenmehrungen oder in anderer Weise (Abs. 3, 2. Hs.):

Ein Ausgleich durch Mengenerhöhung oder in anderer Weise tritt nicht schon durch einen Ausgleich der Gesamtpreise ein, sondern erst bei einem Ausgleich

- der Unterdeckung in den Schlüsselkosten der Positionen mit Mengen < 90 % aus der Differenz zwischen Ist-Mengen und ausgeschriebenen Mengen (100 %) und

- der Überdeckung in den Schlüsselkosten der Positionen mit Mengen > 110 % aus der Differenz zwischen Ist-Mengen und 110 % der ausgeschriebenen Mengen oder einem Schlüsselkostenausgleich „in anderer Weise", z. B. durch Zusatzleistungen nach § 2 Nr. 6.

Beispiel:

Pos. 2.03 Wandbeton aus *Tabelle 1.14* habe eine Mengenunterschreitung um 30 % und Pos. 2.02 Fundamentbeton eine Mengenüberschreitung um 39,4 %. Damit wäre nahezu ein Preisausgleich gegeben:

0,3 x 120 x 150,01 = 5.400,36 €,
0,394 x 120 x 114,36 = 5.406,94 €.

Dies ist jedoch nicht entscheidend, sondern nur die Saldierung der Schlüsselkosten. Deren Unterdeckung beträgt aus Pos. 2.03:

0,30 x 120 x 43,18 =   1.554,48 €

Die Schlüsselkostenüberdeckung aus Pos. 2.02 Fundamentbeton beträgt:

aus Löhnen (0,394 – 0,1) x 120 x 0,7 x 31,45 x 0,7993 =   620,81 €
aus Stoffen (0,394 – 0,1) x 120 x 65 x 0,15 =   343,98 €
Summe der Überdeckung   964,79 €

Damit hat der AN einen Anspruch auf den Saldo aus Unter- und Überdeckung von 1.554,48 ./. 964,79 = 589,69 €.

Dieser Ansatz ist noch um den (strittigen) Gewinnzuschlag auf die EkdT für den Fundamentbeton > 110 % zu erhöhen:
0,294 x 120 x (0,7 x 31,45 + 65) x (0,03/0,97) = 94,95 €.

Ein Ausgleich von Mengenunterschreitungen „in anderer Weise" ist denkbar durch

- Bauzeitverkürzung mit entsprechender Reduzierung der zeitabhängigen Gemeinkosten der Baustelle,
- Vereinbarung einer im Vertrag nicht vorgesehenen zusätzlichen Leistung gem. § 2 Nr. 6 VOB/B oder
- Erteilung eines weiteren Auftrages seitens des AG, der z. B. durch dieselbe örtliche Bauleitung des AN betreut werden kann.

Praktisches Vorgehen

Die verursachungsgerechte Beurteilung von Einheitspreisänderungen durch Mengenabweichungen setzt die Kenntnis der Bestandteile der Einheitspreise voraus. Daher ist zu empfehlen, durch vertragliche Vereinbarung dafür Sorge zu tragen, dass mit Angebotsabgabe eine versiegelte Mehrfertigung der Urkalkulation beim AG hinterlegt wird zwecks Offenlegung im Bedarfsfall unter Anwesenheit des AN.

Sobald sich wesentliche Mengenunterschreitungen abzeichnen, ist dem AN zu empfehlen, den AG auf den Anspruch nach § 2 Nr. 3 Abs. 3 1. Hs. und Satz 2 VOB/B hinzuweisen (Vermeidung von Überraschungseffekten bei der Schlussrechnung). Der AG seinerseits wird dann auf den Ausgleich durch Mengenüberschreitungen oder in anderer Weise verweisen. Daraufhin ist zwischen AG und AN zu vereinbaren, dass eine abschließende Feststellung von Unter- und Überdeckungen in den Schlüsselkosten im Zusammenhang mit der Erstellung der Schlussrechnung vorgenommen werden wird. Damit kann auf die Bildung neuer Einheitspreise verzichtet werden, da es letztlich nur auf den Saldo aus Unter- und Überdeckungen in den Schlüsselkosten ankommt. Entsprechende Berechnungen können auf einfache Weise mit Hilfe eines EDV-Programms angestellt werden.

Im Ergebnis ist festzustellen, dass es sich bei Anwendung von § 2 Nr. 3 VOB/B nicht um ein Nachtragsproblem, sondern um die Anwendung von Abrechnungsvorschriften in Ergänzung zu § 14 VOB/B handelt.

1.6.3.2 Übernahme von Vertragsleistungen des AN durch den AG selbst (Nr. 4)

Werden im Vertrag ausbedungene Leistungen des AN vom AG nachträglich selbst übernommen, so entspricht dies einer vom AG zu vertretenden Teilkündigung. Dem AN steht dann gemäß § 8 Nr. 1 Abs. 2 die vereinbarte Vergütung zu. Er muss sich jedoch anrechnen lassen, was er infolge der Aufhebung des Vertrags an Kosten erspart oder durch anderweitige Verwendung seiner Arbeitskraft und seines Betriebs erwirbt oder zu erwerben böswillig unterlässt (§ 649 BGB). Die Forderung, dass die gekündigten Leistungen vom AG selbst übernommen werden müssen, ist irrelevant, da eine solche Forderung gemäß § 8 Nr. 1 nicht besteht. § 2 Nr. 4 ist damit eigentlich entbehrlich.

Aus einer Teilkündigung und auch vollständigen Kündigung durch den AG nach § 8 Nr. 1 soll dem AN kein wirtschaftlicher Nachteil, aber auch kein ungerechtfertigter Vorteil entstehen. Somit sind dem AN die bereits kostenwirksam gewordenen Einzelkosten der Teilleistungen und die durch die Teilkündigung nicht reduzierbaren Schlüsselkosten zu erstatten, nicht jedoch noch vermeidbare Kostenanteile, z. B. durch anderweitige Verwendung der Arbeitskräfte, Geräte und Stoffe. Damit soll der AN finanziell so gestellt werden, als wäre die Kündigung nicht erfolgt. Somit ist auch eine Teilkündigung durch den AG wie eine Kündigung sämtlicher Restleistungen nach § 8 Nr. 1 VOB/B zu behandeln. Teilkündigungen, die in dem Verhalten des AN oder aber durch Unterbrechungen begründet sind, sind jedoch nach § 8 Nrn. 2 bis 4 zu behandeln (Diederichs, 1985b).

Beispiel:

Nachfolgend wird der Anspruch des AN aus einer Kündigung der Restleistung für die Stützmauer durch den AG bei 50 % der Vertragsleistung anhand des Schlussblattes der Kalkulation abgeleitet *(Tab. 1.16)*.

Gewinn kann keine ersparten Aufwendungen darstellen. Der Anspruch des AN daraus beträgt bei einer gewählten Aufteilung von W + G = 2 + 3 = 5 % daher 3 % aus 50 % der Angebotssumme, d. h. 142.636,78 x 0,03 x 0,5 = 2.139,55 €.

Ersparter Aufwand aus vorkalkulatorischem Wagnis ist entscheidend abhängig von dessen Realisierung über den Leistungszeitraum. Näherungsweise ist eine Dreiecksverteilung anzunehmen mit 2 x 2 = 4 % am Leistungsbeginn und 0 % am Leistungsende *(Abb. 1.72)*. Damit werden nach 50 % des Leistungszeitraumes aus dem Wagnisanteil von 2 % der Angebotssumme zwar 0,5/2 = 25 % erspart. Jedoch werden noch 25 % fällig, die in der ersten Hälfte des Leistungszeitraumes bereits realisiert, durch die abgerechneten Leistungen jedoch noch nicht abgedeckt wurden. Der Anspruch des AN aus Wagnis beträgt damit 142.636,78 x 0,02 x 0,25 = 713,18 €.

Hinsichtlich der Verteilung der Allgemeinen Geschäftskosten (AGK) über den Leistungszeitraum ist zu berücksichtigen, dass diese in wesentlichem Umfang bis zum Zeitpunkt der Auftragserteilung durch den erforderlichen Aufwand für Akquisition, Kalkulation, Arbeitsvorbereitung, Angebotserstellung und -verhandlung entstehen und auch den Aufwand aus erfolglosen Angeboten abdecken müssen. Bei einer Trefferquote von 1:10 ist von einem Aufwand von näherungsweise 50 % für AGK auszugehen, der bis zur Erteilung eines Auftrags bereits entstanden ist und durch diesen Auftrag gedeckt werden muss. Bei Kündigung nach 50 % des Leistungszeitraumes entfallen damit 50 % x 8 % / 2 = 2 % (*Abb. 1.72*).

Der Anfangsaufwand von 8 % / 2 ist jedoch bis zur Hälfte des Leistungszeitraumes erst zu 50 % erwirtschaftet worden. Damit fehlen noch 2 %. Der Anspruch des AN aus AGK beträgt damit 142.636,78 x 0,02 = 2.852,74 €.

Bei den Gemeinkosten der Baustelle (GK) ist zu differenzieren nach zeitunabhängigen und zeitabhängigen GK.

Aus den zeitunabhängigen GK hat der AN mindestens Anspruch auf das Räumen der Baustelle. Je nach Art des Bauauftrags und der Auftragsdauer ist das Einrichten und das Räumen der Baustelle jeweils mit ca. 5 bis 15 % der Gesamt-GK anzusetzen. Hier werden jeweils 10 % gewählt, damit beträgt der Anspruch des AN aus dem Räumen der Baustelle 26.719,00 x 0,1 = 2.671,90 €.

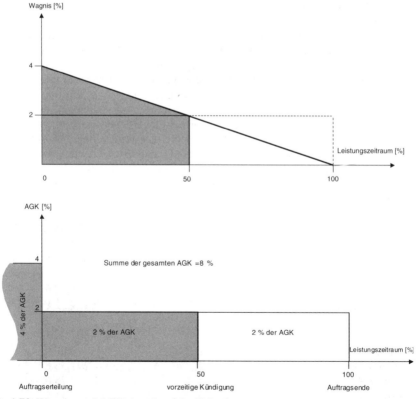

Abb. 1.72 Wagnis- und AGK-Anteil auf der Zeitachse

Bei den zeitabhängigen Gemeinkosten ist zu fragen, ob das GK-Personal für die örtliche Bauleitung, Betrieb und Bedienung sowie Hilfsarbeiten unmittelbar nach der Kündigung „anderweitig verwendet" werden kann oder ob hier ein Anspruch aus einer Übergangsregelung verbleibt. Dies gilt analog für das GK-Gerät. Im vorliegenden Fall werde seitens des AN nachgewiesen, dass zur Vorbereitung der anderweitigen Verwendung 20 % der auf den gekündigten Leistungsumfang entfallenden zeitabhängigen Gemeinkosten benötigt werden, d. h. 26.719,00 x 0,8 x 0,5 x 0,20 = 2.137,52 €.

Bei den Einzelkosten der Teilleistungen (EkdT) ist nach Kostenarten zu unterscheiden. Die zu ersparenden Aufwände sind um diejenigen Anteile zu kürzen, für die keine anderweitige Verwendung möglich ist.

Für die gewerblichen Arbeitnehmer soll hier gelten, dass die Vorbereitung der anderweitigen Verwendung ebenfalls 20 % des bei diesem Auftrag entfallenden Lohnanteils ausmacht. Damit erhält der AN einen Anspruch aus EkdT-Löhne in Höhe von 1.528,60 Lh x 31,45 €/Lh x 0,5 x 0,2 = 4.807,45 €.

Bei den Stoffkosten wird angenommen, dass Lieferungen noch storniert werden können und bereits angelieferte, aber wegen der Kündigung nicht mehr einzubauende Stoffe anderweitige Verwendung finden können. Diese Voraussetzung ist aber bei Sonderanfertigungen vielfach nicht gegeben. Im vorliegenden Fall soll ein Anspruch des AN aus entfallenden Stoffkosten nicht gegeben sein (0 €).

Für die Gerätekosten wird wiederum angenommen, dass durch die Vorbereitung der anderweitigen Verwendung ein Aufwand von 20 % des durch die Kündigung entbehrlichen Geräteaufwandes entsteht. Der AN hat damit einen Anspruch aus EkdT-Geräten in Höhe von 2.923,50 € x 0,5 x 0,2 = 292,35 €.

Für den Anspruch aus entbehrlich gewordenen Nachunternehmerleistungen gilt, dass seitens der Nachunternehmer ein analoger Nachweis gegenüber dem Hauptunternehmer geführt werden muss, wie ihn der Hauptunternehmer gegenüber dem AG zu erbringen hat. Im vorliegenden Fall sei angenommen, dass seitens der Nachunternehmer ein nachgewiesener und durch Prüfung bestätigter Anspruch auf durch die Kündigung nicht ersparte Aufwendungen in Höhe von 16,2 % der durch die Kündigung entbehrlich gewordenen Nachunternehmerleistungen entsteht. Bei linearer Verteilung der NU-Leistungen über die Auftragsdauer entsteht dadurch ein vom AN an den AG durchzureichender Anspruch aus EkdT-NU-Leistungen von 16,2 % x (0,5 x 18.750,00) = 1.518,75 €.

Die Summe der durch die Kündigung nicht ersparten Aufwendungen beträgt damit aus:

Gewinn	2.139,55 €
Wagnis	713,18 €
AGK	2.852,74 €
GK	
zeitunabhängig	2.671,90 €
zeitabhängig	2.137,52 €
EkdT	
Löhne	4.807,45 €
Stoffe	0,00 €
Geräte	292,35 €
NU-Leistungen	1.518,75 €
Summe	17.133,44 €

Dies sind 100 x 17.133,44 / (0,5 x 142.636,78) = 24,0 % des gekündigten Auftragsumfangs.

Zu beachten ist, dass der Auftragnehmer bei Kündigung und damit auch Teilkündigung gegen den Auftraggeber einen Anspruch auf Abnahme der bis zur Kündigung erbrachten Leistungen hat, sofern diese die Abnahmevoraussetzungen erfüllen (BGH VII ZR 103/00 vom 19.12.2002; NZ Bau 5/2003, S. 265 ff).

1.6.3.3 Änderungen des Bauentwurfs oder andere Anordnungen des AG (Nr. 5)

Das Dispositionsrecht des Auftraggebers billigt diesem auch nach Vertragsabschluss zu, Entwurfsänderungen anzuordnen (§ 1 Nr. 3) oder Anordnungen zu treffen, die zur vertragsgemäßen Ausführung der Leistung notwendig sind (§ 4 Nr. 1 Abs. 3).

Werden dadurch die Grundlagen des Preises für eine im Vertrag vorgesehene Leistung geändert, so ist ein neuer Preis unter Berücksichtigung der Mehr- oder Minderkosten zu vereinbaren (§ 2 Nr. 5). Durch derartige Entwurfsänderungen oder Anordnungen des AG können Erschwernisse oder Erleichterungen für die gemäß Ausschreibungsunterlagen und vorkalkulatorisch vorausgesetzten Produktionsbedingungen vorgesehenen Leistungen bewirkt werden (Diederichs, 1985b).

Beispiele solcher Änderungen und Anordnungen sind

- die Veränderung der geometrischen Form von Bauteilen oder Bauelementen,
- die Wahl anderer Baustoffe oder Baumaterialien,
- die Veränderung vertraglich vorgesehener Mengenansätze,
- die Veränderung vertraglich vereinbarter Termine und Fristen sowie Eingriffe in die terminliche Abwicklung der Vertragsleistungen durch Beschleunigungs- (selten) oder Verzögerungsanordnungen und
- die Veränderung bzw. Nichteinhaltung der maßgeblichen technischen und baubetrieblichen Produktionsbedingungen, mit denen der AN nach den Vergabe- und Vertragsunterlagen bei seiner Angebotskalkulation rechnen konnte (z. B. Möglichkeit des Einsatzes von umsetzbaren Großflächenschalungen, Hochziehen von Zwischenwänden aus Mauerwerk zusammen mit der Stahlbetonskelettkonstruktion, Taktfolge Hochbau/Flachbau, mehrfacher Einsatz von Spundbohlen nach der zu erwartenden Baugrundbeschaffenheit).

Preisermittlungsgrundlagen sind die in *Abb. 1.62* aufgeführten Ansätze wie Mittellöhne, Aufwands- und Leistungswerte, Einkaufspreise, Abschreibungs-, Verzinsungs- und Reparatursätze, Verrechnungssätze für Poliere und Bauleiter, aber auch die Zuschlagssätze für AGK sowie W + G (Diederichs, 1985b).

Beispiel:

Das Einbringen des Wandbetons der Pos. 2.03 in *Tabelle 1.14* werde durch nachträglich angeordnete und von einer Schlosserfirma einzubauende Einbauteile wie Halfeneisen, Rohrhülsen und Schaltkästen für eine Teilmenge von 50 m³ erschwert. Der AN macht deswegen eine Erhöhung des Aufwandswertes gemäß Angebotskalkulation von 1,33 um 0,50 auf 1,83 Lh/m³ geltend. Daraus errechnet sich der „neue Preis" für die betroffene Teilmenge aus dem alten Preis und dem Erschwerniszuschlag zu:

150,01 €/m³ + 0,5 Lh/m³ x 31,45 €/Lh x 1,7993 =
150,01 + 28,29 = 178,30 €/m³

Für den Schlüsselkostenausgleich „in anderer Weise" nach § 2 Nr. 3 Abs. 3 werden aus dieser Erschwernis zusätzliche Schlüsselkosten geschöpft in Höhe von 0,5 Lh/m³ x 31,45 €/Lh x 0,7993 x 50 m³ = 628,45 €.

Besonderheiten sind wiederum bei einer Unter-Wert- oder Über-Wert-Kalkulation zu beachten. Grundsätzlich gilt, dass nur die durch die Änderung bewirkten Mehr- oder Minderkosten bei der Bildung des neuen Preises berücksichtigt werden dürfen.

Wären z. B. für Pos. 2.03 nur 0,93 Lh/m³ angesetzt worden, so könnte dieser Wert durch die nachträgliche Erschwernis nur um 0,5 auf 1,43 Lh/m³ und nicht auf 1,83 Lh/m³ angehoben werden. Eine „Sanierung" des zu niedrig kalkulierten Wertes im Rahmen der Geltendmachung des Erschwerniszuschlags ist ausgeschlossen.

Analog braucht bei einer Kalkulation „über Wert", in der für Pos. 2.03 z. B. bereits 1,90 Lh/m³ angesetzt wurden, nicht auf den Erschwerniszuschlag verzichtet zu werden, sondern es kann ein neuer Stundenansatz von 2,40 Lh/m³ verlangt werden.

Diese Regelung folgt dem Grundsatz, dass die Forderung nach Veränderung der Leistung gemäß 2 Nr. 5 dem Bereich des AG zuzuordnen ist und insoweit das wirtschaftliche Ergebnis des AN nicht berührt werden darf. Damit bleiben knappe Preise knapp und gute Preise werden ebenfalls fortgeschrieben, solange sich aus dem Grundsatz von Treu und Glauben nach § 242 BGB nicht etwas anderes ergibt.

Ansprüche des AN aus § 2 Nr. 5 sind eindeutig dem Bereich „Nachträge" zuzuordnen.

1.6.3.4 Vertraglich nicht vorgesehene zusätzliche Leistungen (Nr. 6)

Auch dieser Komplex ist eindeutig dem Bereich „Nachträge" zuzuordnen. Die Befugnisse des AG, nachträglich zusätzliche Leistungen zu verlangen, resultiert wiederum aus der Dispositionsbefugnis des AG gemäß § 1 Nr. 4 (Diederichs, 1985b).

Nach § 2 Nr. 6 hat der AN dann aber auch Anspruch auf besondere Vergütung. Diese bestimmt sich nach den Grundlagen der Preisermittlung für die vertragliche Leistung und den besonderen Kosten der geforderten Leistung.

Keine Zusatzleistung im Sinne von Nr. 6 liegt vor, wenn der AG vom AN eine völlig neue, mit dem bisherigen Bauvertrag nicht im Zusammenhang stehende Leistung fordert. Die Ausführung einer solchen Leistung kann der AN ablehnen. Der AN kann auch eine zur Ausführung der vertraglichen Leistung erforderliche Zusatzleistung ablehnen, wenn sein Betrieb auf derartige Leistungen nicht eingerichtet ist.

Gemäß Nr. 6 Abs. 1 wird gefordert, dass der AN dem AG den Anspruch aus Zusatzvergütung ankündigen *muss*, bevor er mit der Ausführung der Leistung beginnt. Die Berechtigung für dieses formale Erfordernis wird darin gesehen, dass der Auftraggeber nicht durch Ansprüche überrascht werden darf, mit denen er nicht gerechnet hat. Dabei kommt es jeweils darauf an, ob nach den Umständen des Einzelfalles für den AG aus objektiver Sicht hinreichend klar erkennbar war, dass die Zusatzleistungen nur gegen Vergütung erbracht werden konnten. Die Vergütung für die Zusatzleistung bestimmt sich gemäß Nr. 6 Abs. 2 nach den Grundlagen der Preisermittlung für die vertragliche Leistung und den besonderen Kosten der geforderten Leistung. Damit sind wiederum die Preisermittlungsgrundlagen der Angebotskalkulation für die Nachtragskalkulation der Zusatzleistung heranzuziehen. Im Zuge der Nachtragsprüfung ist dann mit dem AG lediglich Einigkeit über die in der Angebotskalkulation nicht enthaltenen Preisermittlungsgrundlagen herbeizuführen.

Beispiel:

Der AG verlangt nachträglich ein Verblendschalenmauerwerk nach DIN 1053 für die Stützmauer aus VMz 12–1,8–2DF (240 x 115 x 71) Farbton rotbraun bunt geflammt; MG II; Höhe bis 4,0 m; Ausführung im Läuferverband; Menge 390 m². Der AN reicht dazu ein Nachtragsangebot mit folgender Nachtragskalkulation ein:

Löhne 1,4 Lh/m² x 31,45 x 1,7993 =   79,22 €/m²
Stoffe 25 €/m² x 1,15   28,75 €/m²
EP   107,97€/m^2

Der AG stellt bei der Prüfung der Ansätze für den Mittellohn sowie den Zuschlag auf Löhne und auf Stoffe die Übereinstimmung mit den Preisermittlungsgrundlagen der Angebotskalkulation fest. Für den Aufwandswert Löhne und den Stoffpreis der Vormauerziegel fehlen solche Ansätze in der Angebotskalkulation.

In der Nachtragsverhandlung erklärt der AG dem AN, dass ihm der Aufwandswert mit 1,4 Lh/m² zu hoch erscheine und statt dessen allenfalls 1,0 Lh/m² angemessen seien. Ferner sei der Stoffpreis mit 25 €/m² überhöht und mit höchstens 20 €/m² anzusetzen. Damit ergebe sich dann ein Einheitspreis von 79,59 €/m². Aus anderen Bauvorhaben lägen ihm jedoch vergleichbare Einheitspreise von 55,– bis 70,– €/m² vor. Er werde daher den Auftrag für das Verblendmauerwerk voraussichtlich an eine andere Firma erteilen.

In einer solchen Situation ist das weitere Vorgehen seitens AG und AN abhängig von der jeweiligen Marktsituation, der Schnittstellenproblematik und der Dringlichkeit der Leistungen.

In einer zweiten Verhandlungsrunde einigen sich AG und AN schließlich auf einen Einheitspreis von 65,– €/m². Bei einer Fläche von 390 m² ergibt sich daraus ein Zusatzauftrag von 390 x 65 = 25.350 €.

Nach Abzug der Einzelkosten der Teilleistungen von 390 x 65 / 79,59 x (1,0 x 31,45 + 20) = 16.387,20 € werden damit Schlüsselkosten in Höhe von 8.962,80 € bewirkt, die ggf. in einen Ausgleich „in anderer Weise" nach § 2 Nr. 3 Abs. 3 einzubeziehen sind, sofern sie nicht teilweise durch längere Bauzeit und die dazu benötigten Schlüsselkosten aufgezehrt werden.

Für Unter- oder Über-Wert-Kalkulationen gelten die Ausführungen unter Abschn. 1.6.3.3 analog.

1.6.3.5 Vergütungsänderungen beim Pauschalvertrag (Nr. 7)

Bauleistungen sollen gemäß § 5 Nr. 1 VOB/A so vergeben werden, dass die Vergütung nach Leistung bemessen wird (Leistungsvertrag) und nur in geeigneten Fällen für eine Pauschalsumme, wenn die Leistungen nach Ausführungsart und Umfang genau bestimmt ist und mit einer Änderung bei der Ausführung nicht zu rechnen ist (Pauschalvertrag).

Obwohl diese Grundvoraussetzung für eine technisch und wirtschaftlich ordnungsgemäße Abwicklung ohne Streitigkeiten aus Nachträgen vielfach nicht eingehalten wird, werden zunehmend Pauschalfestpreisverträge vereinbart mit Vergütung nach Zahlungsplan bei Erreichen definierter Bauzustände. Zielsetzungen von Pauschalverträgen sind von Auftraggeberseite

- Kosten-/Preissicherheit,
- Vereinfachung der Abrechnung durch eine „vorgezogene Schlussabrechnung" vor Beauftragung und Vereinbarung eines an das Erreichen bestimmter Bauzustände gekoppelten Zahlungsplans,
- Konzentration von Haftung und Verantwortung durch Bündelung mehrerer Fachlose bei einem Generalunternehmer und
- Vergütung durch eine Pauschalsumme.

Dabei ist zu unterscheiden zwischen dem Pauschalvertrag auf der Basis einer Leistungsbeschreibung mit Leistungsverzeichnis nach § 9 Nrn. 6 bis 9 VOB/A (*Detailpauschalvertrag*) und dem Pauschalvertrag auf Basis einer Leistungsbeschreibung mit Leistungsprogramm nach § 9 Nrn. 10 bis 12 VOB/A (*Globalpauschalvertrag*).

Diese Unterscheidung wird in § 2 Nr. 7 Abs. 1 VOB/B nicht vorgenommen. Dort heißt es im Wesentlichen im letzten Satz, dass auch beim Pauschalvertrag § 2 Nrn. 4, 5 und 6 VOB/B für die Bemessung von Vergütungsänderungen aus Leistungsänderungen und Zusatzleistungen anzuwenden sind.

Daraus wird zunächst deutlich, dass beim Pauschalvertrag das Risiko für Mengenmehrungen zwischen ausgeschriebenen und tatsächlich auszuführenden Mengen voll zu Lasten des AN und dasjenige für Mengenminderungen voll zu Lasten des AG geht.

Zur Reduzierung dieses Risikos aus Mengenabweichungen ist beiden Seiten zu empfehlen, bei einer Leistungsbeschreibung mit Leistungsverzeichnis seitens des AG eine Mengenprüfung durch zwei bis drei in die engere Wahl kommende Bieter vorzunehmen und deren Angaben über festgestellte Minder- und Mehrmengen zu überprüfen, bei Leistungsbeschreibung mit Leistungsprogramm seitens des Architekten und der Fachplaner Mengenermittlungen zumindest für Leitpositionen (20 % der kostenträchtigsten Positionen, die zu ca. 80 % der Gesamtkosten führen) zum Zwecke der Plausibilitätsprüfung vornehmen zu lassen.

Ansprüche aus Teilkündigungen, Entwurfsänderungen oder Anordnungen des Auftraggebers oder aus Zusatzleistung bleiben jedoch voll erhalten.

Die Problematik besteht jedoch in den „Grundlagen der Preisermittlung".

Beim Detailpauschalvertrag sind für die Eigenleistungen die Preisermittlungsgrundlagen des AN aus der Urkalkulation ersichtlich und aufgrund der ausgewiesenen Mengen (Vordersätze) in den Ausschreibungsunterlagen auch Plausibilitätsbetrachtungen im Rahmen der Nachtragsprüfung möglich.

Beim Globalpauschalvertrag enthalten die Verdingungsunterlagen keine Mengenermittlungen. Die Mengen sind von jedem Bieter im Rahmen der Angebotsbearbeitung selbst zu berechnen. In der beim AG hinterlegten Urkalkulation werden i. d. R. keine Mengen und Einheitspreise ausgewiesen, sondern nur die Angebotssummen für die einzelnen Leistungsbereiche/Gewerke. Dadurch werden Plausibilitätsprüfungen erheblich erschwert. Daher ist vom AG eine Gliederungstiefe für die Urkalkulation auch für die Leistungen der NU vorzugeben, um zu plausiblen Grundlagen zu gelangen (vgl. Ziff. 1.6.1.1).

Allerdings werden die Preise für Nachunternehmerleistungen in der Praxis aus der ersten Verhandlungsrunde zwischen Generalunternehmer (GU) und Nachunternehmer (NU) in die Urkalkulation aufgenommen. Die tatsächlichen NU-Preise werden i. d. R. erst nach Auftragserteilung des AG an den GU durch Verhandlungen zwischen GU und NU in der zweiten Runde vereinbart, wobei der GU per Saldo meist Vergabegewinne erzielt, gelegentlich aber auch Vergabeverluste erleidet.

Um für Nachtragsverhandlungen dennoch über Preisermittlungsgrundlagen zu verfügen, werden die Bieter aufgefordert, Einheitspreise für alle Teilleistungen nicht nur für Grundpositionen zu benennen, sondern auch für Eventual- und Zulagepositionen.

Die Konformität dieser Einheitspreise mit der Pauschalsumme ist häufig nicht gegeben. Daher sind diese Listen im Rahmen der Angebotsprüfung kritisch zu hinterfragen.

AG-seitig wird versucht, sich gegen Vergütungsänderungen beim Pauschalvertrag durch sog. Vollständigkeits- oder Komplettierungsklauseln zu schützen, die jedoch häufig AGBG-widrig sind gemäß den §§ 305 ff BGB, sofern seitens des AN nachgewiesen werden kann, dass es sich um AGB handelt (Glatzel/Hofmann/ Frikell, 2003, S. 115 ff).

Zur Vermeidung von Streitigkeiten aus Vergütungsänderungen beim Pauschalvertrag hat der AG daher darauf zu achten, dass durch praktikable und rechtswirksame Vertragsvereinbarungen eine Abgrenzung der von der Pauschalsumme erfassten Vertragsleistungen von Leistungsänderungen oder Zusatzleistungen und deren Bewertung auf einfache und einwandfreie Weise möglich ist.

Diese Forderung ist durch den AG selbst am besten dadurch zu erfüllen, dass er nach Abschluss des Pauschalvertrages keine Leistungsänderungen oder Zusatzleistungen nach den Nrn. 4 bis 6 fordert.

Im Falle einer Teilkündigung nach Nr. 4 entsteht das Problem der Bewertung von Mengen und Einheitspreisen des entfallenden Teils der Leistung sowie der anschließenden Bewertung der dadurch seitens des AN ersparten Aufwendungen.

Im Fall des Nr. 5 entsteht das Problem der Ermittlung der von der Entwurfsänderung oder Anordnung des AG betroffenen Mengen und des dadurch bewirkten Erschwernis- oder Erleichtungsaufwandes auf der Basis der vorhandenen Preisermittlungsgrundlagen.

Bei Nr. 6 besteht das Problem vor allem darin, den Anspruch des AN auf zusätzliche Vergütung für eine nach seiner Meinung geforderte Zusatzleistung vom Anspruch des AG auf ein durch die Vergabe- und Vertragsunterlagen vollständig definiertes Bau-Soll zu trennen. Dies setzt hohe Fairness, Kenntnis sämtlicher Unterlagen und Objektivität auf beiden Seiten voraus.

Treffen die Voraussetzungen der Nrn. 4 bis 6 nicht zu, so ist nach Nr. 7 Abs. 1 Satz 2 bei erheblichen Abweichungen der ausgeführten Leistungen von den vertraglich vorgesehenen Leistungen zu prüfen, ob ein Festhalten an der Pauschalsumme nach Treu und Glauben unzumutbar ist (§ 242 BGB). In diesem Falle hat der AG dem AN auf dessen Verlangen einen Ausgleich unter Berücksichtigung der Mehr- oder Minderkosten zu gewähren. Für die Anwendung von § 242 BGB gilt jedoch, dass dieser als „letzter Strohhalm" nur dann heranzuziehen ist, wenn das Festhalten am Vertrag zu einem untragbaren, mit Recht und Gerechtigkeit schlechthin nicht mehr zu vereinbarenden Ergebnis führen würde. Führen die Ansprüche nach Nrn. 4, 5 und 6 nicht zum Ziel, so kommen vor § 242 BGB noch weitere Rechtsbehelfe in Betracht wie die Anfechtung der Angebotserklärung nach den §§ 119 ff BGB, eine Vertragsauslegung nach § 157 BGB, eine Kündigungsmöglichkeit nach § 9 Nr. 1 VOB/B, ein Anspruch aus Verschulden bei Vertragsabschluss (culpa in contrahendo) nach den §§ 311 Abs. 2 und 241 Abs. 2 BGB wegen unzutreffender Angaben in den Vergabe- und Vertragsunterlagen, aus positiver Forderungsverletzung nach den §§ 276, 280, 287 und 325 BGB, ein Schadensersatzanspruch aus Behinderung nach § 6 Nr. 6 VOB/B oder aber ein Verstoß gegen § 307 BGB.

Grundsätzlich ist ein unzumutbares Festhalten an der Pauschalsumme erst bei einer erheblichen Abweichung der Gesamtleistung von der vertraglich vorgesehenen Leistung diskutabel. Ändern sich nur einzelne Positionen um z. B. mehr als ±30 bis 40 %, die Gesamtleistung aber um weniger als ±20 %, so bleibt die Pauschale unverändert.

Die Kosten des AN treten bei der Beschreibung des Missverhältnisses zwischen Leistung und Gegenleistung grundsätzlich überhaupt nicht in Erscheinung. Das Risiko, dass sich die Kosten ganz anders entwickeln können als für die Preisermittlung angenommen worden war, hat grundsätzlich der AN zu tragen. Daher hat er im Falle bloßer, wenn auch überraschender und weit gehender Kostenänderungen i. Allg. wenig Hilfe zu erwarten. Nur in besonderen und außerhalb des Baugewerbes liegenden Ausnahmefällen, die zu einer völlig unvorhersehbaren außergewöhnlichen Kostensteigerung führen, z. B. sprunghafter Anstieg der Energie- oder Kupferpreise, kann eine Anpassung des Pauschalpreises wegen Änderung der Geschäftsgrundlage infolge bloßer Kostenerhöhung auf Seiten des AN in Betracht kommen, wobei dieser Anspruch gegenüber öffentlichen Auftraggebern nicht vom AN selbst, sondern nur über die Bauverbände geltend gemacht und durchgesetzt werden kann (Diederichs, 1986).

1.6.4 Schadensersatzanspruch aus Behinderungen (§ 6 Nr. 6 VOB/B und § 642 BGB)

Die Ermittlung von Schadensersatzansprüchen aus Behinderungen zählt zu einem der meistbehandelten Themen der VOB/B sowohl aus juristischer als auch aus bauwirtschaftlicher/baubetrieblicher Sicht (Plum, 1997).

Der in Nr. 6 geregelte Schadensersatzanspruch gilt für alle Fälle der Behinderung und Unterbrechung nicht nur aus § 6 VOB/B, sondern auch dann, wenn dem AN der Auftrag nach § 8 Nr. 3 Abs. 2 i. V. m. § 4 Nr. 7 und § 5 Nr. 4 VOB/B entzogen worden ist. § 6 Nr. 6 ist wechselseitige Anspruchsgrundlage für alle Fälle der Leistungsverzögerungen, die sowohl vom AG als auch vom AN als auch von beiden herbeigeführt worden sein können.

Gemäß BGH-Urteil vom 21.10.1999 – VII ZR 185/98 kann der AG gegenüber dem AN auch aus § 642 BGB haften, wenn dieser durch verspätet fertig gestellte Vorgewerke behindert wird und der AG dadurch in den Verzug der Annahme kommt.

Die Folgen einer Bauverzögerung können bei Aufrechterhaltung des Vertrages entweder dem AG oder dem AN oder beiden allerdings nur dann als Verpflichtung zum Ersatz des dem anderen Vertragsteil entstandenen Schadens angelastet werden, wenn schuldhaftes Verhalten des Verpflichteten vorliegt.

Nach Nr. 6 müssen die hindernden Umstände von einem Vertragsteil zu vertreten sein. Gemäß BGB ist der Begriff „Vertreten-müssen" ein Synonym für „Verschulden". Nach § 6 Nr. 2 Abs. 1a ist das Vertreten-müssen jedoch dahingehend abzuschwächen, dass der vom AG zu vertretende Umstand, aufgrund dessen Ausführungsfristen verlängert werden, nicht stets Verschulden i. S. einer Vertragspflichtverletzung des AG voraussetzt, sondern grundsätzlich alle Ereignisse erfasst, die aus der „Sphäre" des AG kommen, auch wenn sie vom AG weder pflichtwidrig noch rechtswidrig noch schuldhaft herbeigeführt wurden.

Ein Schadensersatzanspruch nach Nr. 6 verlangt jedoch stets das Vorliegen eines Verschuldens des Vertragsteils, der die hindernden Umstände zu vertreten hat, als zusätzliche Anspruchsvoraussetzung. Voraussetzung des Anspruchs auf Fristverlängerung nach Nr. 2 als auch auf Schadensersatz ist in beiden Fällen das Vorliegen einer unverzüglichen schriftlichen Behinderungsanzeige des sich behindert glaubenden Vertragsteils.

Schadensersatzansprüche aus Behinderungen setzen äquivalente und adäquate Kausalität voraus, d. h. der Schaden muss durch das zum Schadensersatz verpflichtende Ereignis verursacht worden sein. Nach der Äquivalenztheorie ist kausal jedes Ereignis, das nicht hinweggedacht werden kann, ohne dass der Erfolg entfiele (conditio sine qua non).

Die adäquate Kausalität fordert zusätzlich, dass das Schadensereignis i. Allg. und nicht nur unter besonders eigenartigen, unwahrscheinlichen und nach dem gewöhnlichen Verlauf der Dinge außer Betracht zu lassenden Umständen geeignet sein muss, einen Schaden der eingetretenen Art und des ermittelten Umfangs herbeizuführen.

Der Grad der Konkretisierung von Schaden und Kausalität ist maßgeblich abhängig von der Qualität der Dokumentation des AN. Diese sollte so strukturiert werden, dass sie

- den Störungsfall möglichst unstrittig ausweist,
- die Ursachen benennt,
- Hilfestellung für Anpassungsmaßnahmen bietet und
- die Mehrkostenberechnung nach Kausalität und Höhe ermöglicht.

Als Behinderungsfolgen kommen im Wesentlichen folgende Schadensarten in Betracht:

- Mehrkosten aus Produktivitätsminderung/Leeraufwand durch Lohn- und Gerätekosten für nicht ausgenutztes Produktionsfaktorpotential in Behinderungsperioden infolge Intensitätsanpassung und Desorganisation,
- Mehrkosten aus Verlängerung der Ausführungsfristen, im Wesentlichen zeitabhängige Gemeinkosten der Baustelle.

Fordert der AG, behinderungsbedingte Bauzeitverlängerungen durch geeignete Anpassungsmaßnahmen zu reduzieren oder zu vermeiden, so handelt es sich um eine Beschleunigungsanordnung nach § 2 Nr. 5 VOB/B, für die ein entsprechender Nachtrag für Mehrkosten der Kapazitätserhöhung sowie ggf. aus Überstunden und Nachtarbeit gerechtfertigt ist.

Der Schaden ist grundsätzlich konkret zu bezeichnen. Maßgebend ist die tatsächlich eingetretene Vermögensminderung und die ausbleibende Vermögensmehrung. Zu ersetzen ist das volle wirtschaftliche Interesse des Geschädigten. Nach der Differenzhypothese besteht ein Vermögensschaden in der Differenz zwischen zwei Güterlagen, der tatsächlich durch das Schadensereignis geschaffenen und der unter Ausschaltung dieses Ereignisses gedachten. Die Schadensermittlung erfordert somit den Vergleich zwischen der konkreten Vermögenslage nach und einer abstrakt-hypothetischen Vermögenslage vor dem Schadenseintritt. Daher ist es für den möglichst konkreten Schadensnachweis erforderlich, dass der behinderte Vertragspartner die angeblich durch die Behinderung entstandenen Mehrkosten bereits während der Bauabwicklung durch sorgfältige Dokumentation im Einzelnen festhält (Diederichs, 1987 und 1998).

1.6.4.1 Schadensminderungspflicht des AN

Nach § 6 Nr. 3 VOB/B und § 254 BGB hat der behinderte Vertragspartner die Pflicht, Maßnahmen zur Schadensminderung oder -abwendung einzuleiten, z. B. durch Umdispositionen. Diese Verpflichtung wird dadurch erschwert, dass mit einer andauernden Behinderung durch den AG immer dann eine implizite Beschleunigungsanordnung des AG gemäß § 2 Nr. 5 VOB/B verbunden ist, wenn der AG trotz der Behinderung an der Einhaltung der vertraglich vereinbarten End- und Zwischentermine festhält. Dann muss der AN wegen der Produktivitätseinbuße durch die Behinderung seine Kapazitäten laufend verstärken, um nach Wegfall der Behinderung die unverändert gebliebenen Vertragstermine einhalten zu können. Diese Situation muss dem AG durch den AN verdeutlicht werden.

1.6.4.2 Abgrenzung zwischen vom AG zu vertretender Behinderung und vom AN zu vertretendem Verzug

In der Praxis ist häufig zu beobachten, dass eine vom AN angezeigte Behinderung tatsächlich nicht zu einer Behinderung führt. Nach § 6 Nr. 1 Satz 1 VOB/B ist der AN verpflichtet, dem AG unverzüglich schriftlich anzuzeigen, wenn er sich in der ordnungsgemäßen Ausführung der Leistung behindert glaubt. Zu glauben heißt bekanntlich, nicht genau zu wissen.

Bei einem Zusammenwirken von hindernden Umständen seitens des AG und verzögernden Umständen seitens des AN ist durch das anteilige Zeitmaß der jeweiligen Abweichungen eine Einflussgröße für die jeweilige Höhe des adäquaten Behinderungs- oder Verzugsschadens zu definieren, d. h. die Gesamtdifferenz zwischen Ist- und Soll-Terminen muss entsprechend zwischen dem AG und dem AN aufgeteilt werden.

In *Abb. 173* ist die Abgrenzung zwischen Behinderungen des AG und Verzügen des AN durch grafische Dokumentation der Nachlaufentwicklung eines Ist-Ablaufes gegenüber dem geplanten Soll-Ablauf und deren Ursachen dargestellt. Daraus ist in schematischer Vereinfachung ablesbar, dass aus der Fristüberschreitung von insgesamt 54 Arbeitstagen (AT) 20 + 19 = 39 AT dem AG wegen von ihm zu vertretender Behinderungen und 15 AT dem AN wegen von ihm zu vertretender Verzüge zuzuordnen sind. Hinsichtlich der witterungsbedingten Beschleunigung um 5 AT sind nach § 6 Nr. 2 Abs. 2 und § 2 Nr. 5 ggf. gesonderte Betrachtungen anzustellen.

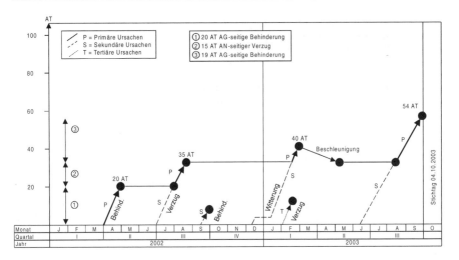

Abb. 1.73 Abgrenzung zwischen auftraggeberseitiger Behinderung und auftragnehmerseitigem Verzug

Maßgeblich für den Ursachenzusammenhang und deren Abgrenzung ist somit die sich aus *Abb. 1.73* ergebende „Umhüllende" der Terminabweichungen. Die darunter schlüpfenden, vom AG zu vertretenden Behinderungen und vom AN zu vertretenden Verzüge sind damit für einen Schadensnachweis nicht mehr relevant.

1.6.4.3 Schadensermittlung für einzelne Schadensereignisse

Sofern sich eine Behinderung auf einzelne klar abgrenzbare Schadensereignisse beschränkt, empfiehlt sich eine konkret auf diese Ereignisse bezogene Schadensermittlung.

Beispiel:

Durch eine verspätete Schalplanlieferung wird eine Schalkolonne mit 4 gewerblichen Arbeitnehmern für 2 AT an der Weiterarbeit gehindert. Diese können nicht in anderen Bauabschnitten eingesetzt oder mit anderen Arbeiten z. B. des Betoneinbaus betraut werden. Bleiben alle übrigen Arbeiten und Kostenarten davon unberührt, so entsteht mindestens ein Vermögensnachteil von z. B. 4 Arbeiter x 9 Lohnstunden/Arbeitstag x 2 Arbeitstage x 31,45 €/Lohnstunde (Mittellohn ASL ohne Zuschlag Z) = 2.264,40 €.

Ob eine verspätete Planlieferung von 2 AT vom AN bereits als Behinderung geltend gemacht wird, ist in der Praxis im Einzelfall abzuwägen, da jede schriftliche Behinderungsanzeige nach § 6 Nr. 1 eine Schuldzuweisung und damit einen „Angriff" gegen den AG darstellt. Solche Anzeigen bewirken daher häufig eine Belastung der „klimatischen Beziehungen" zwischen AG und AN. Daher ist in jedem Falle anzuraten, zunächst durch eindringliche mündliche Ermahnungen die geschuldete Mitwirkungsleistung des AG anzumahnen, ohne durch ein schriftliches, für Controlling-/Revisionsinstanzen des AG auffälliges und den AG belastendes Dokument die Atmosphäre zu trüben. Zeigt sich jedoch, dass solche Ermahnungen erfolglos bleiben, so muss zwangsläufig geschrieben werden, um den formalen Anforderungen der Nr. 1 Genüge zu tun.

1.6.4.4 Schadensermittlung durch Gesamtbetrachtung und Abgrenzungsrechnung nach § 287 ZPO

Beim Schadensnachweis durch eine Gesamtbetrachtung werden nicht einzelne Schadensereignisse oder hindernde Umstände isoliert betrachtet, sondern das Gesamt-Vertragswerk wird einer Gesamtschau unterzogen (Diederichs, 1998).

Diese ist immer dann erforderlich, wenn sich verschiedenartige Störungen aus Behinderung durch den AG, Verzug des AN und Beschleunigungsmaßnahmen zur Bauzeitverkürzung überlagern, damit den Vertragsparteien und ggf. den Gerichten trotz der komplexen Auswirkungen eine hinreichend genaue Grundlage für die Schadensbemessung nach den Anforderungen der Differenzhypothese zur Verfügung steht.

Da der durch Behinderung schuldhaft vom AG verursachte Schaden keineswegs aus der einfachen, aber falschen Formel

Schaden = Ist-Kosten ./. Soll-Kosten

ermittelt werden kann, sind Abgrenzungsuntersuchungen durch „Annäherung des Soll von unten" und „Annäherung des Ist von oben" sowie eine Differenzbildung zwischen angenähertem Ist und Soll unter Einbeziehung der Kausalitätsbedingung erforderlich.

1.6.4.5 Annäherung des Soll von unten

Durch die Annäherung des Soll von unten und die damit verbundenen Abgrenzungsrechnungen soll nach den Anforderungen der Differenzhypothese die abstrakte Vermögenslage vor Schadenseintritt ermittelt werden. Dazu sind Unter-Wert- oder Über-Wert-Ansätze in der Urkalkulation, Leistungsänderungen und Zusatzleistungen nach § 2 Nrn. 3 bis 9 VOB/B inklusive strittiger Nachträge sowie Aufwandsänderungen aus Leistungsstörungen und eingeleiteten Beschleunigungsmaßnahmen zu überprüfen und abzugrenzen.

Unter-Wert-Ansätze oder Über-Wert-Ansätze in der Urkalkulation (Soll [AN] → Soll [0])

Diese Abgrenzung umfasst den Vergleich der Urkalkulation des AN Soll [AN] und seiner Ablaufdaten (Aufwands- und Leistungswerte, Kapazitätseinsatz und Baufortschritte) zum Zeitpunkt der Auftragserteilung mit den Sollwert-Ermittlungen (0) eines objektiven und neutralen Sachverständigen.

Die Überprüfung der Frage, ob eine Kalkulation unter oder über Wert vorliegt, ist notwendig, um zu vermeiden, dass in den Schadensnachweis solche Beträge einfließen, die auch ohne Behinderungen zur Über- oder Unterschreitung der kalkulatorischen Kostenerwartung geführt hätten. Für einen solchen Vergleich sind die Ist-Ablaufdaten eines ungestörten Bauabschnitts (Regelstrecke) heranzuziehen.

Wird bei der Überprüfung festgestellt, dass Kalkulationswerte unauskömmlich angesetzt sind, so sind sie auf ein angemessenes Maß zu erhöhen, das den kalkulatorischen Verbrauchserwartungen nach allgemeinen Erfahrungen entspricht. Dies gilt umgekehrt auch für Über-Wert-Ansätze, die in der Praxis jedoch nur selten vorkommen.

Leistungsänderungen aus § 2 Nrn. 3 bis 9 VOB/B inklusive strittiger Nachträge (Soll [0] → Soll [1])

Die Sollwerte der Urkalkulation werden durch Abweichungen zwischen beauftragten und tatsächlich auszuführenden Leistungen häufig verändert. Die Sollwertermittlungen des Soll [0] sind daher zum Soll [1] zu aktualisieren in Fortschreibung der beauftragten zu den tatsächlich auszuführenden Leistungen inklusive der strittigen Nachträge. Dadurch wird verhindert, dass eine aus strittigen Nachträgen resultierende Differenz zwischen Ist- und Soll-Kosten mit einem anderen „Etikett" dem Behinderungsschaden hinzugerechnet wird.

Aufwandsänderungen aus Leistungsstörungen und Beschleunigungsmaßnahmen zur Reduzierung drohender Bauzeitüberschreitungen

In dieser Stufe werden die Ablaufstörungen und evtl. Anpassungsmaßnahmen zur Reduzierung drohender Bauzeitüberschreitungen in das Soll [1] eingebaut und es wird daraus das Soll [2] entwickelt zur Erfassung und Abgrenzung der Auswirkungen auf die Ausführungsfristen, die Baufortschritte und die Soll-Kosten. Dabei ist zu unterscheiden nach

- vom AG zu vertretenden Behinderungen (Soll [1] → Soll [2.1]),
- vom AG angeordneten Beschleunigungsmaßnahmen (Soll [2.1] → Soll [2.2]),
- weder vom AG noch vom AN zu vertretenden Leistungsstörungen (Soll [2.2] → Soll [2.3]) nach § 6 Nr. 2b) und c) VOB/B sowie
- vom AN zu vertretenden Leistungsstörungen (Soll [2.3] → Soll [2.4]).

Maßgeblich für das abgegrenzte, durch vom AG zu vertretende Störungen modifizierte Soll zur Differenzbildung mit dem abgegrenzten Ist ist das Soll [2.2].

1.6.4.6 Annäherung des Ist von oben

Bei der Abgrenzung der Ist-Kosten zur Ableitung der konkreten Vermögenslage nach Schadenseintritt ist einerseits zu überprüfen, ob in den Ist-Kosten Beträge enthalten sind, die mit dem beauftragten Leistungsumfang nichts zu tun haben, und andererseits zu fragen, ob der Auftragnehmer seiner Schadensminderungspflicht nachgekommen ist.

Abgrenzung von neutralen Aufwendungen (Leistungen für Dritte) (Ist [AN] → Ist [0])

Baustellen sind die Betriebe der Bauunternehmen. Nicht selten entwickelt sich aus einem Baubüro auf einer Baustelle durch Hereinnahme und zeitparallele Abwicklung eines weiteren Auftrags die Keimzelle einer Niederlassung. Neutrale Aufwendungen entstehen somit aus Leistungen für Dritte mit der Konsequenz der erforderlichen Abgrenzung und Ist-Kostenminderung.

Abgrenzung von möglichen Maßnahmen des AN zur Schadensminderung (Ist [0] → Ist [1])

In diesem Schritt ist zu prüfen, ob dem AN über die wahrgenommenen Maßnahmen zur Schadensminderung und die dadurch vermiedenen Aufwendungen hinaus weitere Maßnahmen zur Schadensminderung durch Kosten dämpfende Dispositionen für Personal, Maschinen und Geräte oder auch Einkauf von Baustoffen möglich gewesen wären.

Dabei sind die jeweiligen baustellenspezifischen Möglichkeiten unter Beachtung der gesetzlichen und tariflichen Vorschriften des Arbeitsrechtes sowie der Konflikt aus notwendiger Wahrung der Einsatzbereitschaft bzw. sogar der Beschleunigungsnotwendigkeit und der Schadensminderungspflicht zu beachten. Das Ergebnis führt vom abgegrenzten Ist [0] zum idealisierten Ist [1] und entspricht im Ergebnis der Annäherung des Ist von oben.

1.6.4.7 Schadensabschätzungen nach § 287 ZPO durch Differenzbildung zwischen Ist [1] und Soll [2.2]

Der Nachweis der Schadenshöhe i. S. einer Schadensabschätzung aus Behinderungen nach § 287 ZPO wird anschließend vorgenommen durch Vergleich zwischen den Kostendaten

- des idealisierten Ist [1] nach Annäherung von oben und
- des behinderungs-/beschleunigungsmodifizierten Soll [2.2] nach Annäherung von unten.

Werden Schadensersatzansprüche von Nachunternehmern (NU) aus Behinderungen durch den AN geltend gemacht, so setzt dies voraus, dass der NU gegenüber dem AN in der hier vorgestellten Art und Weise einen Schadensnachweis erbringt, der AN diesen prüft und anschließend dem AG gegenüber geltend macht.

Entgangener Gewinn

Nach § 6 Nr. 6 VOB/B besteht ein Anspruch auf Ersatz des entgangenen Gewinns auf die Selbstkosten eines Schadensersatzanspruches nur bei Vorsatz oder grober Fahrlässigkeit.

Da nur in äußerst seltenen Fällen ein AN seinem AG Vorsatz oder große Fahrlässigkeit vorwerfen wird, wird der Anspruch auf Ersatz des entgangenen Gewinns auch nur in äußerst seltenen Fällen durchzusetzen sein.

Mehrwertsteuer

Die Frage, ob ein Schadensersatzanspruch aus § 6 Nr. 6 der Mehrwertsteuer unterliegt, ist immer noch strittig. Eine von einem AN im Rahmen seines Unternehmens erbrachte Leistung ist nur dann steuerbar, wenn ihr eine Gegenleistung, das Entgelt, gegenübersteht (§ 1 Abs. 1 Nr. 1 und § 10 UstG). Es muss daher ein Austausch von Leistungen stattfinden.

Der BGH empfiehlt im Urteil vom 20.02.1986 (Az VII ZR 286/84, BauR 1986, 347), vom AG hinsichtlich der Umsatzsteuer eine Feststellungsverpflichtung anstatt einer Leistungsverpflichtung zu verlangen, solange die Frage der Umsatzsteuerpflicht noch nicht von der Steuerrechtsprechung geklärt sei.

1.7 Wirtschaftlichkeitsberechnungen und Nutzen-Kosten-Untersuchungen

Öffentliche, gewerbliche und private Bauinvestitionen haben stets einen besonderen Stellenwert für den Initiator, da sie mit hohen Investitionsausgaben verbunden sind, Investitionsentscheidungen nach Baubeginn kaum mehr rückgängig gemacht werden können und mit der Übergabe und Inbetriebnahme Folgekosten in meistens beachtlicher Größenordnung entstehen.

In den Haushaltsordnungen des Bundes, der Länder und der Kommunen wird daher auch bereits seit Anfang der 70er Jahre gefordert, für geeignete Maßnahmen von erheblicher finanzieller Bedeutung Wirtschaftlichkeitsberechnungen (WB) oder Nutzen-Kosten-Untersuchungen (NKU) anzustellen. Zielsetzungen von WB und NKU bestehen allgemein darin, bei Beurteilung einer Einzelmaßnahme ihre Vorteilhaftigkeit zu prüfen oder aber bei Beurteilung mehrerer gleichartiger oder sich gegenseitig ausschließender Alternativen die Frage der Vorziehenswürdigkeit zu beantworten, die optimale Nutzungsdauer einer Investition zu bestimmen oder aber für ein vorhandenes Objekt oder eine vorhandene Anlage den günstigsten Ersatzzeitpunkt zu bestimmen.

Der Gegenstand von WB oder NKU kann sich auch auf die Überprüfung alternativer Erwerbs- oder Finanzierungsformen erstrecken, z. B. den Vergleich zwischen Eigenbau, Kauf, Leasing und Miete bzw. zwischen Eigen-, Fremd- und Mischfinanzierung. Ein besonderes Untersuchungsfeld ist der Vergleich zwischen Eigen- und Fremdleistung.

Die Zielsetzungen von WB und NKU bestehen allgemein darin, Fragestellungen folgender Art zu beantworten:

- Ist ein bestimmtes Investitionsvorhaben unter den verschiedenen einzel- und gesamtwirtschaftlichen Gesichtspunkten und auch unter Berücksichtigung des damit verbundenen Risikos für den Investor vorteilhaft (Beurteilung einer Einzelmaßnahme bzw. Entscheidung zwischen Mit-Fall und Ohne-Fall)?

- Welche von mehreren gleichartigen Investitionen ist die für den Investor günstigste (Festlegung einer Rangordnung zwischen mehreren gleichartigen Maßnahmen, d. h. Lösung des Wahlproblems)?

- Welche unter mehreren sich gegenseitig ausschließenden Alternativen ist zu bevorzugen (Auswahl der besten Alternative)?

- Welches ist die optimale Größe einer vorgesehenen Investitionsmaßnahme (Bestimmung der optimalen Größe)?

- Wann soll eine vorhandene Anlage durch eine moderne Anlage ersetzt werden (Lösung des Ersatzproblems)?

Darüber hinaus bestehen zahlreiche weitere Fragestellungen zu bauwirtschaftlichen Investitionsentscheidungen (Diederichs, 1985).

Die Verfahren der Investitionsrechnung lassen sich zunächst in drei Untergruppen einteilen (vgl. *Abb. 1.74*):

- monovariable Wirtschaftlichkeitsberechnungen,
- multivariable Nutzen-Kosten-Untersuchungen und
- programmierte Verfahren.

Monovariable Wirtschaftlichkeitsberechnungen (WB) stellen Methoden dar, mit deren Hilfe die Vorteilhaftigkeit einzelwirtschaftlicher Investitionsmaßnahmen geprüft und im Hinblick auf die betrieblichen Zielsetzungen des jeweiligen Investors bewertet werden kann. Die zu untersuchenden Nutzen-Kosten-Faktoren sind als Einnahmen und Ausgaben stets monetär zu bewerten. Nicht in Zeiteinheiten bewertbare Faktoren können ergänzend nur verbal diskutiert werden.

Multivariable Nutzen-Kosten-Untersuchungen (NKU) ermöglichen dagegen auch die Einbeziehung nicht monetär bewertbarer Nutzen-Kosten-Faktoren. Die Messgrößen unterschiedlichster Dimension werden mit Hilfe von Nutzenpunkten gleichnamig gemacht, wobei die Bedeutung der einzelnen Faktoren durch entsprechende Gewichtung berücksichtigt wird. NKU finden daher vor allem Verwendung, wenn durch Investitionsmaßnahmen nicht nur monetäre bzw. einzelwirtschaftliche, sondern auch multivariable bzw. gesellschaftliche Faktoren berührt werden.

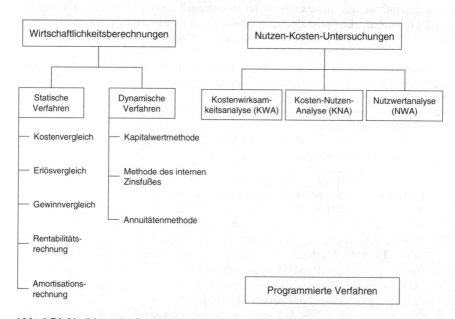

Abb. 1.74 Verfahren der Investitionsrechnung

Programmierte Verfahren finden Anwendung bei komplexen Optimierungsrechnungen unter Vorgabe von Nebenbedingungen, die auch in Form von Ungleichungen gegeben sein dürfen, z. B. der linearen Programmierung und der Simulation von Nutzungs-, Finanzierungs-, Investitions- und Betreibermodellen. Sie erfordern einen wesentlich höheren Rechenaufwand als die traditionellen Methoden. *Tabelle 1.21* zeigt die weitere Untergliederung der traditionellen Verfahren und ihrer Anwendungsbereiche in tabellarischer Übersicht.

1.7.1 Finanzmathematische Grundlagen

Die dynamischen Verfahren der WB und auch die KNA und die KWA im Rahmen von Nutzen-Kosten-Untersuchungen sowie Finanzierungsfragen erfordern es, sich mit den finanzmathematischen Grundlagen der Zinseszins- und Rentenrechnung vertraut zu machen (Diederichs 1985, S. 15 ff).

Der Zinseszinsrechnung liegt der Gedanke zugrunde, dass ein Zahlungsversprechen für die Zukunft infolge des Abzinsungseffektes niedriger zu bewerten ist als ein gleichgroßer Gegenwartswert. Umgekehrt ist eine in der Vergangenheit empfangene Zahlung infolge des Aufzinsungseffektes höher zu bewerten als eine gleich hohe Zahlung zum Gegenwartszeitpunkt (vgl. *Abb. 1.75*).

Verständigt man sich auf die Verwendung der nachfolgend erläuterten Begriffe, so sind die in *Abb. 1.76* dargestellten sechs möglichen Fälle bei Anwendung der Zinseszins- und Rentenrechnung zu unterscheiden.

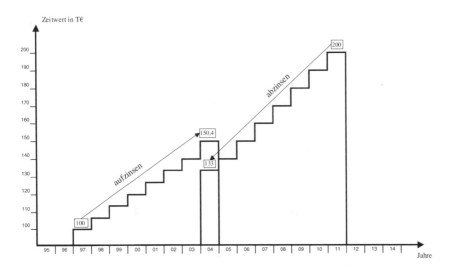

Abb. 1.75 Gegenwartswerte 2004 einer Zahlung in 1997 und einer Zahlung in 2011 bei einem kalkulatorischen Zinssatz von 6 %

1. **Endwert K_n durch Aufzinsen von K_0**

   Aufzinsungsfaktor $r^n = (1 + i)^n = (1 + p/100)^n$

   $K_n = K_0 \times r^n$

2. **Barwert K_0 durch Abzinsen von K_n**

   Abzinsungsfaktor $v^n = 1/r^n$

   $K_0 = K_n \times v^n$

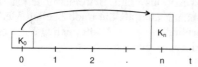
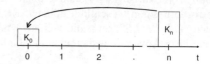

3. **Barwert K_0 einer Rente A**

   Rentenbarwertfaktor $a_n = \dfrac{(1+i)^n - 1}{(1+i)^n \times i}$ (Vervielfältiger)

   $K_0 = A \times a_n$

4. **Annuität A für Zins und Tilgung von K_0**

   Wiedergewinnungsfaktor für K_0 $\dfrac{1}{a_n} = \dfrac{(1+i)^n \times i}{(1+i)^n - 1}$

   $A = K_0 \times \dfrac{1}{a_n}$

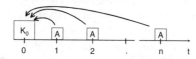
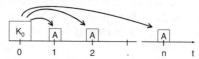

5. **Endwert K_n einer Rente A**

   Rentenendwertfaktor $e_n = \dfrac{(1+i)^n - 1}{i} = \dfrac{r^n - 1}{i}$

   $K_n = A \times e_n$

6. **Annuität A eines Endwertes K_n**

   Wiedergewinnungsfaktor für K_n

   $\dfrac{1}{e_n} = \dfrac{i}{(1+i)^n - 1} = \dfrac{i}{r^n - 1}$

   $A = K_n \times \dfrac{1}{e_n}$

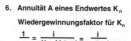
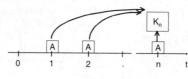
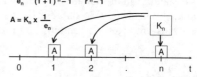

Abb. 1.76 Die sechs möglichen Fälle bei Anwendung der Zinseszins- und Rentenrechnung bei nachschüssiger Verzinsung

K_0 = *Anfangsbetrag des Kapitals, auch Gegenwartswert oder Barwert genannt*

K_n = *Endwert des Kapitals nach n Verzinsungsperioden*

n = *Anzahl der Zinsperioden*

p = *Zinssatz in % als Preis für die Überlassung von Kapital proportional zur Höhe des Kapitalbetrages und zur Zeitdauer der Überlassung; es sind folgende weiteren Beziehungen gebräuchlich:*

i = *$p/100$ = Zinssatz als Dezimalzahl*

r = *$1 + i$ = Basiswert des Aufzinsungsfaktors*

A = *Annuität bzw. jährlich gleichbleibende Zahlung oder Rente*

Von nachschüssiger Verzinsung spricht man, wenn die Zinsen jeweils am Ende der Zinsperiode abgerechnet werden. Dies ist die gebräuchlichste Form der Zinsabrechnung. Sie ist daher auch den Erläuterungen zugrunde gelegt, sofern nichts Gegenteiliges ausdrücklich vermerkt ist.

Von vorschüssiger (antizipativer) Verzinsung spricht man, wenn die Zinsen zu Beginn der Zinsperioden abgerechnet werden. Dies ist üblich beim An- und Verkauf von Wechseln.

Beispiel:

Für einen Wechsel mit einer Wechselsumme von 1.000 € und einem Zinssatz von 2 % für die Laufzeit von 3 Monaten ist der Ankaufswert gesucht.
Es gilt die Beziehung:

$$K_0 = K_n - (i \times K_n) = K_n \times (1 - i)$$

$$K_0 = 1.000 \times (1,0 - 0,02) = 980 \text{ €}$$

1.7.1.1 Endwert eines Anfangskapitals

Ein Kapital K_0 wächst in einer Zeitperiode bei nachschüssiger Verzinsung auf den Betrag $K_1 = K_0 \times (1 + i)^1 = K_0 \times r^1$ an.

Werden die Zinsen nach Ablauf jeder Zinsperiode dem Kapitalbetrag K_0 zugeschlagen, so ergibt sich folgende Kapitalentwicklung:

$$K_2 = K_0 \times r^2$$

.

.

.

$$K_n = K_0 \times r^n$$

Der Faktor $r^n = (1 + i) = (1 + p / 100)^n$ wird als Aufzinsungsfaktor bezeichnet, der sowohl mit wachsendem Zinssatz p als auch mit der Anzahl der Zinsperioden n wächst.

Beispiel:

Gesucht ist der Endwert K_n für ein Anfangskapital $K_0 = 10.000$ € bei einem Zinssatz p von 8 % p. a. nach einer Laufzeit von n = 15 Jahren.

$$K_n = 10.000 \times 3,1722 = 31.722 \text{ €}$$

1.7.1.2 Barwert eines Endkapitals

Der Barwert K_0 ist der Wert eines Endkapitals K_n, abgezinst auf einen bestimmten Bezugszeitpunkt 0. Der Barwert zum Zeitpunkt der Betrachtung „heute" wird auch als Gegenwartswert bezeichnet.

Als Abzinsen wird der Vorgang bezeichnet, mit dem der Wert einer zukünftigen Zahlung (allgemein: zu einem Zeitpunkt vor der Zahlung) ermittelt wird. Der Abzinsungsfaktor v^n ist der Kehrwert des Aufzinsungsfaktors r^n. Er wird sowohl mit wachsendem Zinssatz p als auch mit der Anzahl der zugrunde gelegten Zinsperioden n kleiner.

$$v^n = 1 / r^n = 1 / (1 + p / 100)^n$$

Beispiel:

Gesucht ist der Barwert K_0 einer Lebensversicherungssumme über 100.000 € bei einem Zinssatz von 6 % p. a., fällig nach 25 Jahren.

$$K_0 = 100.000 \times 0,2330 = 23.300 \ €$$

Bei vorschüssiger Verzinsung errechnet sich der Abzinsungsfaktor aus $(1-i)^n$. Diese Formel findet vornehmlich bei der degressiven Abschreibung (Abschreibung vom jeweiligen Restbuchwert bei gleichbleibendem Abschreibungssatz p) Anwendung.

Beispiel:

Gesucht ist der Buchrestwert B nach 6 Jahren bei einem Anschaffungswert von 50.000 € und einer jährlichen Abschreibung von 10 % des jeweiligen Restbuchwertes.

$$B = 50.000 \times (1-0,10)^6 = 26.572 \ €$$

Bei der Wahl des Zinssatzes p ist zu unterscheiden, ob bei künftigen Ein- oder Auszahlungen mit konstanten Werten oder mit laufenden Werten unter Einbeziehung von Indexsteigerungen (für Kosten oder Preise) gerechnet wird.

Bei konstanten Werten ist der reale Zinssatz (Nominalzins abzüglich Indexsteigerung) anzusetzen. Bei veränderlichen Werten ergibt sich eine Näherungslösung, wenn die Indexsteigerung vom nominalen Zinssatz abgezogen wird, z. B. 8 % – 3 % = 5 %. Eine genaue Lösung erhält man, indem man mit dem nominalen Zinssatz abzinst und mit der Indexsteigerung aufzinst.

Bei einem Betrachtungszeitraum von n = 10 Zinsperioden ergibt sich z. B. für den Abzinsungsfaktor v^{10}

– als genaue Lösung: $$v^{10} = \frac{1,03^{10}}{1,08^{10}} = 0,6225$$

– als Näherungslösung: $$v^{10} = \frac{1}{1,05^{10}} = 0,6139$$

1.7.1.3 Barwert einer jährlichen Rente

Ist am Ende einer jeden von n Zinsperioden eine Einlage (Rente) zu zahlen, so bezeichnet man den Barwert, den die Summe der Einlagen (Renten) unter Berücksichtigung von Zinseszinsen zum Bezugszeitpunkt (Beginn der ersten Zinsperiode) hat, als Rentenbarwert. Dieser wird mit Hilfe des Rentenbarwertfaktors a_n ermittelt.

$$a_n = \frac{1 - v^n}{i} = \frac{r^n - 1}{r^n \; x \; i} = \frac{(1+i)^n - 1}{(1+i)^n \; x \; i}$$

Mit wachsendem n strebt v^n gegen Null. Der Rentenbarwertfaktor einer ewigen Rente wird damit zu:

$$a_{n \to \infty} = \frac{1}{i}$$

Beispiel:

Gesucht ist der Barwert K_0 einer jährlichen Zahlung A von 12.000 € über einen Zeitraum von n = 20 Jahren bei einem Zinssatz von 6 % p. a.

$K_0 = 12.000 \; x \; 11,4699 = 137.639$ €

Summe der Einzahlungen = 12.000 x 20 = 240.000 €

Beispiel:

Gesucht ist der Barwert einer ewigen Rente von 12.000 € pro Jahr bei einem Zinssatz von 6 % p. a.

$K_0 = 12.000 / 0,06 = 200.000$ €

Nixdorf (1983) hat in einem Tabellenwerk Rentenbarwertfaktoren unter Berücksichtigung von jährlichen Indexsteigerungen zusammengestellt. Einen Auszug zeigt *Abb. 1.77*. Mit Hilfe dieser Tabellenwerte können die Barwerte der jährlich anfallenden Ausgaben bzw. Einnahmen innerhalb eines gewählten Betrachtungszeitraumes unter Berücksichtigung von Zinssatz und Kosten- bzw. Preissteigerungen ermittelt werden. Bei den jährlichen Zahlungen wird unterstellt, dass sie jeweils am Ende einer Periode anfallen.

Die zugehörige Formel für den Rentenbarwertfaktor unter Berücksichtigung von Indexsteigerungen lautet:

$$a_{n, \, Index} = \frac{q}{r} \; x \; \frac{(\frac{q}{r})^n - 1}{(\frac{q}{r}) - 1}$$

		Zinssatz (p) [%]								
n	s [%]	3	4	5	6	7	8	9	10	11	12
5	0	4,580	4,452	4,329	4,212	4,100	3,993	3,890	3,791	3,696	3,605
5	3	5,000	4,858	4,721	4,591	4,466	4,347	4,232	4,123	4,017	3,916
5	4	5,148	5,000	4,859	4,724	4,595	4,471	4,353	4,239	4,130	4,025
5	5	5,299	5,146	5,000	4,860	4,727	4,598	4,476	4,358	4,245	4,137
5	6	5,454	5,296	5,145	5,000	4,862	4,729	4,602	4,480	4,364	4,252
5	7	5,614	5,450	5,293	5,143	5,000	4,863	4,731	4,605	4,485	4,369
5	8	5,777	5,607	5,445	5,290	5,142	5,000	4,864	4,734	4,609	4,489
5	9	5,945	5,769	5,601	5,441	5,287	5,141	5,000	4,865	4,736	4,612
5	10	6,117	5,935	5,761	5,595	5,437	5,285	5,139	5,000	4,866	4,738
5	11	6,293	6,105	5,925	5,754	5,589	5,432	5,282	5,138	5,000	4,868
5	12	6,474	6,279	6,093	5,916	5,746	5,584	5,428	5,279	5,137	5,000
5	13	6,659	6,458	6,266	6,082	5,907	5,739	5,578	5,424	5,277	5,136
5	14	6,849	6,641	6,442	6,253	6,071	5,898	5,732	5,573	5,420	5,274
5	15	7,044	6,829	6,623	6,427	6,240	6,060	5,889	5,725	5,567	5,416
5	16	7,244	7,021	6,809	6,606	6,412	6,227	6,050	5,880	5,718	5,562
5	17	7,448	7,218	6,999	6,789	6,589	6,398	6,215	6,040	5,872	5,711
5	18	7,658	7,420	7,194	6,977	6,770	6,573	6,384	6,203	6,029	5,863
5	19	7,873	7,627	7,393	7,169	6,956	6,752	6,556	6,370	6,191	6,019
5	20	8,093	7,839	7,597	7,366	7,146	6,935	6,733	6,541	6,356	6,179
10	0	8,530	8,111	7,722	7,360	7,024	6,710	6,418	6,145	5,889	5,650
10	3	10,000	9,486	9,010	8,568	8,158	7,777	7,421	7,090	6,781	6,492
10	4	10,550	10,000	9,491	9,019	8,581	8,173	7,794	7,441	7,112	6,804
10	5	11,133	10,544	10,000	9,496	9,028	8,593	8,188	7,812	7,461	7,133
10	6	11,750	11,121	10,539	10,000	9,500	9,036	8,605	8,203	7,829	7,480
10	7	12,405	11,732	11,110	10,534	10,000	9,505	9,044	8,616	8,218	7,846
10	8	13,099	12,379	11,714	11,099	10,529	10,000	9,509	9,053	8,628	8,232
10	9	13,835	13,065	12,354	11,697	11,088	10,524	10,000	9,513	9,061	8,639
10	10	14,614	13,791	13,031	12,329	11,679	11,077	10,519	10,000	9,518	9,069
10	11	15,440	14,560	13,748	12,998	12,305	11,662	11,067	10,514	10,000	9,522
10	12	16,315	15,375	14,508	13,707	12,966	12,281	11,646	11,057	10,509	10,000
10	13	17,242	16,237	15,311	14,456	13,666	12,935	12,258	11,630	11,047	10,504
10	14	18,225	17,151	16,162	15,249	14,406	13,626	12,904	12,235	11,614	11,037
10	15	19,265	18,118	17,062	16,087	15,188	14,357	13,587	12,874	12,213	11,598
10	16	20,367	19,142	18,014	16,975	16,015	15,129	14,308	13,549	12,844	12,191
10	17	21,534	20,226	19,022	17,913	16,890	15,944	15,070	14,261	13,511	12,815
10	18	22,770	21,373	20,088	18,905	17,814	16,806	15,875	15,014	14,215	13,475
10	19	24,078	22,587	21,216	19,954	18,791	17,717	16,725	15,808	14,958	14,170
10	20	25,463	23,872	22,410	21,064	19,824	18,680	17,623	16,646	15,742	14,904
15	0	11,938	11,118	10,380	9,712	9,108	8,559	8,061	7,606	7,191	6,811
15	3	15,000	13,896	12,905	12,014	11,210	10,483	9,824	9,226	8,683	8,187
15	4	16,220	15,000	13,906	12,924	12,038	11,239	10,516	9,860	9,265	8,723
15	5	17,555	16,207	15,000	13,916	12,941	12,062	11,268	10,549	9,896	9,303
15	6	19,019	17,528	16,195	15,000	13,926	12,959	12,086	11,297	10,581	9,931
15	7	20,622	18,974	17,502	16,183	15,000	13,935	12,976	12,109	11,325	10,613
15	8	22,380	20,558	18,931	17,476	16,172	15,000	13,945	12,993	12,132	11,352
15	9	24,306	22,291	20,495	18,889	17,451	16,161	15,000	13,954	13,009	12,155
15	10	26,419	24,190	22,205	20,433	18,848	17,426	16,149	15,000	13,963	13,026
15	11	28,736	26,271	24,077	22,121	20,373	18,807	17,402	16,139	15,000	13,972
15	12	31,276	28,550	26,126	23,967	22,039	20,314	18,768	17,378	16,128	15,000
15	13	34,062	31,047	28,369	25,985	23,859	21,958	20,256	18,729	17,355	16,117
15	14	37,118	33,783	30,824	28,192	25,847	23,753	21,880	20,200	18,691	17,332
15	15	40,469	36,781	33,512	30,607	28,020	25,713	23,650	21,803	20,145	18,653
15	16	44,144	40,067	36,454	33,248	30,395	27,853	25,582	23,550	21,728	20,091

Abb. 1.77 Rentenbarwertfaktoren $a_{n, \text{Index}}$ unter Berücksichtigung von Indexsteigerungen s im Betrachtungszeitraum n (Auszug)

$p = Zinssatz\ in\ \%\ p.\ a.$

$s = Indexsteigerung\ in\ \%\ p.\ a.$

$r = 1 + p/100$

$q = 1 + s/100$

$n = Betrachtungszeitraum\ in\ Jahren$

Beispiel:

Gesucht ist der Barwert der jährlichen Ausgaben für die Reinigung einer Fassade bei einem Betrachtungszeitraum von 15 Jahren.

Die jährlichen Aufwendungen A für die Reinigung nach Inbetriebnahme betragen 6.000 €/Jahr. Der kalkulatorische Zinssatz p wird mit 6 % p. a. und die Kostensteigerung s mit 3 % p. a. angenommen.

$K_0 = 6.000 \times 12,014 = 72.084\ €$

1.7.1.4 Barwerte von Investitions- und Reinvestitionsausgaben

Nixdorf (1983) hat in seinem bereits erwähnten Tabellenwerk auch sogenannte Kombinationstabellen erarbeitet, mit deren Hilfe die Barwerte von Investitions- und Reinvestitionsausgaben ermittelt werden können unter Berücksichtigung von Betrachtungszeitraum, Nutzungsdauer, kalkulatorischem Zinssatz und Kosten- bzw. Preissteigerung. Diese Tabellenwerte setzen voraus, dass Investitionen nach Ablauf ihrer Nutzungsdauer – soweit der Betrachtungszeitraum über die Nutzungsdauer hinausgeht – gleichwertig ersetzt werden (Reinvestitionen).
Investitionen (bzw. Reinvestitionen), deren Nutzungsdauer über das Ende des Betrachtungszeitraumes hinausreicht, werden mit demjenigen Anteil bei der Barwertberechnung berücksichtigt, der noch in den Betrachtungszeitraum fällt. Dies wird über eine Annuitätenzwischenrechnung erreicht, deren Ergebnis in die Tabellenwerte eingerechnet wurde.
Einen Auszug aus der Kombinationstabelle enthält *Abb. 1.78.*

Die Tabellenwerte können mit Hilfe folgender Formel errechnet werden:

$$a_{n,\,Index,\,Reinvest.} = \frac{(\frac{q}{r})^{R\,x\,N} - 1}{\frac{(\frac{q}{r})^{N} - 1}{n}} - \left[(\frac{q}{r})^{N\,x\,(R-1)} \times \frac{r^{R\,x\,N-n} - 1}{r^{N} - 1} \right]$$

$p = Zinssatz\ in\ \%\ p.\ a.$

$s = Indexsteigerung\ in\ \%\ p.\ a.$

n	N	s [%]	Zinssatz (p) [%]									
			3	4	5	6	7	8	9	10	11	12
30	19	6	2,1146	1,9579	1,8229	1,7068	1,6070	1,5211	1,4474	1,3898	1,3298	1,2832
30	19	7	2,3323	2,1450	1,9987	1,8449	1,7255	1,6229	1,5348	1,4591	1,3942	1,3385
30	19	8	2,5898	2,3663	2,1738	2,0082	1,8658	1,7434	1,6382	1,5479	1,4704	1,4039
30	19	9	2,8941	2,6278	2,3985	2,2012	2,0315	1,8856	1,7603	1,6528	1,5605	1,4812
30	19	10	3,2530	2,9362	2,6635	2,4288	2,2269	2,0534	1,9044	1,7765	1,6666	1,5724
30	20	0	1,3175	1,2724	1,2335	1,2001	1,1713	1,1466	1,1254	1,1073	1,0917	1,0784
30	20	3	1,5734	1,4919	1,4218	1,3614	1,3094	1,2648	1,2266	1,1938	1,1657	1,1416
30	20	4	1,6956	1,5968	1,5117	1,4384	1,3754	1,3213	1,2749	1,2351	1,2010	1,1718
30	20	5	1,8423	1,7227	1,6196	1,5309	1,4546	1,3891	1,3228	1,2847	1,2434	1,2081
30	20	6	2,0181	1,8736	1,7489	1,6417	1,5494	1,4703	1,4023	1,3441	1,2942	1,2515
30	20	7	2,2285	2,0540	1,9037	1,7742	1,6630	1,5674	1,4854	1,4151	1,3550	1,3035
30	20	8	2,4797	2,2695	2,0885	1,9326	1,7985	1,6834	1,5847	1,5000	1,4275	1,3655
30	20	9	2,7792	2,5265	2,3088	2,1213	1,9602	1,8218	1,7030	1,6013	1,5141	1,4395
30	20	10	3,1357	2,8324	2,5710	2,3460	2,1526	1,9865	1,8439	1,7217	1,6171	1,5276
30	25	0	1,1256	1,1069	1,0907	1,0768	1,0648	1,0546	1,0459	1,0385	1,0323	1,0270
30	25	3	1,2630	1,2238	1,1899	1,1608	1,1357	1,1144	1,0962	1,0807	1,0676	1,0566
30	25	4	1,3349	1,2850	1,2418	1,2047	1,1728	1,1456	1,1224	1,1028	1,0861	1,0721
30	25	5	1,4254	1,3620	1,3072	1,2600	1,2195	1,1849	1,1555	1,1305	1,1094	1,0916
30	25	6	1,5391	1,4588	1,3893	1,3295	1,2782	1,2344	1,1971	1,1654	1,1386	1,1160
30	25	7	1,6817	1,5802	1,4923	1,4167	1,3518	1,2964	1,2492	1,2092	1,1753	1,1467
30	25	8	1,8602	1,7321	1,6212	1,5258	1,4440	1,3740	1,3145	1,2640	1,2212	1,1852
30	25	9	2,0832	1,9218	1,7822	1,6621	1,5590	1,4710	1,3960	1,3324	1,2786	1,2331
30	25	10	2,3610	2,1582	1,9829	1,8319	1,7024	1,5917	1,4976	1,4176	1,3500	1,2929
30	30	nn %	1,0000	1,0000	1,0000	1,0000	1,0000	1,0000	1,0000	1,0000	1,0000	1,0000
30	40	nn %	0,8480	0,8737	0,8959	0,9148	0,9308	0,9441	0,9550	0,9640	0,9713	0,9771
30	50	nn %	0,7618	0,8049	0,8421	0,8733	0,8992	0,9202	0,9372	0,9508	0,9615	0,9700
30	60	nn %	0,7082	0,7643	0,8121	0,8517	0,8939	0,9096	0,9299	0,9458	0,9581	0,9677
40	5	0	5,0472	4,4460	3,9633	3,5719	3,2515	2,9866	2,7656	2,5797	2,4219	2,2869
40	5	3	8,0000	6,7970	5,8535	5,1065	4,5093	4,0274	3,6347	3,3119	3,0440	2,8199
40	5	4	9,5319	8,0000	6,8072	5,8696	5,1258	4,5300	4,0483	3,6553	3,3317	3,0629
40	5	5	11,0000	9,5154	8,0000	6,8172	5,8855	5,1448	4,5504	4,0691	3,6757	3,3515
40	5	6	13,9484	11,4327	9,4992	8,0000	6,8271	5,9012	5,1636	4,5706	4,0896	3,6960
40	5	7	17,1096	13,8683	11,3917	9,4834	8,0000	6,8368	5,9166	5,1821	4,5906	4,1100
40	5	8	21,1617	16,9730	13,7902	11,3517	9,4679	8,0000	6,8464	5,9318	5,2004	4,6103
40	5	9	26,3690	20,9428	16,8403	13,7142	11,3127	9,4527	8,0000	6,8558	5,9468	5,2185
40	5	10	33,0760	26,0316	20,7306	16,7113	13,6400	11,2745	9,4378	8,0000	6,8650	5,9616
40	10	0	2,7098	2,4403	2,2222	2,0443	1,8981	1,7771	1,6762	1,5915	1,5199	1,4590
40	10	3	4,0000	3,4806	3,0674	2,7362	2,4688	2,2512	2,0729	1,9257	1,8034	1,7010
40	10	4	4,6508	4,0000	3,4850	3,0745	2,7448	2,4781	2,2607	2,0823	1,9348	1,8120
40	10	5	5,4617	4,6439	4,0000	3,4894	3,0815	2,7533	2,4872	2,2701	2,0916	1,9438
40	10	6	6,4745	5,4443	4,6371	4,0000	3,4937	3,0884	2,7616	2,4963	2,2794	2,1008
40	10	7	7,7424	6,4420	5,4274	4,6304	4,0000	3,4979	3,0952	2,7699	2,5053	2,2886
40	10	8	9,3228	7,6882	6,4103	5,4108	4,6239	4,0000	3,5020	3,1019	2,7780	2,5142
40	10	9	11,3306	9,2477	7,6354	6,3794	5,3947	4,6175	4,0000	3,5061	3,1085	2,7861
40	10	10	13,8437	11,2025	9,1652	7,5841	6,3493	5,3788	4,6112	4,0000	3,5102	3,1150
40	11	0	2,4982	2,2593	2,0658	1,9078	1,7779	1,6704	1,5808	1,5056	1,4422	1,3884
40	11	3	3,6734	3,2058	2,8337	2,5354	2,2945	2,0987	1,9384	1,8062	1,6964	1,6047
40	11	4	4,2752	3,6851	3,2182	2,8461	2,5475	2,3061	2,1095	1,9485	1,8155	1,7050
40	11	5	5,0324	4,2849	3,6966	3,2304	2,8584	2,5595	2,3175	2,1203	1,9585	1,8248
40	11	6	5,9887	5,0382	4,2942	3,7078	3,2424	2,8705	2,5713	2,3288	2,1310	1,9684
40	11	7	7,2002	5,9879	5,0436	4,3032	3,7187	3,2542	2,8825	2,5830	2,3400	2,1415
40	11	8	8,7398	7,1890	5,9867	5,0485	4,3118	3,7293	3,2657	2,8942	2,5945	2,3511

nn % = Kostensteigerung ohne Einfluss, da keine weitere Reinvestition im Betrachtungszeitraum

Abb. 1.78 Kombinationstabelle zur Barwertberechnung von Investitions- und Reinvestitionsausgaben (Auszug)

n = *Betrachtungszeitraum in Jahren*

N = *Nutzungsdauer in Jahren*

R = *Anzahl der in den Betrachtungszeitraum fallenden Investitionen bzw. Reinvestitionen (Investitionskette)*

R = *n / N (aufgerundet auf ganze Zahl)*

r = *1 + p/100*

q = *1 + s/100*

Beispiel:

Gesucht ist der Barwert der Investitionsausgaben einschließlich anteiliger Reinvestitionsausgaben von 100.000 € mit einer Nutzungsdauer von 20 Jahren bei einem Betrachtungszeitraum von 30 Jahren. Für den kalkulatorischen Zinssatz werden 8 % p. a. und für die Kostensteigerung 3 % p. a. angenommen.

$$K_0 = 100.000 \times 1{,}2648 = 126.480 \text{ €}$$

1.7.1.5 Annuität eines Anfangskapitals

Bei Anleihen und Hypotheken ist i. d. R. eine planmäßige Tilgung vorgesehen. Dabei wird vielfach vereinbart, dass Zins- und Tilgungszahlungen der Schuld in gleichbleibenden Raten erfolgen. Eine Jahresrate wird als Annuität A bezeichnet. Der Barwert dem Annuitäten muss dem Anfangsbetrag der Schuld entsprechen.

A = *Annuität*

A = K_0 *x 1 / a_n bei nachschüssigen Zins- und Tilgungszahlungen*

K_0 = *Anfangsbetrag der Schuld*

n = *Zahl der Jahre, in denen die Schuld getilgt werden soll*

1 / a_n = *Annuitätsfaktor (Wiedergewinnungsfaktor), der dem Kehrwert des Rentenbarwertfaktors entspricht*

$$\frac{1}{a_n} = \frac{i}{1-v^n} = \frac{r^n \ x \ i}{r^n - 1} = \frac{(1+i)^n \ x \ i}{(1+i)^n - 1}$$

Will man aus einer vorgegebenen Annuität die Gesamttilgungsdauer n errechnen, so ist folgende Formel anzuwenden:

$$n = \frac{\log A - \log(A - (i \ x \ K_o))}{\log r}$$

Beispiel:

Eine Schuld mit einem Anfangsbetrag K_0 von 10.000 € soll bei einer jährlichen Verzinsung von 6 % in 11 gleichen Jahresraten nachschüssig verzinst und getilgt werden. Gesucht ist die Annuität A. Ferner ist der Tilgungszeitraum n anhand obiger Formel zu überprüfen.

$$A = K_0 \, x \, 1 \, / \, a_{11}$$

$$A = 10.000 \text{ x } 0,1268 = 1.268 \text{ € p. a.}$$

$$n = \frac{\log 1,268 - \log \, (1,268 - (0,06 \; x \; 10.000))}{\log 1,06}$$

$$n = \frac{3,10312 - 2,82478}{0,02531} = 11 \text{ Jahre}$$

In der kaufmännischen Praxis werden zur Gewinnung einer Übersicht über die planmäßige Entwicklung der Schuld Tilgungspläne aufgestellt. Diese Pläne sind auch für die Bilanzierung von Interesse. Für das obige Zahlenbeispiel ergibt sich der Tilgungsplan gem. *Tabelle 1.19.*

Tabelle 1.19 Tilgungsplan für ein Darlehen

n	Restschuld nach n Jahren K_n	Annuität Annuität	6 % Zinsen für das n. Jahr	Tilgung am Ende des n. Jahres T_n
Jahre	€	€	€	€
	(10.000)			
1	9.332	1.268	600	668
2	8.624	1.268	560	708
3	7.874	1.268	518	750
4	7.078	1.268	472	796
5	6.235	1.268	425	843
6	5.341	1.268	374	894
7	4.393	1.268	320	948
8	3.389	1.268	264	1004
9	2.324	1.268	203	1065
10	1.196	1.268	140	1128
11	0	1.268	72	1196
Summen		13.948	3.948	10.000

1.7.1.6 Endwert einer jährlichen Rente

Ist am Ende einer jeden von n Zinsperioden einer Einlage A (Rente) zu zahlen, so bezeichnet man den Endwert, den die Summe der Einlagen (Renten) unter Berücksichtigung von Zinseszinsen am Ende der letzten Zinsperiode hat, als Rentenendwert K_n.

$$K_n = A \times e_n$$

$e_n =$ *Rentenendwertfaktor, der sich aus dem Rentenbarwertfaktor a_n durch Multiplikation mit dem Aufzinsungsfaktor r^n ergibt*

$$e_n = a_n \times r^n = \frac{r^n - 1}{i} = \frac{(1+i)^n - 1}{i}$$

Beispiel:

Wie groß ist der Endwert K_n einer jährlichen Zahlung von 12.000 € bei einem Zinssatz von 5 % p. a. nach 20 Jahren?

$K_n = 12.000 \times (1,05^{20} - 1) / 0,05 = 12.000 \times 33,066 = 396.792$ €

1.7.1.7 Annuität eines Endkapitals

Analog zur Annuität eines Anfangskapitals ergibt sich die Annuität A, um zu einem bestimmten Zeitpunkt ein bestimmtes Endkapital zur Verfügung zu haben, mit Hilfe des Wiedergewinnungsfaktors für den Endwert, der den Kehrwert des Rentenendwertfaktors darstellt oder aber auch den Wiedergewinnungsfaktor für das Anfangskapital, multipliziert mit dem Abzinsungsfaktor.

$$\frac{1}{e_n} = Wiedergewinnungsfaktor\ für\ das\ Endkapital$$

$$\frac{1}{e_n} = \frac{1}{a_n} \times v^n = \frac{i}{r^n - 1} = \frac{i}{(1+i)^n - 1}$$

Beispiel:

Gesucht ist die Höhe der jährlichen Zahlung A, um bei einer Verzinsung von 6 % p. a. nach 20 Jahren einen Endkapitalbetrag K_n von 100.000 € zur Verfügung zu haben.

$$A = K_n \times 1 / e_n$$

$A = 100.000 \times 0,06 / (1,06^{20} - 1) = 100.000 \times 0,0272 = 2.720$ €

1.7.1.8 Zinssatzarten

Im Zusammenhang mit Finanzierungsfragen und auch mit dynamischen Wirtschaftlichkeitsberechnungen sind verschiedene Arten des Zinssatzes von Bedeutung. Im Einzelnen werden der Nominal- und der Effektivzinssatz, der konforme Zinssatz und die unterjährige Verzinsung behandelt.

Der Nominalzins p_{nom} ist der auf den Nennwert eines Kapitals bezogene Zinssatz, z. B. 8 % auf den Nennwert einer Kommunalanleihe.
Wesentlich wichtiger ist jedoch der Effektivzinssatz, der i. d. R. mit der Nominalverzinsung nicht übereinstimmt. Er wird von folgenden Faktoren bestimmt:

- dem Kurswert oder Zinszahlungskurs,
- dem Nominalzinssatz,
- den Zinsterminen (jährlich, halbjährlich, vierteljährlich oder monatlich) und
- den Zinszeitpunkten (nach- oder vorschüssig).

Zur genaueren Errechnung des Effektivzinssatzes sind z. T. komplizierte Formeln der Zinseszinsrechnung erforderlich. Eine Näherungsformel bei nachschüssiger Verzinsung und jährlichen Zins- und Tilgungszahlungen lautet:

$$p_{eff} = \frac{p_{nom}}{Kurswert(\%)} \, x \, 100 + \frac{100 \, ./. \, Kurswert(\%)}{Laufzeit \, n \, in \, Jahren}$$

Beispiel:

Gesucht ist die Höhe des Effektivzinssatzes p_{eff} bei einem Nominalzins p_{nom} von 6,25 % p. a., einem Kurswert oder Auszahlungskurs von 92 % und einer Laufzeit von 5 Jahren.

$$p_{eff} = \frac{6,25}{92} \, x \, 100 + \frac{100 \, ./. \, 92}{5} = 6,7935 + 1,6 = 8,3935 \, \%$$

Effektivzinssätze aus Nominalzinssätzen zwischen 5,5 % und 9 % sowie Auszahlungskursen zwischen 90 % und 100 % bei einer Darlehenslaufzeit von 5 Jahren enthält *Tabelle 1.20.* Daraus ist als genauerer Wert für obiges Beispiel abzulesen:

p_{eff} = 8,41 %

Ist vereinbart, dass die Zinsen in kleineren als jährlichen Zeitabständen abgerechnet werden, z. B. monatlich, so bezeichnet man den dem Jahreszins entsprechenden Zins als konformen Zinssatz p_{konf}. Er wird berechnet mit Hilfe der Gleichung:

$$p_{konf} = \frac{j_{(m)}}{m} \, x \, 100 = \left[\left(1 + \frac{p}{100} \right)^{1/m} - 1 \right] x \, 100$$

m = Anzahl der Zinsabrechnungen p. a.

Tabelle 1.20 Effektivzinssätze bei einer Darlehenslaufzeit von 5 Jahren

Nominalzinssatz in Prozent

Auszahlungs-kurs in %	5,50	5,75	6,00	6,25	6,50	6,75	7,00	7,25
	Tatsächlicher Zins (Effektivzins) in Prozent							
90,0	8,12	8,40	8,68	8,96	9,24	9,52	9,80	10,08
90,5	7,99	8,26	8,54	8,82	9,10	9,37	9,65	9,93
91,0	7,85	8,13	8,40	8,68	8,96	9,23	9,51	9,79
91,5	7,72	7,99	8,27	8,54	8,82	9,09	9,37	9,65
92,0	7,59	7,86	8,13	8,41	8,68	8,96	9,23	9,51
92,5	7,45	7,73	8,00	8,27	8,54	8,82	9,09	9,37
93,0	7,32	7,59	7,86	8,14	8,41	8,68	8,95	9,23
93,5	7,19	7,46	7,73	8,00	8,27	8,55	8,82	9,09
94,0	7,06	7,33	7,60	7,87	8,14	8,41	8,68	8,95
94,5	6,93	7,20	7,47	7,74	8,01	8,28	8,55	8,82
95,0	6,81	7,07	7,34	7,61	7,88	8,14	8,41	8,68
95,5	6,68	6,95	7,21	7,48	7,75	8,01	8,28	8,55
96,0	6,55	6,82	7,08	7,35	7,62	7,88	8,15	8,42
96,5	6,43	6,69	6,96	7,22	7,49	7,75	8,02	8,28
97,0	6,30	6,57	6,83	7,09	7,36	7,62	7,89	8,15
97,5	6,18	6,44	6,71	6,97	7,23	7,49	7,76	8,02
98,0	6,06	6,32	6,58	6,84	7,10	7,37	7,63	7,89
98,5	5,94	6,20	6,46	6,72	6,98	7,24	7,50	7,76
99,0	5,82	6,08	6,33	6,59	6,85	7,11	7,38	7,64
99,5	5,70	5,95	6,21	6,47	6,73	6,99	7,25	7,51
100,0	5,50	5,75	6,00	6,25	6,50	7,75	7,00	7,25

Nominalzinssatz in Prozent

Auszahlungs-kurs in %	7,50	7,75	8,00	8,25	8,50	8,75	9,00
	Tatsächlicher Zins (Effektivzins) in Prozent						
90,0	10,36	10,64	10,92	11,20	11,48	11,77	12,02
90,5	10,21	10,49	10,77	11,05	11,33	11,61	11,90
91,0	10,07	10,35	10,62	10,90	11,18	11,46	11,75
91,5	9,92	10,20	10,48	10,76	11,04	11,32	1,60
92,0	9,78	10,06	10,34	10,61	10,89	11,17	11,45
92,5	9,64	9,92	10,19	10,47	10,74	11,02	11,30
93,0	9,50	9,78	10,05	10,32	10,60	10,88	11,15
93,5	9,36	9,64	9,91	10,18	10,46	10,73	11,01
94,0	9,22	9,50	9,77	10,04	10,31	10,59	10,86
94,5	9,09	9,36	9,63	9,90	10,17	10,45	10,72
95,0	8,95	9,22	9,49	9,76	10,03	10,30	10,58
95,5	8,82	9,09	9,35	9,62	9,89	10,16	10,44
96,0	8,68	8,95	9,22	9,49	9,76	10,03	10,29
96,5	8,55	8,82	9,08	9,35	9,62	9,89	10,16
97,0	8,42	8,68	8,95	9,22	9,48	9,75	10,02
97,5	8,29	8,55	8,82	9,08	9,35	9,61	9,88
98,0	8,16	8,42	8,68	8,95	9,21	9,48	9,74
98,5	8,03	8,29	8,55	8,82	9,08	9,34	9,61
99,0	7,90	8,16	8,42	8,68	8,95	9,21	9,47
99,5	7,77	8,03	8,29	8,55	8,82	9,08	9,34
100,0	7,50	7,75	8,00	8,25	8,50	8,75	9,00

Beispiel:

Gesucht ist der vierteljährliche konforme Zinssatz bei einem Jahreszins von
p = 8 %.

$$p_{konf} = \frac{j_{(4)}}{4} \, x \, 100 = \left[\left(1 + \frac{8}{100}\right)^{1/4} - 1\right] x \, 100 = 1{,}9427 \, \%$$

Bei Kreditgeschäften, die weniger als ein Jahr dauern, spricht man von unterjährlichen Zinsabrechnung. Der Zinssatz ergibt sich dabei nach kaufmännischer Übung aus dem Jahreszins, multipliziert mit der Laufzeit in Tagen und dividiert durch 360, da das Jahr mit 360 Tagen und dementsprechend alle Monate einheitlich mit 30 Tagen angesetzt werden.

Beispiel:

Gesucht ist der Zinsbetrag eines Kapitals von 10.000 €, das für die Zeit vom 01.02. bis einschließlich 10.06. zu einem Jahreszins von 9 % ausgeliehen wird.

Zinsbetrag = 10.000 x 0,09 x 130 / 360 = 325 €

1.7.1.9 Wahl des kalkulatorischen Zinssatzes

Um die Vorteilhaftigkeit einer Investition mit Hilfe dynamischer Wirtschaftlichkeitsberechnungen oder auch der Kosten-Nutzen-Analyse bzw. der Kostenwirksamkeitsanalyse beurteilen zu können, ist es erforderlich, einen kalkulatorischen Zinssatz festzulegen.

In der Realität kann man nicht von der Existenz eines vollkommenen Kapitalmarktes ausgehen. Es gibt vielmehr sowohl Beschränkungen für die Mittelaufnahme als auch differenzierte Zinssätze. Daher muss man sich für praktische Zwecke mit einer näherungsweisen Bestimmung des kalkulatorischen bzw. des Soll- und Habenzinssatzes begnügen.

Der kalkulatorische Zinssatz hat im Wesentlichen drei Funktionen zu erfüllen:

1. Er ist Ausdruck der vom Investor geforderten Mindestverzinsung des in der Investition gebundenen Kapitals.
2. Er steht stellvertretend für die Finanzierungskosten des Eigen- und Fremdkapitals.
3. Er macht als Diskontierungsfaktor die Ein- und Auszahlungsströme vergleichbar.

Zur näherungsweisen Bestimmung des kalkulatorischen Zinssatzes bestehen verschiedene Möglichkeiten:

1. Als kalkulatorischer Zinssatz wird der Kapitalmarktzins für langfristiges Fremdkapital (Anleihezinssatz) gewählt. Damit wird unterstellt, dass finanzielle Mittel zum Anleihezinssatz angelegt und aufgenommen werden können.

Werden Investitionen primär durch selbst erwirtschaftete Mittel finanziert, so entspricht der kalkulatorische Zins in diesem Fall dem Anleihezins in seiner Funktion als Anlagezins.

Werden Investitionen dagegen primär mit langfristigen Fremdkapital finanziert, so entspricht der kalkulatorische Zins dem Anleihezins in seiner Funktion als Aufnahmezins. Dabei wird vorausgesetzt, dass Beschränkungen für die Mittelaufnahme nicht existieren.

2. Weichen Sollzins und Habenzins voneinander ab, dann ist zu empfehlen, anstelle eines gespaltenen Zinssatzes entweder den Sollzins oder den Habenzins als einheitlichen Satz zu verwenden. Dabei wird unterstellt, dass im Zeitablauf eine Annäherung zwischen den beiden Sätzen zu erwarten ist. Diese Erwartung ist abhängig von den Möglichkeiten, mit Hilfe der Investitionspolitik den Anlagezins bzw. mit Hilfe der Finanzierungspolitik den Aufnahmezins zu steuern. Die vorsichtige Vorgehensweise besteht darin, den höheren Zins (i. d. R. den Sollzins) als einheitlichen kalkulatorischen Zins zu wählen.

3. Bei ausschließlicher Finanzierung mit Eigenkapital durch Einlagen oder Gewinneinbehalt entspricht der kalkulatorische Zins den anderweitigen Renditen der Anteilseigner.

4. Unterschiedliche Zinssätze für verschiedene Investitionsobjekte können dann richtig sein, wenn man einzelnen Projekten höhere Fremdkapitalanteile zurechnen kann oder die Investitionsprojekte unterschiedliche Risiken aufweisen.

5. Es ist sorgfältig zu unterscheiden, ob der geforderte Mindestzinssatz brutto vor Steuern oder netto nach Steuern zu verstehen ist. Bei Kapitalgesellschaften ergibt sich z. B. bei einer geforderten Nettoverzinsung von 6 % eine erforderliche Bruttoverzinsung von etwa 12 % bis 14 %.

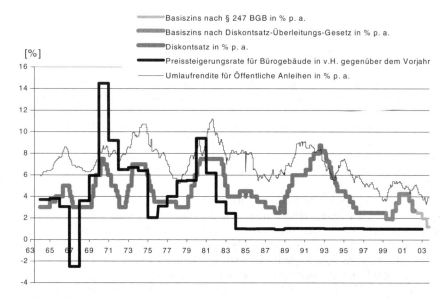

Abb. 1.79 Entwicklung wichtiger Kennzahlen für die Immobilienwirtschaft

Einen Überblick über

- die Umlaufrendite für öffentliche Anleihen,
- die Preissteigerungsraten im Wohnungsbau in v. H. gegenüber dem Vorjahr, und
- die Entwicklung des Diskontsatzes der Deutschen Bundesbank (bis Dez. 1998), der abgelöst wurde vom Basiszins gemäß Diskontsatz-Überleitungs-Gesetz (Jan. 1999–März 2002) und vom Basiszinssatz nach § 247 BGB (ab Jan. 2002),

bietet *Abb. 1.79* für den Zeitraum von 1964 bis 2003.

Näherungswerte für den realen kalkulatorischen Zinssatz im Wohnungsbau ergeben sich aus der Differenz zwischen der Umlaufrendite für öffentliche Anleihen und der Preissteigerungsrate im Wohnungsbau.

1.7.2 Wirtschaftlichkeitsberechnungen (WB)

Bei den WB ist zu unterscheiden zwischen den statischen (einperiodigen) und dynamischen (mehrperiodigen) Verfahren (vgl. *Tabelle 1.21*).

Statische Verfahren vernachlässigen den zeitlich unterschiedlichen Anfall der durch eine Investitionsmaßnahme verursachten Einnahmen und Ausgaben. Statt dessen werden Durchschnittswerte einer charakteristischen Zeitperiode verwendet. Sie eignen sich für Investitionen geringen Umfangs mit nur einzelwirtschaftlicher Wirkung und sind immer dann zu bevorzugen, wenn

- keine differenzierten Daten für die gesamte Nutzungsdauer vorliegen bzw. der Aufwand für ihre Beschaffung nicht gerechtfertigt ist (Wirtschaftlichkeit der WB),
- eine einfache WB schnell durchgeführt werden soll und
- über Investitionsmaßnahmen oder Teile davon mit geringer Bedeutung bzw. niedrigen Kosten zu entscheiden ist.

Verfahren der statischen Wirtschaftlichkeitsberechnungen sind die *Kostenvergleichs-, die Erlösvergleichs-, die Gewinnvergleichs-, die Rentabilitäts- und die Amortisationsrechnung*. Sie dienen in erster Linie zur Beurteilung kleinerer Erweiterungs-, Rationalisierungs- oder Ersatzinvestitionen. Mit ihrer Hilfe lässt sich nur eine Aussage bezüglich der relativen Vorteilhaftigkeit von sich gegenseitig ausschließenden Alternativen gewinnen. Die absolute Vorteilhaftigkeit einer Einzelmaßnahme ist wegen der dann fehlenden Vergleichsmöglichkeit nicht überprüfbar.

Da die vorgenannten Verfahren jeweils nur ein Wirtschaftlichkeitskriterium untersuchen, ist in der Praxis eine kombinierte Anwendung zu empfehlen. Erst dann können die betriebswirtschaftlich relevanten Kriterien der Kostenersparnis, des Gewinns, der Verzinsung des durchschnittlich eingesetzten Kapitals, des Vergleichs mit anderweitiger Kapitalverwendung und des Risikos sowie der Auswirkungen auf die Liquidität gemeinsam berücksichtigt werden.

In *Tabelle 1.22* wird anhand eines Beispiels mit drei Investitionsalternativen zugleich ein Kostenvergleich, ein Gewinnvergleich, eine Rentabilitätsrechnung und eine Amortisationsrechnung vorgeführt (Kretschmer, 1981, S. 1410).

Tabelle 1.21 Begriffe und Anwendungsbereiche der Verfahren für WB und NKU (Quelle: Diederichs, 1985, S. 12 f)

lfd. Nr.	Verfahren	Art der Teilziele	Art der Bewertung	Anwendungsbereiche und Ergebnisse
1	**Statische Verfahren der WB**			Betrachtung von Durchschnittswerten einer Zeitperiode; für Investitionen geringen Umfangs mit betrieblicher Wirkung
1.1	Kostenvergleich	betriebliche Kosten	in WE*	einzelwirtschaftlicher Vergleich der Kosten
1.2	Gewinnvergleich	betrieblicher Aufwand und Ertrag	in WE*	einzelwirtschaftlicher Gewinnvergleich
1.3	Rentabilitätsrechnung	betriebliche Verzinsung des durchschnittlichen Kapitaleinsatzes	%-Satz der WE*-Werte	einzelwirtschaftlicher Rentabilitätsvergleich
1.4	Amortisationsrechnung	betriebliche Wiedergewinnungszeit aus dem Quotienten des Kapitaleinsatzes und des jährlichen Rückflusses	Anzahl der Jahre aus dem Quotienten der WE*-Werte	einzelwirtschaftlicher Vergleich der Wiedergewinnungsdauern
2	**Dynamische Verfahren der WB**			Verwendung von Zeitreihen für Ein- und Auszahlungen und Barwertbetrachtungen durch kalkulatorischen Zinssatz
2.1	Kapitalwertmethode	betriebliche Ein- und Auszahlungsreihen	in WE*	einzelwirtschaftlicher Vergleich der Kapitalwerte
2.2	Methode des internen Zinsfußes	dto.	in WE*	einzelwirtschaftlicher Vergleich der internen Zinsfüße
2.3	Annuitätenmethode	dto.	in WE*	einzelwirtschaftlicher Vergleich der Annuitäten des Kapitalwertes
3	**Nutzen-Kosten-Untersuchungen**			Betrachtung einzel- und gesamtwirtschaftlicher Nutzen- und Kostenfaktoren; für Investitionen sehr großen Umfanges mit betrieblicher und vor allem auch gesellschaftlicher/sozialer Wirkung
3.1	Kosten-Nutzen-Analyse (KNA)	betriebliche und gesellschaftliche Nutzen- und Kostenfaktoren	in WE*	Nutzen- und Kostenfaktoren sind überwiegend monetär bewertbar; gesamtwirtschaftlicher Nutzen-Kosten-Vergleich
3.2	Nutzwertanalyse (NWA)	betriebliche und gesellschaftliche Nutzenfaktoren (Kosten=Teilnutzen)	in gewichteten Nutzenpunkten	Nutzen- und Kostenfaktoren sind überwiegend nicht monetär bewertbar; gesamtwirtschaftlicher Vergleich der Nutzenpunkte
3.3	Kostenwirksamkeitsanalyse (KWA)	betriebliche und gesellschaftliche Nutzen- und Kostenfaktoren	Kostenfaktoren in WE*, Nutzenfaktoren in gewichteten Nutzenpunkten	Kostenfaktoren sind überwiegend monetär bewertbar; Nutzenfaktoren sind überwiegend nicht monetär bewertbar; gesamtwirtschaftlicher Vergleich der Kostenwerte und Nutzenpunkte sowie des Nutzen/Kosten-Verhältnisses

* WE = Währungseinheiten

Tabelle 1.22 Lösung des Auswahlproblems mit statischen Wirtschaftlichkeitsberechnungen bei der Bestimmung eines Investitionsprogramms (Quelle: Diederichs, 1985, S. 50)

Zeile	Kriterien	Investitionsalternativen		
		I	II	III
1	Anschaffungspreis	100.000	50.000	150.000
2	Durchschnittskapitaleinsatz	50.000	25.000	75.000
3	Lebensdauer in Jahren	10	10	6
4	Leistungsmenge/Jahr	20.000	10.000	20.000
5	Kosten/Jahr	24.200	22.000	39.400
6	Kosten/Stück (Z5 / Z4)	1,21	2,20	1,97
7	Erträge/Stück	1,86	3,00	2,72
8	Gewinn/Jahr (Z7–Z6) x Z4	13.000	8.000	15.000
9	Totalgewinn über Nutzungsdauer	130.000	80.000	90.000
10	Rentabilität pro Periode (Z8 / Z2) x 100	26 %	32 %	20 %
11	Amortisationsdauer [a] (Z1 / (Z8 + Abschreibung))	4,3	3,8	3,75
12	Rückflussanzahl (Z3 / Z11)	2,32	2,63	1,60

Da die Nutzungsdauer und der Kapitaleinsatz unterschiedlich sind, hängt die Auswahl einer Alternative auch von den Annahmen über die mit der *Differenzinvestition* zu erzielenden Erfolge ab. Führt die nach Ablauf der Nutzungsdauer der Investitionsalternative III mögliche Kapitalanlage nicht mehr zu einem Jahresgewinn von 15.000, kann man nur den Gesamtgewinn aller Perioden heranziehen (90.000 zzgl. 4 x Gewinn der zukünftigen Differenzinvestitionen) im Vergleich zu 130.000 und 80.000 der Alternativen I bzw. II.

Da hier auch der Kapitaleinsatz unterschiedlich und das Kapital i. d. R. Engpassfaktor ist, ist die Rentabilität zu prüfen. Beträgt das Gesamtbudget z. B. 150.000, so wären drei Anlagen des Typs II zu wählen. Kommt allerdings nur die Beschaffung von einer Einheit des Typs II in Frage und schließen sich die Alternativen nicht gegenseitig aus, so würde sich das Investitionsprogramm aus den Objekten I und II zusammensetzen. Dieses Programm ist jedoch nur dann optimal, wenn entweder die Nutzungsdauern der Objekte gleich lang sind oder aber man die betreffende Investition beliebig oft wiederholen kann. Sind diese Bedingungen nicht erfüllt, so muss man die in Zukunft zu erwartenden Renditen der Differenzinvestitionen einbeziehen.

Als Grundlage für die Schätzung des Risikos ist die Amortisationsdauer zusätzlich heranzuziehen. Alternative III hat zwar die kürzeste Amortisationsdauer, aber auch die geringste Rückflussanzahl (Verhältnis zwischen Nutzungs- und Amortisationsdauer).

Es zeigt sich, dass erst eine gemeinsame Betrachtung der jährlichen Kosten, Gewinne und Rentabilitäten sowie zusätzlich der Amortisationsdauern und Rückflussanzahl zur Beurteilung des Risikos eine umfassende Beurteilung der Vorteilhaftigkeit von Investitionen mit Hilfe statischer Wirtschaftlichkeitsberechnungen zulässt.

Den *dynamischen Wirtschaftlichkeitsberechnungen* ist gemeinsam, dass sie im Gegensatz zu den statischen Verfahren nicht mit Durchschnittswerten arbeiten, sondern durch Berücksichtigung von Zeitreihen für die Zahlungsströme der Ein- und Ausgaben sowie Ab- oder Aufzinsung auf einen festen Bezugszeitpunkt die Vorteilhaftigkeit von Investitionen für die gesamte Nutzungsdauer bzw. bis zu einem bestimmten Planungshorizont untersuchen. Kriterien der Vorteilhaftigkeit sind die Höhe der Kapitalwerte, der internen Zinsfüße und der Annuitäten.

Mit allen Verfahren können sowohl einzelne Investitionen beurteilt als auch Auswahlprobleme zwischen verschiedenen Alternativen gelöst werden.

Die Ausgaben setzen sich zusammen aus den Anschaffungsausgaben, den variablen Ausgaben für Löhne, Stoffe, Geräte und Fremdleistungen sowie den laufenden fixen Ausgaben zur Aufrechterhaltung der Betriebsbereitschaft.

Die Einnahmen sind das Ergebnis der Bewertung der mit der Investitionsmaßnahme erzielten Leistungen.

1.7.2.1 Kapitalwertmethode

Ziel der Kapitalwertmethode ist die Ermittlung des Kapitalwertes einer Einzelinvestition oder von alternativen Investitionen.

Der *Kapitalwert* ist definiert als Differenz der Barwerte von Einnahmen- und Ausgabenreihen. *Barwerte* sind die auf einen gemeinsamen Bezugszeitpunkt ab- oder aufgezinsten Einnahmen und Ausgaben. Die Ab- bzw. Aufzinsung wird zu einem *kalkulatorischen Zinssatz* vorgenommen, der den Renditeerwartungen des Investors Rechnung tragen muss.

Die Art der Ermittlung und damit seiner Höhe hängt von den jeweiligen betrieblichen Anlage- und Finanzierungsmöglichkeiten ab. Bei fixem Eigenkapitalbestand, der in jedem Fall benötigt wird, und bei Fremdkapitalaufnahmemöglichkeit zu konstantem Zins entspricht der Kalkulationszinssatz mindestens dem Fremdkapitalzinssatz. Dabei ist ferner zu unterscheiden, ob bei den Einnahmen- und Ausgabenreihen mit konstanten Preisen oder mit laufenden Preisen unter Einbeziehung von Indexsteigerungen gerechnet wird. Bei konstanten Preisen ist der Nominalzins anzusetzen. Bei laufenden Preisen ergibt sich eine Näherungslösung, wenn die Preissteigerung (z. B. 2 %) vom kalkulatorischen Zinssatz abgezogen wird, d. h. 6 % – 2 % = 4 %. Eine genaue Lösung erhält man durch Aufzinsung mit 2 % und Abzinsung mit 6 %.

Da der Soll- und Habenzins (Aufnahme- und Anlagezins) üblicherweise voneinander abweichen, ist zu empfehlen, anstelle eines gespaltenen Zinssatzes mindestens den höheren Zins (i. d. R. den Sollzins) als einheitlichen kalkulatorischen Zins zu wählen.

Sorgfältig zu unterscheiden ist auch, ob der geforderte Mindestzinssatz brutto vor Steuern oder netto nach Steuern zu verstehen ist. Bei Kapitalgesellschaften ergibt sich z. B. bei einer geforderten Nettoverzinsung von 6 % eine erforderliche Bruttoverzinsung von etwa 12 % bei einem durchschnittlichen Einkommensteuersatz von 45 % sowohl der Fremd- als auch der Eigenkapitalgeber.

Die Errechnung des Kapitalwertes einer Einzelinvestition setzt voraus, dass ihre Einnahmen und Ausgaben bzw. Saldi isoliert und bis zum Planungshorizont sowohl der Höhe als auch der zeitlichen Verteilung nach prognostiziert werden können.

Beim Alternativenvergleich inkl. Ersatzproblem ist sicherzustellen, dass die Alternativen vollständig sind, d. h. dass das jeweils gebundene Kapital gleich hoch und der Betrachtungszeitraum gleich lang sind. Dies wird beim Ersatzproblem dadurch gewährleistet, dass die Betrachtung nach einem für alle Alternativen gleichen Zeitraum abgebrochen und für dann noch funktionsfähige Anlagen mit Restwerten gearbeitet wird. Investitionsalternativen mit unterschiedlicher Kapitalbindung (im Anschaffungspreis, in der Nutzungsdauer und der zeitlichen Verteilung der Einnahmen und Ausgaben) werden durch Differenzinvestitionen vergleichbar gemacht. Führt man die Differenzinvestitionen nicht in den rechnerischen Vergleich ein, so wird davon ausgegangen, dass sie einen Kapitalwert von 0 erbringen.

Nach der Kapitalwertmethode ist die *absolute Vorteilhaftigkeit einer Einzelinvestition* wie folgt zu beurteilen:

- Ist der Kapitalwert positiv, so wird durch die Investition eine höhere Verzinsung des eingesetzten Kapitals erzielt als mit dem kalkulatorischen Zinsfuß vorausgesetzt, d. h. es wird darüber hinaus ein Vermögenszuwachs erwirtschaftet.

- Ist der Kapitalwert negativ, so erreicht die Investition die geforderte kalkulatorische Verzinsung des Kapitaleinsatzes nicht.

- Ist der Kapitalwert gerade gleich 0, wird die Mindestverzinsung zum kalkulatorischen Zinssatz genau erreicht.

Für die Beurteilung der *relativen Vorteilhaftigkeit von alternativen Investitionsmaßnahmen* gilt, dass eine Investition A vorteilhafter ist als eine Investition B, wenn der Kapitalwert von A höher ist als der von B. Die Realisierung von A ist dann zu befürworten, wenn A außerdem dem Kriterium der absoluten Vorteilhaftigkeit genügt, d. h. einen positiven Kapitalwert besitzt.

Soll eine im Betrieb befindliche alte Anlage daraufhin überprüft werden, wann sie durch eine neue Anlage ersetzt werden sollte, so handelt es sich um das Ersatzproblem. Ein sofortiger Ersatz der alten Anlage ist dann vorteilhafter als erst nach Ablauf ihrer Restnutzungsdauer, wenn der Kapitalwert einer neuen Anlage zzgl. des Liquidationserlöses der alten Anlage größer ist als der Kapitalwert der alten Anlage.

Die Formel zur Berechnung des Kapitalwertes lautet:

$$KW = \sum_{t=1}^{n} \left(E_t - A_t \right) x\ v^t + RW\ x\ v^n - AP$$

KW = *Kapitalwert aus jährlichen Einnahmen E_t und Ausgaben A_t, dem Anschaffungspreis AP und dem Restwert RW_n*

E_t = *Einzahlungen in der Periode t*

A_t = *Auszahlungen in der Periode t, d. h. laufende Kosten ohne Abschreibung und Zins (kalkulatorische Abschreibung und kalkulatorische Zinsen sind nicht anzusetzen, da der Anschaffungspreis (der Kapitaleinsatz) zum Zeitpunkt seines Anfalls (seiner Ausgabewirksamkeit) bereits in voller Höhe und die gewünschte Mindestverzinsung durch Ab- oder Aufzinsung mit dem kalkulatorischen Zinssatz berücksichtigt werden)*

$p \quad = \quad kalkulatorischer\ Zinssatz$

$i \quad = \quad p/100$

$r \quad = \quad (1 + i)$

$v^t \quad = \quad Abzinsungsfaktor$

$t \quad = \quad jeweilige\ Zinsperiode$

$$v^t \quad = \quad \frac{1}{r^t} = \frac{1}{(1 + \frac{p}{100})^t} = \frac{1}{(1 + i)^t}$$

$n \quad = \quad$ *Anzahl der betrachteten Zinsperioden bzw. Nutzungsdauer der Investition (letztes Jahr von t)*

$RW \ = \ Restwert \ = \ Restverkaufserlös\ (nicht\ Restbuchwert)$

$AP \ = \ Anschaffungspreis$

Bei der praktischen Anwendung empfiehlt es sich, die Einnahmenüberschüsse $(E_t - A_t)$ getrennt zu betrachten, damit die Unterschiede im zeitmäßigen und wertmäßigen Anfall von Einnahmen und Ausgaben deutlich werden.

Für die Barwertermittlung wird als gemeinsamer Bezugszeitpunkt i. d. R. der Gegenwartszeitpunkt oder das Jahr der Investitionen gewählt.

Bei konstanten jährlichen Einnahmen oder Ausgaben können Barwerte auch durch Multiplikation der konstanten Jahresraten mit dem Rentenbarwertfaktor a_n ermittelt werden:

$BW \qquad = \qquad konstante\ Jahresrate\ (der\ Einnahmen\ oder\ Ausgaben)\ x\ a_n$

$BW \qquad = \qquad Barwert \ = \ Gegenwartswert$

$$a_n \ = \ \frac{r^n - 1}{r^n\ x\ i} = \frac{(1 + i)^n - 1}{(1 + i)^n\ x\ i}$$

$a_n \qquad = \qquad Rentenbarwertfaktor\ (Vervielfältiger)$

Der wesentliche Vorteil der Kapitalwertmethode liegt in der angemessenen Berücksichtigung des Zeitfaktors mit langfristiger Betrachtungsweise anstelle der Verwendung von Durchschnittswerten bei der statischen Investitionsrechnung.

Nachteilig ist die aufwändigere Datenbeschaffung gegenüber den statischen Verfahren. Weiterhin bleiben – wie bei allen monovariablen Wirtschaftlichkeitsberechnungen – die Wirkungen nicht monetär bewertbarer Einflussfaktoren von der Methode her unberücksichtigt.

In einem Beispiel wird die relative Vorteilhaftigkeit von zwei Alternativprojekten I und II anhand ihrer Kapitalwerte untersucht. Der in *Tabelle 1.23* dargestellte Vergleich zeigt, dass Projekt I gegenüber Projekt II wegen eines um (8.946 – 2.170) = 6.776 höheren Kapitalwertes vorzuziehen ist. Beide Projekte sind absolut vorteilhaft, da sie beide einen positiven Kapitalwert aufweisen. Wird beim Projekt

II im 3. Jahr eine Nachfolgeinvestition vorgenommen, so erhöht sich bei einem Betrachtungszeitraum von 5 Jahren der Kapitalwert von Projekt II von 2.170 um 11.362 auf 13.532. Im Saldo der Einnahmen und Ausgaben des Projektes II in Höhe von –70.000 (Zeitwert) im 5. Jahr ist der Liquidationserlös der Nachfolgeinvestition bereits enthalten. Nunmehr zeigt sich gem. *Tabelle 1.24,* dass Projekt II gegenüber Projekt I wegen eines um (13.532 – 8.946) = 4.586 höheren Kapitalwertes vorzuziehen ist.

Tabelle 1.23 Vergleich der Kapitalwerte von zwei Projekten I und II (Quelle: Diederichs, 1985, S. 56)

Zahlungszeitpunkt	Abzinsungsfaktoren v^t für $i = 0,10$	Projekt I Nettozahlungen[1] (Zeitwert)	Projekt I Nettozahlungen[1] (Barwert)	Projekt II Nettozahlungen[1] (Zeitwert)	Projekt II Nettozahlungen[1] (Barwert)
0	1,0000	-100.000	-100.000	-60.000	-60.000
1	0,9091	30.000	27.273	25.000	22.728
2	0,8264	40.000	33.056	25.000	20.660
3	0,7513	30.000	22.539	25.000	18.782
4	0,6830	20.000	13.660		
5	0,6209	20.000	12.418		
Kapitalwerte = Summe der Barwerte der Nettozahlungen			+8.946		+2.170

[1] Nettozahlungen = Einzahlungs- oder Auszahlungsüberschüsse

Tabelle 1.24 Vergleich der Kapitalwerte unter Berücksichtigung einer Nachfolgeinvestition bei Projekt II (Quelle: Diederichs, 1985, S. 57)

Zahlungszeitpunkt	Abzinsungsfaktoren v^t für $i = 0,10$	Projekt I Nettozahlungen (Barwert)	Projekt II Nettozahlungen (Barwert)	Projekt II Nachfolgeinvestition Nettozahlungen (Zeitwert)	Projekt II Nachfolgeinvestition Nettozahlungen (Barwert)
0	1,0000	-100.000	-60.000		
1	0,9091	27.273	22.728		
2	0,8264	33.056	20.660		
3	0,7513	22.539	18.782	-70.000	-52.591
4	0,6830	13.660		30.000	20.490
5	0,6209	12.418		70.000	43.463
Kapitalwerte		+8.946	+2.170		+11.362
Kapitalwert Projekt II inkl. Nachfolgeinvestition					+ 2.170
					+13.532

1.7.2.2 Methode des internen Zinsfußes

Bei dieser Methode geht man nicht von der durch den kalkulatorischen Zinssatz p bestimmten Mindestverzinsung aus, mit deren Hilfe man den Kapitalwert ermittelt. Statt dessen sucht man den internen Zinsfuß p_i (Diskontierungszinssatz), der zu einem Kapitalwert von 0 führt, d. h. bei dem die Barwerte der Einnahmen- und Ausgabenreihen gleich groß sind.

Nach der Methode des internen Zinsfußes ist eine Einzelinvestition absolut vorteilhaft, wenn der interne Zinsfuß p_i einen bestimmten Mindestwert erreicht, z. B. 5 % über dem aktuellen Kapitalmarktanlagezins.

Eine Investition A ist relativ vorteilhafter im Vergleich zu einer Investition B, wenn sie einen höheren internen Zinsfuß aufweist als B. Zusätzlich muss der interne Zinsfuß von A einen vorgegebenen Mindestwert erreichen, damit die Maßnahme auch für sich allein empfohlen werden kann.

Beim Ersatzproblem ist ein sofortiger Ersatz der alten Anlage dem Ersatz erst nach Ablauf der Restnutzungsdauer dann vorzuziehen, wenn sich beim sofortigen Ersatz ein höherer interner Zinsfuß errechnet.

Die Methode des internen Zinsfußes erfordert die gleichen Voraussetzungen wie die Kapitalwertmethode, da sie auf diesem Verfahren basiert. Ihr Einsatz ist immer dann vorzuziehen, wenn nicht von vornherein ein bestimmter kalkulatorischer Zinssatz in die Berechnung eingeführt werden soll, sondern die Verzinsung des gebundenen Kapitals gefragt ist.

Der interne Zinsfuß p_i wird ermittelt, indem man die Kapitalwertfunktion = 0 setzt.

Bei schwankenden jährlichen Einnahmen E_t bzw. Ausgaben A_t gilt die Beziehung:

$$KW = 0 \; mit$$

$$KW = \sum_{t=1}^{n} \left(E_t - A_t \right) \; x \; v^t + RW \; x \; v^n - AP$$

Bei konstanten jährlichen Einnahmen und Ausgaben E und A kann mit Hilfe des Rentenbarwertfaktors vereinfacht werden:

$$KW = (E–A) \; x \; a_n + RW \; x \; v^n – AP = 0$$

Die Auflösung der Gleichungen nach dem internen Zinsfuß p_i erfordert den Einsatz eines Tabellenkalkulationsprogramms (Lösung von Gleichungen n. Grades). Dieses ermittelt durch iteratives Einsetzen von Näherungswerten für den internen Zinssatz p_i einen Kapitalwert von 0 (Newton'sches Näherungsverfahren und lineare Interpolation (regula falsi)).

1.7.2.3 Annuitätenmethode

Die Annuitätenmethode weist als Erfolgskriterium die *Annuität*, d. h. den finanzmathematischen Durchschnittsgewinn/-verlust der Investition pro Jahr aus. Sie baut auf der Kapitalwertmethode auf. Die Annuität errechnet sich durch Umwandlung des Kapitalwertes der Investition in eine uniforme Rente von n Jahren durch Multiplikation des Kapitalwertes mit dem *reziproken Rentenbarwertfaktor* bzw.

Wiedergewinnungsfaktor. Dieser Durchschnittsgewinn entspricht bei gleichen Einnahmeüberschüssen pro Jahr ($E_t - A_t$) dem nicht abgezinsten Wert ($E_t - A_t$), der in die Kapitalwertrechnung einging.

Ist zusätzlich – wie meistens – eine Anschaffungsinvestition erforderlich und ein Restwert anzusetzen, so braucht man nur noch für diese die Annuitäten zu ermitteln und von dem Durchschnittsüberschuss abzuziehen bzw. ihm hinzuzufügen.

Für den Restwert und auch für jährlich schwankende Einnahmen und Ausgaben sind vorher die Barwerte mit Hilfe der Abzinsungsfaktoren zu ermitteln.

Die absolute Vorteilhaftigkeit einer Investition ist immer dann gegeben, wenn ihre Annuität nicht negativ ist. Dies ist definitionsgemäß immer dann der Fall, wenn auch der Kapitalwert nicht negativ ist.

Die relative Vorteilhaftigkeit einer Investition A ist gegeben, wenn sie eine höhere Annuität besitzt als die zu vergleichende Investition B. Weitere Voraussetzung ist, dass die Annuität von A positiv ist, es sei denn, dass im Alternativenvergleich die Rangreihe der Vorteilhaftigkeit aufgrund negativer Annuitäten ermittelt werden soll, z. B. der Baunutzungskosten.

Die Formel für die Anwendung der Annuitätenmethode lautet:

$$A \quad = \quad KW / a_n = KW \ x \ 1/a_n$$

$$A \quad = \quad Annuität = jährlich \ gleichbleibende \ Einnahme \ oder \ Ausgabe$$

$$KW = \quad Kapitalwert \ aus \ jährlichen \ Einnahmen \ E_t \ und \ Ausgaben \ A_t, \ dem \\ Anschaffungspreis \ AP \ und \ dem \ Restwert \ RW_n$$

$$a_n = \quad \frac{r^n - 1}{r^n \ x \ i} = \frac{(1 + i)^n - 1}{(1 + i)^n \ x \ i}$$

$$a_n \quad = \quad Rentenbarwertfaktor \ (Vervielfältiger)$$

$$1/a_n = \quad Wiedergewinnungsfaktor$$

$$\frac{1}{a_n} = \frac{(1 + i)^n \ x \ i}{(1 + i)^n - 1}$$

In *Tabelle 1.25* wird die ökonomische Vorteilhaftigkeit von drei ausgewählten Bodenbelagsalternativen Betonwerkstein, Naturwerkstein und Keramik anhand ihrer Baunutzungskosten miteinander verglichen. Kapitalkosten und kalkulatorische Abschreibung sind mit Hilfe der Annuität zu ermitteln. Als kalkulatorischer Zinssatz p werden 5 % p. a. zugrunde gelegt. Zusätzlich sind die jährlichen Kosten aus Reinigung und Bauunterhalt zu berücksichtigen. Keramik und Betonwerkstein liegen mit 9,6 % Unterschied auf den Rängen 1 und 2. Der Naturstein auf Rang 3 erfordert um 31,1 % höhere Nutzungskosten gegenüber dem Keramikbelag. Das Ergebnis wird maßgeblich bestimmt durch die Reinigungskosten.

Eine reine Ermittlung der jährlichen Nutzungskosten reicht aber vielfach für eine Entscheidung noch nicht aus. In die Beurteilung sind daher weitere nicht monetär bewertbare Faktoren einzubeziehen.

Tabelle 1.25 Vergleich der Annuitäten (Nutzungskosten) von drei Bodenbelägen (Quelle: Diederichs, 1985, S. 62)

Lfd. Nr.	Kriterien	Einheit	Bodenbelagsalternativen		
			1 Beton-werkstein	2 Natur-werkstein	3 Keramik
1	Investitionsausgaben K Index Nov. 2003, ohne MwSt.	€/m²	57,-	116,-	60,-
2	Nutzungsdauern n	Jahre	25	40	20
3	Wiedergewinnungsfaktoren $1/a_n$ für p = 5 % p. a.	1	0,07095	0,05828	0,08024
4	Annuität für Zins und Abschreibung	€/(m² x a)	4,04	6,76	4,81
5	Reinigungsleistung	m²/Lh	160	140	180
6	Reinigungskosten[1]	€/(m² x a)	54,69	62,50	48,60
7	Bauunterhalt 2 % von K	€/(m² x a)	1,14	2,32	1,20
8	Nutzungskosten Zeilen 4+6+7	€/(m² x a)	59,87	71,58	54,61
9	Rangfolge	%; -	109,6; 2	131,1; 3	100; 1

[1] Bei 250 Reinigungen p. a. und einem Lohnstundenverrechnungssatz von 35 €/Lh

Im vorliegenden Fall zählen dazu z. B. die gestalterisch ästhetische Materialwirkung das Nutzungsverhalten (Abrieb- und Rutschfestigkeit, elektrische Leitfähigkeit, Resistenz gegen Kaugummi, Zigarettenglut, Streusalz) und das bauphysikalische Verhalten (Feuerwiderstand, Schall- und Wärmedämmung, wärmeenergetische Speicherfähigkeit).

Instrument zur Einbeziehung dieser Kriterien ist die Nutzwertanalyse (vgl. Abschn. 0). Das Entscheidungsgremium kann dann anhand von vorgelegten Mustern und den Ergebnissen der Annuitätenmethode sowie der Nutzwertanalyse für die nicht monetär bewertbaren Kriterien seine Entscheidung fällen.

1.7.3 Nutzen-Kosten-Untersuchungen (NKU)

Die Anwendung von Nutzen-Kosten-Untersuchungen (NKU) empfiehlt sich für Investitionen größeren Umfangs, die nicht nur einzelwirtschaftliche (betriebliche), sondern auch gesamtwirtschaftliche (gesellschaftliche/soziale) Nutzen- und Kostenwirkungen haben.

Im Wesentlichen haben sich drei Verfahren durchgesetzt:

- die Kosten-Nutzen-Analyse (KNA),
- die Nutzwertanalyse (NWA) und
- die Kostenwirksamkeitsanalyse (KWA).

Die beiden letztgenannten Verfahren erlauben auch die Einbeziehung nicht monetär bewertbarer Faktoren in die Wirtschaftlichkeitsbetrachtungen. Sie kommen daher durchaus auch zur Beurteilung von nur einzelwirtschaftlich relevanten Alternativen in Betracht, bei denen nicht monetär bewertbare Zielkriterien eine besondere Rolle spielen.

NKU verursachen einen erheblich höheren Aufwand als Wirtschaftlichkeitsberechnungen (WB), die damit erst auch durch die Bedeutung des jeweiligen Investitionsvorhabens ihre Rechtfertigung erlangen. Bei komplexen Entscheidungsproblemen empfiehlt sich jedoch deren systematische Anwendung mit einer Aufteilung in Verfahrensstufen, der Lösung der Teilprobleme auf jeder Stufe und der anschließenden Zusammenfassung der gewonnenen Teilergebnisse so, dass das Gesamtergebnis eine Hilfe für die zu treffenden Entscheidungen oder für auszuwählende Verhaltensweisen darstellt.

Nachfolgend werden 12 Verfahrensstufen genannt, die je nach Komplexität der Investitionsentscheidung im Einzelfall nacheinander zu durchlaufen sind:

1. Problemdefinition, Klären der Aufgabenstellung, Festlegen des Untersuchungsgegenstandes und des Untersuchungszieles,
2. Aufstellen des Zielsystems mit kosten- und nutzenrelevanten Teilzielen,
3. Gewichten der Teilziele nach ihrer Bedeutung für das Gesamtziel mittels Intervall- oder Verhältnisskalierung,
4. Aufzeigen der K.O.-Kriterien, der Randbedingungen und Bestimmen des Entscheidungsfeldes durch die objektiv gegebenen Umwelteinflüsse,
5. Vorauswahl der in der weiteren Analyse zu untersuchenden möglichen Alternativen, die nicht aufgrund der K.O.-Kriterien auszuschließen sind,
6. Erfassen und Beschreiben der entscheidungsrelevanten Vorteile (Nutzen) und Nachteile (Kosten) der Alternativen, Prognose der Auswirkungen der Maßnahmen während der angenommenen ökonomischen Nutzungsdauern,
7. Messen der Zielerreichungsgrade der Teilziele, Erarbeiten von Messergebnissen mit möglichst kardinaler, ggf. auch ordinaler oder nominaler Skalierung,
8. Bewerten der Zielerreichungsgrade der Teilziele, bei kardinalen Messergebnissen in Geldeinheiten, soweit möglich, sowie aller übrigen Messergebnisse mit Nutzenpunkten unter Anwendung von Transformations- oder Normierungsfunktionen,
9. Auswahlvorschlag für die beste Alternative durch Gegenüberstellen der quantifizierten Nutzen- und Kostenalternativen, Zusammenfassen der Einzelbewertungen zu einer Gesamtbewertung
   - durch ein Verfahren der statischen oder dynamischen WB, sofern nur betriebliche Teilziele relevant, die alle monetär bewertbar sind,
   - durch eine KNA, sofern betriebliche und gesellschaftliche Kriterien relevant, die alle mit Geldeinheiten bewertbar sind,
   - durch eine NWA, sofern betriebliche und ggf. auch gesellschaftliche Kriterien relevant, die jedoch überwiegend nur mit Nutzenpunkten bewertbar sind, oder
   - durch eine KWA, sofern betriebliche und ggf. auch gesellschaftliche Kriterien relevant, wobei die Kostenkriterien in Geldeinheiten und die Nutzenkriterien mit Nutzenpunkten bewertbar sind,
10. Sensitivitätsanalyse durch Bestimmen der Unsicherheitsfaktoren und ihrer Auswirkungen auf die Analyseergebnisse, Verfahren der kritischen Werte, Verfahren zur Ermittlung der Outputänderung bei vorgegebener Inputänderung,
11. Diskussion der nicht quantifizierten Nutzen und Kosten, verbales Beschreiben der möglichen Auswirkungen intangibler Effekte, die ggf. bei der Untersuchung ausschließlich monetär bewerteter Nutzen und Kosten unberücksichtigt geblieben sind, sowie
12. kritische Gesamtbeurteilung des Untersuchungsergebnisses als Grundlage der Auswahlentscheidung, Vorgabe von Empfehlungen für das weitere Vorgehen.

1.7.3.1 Kosten-Nutzen-Analyse (KNA)

Die KNA stellt zur Beurteilung der Vorteilhaftigkeit gesamtwirtschaftlich bedeutsamer Investitionen eine Beziehung zwischen dem Nutzen und den durch die Investition verursachten Kosten her. Sie bietet sich an, wenn alle betrieblichen und gesellschaftlichen Nutzen- und Kostenfaktoren in Geldeinheiten bewertbar sind.

Die Vorgehensweise bei der KNA entspricht derjenigen der Kapitalwertmethode. Die entscheidungsrelevanten Nutzen- und Kostenfaktoren der betrachteten Maßnahmen werden erfasst, bewertet und auf einen gemeinsamen Zeitpunkt diskontiert (Barwertermittlung). Anschließend wird wie bei der Kapitalwertmethode der Kapitalwert errechnet, indem man den Barwert aller Kosten von dem Barwert sämtlicher Nutzen subtrahiert.

Für die einzelwirtschaftlichen (betrieblichen) Kosten- und Nutzenfaktoren können in der Praxis Marktpreise herangezogen werden (z. B. für Investitionen und Folgekosten). Die monetäre Bewertung von gesamtwirtschaftlichen (gesellschaftlichen/sozialen) Nutzen- und Kostenkomponenten unterliegt dagegen häufig erheblichen Bewertungsspielräumen.

Die Kriterien der Vorteilhaftigkeit entsprechen denen der Kapitalwertmethode, allerdings nunmehr unter Einbeziehung auch gesamtwirtschaftlicher Nutzen- und Kostenaspekte:

- Eine Investition ist absolut vorteilhaft, wenn sich ein Kapitalwert ≥ 0 errechnet. Ist dieser dagegen negativ, so sind die einzel- und gesamtwirtschaftlichen Kostenfaktoren größer als die Nutzenfaktoren.
- Eine Investition A ist relativ zu einer Investition B dann vorteilhafter, wenn sich für A ein größerer Kapitalwert errechnet als für B. Zusätzlich ist zu fordern, dass der Kapitalwert von A positiv ist.

Durch Einbeziehung gesellschaftlicher Teilziele vermag die KNA durchaus mehr zu leisten als die Methoden der reinen betriebswirtschaftlichen Investitionsrechnungen.

Dabei steht die gesamtwirtschaftliche Bedeutung, d. h. die monetär bewertbare Innen- und Außenwirkung der Gesamtmaßnahme, im Vordergrund der Betrachtung und nicht die Behandlung einzelner Teile.

Die Anwendung der KNA soll daher durch das nachfolgende Beispiel erläutert werden. Die Vorteilhaftigkeit eines Schnellstraßenneubaus zwischen zwei Städten A und B, zwischen denen bisher eine Verbindung nur auf Umwegen besteht, soll mit Hilfe einer KNA beurteilt werden.

Das Ergebnis einer nur einzelwirtschaftlichen Betrachtungsweise zeigt *Tabelle 1.26* unter Ziff. 5. Die Kapitalwertberechnung aus den Straßenbaulastträgerkosten (Investitionen und Kosteneinsparung durch verminderte Instandhaltungs- und Sicherungsmaßnahmen) ergibt einen negativen Barwert von –498,5 Mio. €.

Daher werden unter Ziff. 6 und 7 der *Tabelle 1.26* auch die gesamtwirtschaftlichen Nutzen- und Kostenwirkungen in die Betrachtung einbezogen. Unter den getroffenen Annahmen ergibt sich dann eine jährliche Kfz-Betriebskostenersparnis von 108 Mio. € sowie eine jährliche Fahrzeitersparnis von 18,2 Mio. € für die Nutzer. Aus der entstehenden Lärmbelästigung in einem angrenzenden Wohngebiet ist dagegen eine Mietwertminderung von 4,8 Mio. € pro Jahr anzusetzen.

Tabelle 1.26 KNA – Schnellstraßenneubau zwischen A und B – Ausgangsdaten

1. Investitionskosten = Kapitaleinsatz in den Jahren t = 0 bis 2	-580 Mio. €
2. Kosteneinsparungen durch per Saldo verminderte Instandhaltungs- und Sicherungskosten an bestehenden Straßen und neuer Schnellstraße ab t = 3 bis 20	+5 Mio. €/Jahr
3. Betrachtungszeitraum n =	20 Jahre
4. Kalkulatorischer Zinssatz p =	6 %
5. Straßenbaulastträgerkosten	

Jahr	Abzinsungsfaktor p = 6 %	Art	Zeitwert Mio. €	Barwert Mio. €
0	1	Investitionen	-180	-180,00
1	0,9434	Investitionen Lärmbelästigung	-200	-188,68
2	0,8900	Investitionen	-200	-178,00
3	0,8396	Ersparnis Instandhaltung und Sicherung	+ 5	+ 4,20
• •				
20	0,3118	dto.	+ 5	+ 1,56
Kapitalwert				-498,50

6. Straßennutzerkostenersparnis
6.1 Kfz-Betriebskostenersparnis
  - Verkürzung der Strecke zwischen A und B   50 km
  - durchschnittliche tägliche Verkehrsmenge Q
    in beiden Richtungen   15.000 Kfz/Tag
  - spez. Kfz-Betriebskostenersparnis   0,40 €/(km x Fahrzeug)
  - jährlicher Nutzen aus Kfz-Betriebskostenersparnis
    50 x 15.000 x 0,40 x 360 Tage/Jahr =   +108 Mio. €/Jahr
6.2 Fahrzeitersparnis
  - Zeitersparnis durch Streckenkürzung   0,75 Std/(Kfz x Tag)
  - durchschnittliche Besetzung der Fahrzeuge   1,5 Personen/Fahrzeug
  - hypothetische Zahlungsbereitschaft für den
    Gewinn zusätzlicher Freizeit   3,- €/(Pers. x Std)
6.3 - jährlicher Nutzen aus Fahrzeitersparnis
    0,75 x 1,5 x 15.000 x 360 x 3,- =   +18,225 Mio. €/Jahr
7. Lärmbelästigung
  - zusätzliche Lärmbelästigung   4.000 Wohneinheiten
  - spezifische Mietwertminderung   100 €/(Wohnung x Monat)
  - jährliche Mietwertminderung
    –4.000 x 100 x 12 =   -4,8 Mio. €/Jahr

Mit diesen Prämissen ergibt sich gemäß *Tabelle 1.27* ein positiver Kapitalwert von 671,6 Mio. €. Danach ist der Bau der Schnellstraße nun nicht mehr abzulehnen wie bei einzelwirtschaftlicher Betrachtungsweise, sondern eindeutig zu empfehlen, da sich gesamtwirtschaftlich ein Vermögenszuwachs in Höhe des positiven Kapitalwertes über die Verzinsung des eingesetzten Kapitals in Höhe von 6 % hinaus einstellt.

Problematisch bleiben die Ansätze für die gesellschaftlichen Nutzen- und Kostenkennwerte, deren Veränderung das Ergebnis einer KNA ganz erheblich beeinträchtigen kann.

Tabelle 1.27 KNA – Schnellstraßenneubau zwischen A und B – Ergebnisse

Jahr	Abzin-sungs-faktor p = 6 %	Kosten in Mio. € Art	Zeitwert Mio. €	Barwert Mio. €	Nutzen in Mio. € Art	Zeitwert Mio. €	Barwert Mio. €
0	1,0000	Investitionen	-180,0	-180,00			
1	0,9434	Investitionen	-200,0	-188,68			
2	0,8900	Investitionen	-200,0	-178,00			
3	0,8396	Lärmbelästigung	-4,8	-4,03	Ersparnis aus Instandhaltung	5,000	
					Ersparnis Kfz-Betriebskosten	108,000	
					Ersparnis Fahr-zeit	18,225	
						131,225	110,177
4	0,7921	Lärmbelästigung	-4,8	-3,8	Ersparnis dto.	131,225	103,943
.							
.							
.							
20	0,3118	Lärmbelästigung	-4,8	-1,50	Ersparnis dto.	131,225	40,916
Summen der Barwerte				-592,94			+1.264,55
Kapitalwerte					+671,614		

1.7.3.2 Nutzwertanalyse (NWA)

Die NWA kommt zur Anwendung, wenn einige der einzel- oder gesamtwirtschaftlichen Zielkriterien nicht in Geldeinheiten, sondern nur mit Nutzenpunkten bewertet werden können.

Sie erlaubt damit auch multivariable Zielsysteme. Alle Teilziele inkl. der nicht in Geldeinheiten bewertbaren gesellschaftlichen, ökologischen, ästhetischen und sonstigen nicht ökonomischen Faktoren werden durch eine Bewertung mit Nutzenpunkten gleichnamig gemacht und entsprechend ihrer Bedeutung für den gesamten Nutzen gewichtet. Die für jedes Kriterium vergebenen Nutzenpunkte werden mit den Gewichtungsfaktoren multipliziert und ergeben damit gewichtete Nutzenpunkte. Aus der Addition ergibt sich der Gesamtnutzwert der betrachteten Maßnahme.

Mit einer NWA kann nicht entschieden werden, ob eine Maßnahme für sich allein unter Berücksichtigung eines mehrdimensionalen Zielsystems zu befürworten ist. Sie lässt nur eine Aussage zu über die relative Vorteilhaftigkeit beim Vergleich alternativer Maßnahmen und ermöglicht das Aufstellen einer Rangfolge. Dies gilt auch für den Vergleich zwischen Mit- und Ohne-Fall, d. h. zwischen Tun und Unterlassen. Die Maßnahme mit dem höchsten Gesamtnutzwert (den höchsten gewichteten Nutzenpunkten) ist – bezogen auf die in die NWA einbezogenen Teilziele – am vorteilhaftesten und gegenüber den anderen Maßnahmen zu bevorzugen.

Die NWA verlangt, dass möglichst viele Teilziele kardinal gemessen und über Transformationsfunktionen mit Nutzenpunkten bewertet werden können. Bei nur ordinaler oder nominaler Mess-/Bewertbarkeit von Teilzielen hat die methodisch nicht ganz einwandfreie, jedoch in der Praxis übliche unmittelbare Bewertung mit Nutzenpunkten ohne vorausgehende Messung des Erfüllungsgrades der Teilziele vielfach stark subjektiven Charakter.

Die Betrachtung der finanziellen Konsequenzen als Teilaspekt der NWA besitzt den Vorteil, dass der Entscheidungsträger auch über die wirtschaftlichen Konsequenzen der Maßnahme informiert wird.

Die NWA ist keine geschlossene Entscheidungsrechnung, sondern ein offener Entscheidungsrahmen zur Gewährleistung von Transparenz und Nachvollziehbarkeit der Entscheidungsfindung. Einzelne Inputgrößen sind das Ergebnis subjektiver Beurteilung. Gerade im Hinblick auf diese Daten ist es wichtig zu wissen, ob und inwieweit sich Fehlurteile auf das Ergebnis der NWA auswirken. Diese Frage muss mit Hilfe von *Sensitivitätsanalysen* sorgfältig geprüft werden.

Die Durchführung einer NWA ist relativ aufwändig. Sie sollte sich daher auf komplexe Investitionen mit einer Vielzahl entscheidungsrelevanter, mit einer WB nicht erfassbarer Faktoren beschränken.

Durch Beschränkung des Zielkatalogs auf Teilaspekte der relevanten Probleme besteht die Gefahr der Verschleierung von Konfliktpunkten. Der Anschein wissenschaftlicher Herleitung kann bei Missbrauch zur Begünstigung irrationaler Entscheidungen führen.

Bei der NWA gibt es keine *intangiblen Effekte*, da auch nur verbal beschreibbare Kriterien wie z. B. Beeinträchtigung der schönen Aussicht oder Veränderung der städtebaulichen Struktur durchaus mit Nutzenpunkten bewertbar sind und somit auch in den Zielkatalog einbezogen werden können.

Die einzelnen Verfahrensschritte sollen durch das nachfolgende *Beispiel* verdeutlicht werden):

Für die Auswahl einer Gewerbegebietsfläche in einer Kreisstadt soll als Entscheidungshilfe eine NWA erstellt werden (*Tabelle 1.28*). Bei der Auswahl eines Grundstückes für z. B. ein Amtsgerichtsgebäude, ein Krankenhaus, eine Schule oder einen einzelnen Gewerbebetrieb ist analog vorzugehen.

- Aufstellen des hierarchisch strukturierten mehrdimensionalen Zielkatalogs mit z. B. bis zu drei Hierarchieebenen und operationale Formulierung der Teilziele k_j auf der jeweils untersten Ebene

- Gewichten der Teilziele zur Berücksichtigung ihrer relativen Bedeutung für das Gesamtziel durch prozentuale Zielgewichte g_j; es empfiehlt sich, diese subjektive Einschätzung nicht nur von der Gruppe vornehmen zu lassen, die die NWA erstellt. Durch schriftliche Befragung aller beteiligten Stellen wird gewährleistet, dass die unterschiedlichen Interessenslagen ihren Niederschlag in der Gewichtung finden. Im vorliegenden Fall werden 100 Gewichtspunkte G_j zunächst auf die drei Teilziele mit 40, 35 und 25 Punkten aufgeteilt. Anschließend werden diese Punktzahlen auf eine bzw. zwei weitere Hierarchieebenen verteilt.

- Auswahl der Alternativen:
  A1 Gebiet südwestlicher Ortsrand
  A2 Gebiet nordwestlicher Ortsrand
  A3 Gebiet Nordrand

- Messen und Bewerten der Erfüllungsgrade der Teilziele. Die Messergebnisse können nur durch sorgfältige Untersuchungen gewonnen werden. Teilweise ist auch die Einschaltung von Gutachtern erforderlich, z. B. bei der Ermittlung der Tragfähigkeit des Baugrundes. Zu den Teilzeilen gehören auch geringe Kosten (vgl. Nrn. 1.12, 1.32, 1.41 und 1.42). Dazu sind entsprechende Bewertungen in Geldeinheiten erforderlich.

Für die Umformung der mehrdimensionalen Messergebnisse in eindimensionale Nutzenpunkte werden Transformationsfunktionen verwendet, die auszugsweise in *Abb. 1.80* dargestellt sind. Die verbale Erläuterung zu der jeweiligen Punktzahl bietet dabei eine entsprechende Orientierungshilfe. Ergebnis sind die Zielertragswerte k_i.

- Ermitteln der Teilnutzwerte N_{ij} durch Multiplikation der Zielertragswerte k_{ij} für alle Alternativen mit den Zielgewichten g_j
- Ermitteln der Gesamtnutzwerte N_i durch Addition der Teilnutzwerte N_{ij} und Rangbestimmung; aus der Addition der Teilnutzwerte ergibt sich gemäß *Tabelle 1.28* Rang 1 für das Gebiet am Nordrand (A3) mit 794 gewichteten Punkten, Rang 2 für das Gebiet am südwestlichen Ortsrand (A1) mit 753 gewichteten Punkten und Rang 3 für das Gebiet am nordwestlichen Ortsrand (A2) mit nur 456 gewichteten Punkten.
- Sensitivitätsanalyse und Interpretation des Ergebnisses: Die Alternative A3 weist einen nur um 41 gewichtete Punkte höheren Nutzen aus als A1. A2 ist dagegen mit einem Rückstand von 338 bzw. 297 Punkten weit abgeschlagen. Sie scheidet daher aus den weiteren Betrachtungen aus. Für die Alternativen A1 und A3 ist jedoch durch eine Sensitivitätsanalyse zu untersuchen, ob und inwieweit durch eine Veränderung der Ausgangsgrößen Veränderungen des Gesamtnutzwertes und damit ggf. auch der Rangfolge ausgelöst werden. Dabei ist den Konsequenzen veränderter Gewichtungen und Bewertungen oder auch veränderter Teilziele besondere Aufmerksamkeit zu schenken. Als Ergebnis der Sensitivitätsanalyse ist ein Entscheidungsvorschlag zugunsten von A1 oder A3 zu erarbeiten.

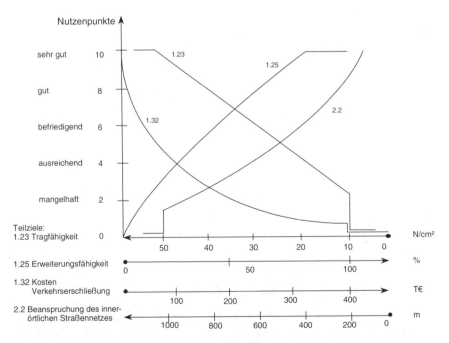

Abb. 1.80 Transformationsfunktionen zur NWA (Auszug)

Tabelle 1.28 NWA für die Auswahl eines Gewerbegebietes

Teilziele k_j		Gewichte g_j in %		Kardinale Messung bzw. Bewertung in €, soweit möglich,			Zielertragswerte k_{ij} Bewerten mit Nutzenpunkten von 0 bis 10			Teilnutzwerte N_{ij}		
Nr.	Kurzbezeichnung			A1: Südwest	A2: Nordwest	A3: Nord	A1	A2	A3	A1	A2	A3
1	Geeignetes Grundst.	40										
1.1	Grundstücksmarkt	14										
1.11	Verfügbarkeit		5	in 1–2 Jahren	in 1–2 Jahren	sofort	6	6	10	30	30	50
1.12	geringe Kosten		6	4 €/m²	4 €/m²	2 €/m²	4	4	8	24	24	48
1.13	Angebot und Nachfrage		3	Angebot mittel Nachfrage groß	Angebot groß Nachfrage groß	Angebot groß Nachfrage mittel	8	10	8	24	30	24
1.2	Eignung	10										
1.21	Grundstückstiefe ca. 80 bis 100 m?		3	>100 m	<80 m	z. T. bis 100 m z. T. >60 m	10	6	8	30	18	24
1.22	Gefälle		3	0 %	10 %	6 %	10	2	5	30	6	15
1.23	Tragfähigkeit		1	20 N/cm²	30 N/cm²	40 N/cm²	4	6	8	4	6	8
1.24	Grundstücksgröße >2.0 ha?		2	4,5 ha	3 ha	2,2 ha	10	10	8	20	20	16
1.25	Erweiterungsfähigkeit		1	>100 %	ca. 50 %	0 %	10	6	2	10	6	2
1.3	Verkehrserschließung	8										
1.31	Art		4	über Umgehungsstraße	über Ortsdurchfahrt	über Verbindungsstr. zur nächsten Gemeinde	8	4	6	2	6	4
1.32	Kosten		4	keine Zusatzkosten	Ausbau 100 T€	Ausbau 50 T€	10	2	4	40	8	6
1.4	Wasserversorgung Abwasserbeseitigung	8										
1.41	Wasserversorgung Kosten		4	direkter Anschluss, keine Zusatzkosten	Anschluss über Gemeindenetz Zuleitg. 25 T€	Lage an Quellgebiet Zuleitg. 10 T€	10	2	6	40	8	24
1.42	Abwasserbeseitigung Kosten		4	neuer Hauptsammler 50 T€	Anschluss an Hauptsammler 10 T€	Verlängerung Hauptsammler 30 T€	2	10	6	8	40	24
2	Beeinflussung der Umweltbedingungen	35										
2.1	Beeinflussung der Wohnqualität	20										
2.11	Lärmbelästigung		8	Abstand zur Wohnbebauung ca. 30 m, nicht in Windrichtung	Abstand zur W.-bebauung ca. 50 m, z. T. in Windrichtung	Abstand zur Wohnbebauung 200 m mit Waldgürtel als Trennzone	6	2	10	48	16	80
2.12	Luftreinhaltung		8	wie vor	wie vor	wie vor, z. T. in Windrichtung	6	2	8	48	16	64
2.13	Erreichbarkeit der Gewerbegebiete zu Fuß		4	nahe Ortsmitte	nahe Ortsrand	800 m von Ortsmitte	10	8	4	40	32	16
2.2	Beanspruchung des innerörtlichen Straßennetzes	15		von Ortsmitte zur Umgehungsstraße ca. 500 m	gesamte Ortsdurchfahrt ca. 100 m	von Ortsmitte z. Gemeindevebindungsstraße ca. 300 m	5	2	7	75	30	105
3	Erhaltung der Landwirtschaft	25										
3.1	Wird die Existenz von Landwirten bedroht?	15		nein, da nur Grünland geringer Qualität	z. T., da guter Ackerboden	nein, da Hof aus Altersgründen aufgegeben wird	10	6	10	150	90	150
3.2	Ersatzbeschaffung landwirtschaftlicher Nutzflächen notwendig?	10		nein	ca. 40 %	nein	10	6	10	100	60	100
	Summen	100								753	456	794

1.7.3.3 *Kostenwirksamkeitsanalyse (KWA)*

Die KWA ist wie die KNA und NWA eine Methode zur Rangbestimmung bei komplexen Entscheidungs- und Handlungsalternativen. Sie erlaubt wie die NWA die Einbeziehung multivariabler Zielsysteme.

Als Nachteil der KNA wurde herausgestellt, dass die nicht in Geldeinheiten bewertbaren Faktoren von der Methode her keine Berücksichtigung finden, sondern nur als intangible Effekte verbal diskutiert werden können. Nachteil der NWA ist dagegen, dass der Kostenaspekt u. U. nur unzureichende Beachtung findet. Die KWA vermeidet diese Nachteile dadurch, dass sie die Kostenseite wie bei der KNA und die Nutzenseite wie bei der NWA behandelt.

Wie bei der NWA kann auch mit der KWA nicht entschieden werden, ob eine Maßnahme für sich allein gesamtwirtschaftlich von Vorteil ist. Die infolge der Punktebewertung dimensionslose Gesamtwirksamkeit erlaubt keine Beurteilung einer Einzelmaßnahme, sondern nur eine Aussage über die relative Vorteilhaftigkeit von Investitionsalternativen und damit die Aufstellung einer Rangliste. Ein Vergleich zwischen den Alternativen „Mit-Investition" und „Ohne-Investition" ist allerdings ebenfalls möglich (Mit-Fall und Ohne-Fall).

Die KWA erlangt ihre besondere Bedeutung gegenüber der KNA und NWA somit dadurch, dass sie die Vorteile beider Verfahren nutzt und gleichzeitig deren Nachteile vermeidet.

Die Vorteile der KWA decken sich insoweit mit denen der KNA und der NWA. Die KWA kann subjektive Präferenzen unterschiedlicher Herkunft in einem institutionalisierten Verfahren berücksichtigen. Unterschiedliche Bewertungen werden offengelegt. Ihre Auswirkungen sind kontrollierbar. Bewertungskonflikte können in kooperativen Bewertungsprozessen ausgetragen werden. Die Kostenwirkungen erhalten den ihnen gebührenden Stellenwert.

Die Gefahr des Selbstzweckes, der Verschleierung von Konfliktpunkten und des Missbrauchs unter dem Anschein wissenschaftlicher Herleitung besteht wie bei der NWA. Für die nicht monetär bewertbaren Teilziele bleiben Veränderungen im Zeitablauf unberücksichtigt, da sie nicht diskontierbar sind.

Auch eine KWA kann immer nur eine Entscheidungshilfe bieten. Die Entscheidung selbst muss unter konsequenter Respektierung der politischen oder unternehmerischen Entscheidungsbefugnisse letztlich immer von den Entscheidungsinstanzen getragen werden, von denen die Untersuchung in Auftrag gegeben wurde. Zur Bewahrung ihrer Objektivität sollten sich die Entscheidungsträger daher selbst nicht an der Erstellung der Investitionsrechnung beteiligen.

An einem einfachen Beispiel aus dem Industriebau soll die Vorgehensweise bei Anwendung der KWA veranschaulicht werden.

Die Aufgabe besteht darin, aus drei Grundrissalternativen für eine Montagehalle diejenige auszuwählen, die unter Einhaltung vorgegebener Kostengrenzen und Mindestwirksamkeiten nach den Kriterien des paarweisen Vergleichs oder des Quotientenvergleichs zu bevorzugen ist.

Die Ausgangsdaten mit jährlichen Nutzungskosten, den Zielkriterien k_j, die nicht monetär bewertbar sind, und ihre jeweilige Erfüllung durch die drei Alternativen zeigen *Tabelle 1.29* und *Abb. 1.81*. *Tabelle 1.30* enthält die zur Ermittlung der Gesamtwirksamkeiten erforderlichen Daten und Ergebnisse:

- die Gewichtsprozente g_j für die nicht monetär bewertbaren Teilziele,
- die mit Hilfe von Transformationsfunktionen ermittelten Zielertragswerte k_{ij} durch Zuordnung von Wirksamkeitspunkten zwischen 0 und 10,
- die Teilwirksamkeiten W_{ij} aus der Multiplikation von Gewichtsprozenten g_j und Zielertragswerten k_{ij} sowie
- die Gesamtwirksamkeiten W_i durch Addition der Teilwirksamkeiten W_{ij}.

Tabelle 1.29 KWA für drei Grundrissalternativen einer Montagehalle – Ausgangsdaten

Lfd. Nr.	Kriterium	Einheit	A1: Langbau	A2: Kompaktbau Lager in der Mitte	A3: Kompaktbau Lager als Kopfbau
1	Investitionsausgaben netto K, Index 02/2004	T€	11.059	10.783	10.944
2	Nutzungsdauer	Jahre	50	50	50
3	Annuität des Barwertes der Investitionsausgaben bei p = 5 %	T€/a	606	591	599
4	Bauunterhalt 1 % von K	T€/a	111	108	109
5	Betriebskosten	T€/a	422	404	350
6	Baunutzungskosten Zeilen 3 bis 5	T€/a	1.159	1.103	1.058
7	Erfüllung Flächenprogramm	%	90	84	91
8	Verhältnis AUF/BGF	%	166	133	145
9	Verhältnis VF/BGF	%	17	32	17
10	Zugänglichkeit zu Arbeits- und Lagerplätzen		gut	befriedigend	gut
11	Anzahl der Hallentore	St.	30	4	4
12	Bedienung durch Kranbahn Montage/Lager/Malerei		getrennt	getrennt	gemeinsam
13	Flexibilität der Montage-platznutzung		bedingt gegeben	gegeben	gut gegeben
14	Erweiterungsmöglichkeiten	%	0	50	50
15	Verkehrsbeziehungen Montage/Lager/Malerei		kreuzende Verkehrsströme	teilweise kreuzende Verkehrsströme	klarer Verkehrsfluss
16	Einbindung in die Umgebung		schlecht	befriedigend	gut

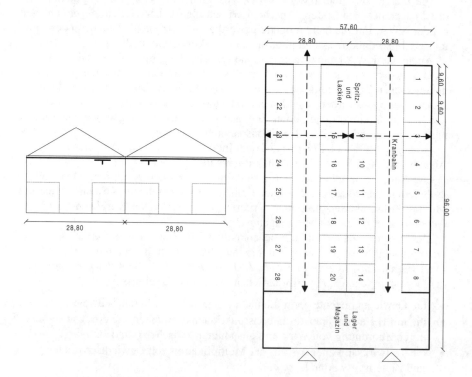

Abb. 1.81 Grundriss und Schnitt einer Montagehalle

Tabelle 1.30 KWA für drei Grundrissalternativen einer Montagehalle – Ergebnisse

Lfd. Nr.	Kriterium	Gewicht in %	Wirksamkeitspunkte von 0 bis 10			Teilwirksamkeiten		
			A1	A2	A3	A1	A2	A3
1	Erfüllung Flächenprogramm	20	5	2	6	100	40	120
2	Verhältnis AUF/BGF	5	1	9	6	5	45	30
3	Verhältnis VF/BGF	10	9	0	9	90	0	90
4	Zugänglichkeit	10	9	5	9	90	50	90
5	Anzahl Hallentore	5	0	9	9	0	45	45
6	Bedienung durch Kranbahn	15	4	8	8	60	120	120
7	Flexibilität	10	3	6	9	30	60	90
8	Erweiterungsmöglichkeit	10	0	8	8	0	80	80
9	Verkehrsbeziehungen	10	3	6	9	30	60	90
10	Einbindung in die Umgebung	5	0	5	8	0	25	40
Summe		100	Gesamtwirksamkeiten			405	525	795
	Wirksamkeits-/Kosten-Verhältnis (Punkte x a/100 T€)					34,9	47,6	75,1
			Rang			3	2	1

Als Ergebnis ist festzustellen, dass die Alternative 3 Kompaktbau mit dem Lager als Kopfbau wegen der niedrigsten Nutzungskosten und der bei weitem höchsten Gesamtwirksamkeit und infolgedessen auch des höchsten Wirksamkeits-/Kosten-Verhältnisses eindeutig vor den beiden anderen Alternativen zu bevorzugen ist. In *Abb. 1.82* ist das Ergebnis des paarweisen Vergleichs und des Quotientenvergleichs grafisch aufgetragen. Aufgrund der relativ großen Unterschiede zwischen den Gesamtwirksamkeiten der drei Alternativen ist im vorliegenden Fall aus einer Sensitivitätsanalyse keine Veränderung der Rangfolge zu erwarten.

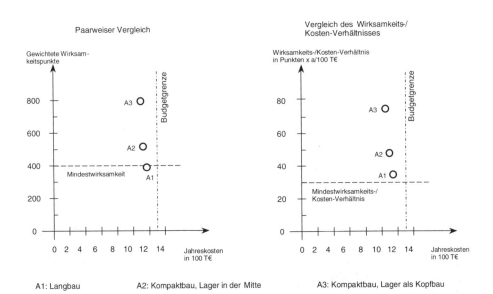

Abb. 1.82 KWA für drei Grundrissalternativen einer Montagehalle – grafische Auswertung

1.7.4 Zusammenfassung

In diesem Beitrag werden die Grundlagen der Investitionsrechnung vorgestellt, wobei die Grundlagen der Zinseszins- und Rentenrechnung unter Abschn. 0 vorangestellt werden.

Nach Einteilung der Investitionsrechnungsverfahren werden zunächst die statischen Wirtschaftlichkeitsberechnungen zusammenfassend behandelt. Anschließend werden aus den dynamischen Verfahren die Kapitalwertmethode, die Methode des internen Zinsfußes und die Annuitätenmethode anhand von Beispielen erläutert.

Als Übergang zu gesamtwirtschaftlichen Nutzen/Kosten-Untersuchungen wird zuerst die Kosten-Nutzen-Analyse erläutert, die ebenfalls noch den monovariablen Wirtschaftlichkeitsberechnungen zuzurechnen ist, da sie Anwendung für durchgängig in Geldeinheiten bewertbare Nutzen- und Kostenfaktoren findet. Im Anschluss daran werden die multivariablen Verfahren der Nutzwertanalyse und der Kostenwirksamkeitsanalyse vorgestellt und durch Beispiele erläutert, die die Einbeziehung mehrdimensionaler Zielsysteme erlauben.

Wegen der Ungewissheit zukünftiger Entwicklungen ist es notwendig, durch Empfindlichkeitsprüfungen die Unsicherheiten in den Investitionsrechnungen im Hinblick auf ihre Auswirkungen auf die Untersuchungsergebnisse zu überprüfen. Durch Sensitivitätsanalysen kann festgestellt werden, ob und inwieweit sich durch unterschiedliche Annahmen über die Eingangsdaten (Input) die Analyseergebnisse (Output) ändern. Durch das Verfahren der kritischen Werte werden die möglichen Abweichungen der Input-Größen von ursprünglich angesetzten Werten ermittelt, die gerade noch keine Revision der Vorteilhaftigkeitsentscheidung erfordern. Das Verfahren zur Ermittlung der Output-Änderung bei vorgegebener Inputänderung zielt darauf ab, die Auswirkungen bestimmter Änderungen unsicherer Input-Größen zu überprüfen, wenn diese anstelle der wahrscheinlichen Werte untere oder obere Grenzwerte erreichen.

Sensitivitätsanalysen lösen das Problem der Entscheidung bei Unsicherheit nicht. Sie gestatten jedoch die Gewinnung „kritischer" Input-Größen bzw. „wahrscheinlicher Korridore" für die Output-Größen. Das Ausmaß der Unsicherheit von Entscheidungen wird daher innerhalb kritischer oder wahrscheinlicher Grenzen bewusst gemacht.

1.8 Unternehmensfinanzierung

Wirtschaftlicher Zweck jedes Unternehmens ist es, durch Kombination von Produktionsfaktoren Waren oder Dienstleistungen zu erzeugen und diese Gewinn bringend am Markt zu verwerten. Den Ausgaben für die Beschaffung und den Einsatz der Produktionsfaktoren stehen Einnahmen aus der Leistungsverwertung gegenüber. Da die Ausgaben i. d. R. vor den entsprechenden Einnahmen anfallen, ist im Unternehmen ständig eine Geldmenge gebunden, die von der Kapitalbindungsdauer (Zeitspanne zwischen Ausgaben und Einnahmen) abhängt. Bei Gründung eines Unternehmens muss diesem zunächst von außen Kapital zur Verfügung gestellt werden, um die Unternehmensprozesse in Gang zu setzen.

Der Begriff *Finanzierung* umfasst alle Maßnahmen der Mittelbeschaffung und -rückzahlung und damit der Gestaltung der Zahlungs-, Informations-, Kontroll- und Sicherungsbeziehungen zwischen Unternehmen und Kapitalgebern.

Kapital (Passiva der Bilanz) bezeichnet alle einem Unternehmen zur Verfügung stehenden Finanzmittel zur Finanzierung der Vermögenswerte (Aktiva der Bilanz). Das Kapital ist grundsätzlich nach Eigen- und Fremdkapital zu unterscheiden. *Eigenkapital* sind die im Unternehmen eingesetzten finanziellen Mittel, die vom Unternehmer oder Gesellschaftern des Unternehmens selbst eingebracht worden sind. *Fremdkapital* sind die dem Unternehmen von Dritten, d. h. von Nichteigentümern und damit Gläubigern, zur Verfügung gestellten Mittel.

1.8.1 Finanzierungsziele

Die strategischen Finanzierungsziele jedes Unternehmens sind i. d. R. auf die Bewahrung der Unabhängigkeit und Flexibilität ausgerichtet. Die taktischen und operativen Finanzierungsziele bestehen in der Bewahrung der Liquidität und Finanzierungssicherheit sowie der Rentabilität.

Die Sicherstellung der erforderlichen *Liquidität* bezeichnet die Fähigkeit eines Unternehmens, aktuellen und zukünftigen Zahlungsverpflichtungen im Rahmen des normalen Geschäftsverkehrs fristgerecht und betragsgenau nachkommen zu können. Durch eine im jeweiligen Planungszeitraum ausreichende Liquidität steht dem Unternehmen nicht weniger, aber auch nicht mehr als das erforderliche Kapital zur Verfügung, um die Unternehmens- und Betriebsprozesse zu finanzieren. Eine betragsmäßige und zeitliche Koordinierung der Einzahlungs- und Auszahlungsströme ist für den störungsfreien Ablauf der Prozesse durch ständig gegebene Zahlungsfähigkeit des Unternehmens unerlässlich.

Die *Rentabilität* wird ermittelt aus dem Wertverhältnis von erzieltem Jahresüberschuss und eingesetztem Kapital. Dabei lassen sich unterscheiden:

- Eigenkapitalrentabilität = 100 x Jahresüberschuss / Eigenkapital,
- Gesamtkapitalrentabilität = 100 x (Jahresüberschuss + Fremdkapitalzinsen) /Gesamtkapital,
- Umsatzrentabilität = 100 x Jahresüberschuss / Jahresumsatz und
- Betriebskapitalrentabilität = 100 x Betriebsergebnis / betriebsnotwendiges Kapital.

Das strategische Ziel der *Unabhängigkeit* und *Flexibilität* wird dadurch bestimmt, dass jede Aufnahme externen Kapitals neue oder verstärkte Abhängigkeitsverhältnisse von den jeweiligen Kapitalgebern schafft, z. B. zu den finanzierenden Banken. Bei Eigenkapitalgebern entsteht ein unmittelbarer Einfluss auf die Unternehmensführung. Strategische und taktische Aufgabe der Unternehmensführung im Bereich der Unternehmensfinanzierung und Liquiditätssicherung ist daher die Erhaltung der Kredit- und Beteiligungswürdigkeit zur Sicherung von Finanzierungspotenzialen.

Das Verhältnis zwischen den taktischen und operativen Rentabilitäts- und Liquiditätszielen wird dadurch gekennzeichnet, dass die Rentabilität als maßgebliches Oberziel und die Liquidität als existenzielle Nebenbedingung jeder unternehmerischen Tätigkeit anzusehen ist. Operative Aufgabe ist daher die Koordination von Einnahmen und Ausgaben zur kurz- und mittelfristigen Liquiditätssicherung.

Das Finanzierungsziel der Unternehmenssicherung ist eng verwandt mit dem Ziel der Liquiditätssicherung und steht in komplementärer Beziehung zum Rentabilitätsziel. Zwar steigt die Eigenkapitalrendite linear mit dem Verschuldungsgrad, solange die Gesamtkapitalrendite größer ist als der Fremdkapitalzins (Leverage-Effekt). Ein hoher Verschuldungsgrad steigert aber das Liquiditätsrisiko. Daher achten Fremdkapitalgeber darauf, dass das Unternehmensrisiko durch Eigenkapital abgedeckt wird. Die Geschäftsführung wiederum ist auf Sicherheit der Kreditkonditionen bedacht, die durch Laufzeit, Zinshöhe, Disagio und zu leistende Darlehenssicherheiten bestimmt werden.

Die von der Deutschen Bundesbank (2003, S. 14 und 125) für das Jahr 2000 festgestellten Verhältniszahlen aus Jahresabschlüssen deutscher Unternehmen verdeutlichen, dass das Jahresergebnis vor Gewinnsteuern mit 0,6 % der Gesamtleistung bzw. mit 0,55 % der Bilanzsumme deutlich niedriger war als diejenige aller Unternehmen des produzierenden Gewerbes, Handels und Verkehrs mit 3,71 % bzw. 5,35 %. Ein deutlicher Unterschied besteht auch im Anteil der Eigenmittel an der Bilanzsumme mit 12,0 % im Baugewerbe (3,7 % bei Unternehmen mit Umsätzen von weniger als 2,5 Mio. €) gegenüber 25,3 % im produzierenden Gewerbe, Handel und Verkehr (10,3 % in Unternehmen mit Umsätzen von weniger als 2,5 Mio. €).

1.8.2 Einflussfaktoren auf die Finanzierungs- und Liquiditätssituation

In jedem Unternehmen wird die Finanzierungs- und Liquiditätssituation täglich durch zahlreiche Einflussfaktoren verändert, die zu einer Abweichung zwischen den Wirtschaftsplänen (Soll) und der tatsächlichen Entwicklung (Ist) führen.

Für die Bauwirtschaft sind insbesondere folgende *branchenspezifischen Einflussfaktoren* zu nennen:

- die Notwendigkeit der strukturellen Veränderung seit dem Ende des Wiedervereinigungsbooms im Jahre 1995 und auf Grund des zu erwartenden Wettbewerbsdrucks durch die Erweiterung der EU um 10 mittel- und osteuropäische Länder ab Mai 2004
- die besondere Wettbewerbssituation der Unternehmen der Bauwirtschaft (Bauherrenorganisationen, Consulting-, General- und Einzelunternehmen) mit
  - überdurchschnittlicher Konjunkturabhängigkeit,
  - Rivalität unter den Wettbewerbern,
  - Verhandlungsmacht der Nachfrager-/Auftraggeberseite,
  - Verhandlungsmacht der Anbieterseite (Arbeitnehmer, Nachunternehmer, Baustoff- und Baumaschinenhändler),
  - Bedrohung durch neue Konkurrenten und neue Vertragsmodelle sowie
  - Bedrohung durch neue Geschäftsfelder und Projektarten
- die Abhängigkeit der Unternehmen mit vielfach nur wenigen zeitparallelen Einzelaufträgen, bei denen sich Mängelrügen und Androhungen von Vertragsstrafe im Zusammenhang mit dem Antrag auf rechtsgeschäftliche Abnahme und dadurch verzögerte Zahlungen unmittelbar auf die Finanzierungs- und Liquiditätssituation auswirken; bei Zahlungsverweigerung wird anstelle einer kurzfristigen schiedsgutachterlichen Klärung von manchen Auftraggebern häufig auf den Rechtsweg verwiesen, der auf Grund der Dauer der Gerichtsverfahren von mindestens einem und häufig über drei Jahren (Diederichs,

2004b) zu einem entsprechenden Zahlungsaufschub für die Auftraggeber und zwischenzeitlichen Insolvenzverfahren für die Unternehmer führt.

Unternehmensspezifische Einflussfaktoren sind

- die Rechtsform und Größe des Unternehmens mit dem für die Bauwirtschaft typischen Anteil der überwiegend kleinen Unternehmen,
- mangelnde Geschäftsfeldflexibilität bei Nachfrageschwankungen, da die Entwicklung neuer Geschäftsfelder, die als Marktnische angesehen werden, Vorinvestitionen und damit entsprechende Finanzmittel erfordert, sowie
- der Unternehmensstandort, da der Markt der kleinen Unternehmen häufig auf einen Aktionsradius von ca. 50 km räumlich begrenzt ist.

Auftragsspezifische Einflussfaktoren ergeben sich aus

- dem Auslastungsrisiko durch erteilte Aufträge und vorhandene Kapazitäten mit zeitlicher Oszillation zwischen Unter- und Überauslastung sowie
- dem Kalkulations- und Ausführungsrisiko durch Abweichungen zwischen vorkalkulatorischer Aufwandserwartung und durch die tatsächlichen Produktionsbedingungen erforderlichen Aufwänden mit der Schwierigkeit der Durchsetzung von Vergütungsänderungen aus Leistungsänderungen und Zusatzleistungen oder Schadensersatzansprüchen aus Behinderungen und dem daraus erwachsenden Liquiditätsrisiko der Vorfinanzierung erbrachter, aber (noch) nicht vergüteter Planungs- und Bauleistungen bzw. durch Mehrkosten entstandener Schäden.

1.8.3 Finanzierungsformen

Finanzierungsformen lassen sich nach der Herkunft des Kapitals, der Rechtsstellung der Kapitalgeber, dem Finanzierungszweck und der Dauer der Kapitalbereitstellung unterscheiden. Einen Überblick über die Alternativen der Innen- und Außenfinanzierung zeigt *Abb. 1.83*.

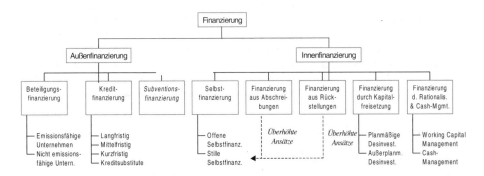

Abb. 1.83 Finanzierungsalternativen für Unternehmen

1.8.3.1 Innenfinanzierung

Die Innenfinanzierung ist überwiegend eine Überschussfinanzierung aus erwirtschaftetem Cashflow (Gewinn + Abschreibungen + Rückstellungen). Der Cashflow ist der Mittelzufluss aus dem betrieblichen Umsatzprozess und wird aus der Kapitalflussrechnung abgeleitet.

Die Innenfinanzierung unterscheidet sich von der Außenfinanzierung grundsätzlich dadurch, dass keine Fremdkapitalzinsen gezahlt, keine Sicherheiten eingebracht werden müssen bzw. in Anspruch genommen werden können und sie frei ist von sonstigen Vorgaben der Kapitalgeber.

Selbstfinanzierung

Selbstfinanzierung liegt dann vor, wenn entstandene Gewinne thesauriert, d. h. nicht ausgeschüttet werden, sondern im Unternehmen verbleiben. Sie ist daher nur möglich bei positivem Geschäftsergebnis, d. h. höheren Erträgen als Aufwendungen im betrachteten Geschäftsjahr.

Vorteile der Selbstfinanzierung im Sinne der strategischen Unternehmensführung liegen darin, dass weder neue Mitspracherechte noch weitere Ausschüttungsverpflichtungen geschaffen werden.

Es ist zwischen offener und stiller (verdeckter) Selbstfinanzierung zu unterscheiden. Bei der offenen Selbstfinanzierung werden die nicht ausgeschütteten Gewinne den verschiedenen Rücklageposten zugewiesen oder bei Einzelunternehmen und Personengesellschaften den entsprechenden Kapitalkonten zugewiesen.

Bei der stillen (verdeckten) Selbstfinanzierung werden durch abschlusspolitische Maßnahmen in der Bilanz und der Gewinn- und Verlustrechnung stille Reserven in Höhe der nicht ausgewiesenen Gewinne gebildet, deren Besteuerung mit Unternehmens- und Gesellschaftersteuern erst zum Zeitpunkt ihrer Auflösung und Ausschüttung stattfindet. Rechtliche Basis für die Bildung stiller Reserven ist die nach HGB mögliche Unterbewertung von Aktiva und/oder Überbewertung von Passiva. Die Bilanzierung und Bewertung nach HGB ermöglicht die Nichtwahrnehmung von Aktivierungs- und Ausschöpfung von Passivierungswahlrechten sowie die Bewertung von Vermögensgegenständen zu bestimmten Wertuntergrenzen und von Verbindlichkeiten zu bestimmten Obergrenzen.

Abrechnungsreserven entstehen in den Aktiva durch nicht abgerechnete (unfertige) Bauleistungen. Bei den Passiva wird durch Bildung überhöhter Rückstellungen, z. B. für drohende Vertragsstrafen, Schadensersatz- oder Gewährleistungsansprüche sowie potenzielle Verlustaufträge, eine stille Selbstfinanzierung bewirkt. Mit den Ermessens- und Gestaltungsspielräumen für die Bilanzierung dieser Risiken kann der Gewinnausweis des Unternehmens über mehrere Geschäftsjahre hinweg durch Bildung oder Auflösung stiller Reserven verstetigt werden.

Finanzierung aus Abschreibungen

Die Finanzierung aus Abschreibungsrückflüssen wird durch Umschichtung der in absetzbaren Investitionen gebundenen Abschreibungsgegenwerte ermöglicht.

Der wirtschaftliche Zweck von Abschreibungen besteht darin, Wertminderungen des Anlagevermögens periodenbezogen als Aufwand zu erfassen und damit den Werteverzehr über die Nutzungsphase nach den Vorgaben des Steuerrechts (degressiv oder linear) mit den Abschreibungsdauern nach den AfA-Tabellen (Absetzung für Abnutzung) zu verteilen. Abschreibungen des Anlagevermögens führen in der Bilanz zur Minderung der Aktiva. Sie sind in der Gewinn- und Verlustrechnung als Kosten auf der Aufwandsseite zu verbuchen. Der Wert der Abschreibungen geht in die Preiskalkulationen für Waren und Dienstleistungen ein. Damit entspricht ein Teil des Preises dem Wert des Nutzleistungsabgangs in Höhe der gebildeten Abschreibung. Werden diese Waren und Dienstleistungen nun verkauft und fließen dem Unternehmen dafür Zahlungen zu, so stehen diese Abschreibungsgegenwerte dem Unternehmen als aus dem Umsatzprozess resultierende Forderungen nach Zahlungseingang zur Verfügung. Da diese liquiden Mittel bis zum Ersatzzeitpunkt des jeweiligen Anlagegegenstands anstelle der Erhöhung des Bankguthabens auch anderweitig investiert werden können, entsteht auf diese Weise ein Kapazitätserweiterungseffekt (Lohmann-Ruchti-Effekt). Je nach gewähltem Abschreibungsverfahren hat die Unternehmensführung daher die Möglichkeit, entweder Finanzierungsreserven durch Erhöhung des Bankguthabens bis zum Ersatzzeitpunkt zu bilden, oder aber das Unternehmenswachstum zwischenzeitlich aus laufend zufließenden Abschreibungsgegenwerten zu finanzieren, sofern eine entsprechende Nachfragesteigerung dieses sinnvoll erscheinen lässt und mit den Abschreibungen ein zumindest ausgeglichenes Ergebnis erzielt wird.

Finanzierung aus Rückstellungen

Rückstellungen sind dem Grunde und der Höhe nach sowie hinsichtlich des Zeitpunkts ihrer Fälligkeit ungewisse Verbindlichkeiten aus Rechtsbeziehungen mit Dritten. Rückstellungen müssen jährlich im Rahmen der Bilanzerstellung bewertet, verändert oder nach Wegfall eines etwaigen Anspruchs dem Grunde nach aufgelöst werden. Zu unterscheiden sind vor allem Urlaubsrückstellungen aus noch nicht abgegoltenen Urlaubsansprüchen der Mitarbeiter, Gewährleistungsrückstellungen aus abgeschlossenen Aufträgen während der Dauer der Gewährleistungsfristen, Rückstellungen für unterlassene Instandhaltungen von Objekten, für Prozess- und Nachtragsrisiken, Pensionszahlungen und Steuerverbindlichkeiten. Die gebildeten Rückstellungen stehen dem Unternehmen als liquide Mittel zur Verfügung, solange die entsprechende Verbindlichkeit nicht eingetreten ist. Die Unsicherheit über die Höhe der Rückstellungen schafft einen gewissen Bewertungsspielraum. Überhöhte Ansätze führen daher zur stillen Selbstfinanzierung. Seitens der Finanzämter werden jedoch strenge Prüfmaßstäbe angelegt. So werden z. B. bei pauschalem Ansatz nur 0,5 % der Schlussabrechnungssumme als Gewährleistungsrückstellung anerkannt. Voraussetzung der Finanzierung aus Rückstellung ist auch hier, dass mit den angesetzten Rückstellungen dennoch ein zumindest ausgeglichenes Ergebnis erwirtschaftet wird.

Finanzierung durch Kapitalfreisetzung

Die Finanzierung durch Kapitalfreisetzung oder auch Vermögensumschichtung umfasst alle Maßnahmen, die darauf ausgerichtet sind, einen ursprünglich notwendigen Kapitalbedarf in Höhe der Bilanzsumme für das betriebsnotwendige Kapital zu senken. Kapitalfreisetzungen entstehen aus der planmäßigen oder außerplanmäßigen Desinvestition von Vermögensgegenständen, z. B. Verkauf von Grundstücken, Reduzierung der Lagerhaltung oder Auflösung von Finanzanlagen.

Außerplanmäßige Desinvestitionen stellen bei Aufzehrung sämtlicher anderen Liquiditätsreserven eine letzte Alternative dar, wobei es wegen des erheblichen Zeitdrucks häufig zu Verkäufen unter Wert kommt. Durch das „Sale-and-Lease-Back-Verfahren" kann in derartigen Situationen die Weiternutzung betriebsnotwendiger Vermögensgegenstände unter Aufrechterhaltung des Geschäftsbetriebes gesichert werden.

Finanzierung durch Rationalisierung und Cash-Management

Darunter lassen sich alle Maßnahmen zusammenfassen, die auf die Verringerung der Kapitalbindung durch Erhöhung des Kapitalumschlags abzielen. Durch Beschleunigung der Einnahmen von Debitoren und Verzögerung der Ausgaben an Kreditoren durch das Cash-Management können im Rahmen der vertraglichen und gesetzlichen Möglichkeiten bestehende Liquiditätspotenziale genutzt werden.

1.8.3.2 Außenfinanzierung

Bei der Außenfinanzierung wird einem Unternehmen Kapital von verschiedenen Finanzierungsträgern zugeführt. Je nach Rechtsstellung der Kapitalgeber ist zwischen Beteiligungs- und Kreditfinanzierung zu unterscheiden. Subventionsfinanzierungen der öffentlichen Hand sind nur in Sonderfällen von Bedeutung und in marktwirtschaftlichen Ordnungen als nicht systemkonform möglichst ganz zu vermeiden. Sie werden daher nicht weiter behandelt.

Bei den Finanzierungsträgern (Kapitalgebern) ist zu unterscheiden in:

- Privatpersonen
- Unternehmen
- Staatliche Institutionen und Körperschaften des Bundes, der Länder und der Kommunen
- Kredit- und Finanzinstitute
- Kapitalanlagegesellschaften
- Finanzmärkte (Geld-, Renten- und Aktienmarkt)

Nachfolgend werden die verschiedenen Formen der Beteiligungs- und der Kreditfinanzierung näher erläutert. In einem dritten Abschnitt wird der Komplex der Sicherheiten behandelt.

Beteiligungsfinanzierung

Bei einer Beteiligungs- oder auch Einlagenfinanzierung wird einem Unternehmen Beteiligungskapital dauerhaft zur Verfügung gestellt.

Beteiligungsfinanzierung ohne Börsenzutritt

Die meisten deutschen Unternehmen der Bauwirtschaft haben aufgrund ihres mittelständischen Charakters keinen Zugang zum organisierten Kapitalmarkt (Börse). Das Beteiligungspotenzial wird durch die Rechtsform weiter eingegrenzt. Der Einzelunternehmer kann dem Unternehmen aus seinem Privatvermögen jederzeit

Kapital zuführen oder auch entziehen. Bei der OHG können die bisherigen Gesellschafter ihre Einlagen erhöhen oder es können neue Gesellschafter aufgenommen werden. Bei der KG können analog die Kommanditisten ihre Einlage erhöhen oder aber es werden neue Kommanditisten in die KG aufgenommen. Bei einer GmbH können die Gesellschafteranteile erhöht oder aber neue Gesellschafter aufgenommen werden. Dies gilt analog für die GmbH & Co. KG. Stille Gesellschafter bringen eine Einlage ein, ohne nach außen in Erscheinung zu treten. Sie erhalten üblicherweise durch den Gesellschaftsvertrag eine Gewinnbeteiligung. Ihre Beteiligung am Verlust wird i. d. R. ausgeschlossen und ihre Haftung auf die Höhe ihrer Einlage beschränkt. Die Gesellschaft bürgerlichen Rechts (GbR) bietet sich bei einer, häufig zeitlich begrenzten, Interessenverfolgung gleichberechtigter Partner an. Sie ist in der Bauwirtschaft in der Form von Arbeitsgemeinschaften (ARGEN) zur Abwicklung größerer Bauaufträge zwecks Bündelung der Kapazitäten und Risikoverteilung weit verbreitet.

Die Möglichkeit der Beteiligungsfinanzierung nicht emissionsfähiger Unternehmen besteht damit vorrangig in der Aufnahme neuer Gesellschafter auf der Basis existierender Vertrauensverhältnisse. Diese entstehen vielfach zwischen den bisherigen Gesellschaftern und bewährten Führungskräften sowie leistungsstarken Mitarbeitern des Unternehmens, bei denen durch eine Mitarbeiter-Kapitalbeteiligung eine gesteigerte Mitarbeitermotivation und Identifikation mit dem Unternehmen erreicht werden kann.

Durch Ausgabe von Aktien, die nicht an der Börse gehandelt werden, können auch sogenannte „kleine Aktiengesellschaften" gegründet werden. Für sie gelten auch die Vorschriften des AktG, jedoch nicht des börsenmäßigen Handels nach den §§ 36–49 BörsG.

Beteiligungsfinanzierung mit Börsenzutritt

Bei Aktiengesellschaften (AG) stellt das durch einen Börsengang bzw. durch eine Kapitalerhöhung gezeichnete Kapital eine Beteiligungsfinanzierung dar. Es entspricht der Idee der AG, dass das gezeichnete Kapital dem Unternehmen dauerhaft zur Verfügung steht. Gemäß Aktiengesetz (AktG) müssen verschiedene Regelungen im Zusammenhang mit dem gezeichneten Kapital beachtet werden.

Die Beteiligungsfinanzierung von Aktiengesellschaften erfolgt durch Ausgabe von Aktien, d. h. verbrieften Anteilsscheinen der Eigentümer am Grundkapital des Unternehmens. Die breite Streuung des Kapitals ermöglicht den problemlosen und kurzfristigen Verkauf der Aktien im Börsenhandel. Aufgrund der ausgeprägten Fungibilität und der geringen Höhe der Mindestbeteiligung (1 €) sind Kapitalerhöhungen relativ einfach durchzuführen.

Bei der Ausgestaltung von Aktien ist nach den mit dem Eigentum verbundenen Rechten und der Übertragbarkeit der Aktien zu differenzieren.

Stammaktien bieten dem Aktionär grundsätzlich alle Rechte nach AktG, d. h. sowohl das Mitgliedschaftsrecht (Stimm- und Auskunftsrecht, Recht der Anfechtung von Hauptversammlungsbeschlüssen) als auch finanzielle Rechte auf Dividendenzahlungen, Bezugsrechte und Liquidationserlöse.

Vorzugsaktien schließen das Stimmrecht der Aktionäre in der Hauptversammlung aus, beinhalten jedoch als Ausgleich für die Stimmrechtseinschränkung Vorteile bei der Gewinnausschüttung durch höhere Dividendenzahlungen. Vorzugsaktien werden häufig bei Sanierungen ausgegeben, wenn neue Geldgeber durch Bevorzugung gegenüber den bisherigen Aktionären gewonnen werden können. Für die bisherigen Kapitaleigner haben sie den Vorteil, die Einflussnahme Dritter zu begrenzen, z. B. bei Börsengängen von Familienunternehmen.

Nach der Art der Aktienübertragung ist nach Order-, Inhaber- oder Namensaktien zu unterscheiden.

Die Finanzierung durch einen Börsengang bietet folgende Vorteile:

- Die bisherigen Eigentümer können sich ganz oder teilweise aus dem Unternehmen zurückziehen.
- Eine Öffnung der Gesellschaft mit Verbreiterung des Aktionärskreises bedeutet gleichzeitig auch eine Teilung des Unternehmensrisikos.
- Die Nachfolge kann durch einen Verkauf sämtlicher oder einiger Aktienpakete geregelt werden.
- Eine Beteiligung der Mitarbeiter wird erleichtert.

Die Vergrößerung des gesamten Aktienbestandes wird als Kapitalerhöhung bezeichnet. Diese wird dann in Erwägung gezogen, wenn eine Fremdfinanzierung nicht möglich oder zu teuer ist bzw. die einbehaltenen Gewinne nicht ausreichen, um das Unternehmenswachstum zu finanzieren.

Die strengen Publizitätserfordernisse und Gläubigerschutzbestimmungen tragen zu einer Erhöhung des Kreditfinanzierungspotenzials bei. Börsennotierte Aktiengesellschaften haben daher bedeutende Finanzierungsvorteile gegenüber ihren nicht emissionsfähigen Konkurrenten.

Genussscheine

Beim Genussschein handelt es sich um ein Wertpapier, mit dem sogenannte Genussrechte verbrieft sind. Zu diesen Wertpapieren gibt es allerdings keine rechtliche Regelung. In der Praxis sind es meistens Gläubigerrechte mit solchen Teilrechten, die üblicherweise nur Eigentümern gewährt werden. Im Vordergrund stehen Ansprüche auf

- Anteil am Gewinn, i. d. R. nicht am Verlust,
- Gewährung von Bezugsrechten und
- Anteil am Liquidationserlös.

Es gibt zahlreiche unterschiedliche Ausgestaltung von Genussscheinen, die je nach Ausprägung mehr den Charakter von Eigen- oder von Fremdkapital haben. Die Emission von Genussscheinen ist nicht an eine bestimmte Rechtsform des Unternehmens gebunden.

Kreditfinanzierung

Kreditfinanzierung oder auch Fremdfinanzierung liegt vor, wenn einem Unternehmen Kapital durch Gläubiger zugeführt wird, die durch diese Transaktion kein Eigentum am Unternehmen erwerben, sondern ihm Fremdkapital für eine bestimmte Dauer zur Verfügung stellen. Für den Fremdkapitalgeber entstehen daraus üblicherweise keine Mitsprache-, Kontroll- und Entscheidungsbefugnisse.

Kreditwürdigkeitsprüfung

Die Gewährung und Ausgestaltung der verschiedenen Kreditarten nach Kredit-zins, Laufzeit und Tilgung ist abhängig von einer intensiven Bonitätsprüfung des Kreditnehmers durch den Kreditgeber. Durch ein sogenanntes Rating wird die Bonität, d. h. die Zahlungswilligkeit und künftige Zahlungsfähigkeit des Kredit-nehmers in Form einer Skala, z. B. nach Ratingklassen von 1 bis 10, bewertet. Die Bestandteile eines Unternehmensratings lassen sich in einen quantitativen und einen qualitativen Bereich unterteilen. Zum quantitativen Bereich gehört die klas-sische Bilanzanalyse und Zukunftsprognose. Im qualitativen Bereich werden Be-wertungen u. a. zur Qualität des Managements und zur zukünftigen Branchenent-wicklung vorgenommen. Neben dem Ratingergebnis hängt die Vergabe von Kre-diten von den nachhaltigen Sicherheiten ab.

Unternehmensrating nach Basel II

Basel II ist die Weiterentwicklung bereits bestehender gesetzlicher Regelungen für das Kreditgeschäft der Banken und setzt auf der Richtlinie des „Baseler Ausschus-ses für Bankenaufsicht" (Basel I) aus dem Jahr 1988 auf. Basel I wurde in über 100 Ländern in nationales Recht umgesetzt und beinhaltete die Harmonisierung der rechtlichen Grundlagen für die Bankenaufsicht und die Definition internatio-nal geltender Eigenkapitalvorschriften für die Kreditinstitute. Gemäß Basel I müs-sen Kredite an Nichtbanken und damit auch an mittelständische Unternehmen unabhängig von der Bonität der Schuldner von der kreditausreichenden Bank mit 8 % des Kreditvolumens durch Eigenkapital unterlegt werden (Paul S./Stein S., 2002, S. 29). Die Eigenkapitalunterlegung orientiert sich dabei nicht an der Boni-tät der einzelnen Schuldner. Dies führt dazu, dass

* die Kreditkonditionen die Bonität einzelner Kunden nicht ausreichend wider-spiegeln,
* Schuldner mit hoher Kreditbonität somit bonitätsschwache Kunden subventionieren und
* die Eigenkapitalvorschriften nicht nach unterschiedlicher Risikoqualität der Kreditportefeuilles der Banken differenzieren.

Im Jahr 2003 wurde das dritte Konsultationspapier zu Basel II vorgelegt. Dieser Entwurf fasst den aktuellen Stand der Verhandlungen systematisch zusammen. Mit der frühzeitigen Formulierung sollen Verzögerungen bei der Umsetzung von Basel II in nationales Recht der EU-Mitgliedsstaaten vermieden werden. Es ist daher damit zu rechnen, dass auf der Basis eines endgültigen Akkords die Umset-zung in europäische Richtlinien und nachfolgend auch in deutsche Gesetzeswerke rasch erfolgen wird. Das Inkrafttreten von Basel II ist inzwischen für das Jahr 2007 geplant.

Den Richtlinien von Basel II sind direkt nur international tätige Kreditinstitute unterworfen. Dennoch hatte der Baseler Ausschuss in der Vergangenheit stets Schrittmacherfunktion für die Weiterentwicklung der Regulierung in Bezug auf die gesamte Kreditwirtschaft. Ein von drei Säulen getragener Ansatz soll die Sta-bilität des internationalen Finanzsystems stärken:

* Mindesteigenkapitalanforderungen für Banken zur Unterlegung ihrer Kredit- und sonstigen Risiken

- Intensivierung der Risikoüberwachung bei Kreditinstituten durch die Bankenaufsicht
- Verbesserung der Transparenz durch intensivere Veröffentlichungspflichten der Banken

Die bisher bestehenden Kreditrisikoregelungen werden mit Basel II durch Einbeziehung von externen Ratingurteilen stärker differenziert bzw. durch Rückgriff auf interne Ratings der Kreditinstitute individualisiert.

Im Hinblick auf die Folgen für die Unternehmensfinanzierung geht es im Kern um die erste Säule und dort um die Einbeziehung externer und interner Ratings in die Begrenzung von Kreditausfallrisiken als Schwerpunkt der Neuregelungen. Damit soll u. a. künftig vermieden werden, dass Unternehmen besserer Bonität durch zu hohe Risikoprämien in den Zinsen Unternehmen schlechterer Bonität zu geringen Risikoprämien subventionieren.

Das nachfolgende Beispiel soll die Vorgehensweise näher erläutern.

Beispiel zum Unternehmensrating und zur Kreditzinsberechnung

Ein Unternehmen beantragt einen Kredit in Höhe von 8,5 Mio. € mit einer Laufzeit von 10 Jahren, jährlicher Tilgung durch gleichbleibende Raten in Höhe von 0,85 Mio. € bei Stellung einer Sicherheit von 0,3 Mio. €. Die Bilanz und die Gewinn- und Verlustrechnung des Beispielunternehmens zeigen die *Tabelle 1.31* und *Tabelle 1.32.*

Mit den Zahlen aus der *Tabelle 1.31* und *Tabelle 1.32* wird in *Tabelle 1.33* ein Bilanz-Rating vorgenommen. Als Ergebnis für das Bilanz-Rating ergibt sich auf einer Skala von 1 (sehr gut) bis 10 (sehr schlecht) der Wert 4,0 durch Messung und Bewertung von Kennzahlen aus der Bilanz sowie der Gewinn- und Verlustrechnung.

Das Management-Rating ergibt sich aus der Bewertung nicht monetär messbarer Größen (intangibler Effekte). Ein Beispiel dafür zeigt *Tabelle 1.34*. Ergebnis des Management-Ratings ist 4,65. In *Tabelle 1.35* wird in Abhängigkeit vom Bilanz-Rating eine Gewichtung zwischen den Ratingergebnissen für die Bilanz und das Management vorgenommen. Damit ergibt sich ein Gesamt-Ratingergebnis aus Bilanz- und Management-Rating von 4,0 x 0,6 + 4,65 x 0,4 = 4,26.

Zur Berechnung des Kreditzinses sind die von der Rating-Klasse abhängigen Sach- und Personalkosten sowie die Gewinnmarge der Bank anzusetzen (*Tabelle 1.26*). Hinzu kommen Refinanzierungskosten der Bank von 4,25 %. Zu beachten ist ferner die Ausfallwahrscheinlichkeit in Abhängigkeit von der Ratingklasse. Eine Einteilung hierzu bietet *Tabelle 1.37.*

Im vorliegenden Fall ergibt sich für das Gesamtrating von 4,26 eine Ausfallrate von 0,30. Die Eigenkapitalverzinsung der Bank errechnet sich aus dem nicht gesicherten Kreditvolumen von 8,2 Mio. € bei einer Eigenkapitalhinterlegung von 8 % zu 656.000 €. Bei einem Refinanzierungszins von 4,25 % ergeben sich 27.880 € und damit, bezogen auf das Kreditvolumen von 8,5 Mio. €, eine Eigenkapitalverzinsung von 0,33. Insgesamt errechnet sich ein Kreditzins von 7,06 % p. a. (*Tabelle 1.38*).

Tabelle 1.31 Bilanz des Beispielunternehmens

Aktiva	€
Anlagevermögen	
Immaterielle Vermögensgegenstände	0
Sachanlagen	802.970
Finanzanlagen	4.399
Summe Anlagevermögen	**807.369**
Umlaufvermögen	
Vorräte	
Roh-, Hilfs- und Betriebsstoffe,	36.631
Erzeugnisse, Waren	
Nicht abgerechnete (unfertige) Bauleistungen	317.692
Forderungen und sonstige Vermögensgegenstände	
Forderungen aus Lieferungen und Leistungen	807.963
Sonstige Vermögensgegenstände	159.292
(einschl. Rechnungsabgrenzungsposten)	
Schecks, Kassenbestand, Bundesbank- und Postbankguthaben, Guthaben bei	359.228
Kreditinstituten	
Summe Umlaufvermögen	**1.681.006**
Summe Aktiva	**2.488.375**
Passiva	€
Wirtschaftliches Eigenkapital	**648.503**
Rückstellungen (um 10.000,- höher als im Vorjahr)	**326.604**
Verbindlichkeiten	
Langfristige Verbindlichkeiten gegenüber Kreditinstituten	392.648
Sonstige Verbindlichkeiten gegenüber Kreditinstituten	171.795
Erhaltene Anzahlungen	0
Verbindlichkeiten aus Lieferungen und Leistungen	495.059
Sonstige Verbindlichkeiten	453.766
Summe Verbindlichkeiten	**1.513.268**
Summe Passiva	**2.488.375**

Tabelle 1.32 Gewinn- und Verlustrechnung des Beispielunternehmens

Gewinn- und Verlustrechnung	€
Betriebliche Gesamtleistung	**7.888.546**
./. Materialaufwendungen (Roh-, Hilfs- und Betriebsstoffe, Waren)	2.102.290
./. Nachunternehmerleistungen u. Ä.	1.401.529
= Rohergebnis 1	**4.384.727**
./. Personalaufwendungen	3.159.490
= Rohergebnis 2	**1.225.237**
./. Aufwendungen für Baugeräte	96.966
./. Aufwendungen für Fahrzeuge	123.510
./. Aufwendungen für Baustellen- und Betriebsausstattung	67.013
./. Diverse betriebliche Aufwendungen	171.079
./. Steuern (Gewerbesteuer)	44.624
./. Abschreibungen	195.807
+ Zinsen und ähnliche Erträge inkl. Lieferantenskonti	2.450
= Betriebsergebnis	**528.688**
./. Sonstige und außerordentliche Aufwendungen	28.653
+ Sonstige und außerordentliche Erträge	30.120
= Jahresüberschuss/Jahresfehlbetrag	**530.155**
Betriebsergebnis	528.688
./. Kalkulatorischer Unternehmerlohn	124.675
= Betriebswirtschaftliches Ergebnis aus Bauleistung	**404.013**

Tabelle 1.33 Bilanz-Rating (modellhafte Bewertung)

Nr.	Kennzahl	Gewichtung in %	IST-Werte	1	2	3	4	5	6	7	8	9	10
1	Anlagenintensität = (Anlagevermögen/ Bilanzsumme) x 100	10	32,45 %	>0	>15	>20	>25	>30	>35	>40	>45	>50	>60
2	Eigenkapitalquote = (wirtschaftliches Eigenkapital/ Bilanzsumme) x 100	20	26,06 %	>30	>25	>20	>15	>11	>8	>6	>4	>2	<2
3	Anlagendeckung (Deckungsgrad 1) = (wirtschaftliches Eigenkapital/ Anlagevermögen) x 100	10	80,32 %	>120	>110	>100	>95	>90	>85	>80	>75	>70	≤70
4	Anlagendeckung (Deckungsgrad 2) = (wirtschaftliches Eigenkapital + langfristiges Fremdkapital)/ Anlagevermögen x 100	10	128,96 %	>130	>120	>110	>95	>90	>85	>80	>75	>70	≤70
5	Liquiditätsgrad = ((flüssige Mittel + kurzfristige Forderungen)/kurzfristige Verbindlichkeiten) x 100	20	118,37 %	>140	>130	>120	>110	>100	>90	>80	>70	>60	<60
6	Eigenkapitalrentabilität = (betriebswirtschaftliches Ergebnis aus Bauleistung/ wirtschaftliches Eigenkapital) x 100	20	62,3 %	>90	>80	>70	>60	>50	>40	>30	>20	>10	<10
7	Cashflow-Verschuldungsrate = (Cashflow/Fremdkapital) x 100	10	33,23 %	>80	>70	>60	>50	>40	>30	>25	>20	>15	>10
		Summe = 100											
	Bilanz-Rating-Ergebnis		**4,00**										

Tabelle 1.34 Management-Rating (modellhafte Bewertung)

Nr.	Kriterium	Gewichtung in %	IST-Wert	1	2	3	4	5	6	7	8	9	10
1	Organisation der Führungsspitze	20	Entscheidungs- und Unterschriftskompetenzen des Geschäftsführers sind nicht festgelegt. Einige sind zum Teil mündlich bekannt.										
2	Mitarbeiterauslastung	20	Die Mitarbeiter sind zu 140 % ausgelastet. Überstundenabbau findet kaum statt.										
3	Unternehmensziele und -strategie	10	Ziel ist es, möglichst viel Gewinn zu erwirtschaften. Die Strategie liegt darin, Kunden aus dem akademischen Mittelbau zu gewinnen. Mittelfristig soll der Bauhof abgeschafft werden.										
4	QM-System	10	QM-System befindet sich im Aufbau. Zertifizierung ist für Mai 2005 geplant.										
5	Liquiditätsplanung und -steuerung	10	Erfolgt mit dem Steuerberater einmal in sechs Monaten. Die Planung ist nicht dokumentiert.										
6	Personalaufbau	10	40 % der Belegschaft sind bis 30 Jahre alt. Es gibt 5 % Poliere im Unternehmen. Der Frauenanteil beträgt 50 %.										
7	Soll-Ist-Vergleiche	5	Kürzlich wurde eine Baustellen- und Unternehmenscontrolling-Software eingekauft. Der zuständige Mitarbeiter ist jedoch zur Zeit im Krankenhaus.										
8	Kontoführung	5	Die Kreditlinie wurde in den letzten 3 Monaten 10 Mal überschritten. Die Überschreitung wurde mit dem Bankberater abgestimmt.										
9	Einreichung der Steuerbilanz	5	Steuerbilanz wird meistens 10 Monate nach dem jeweiligen Geschäftsjahr der Bank übergeben. Zwischendurch telefonieren Bank und Steuerberater.										
10	Nachfolgeregelung	5	Der Geschäftsführer ist 55 Jahre alt. Die Nachfolge soll geplant werden. Interessenten gibt es nicht. Der Geschäftsführer hat zwei Söhne.										
		Summe = 100											
	Management-Rating		**4,65**										

Tabelle 1.35 Gewichtungsverhältnis Bilanz zu Management

Bilanz-Rating	1	2	3	4	5	6	7	8	9	10
Gewichtung Bilanz zu Management	70 zu 30	70 zu 30	60 zu 40	60 zu 40	50 zu 50	50 zu 50	40 zu 60	40 zu 60	30 zu 70	30 zu 70

Tabelle 1.36 Personal- u. Sachkosten, Gewinnmarge

Rating-Klasse	1	2	3	4	5	6	7	8	9	10
Personal- und Sachkosten	0,2	0,21	0,22	0,23	0,24	0,25	0,26	0,27	0,28	0,29
Gewinnmarge der Bank in %	1,5	1,6	1,7	1,8	1,9	2	2,05	2,1	2,15	2,2

Tabelle 1.37 Ratingklasse und Ausfallwahrscheinlichkeit

Nr.	Rating-klasse	Merkmale	Ausfallrate in %
1	AAA	**beste Qualität, geringstes Ausfallrisiko**	0,02
2	AA	hohe Bonität	0,04
3	A	**angemessene Deckung von Zins und Tilgung**	0,10
4	A -	Elemente, die sich bei einer Veränderung des wirtschaftlichen Umfeldes negativ auswirken können	0,23
5	BBB	angemessene Deckung von Zins und Tilgung, aber auch spekulative Charakteristika	0,50
6	BB	mäßige Deckung von Zins und Tilgung	1,10
7	B	geringe Sicherung von Zins und Tilgung	2,60
8	B -	sehr geringe Sicherung von Zins und Tilgung	6,00
9	CCC	niedrige Qualität, geringster Anlegerschutz	13,50
10	CC	akute Gefahr eines Zahlungsverzuges	20,00
11	C	mehr als 90 Tage Zahlungsverzug	100,00
12	C -	Ertragswertberichtigung (EWB)	100,00
13	DDD	Zinsfreistellung	100,00
14	DD	Insolvenz	100,00
15	D	zwangsweise Abwicklung/Ausfall	100,00

Lieferantenkredit

Dem Lieferanten- oder auch Auftragnehmerkredit liegt ein Auftragsverhältnis zwischen einem Auftraggeber und einem Auftragnehmer zu Grunde. Er entsteht dadurch, dass der Auftragnehmer dem Auftraggeber eine bestimmte Zahlungsfrist einräumt, im Allgemeinen zwischen 10 und 30 Kalendertagen. Dabei ist zu beachten, dass der Schuldner einer Entgeltforderung nach dem Gesetz zur Beschleunigung fälliger Zahlungen gemäß § 286 Abs. 3 BGB spätestens in Verzug kommt, wenn er nicht innerhalb von 30 Kalendertagen nach Zugang und Fälligkeit einer Rechnung oder gleichwertigen Zahlungsaufstellung leistet. Der Verzugszinssatz beträgt gemäß § 288 Abs. 1 Satz 2 BGB 5 % p. a. über dem Basiszinssatz nach § 247 BGB (vom 01.01. bis 30.06.2004 1,14 %). Der Lieferantenkredit ist im Vergleich zu einem Bankkredit vorteilhaft, da er formlos, ohne Kreditwürdigkeitsprüfung und ohne Sicherheitsleistung gewährt wird. Dabei ist zu beachten, dass die Nichtausnutzung eines vom Lieferanten gewährten Skontos extrem teuer ist. 3 % Skonto bei Zahlung innerhalb von 10 Tagen anstatt von 30 Tagen ergeben einen Jahreszinssatz von 3 % x 360 / (30 – 10) = 54 %.

Tabelle 1.38 Unternehmensrating und Kreditzinsberechnung

Kreditvolumen in €			8.500.000
Sicherheiten in €			300.000
Laufzeit in Jahren			10
Tilgung jährlich in €			850.000
Bilanz-Rating			4,00
Management-Rating			4,65
Gewichtung Bilanz/Management			60 zu 40
Gesamtrating-Ergebnis			4,26
Berechnung des Kreditzinses in % p. a.			
Personal- und Sachkosten			**0,24**
Gewinnmarge			**1,90**
Refinanzierungskosten der Bank			**4,25**
Risikoprämie			**0,29**
Ausfallrate	0,30		
0,30 x 8.200.000 =		2.460.000	
2.460.000 / 8.500.000 =			0,29
Eigenkapitalverzinsung			**0,33**
Risikogewicht		100 %	
100 % x 8 % von 8.200.000 =	656.000		
4,25 % von 656.000 =	27.880		
27.880 / 8.500.000	0,33 %		
Kreditzins			**7,01**

Kundenkredit

Kundenkredite sind Vorauszahlungen bzw. Anzahlungen von Kunden bereits vor endgültiger Leistungserfüllung. Der Kunde zahlt entweder bei Bestellung oder bei Leistungsbeginn einen Teil des Vertragspreises. Damit kann das Unternehmen einen Teil der Vorfinanzierung aus der Zeitdifferenz zwischen Leistungserbringung und Zahlungseingang und die daraus entstehenden Zinskosten auf den Kunden überwälzen, da solche Vorauszahlungen teilweise zinslos – in Abhängigkeit von der Stärke der Marktstellung des Unternehmens und seiner Auftraggeber – zur Verfügung gestellt werden. Sofern Vorauszahlungen den kurzfristig benötigten Kapitalbedarf für die Leistungserbringung übersteigen, können sie befristet angelegt werden und dadurch einen Zinsertrag abwerfen.

Kontokorrentkredit

Kontokorrentkredite gelten als klassische kurzfristige Kreditfinanzierung durch Banken (Laufzeit bis zu 12 Monaten). Sie sind jedoch der Höhe nach durch eine Kontokorrentkreditlinie je nach Bonität des Kreditnehmers begrenzt. Der Kontokorrentkredit eignet sich deshalb besonders bei sich wiederholendem, aber in seiner Höhe wechselndem Kapitalbedarf. Mit einem Durchschnittszinssatz von ca. 4 % über der Spitzenrefinanzierungsfazilität (SRF) der Europäischen Zentralbank (3,0 % p. a. seit dem 06.06.2003) ist er relativ teuer. Kapitalentnahmen über die Kreditlinie hinaus werden mit weit höheren Zinsen belegt. Eine mit der Bank unabgestimmte und häufige Kreditlinienüberschreitung hat auch einen stark negativen Einfluss auf das Unternehmensrating und somit auf die Ausgestaltung (z. B. Kreditzinshöhe) zukünftiger Kredite.

Bei Kontokorrentkrediten handelt es sich i. d. R. um Blankokredite, d. h. sie werden ohne Sicherheiten gewährt, die im Insolvenzfall herangezogen werden können.

Darlehen

Das Darlehen stellt die Grundform der langfristigen Fremdfinanzierung dar (Laufzeit über 12 Monate). Der Darlehensvertrag wird durch die §§ 488–498 BGB geregelt. Gemäß § 488 Abs. 1 BGB wird der Darlehensgeber durch den Darlehensvertrag verpflichtet, dem Darlehensnehmer einen Geldbetrag in der vereinbarten Höhe zur Verfügung zu stellen. Der Darlehensnehmer ist verpflichtet, einen geschuldeten Zins zu zahlen und bei Fälligkeit das zur Verfügung gestellte Darlehen zurückzuerstatten. Darlehensgeber sind primär Kreditinstitute. Im Darlehensvertrag sind u. a. gemäß § 492 Abs. 1 Nr. 7 BGB zu bestellende Sicherheiten anzugeben (z. B. Wertpapiere, Grundstücke). Je nach Zweck, Sicherheiten und Häufigkeit der Inanspruchnahme werden verschiedene Formen des Bankdarlehens unterschieden.

Beim *Zinsdarlehen* (auch endfälliges Darlehen) wird die Kreditsumme am Ende der Kreditlaufzeit vollständig getilgt. Während der Laufzeit bleibt der zu zahlende Zinsbetrag i. d. R. konstant, sofern er nicht an die Schwankungen des Kapitalmarktzinses gekoppelt wird.

Beim *Ratendarlehen* (auch Abzahlungsdarlehen) bleibt der Tilgungsbetrag über die Laufzeit konstant. Der Zinsbetrag verringert sich linear durch die Reduzierung der Restschuld. Der jährliche Kapitaldienst (Zins und Tilgung) nimmt kontinuierlich ab.

Beim *Annuitätendarlehen* sind Zins und Tilgung so abgestimmt, dass der jährliche Kapitaldienst konstant bleibt. Mit zunehmender Laufzeit des Darlehens nehmen der Tilgungsbetrag zu und der Zinsbetrag ab.

Bei einem *partiarischen Darlehen* wird dem Kapitalgeber neben einer Verzinsung auch ein Anteil am Geschäftsgewinn oder eine Gewinnbeteiligung mit garantiertem Mindestgewinn zugesprochen.

Vom partiarischen Darlehen ist die *stille Gesellschaft* nach den §§ 230–237 HGB zu unterscheiden. Der stille Gesellschafter beteiligt sich an einem Unternehmen mit einer Vermögenseinlage ohne Stimmrecht. Gemäß § 231 Abs. 2 HGB kann im Gesellschaftsvertrag bestimmt werden, dass der stille Gesellschafter nicht am Verlust beteiligt sein soll; seine Beteiligung am Gewinn kann nicht ausgeschlossen werden.

Realkredit (Hypothekarkredit)

Ein Realkredit ist ein durch Grundpfandrecht gesichertes, langfristiges Darlehen. Grundpfandrechte nach BGB sind die Hypothek, die Grund- und die Rentenschuld. Die *Hypothek* (§§ 1113–1190 BGB) hat streng akzessorischen Charakter und ist deshalb vom Bestand einer persönlichen, konkreten Geldforderung abhängig. Nach § 1113 Abs. 1 BGB kann ein Grundstück in der Weise belastet werden, dass an denjenigen, zu dessen Gunsten die Belastung erfolgt (Hypothekengläubiger), eine bestimmte Geldsumme zur Befriedigung wegen einer ihm zustehenden Forderung aus dem Grundstück zu zahlen ist.

Die *Grundschuld* (§§ 1191–1198 BGB) setzt keine persönliche, konkrete Geldforderung des Gläubigers voraus und eignet sich als abstraktes Sicherungsmittel in besonderer Weise zur dinglichen Sicherung von Krediten. Sie bleibt im Gegensatz zur Hypothek als Sicherheit erhalten, auch wenn der Kredit vorübergehend, teilweise oder auch vollständig zurückbezahlt wird. Die maximale Kredithöhe hängt vom Beleihungswert des bebauten oder unbebauten Grundstückes und von der Beleihungsgrenze ab. Die Beleihungsgrenze liegt i. d. R. bei 60 % des Beleihungswertes. Gemäß § 12 Abs. 1 Hypothekenbankgesetz (HBG) darf der bei der Beleihung angenommene Wert des Grundstücks den durch sorgfältige Ermittlung festgestellten Verkaufswert nicht übersteigen. „Bei der Feststellung dieses Wertes sind nur die dauernden Eigenschaften des Grundstücks und der Ertrag zu berücksichtigen, welchen das Grundstück bei ordnungsmäßiger Wirtschaft jedem Besitzer nachhaltig gewähren kann."

Eine Grundschuld kann auch als *Rentenschuld* (§§ 1199–1203 BGB) in der Weise bestellt werden, dass in regelmäßig wiederkehrenden Terminen eine bestimmte Geldsumme aus dem Grundstück zu zahlen ist.

Schuldverschreibung (Anleihen, Obligationen)

Eine Schuldverschreibung ist ein i. d. R. fest verzinsliches Wertpapier, mit dem ein Schuldner dem Gläubiger eine bestimmte Leistung verspricht. Unter Anleihen bzw. Obligationen werden langfristige Schuldverschreibungen zur Aufnahme von Großkrediten verstanden. Die Anleihe wird durch Einschaltung von Banken an Kreditgeber platziert und nach ihrer Emission am Effektenmarkt gehandelt. Dabei wird der meist hohe Gesamtbetrag in standardisierte Teilbeträge (Teilschuldverschreibungen) aufgeteilt. Der Anleiheschuldner verpflichtet sich, dem Inhaber einer Obligation (Obligationär) den auf dem Titel eingetragenen Geldbetrag zu schulden, darauf einen Zins zu bezahlen (meist jährlich) und den Geldbetrag nach Ablauf einer festgesetzten Frist oder nach vorausgegangener Kündigung in Übereinstimmung mit den Anleihebedingungen zurückzuzahlen. Die Höhe des Zinssatzes ist abhängig von der Bonität des Schuldners, der Laufzeit der Obligation und den Kapitalmarktverhältnissen im Zeitpunkt der Emission einer Anleihe. Er ist entweder für die ganze Laufzeit fest oder wird an den jeweiligen Zinsterminen neu festgesetzt. Der Vorteil einer Anleihe besteht darin, dass aufgrund der Aufteilung eines großen Kapitalbetrages in viele kleine Teilschuldverschreibungen auch kleinere Kapitalbeträge verschiedenartiger Kapitalanleger zur langfristigen Finanzierung herangezogen werden können. Sonderformen der Schuldverschreibungen sind Wandelschuldverschreibungen und Optionsschuldverschreibungen.

Factoring

Factoring bedeutet den Ankauf von Forderungen aus Waren oder Dienstleistungen mit einem Zahlungsziel von max. 90 bis 120 Tagen durch eine Factoringgesellschaft (Factor). Der Factor übernimmt i. d. R. auch die Verwaltung des Forderungsbestandes des Verkäufers. Dieser erhält einen Vorschuss von ca. 80 bis 90 % der Forderung. Der Einbehalt wird nach Abzug der Zwischenfinanzierungszinsen ausgezahlt, wenn die Forderung seitens des Schuldners eingezahlt wird. Mit dem

Abkauf der Forderungen übernimmt der Factor (Finanzinstitut) die Überwachung der Zahlungseingänge, das Forderungsmanagement und ggf. auch das Forderungsausfallrisiko.

Bei einem *offenen Factoring* ist es für den Kunden ersichtlich, dass der Unternehmer die Forderungen an einen Factor abgetreten hat. Bei einem *stillen oder verdeckten Factoring* bleibt dem Kunden die Abtretung der Forderungen verborgen. Beim echten Factoring trägt der Factor das Bonitätsrisiko des Schuldners und damit das Kreditrisiko, beim unechten Factoring verbleibt dieses beim Unternehmer. Der Hauptvorteil des Factoring besteht in der schnellen Umwandlung von Forderungen des Unternehmers in liquide Mittel durch Zahlungen des Factors (Bank).

Leasing

Leasing bedeutet gewerbsmäßige Vermietung von Anlagegegenständen durch Leasinggeber (Finanzierungsinstitut) an den Leasingnehmer. Im Leasingvertrag werden gleichbleibende periodische Mietzahlungen des Leasingnehmers an den Leasinggeber vereinbart. Es entspricht daher einer 100 %igen Fremdfinanzierung. Der Leasingnehmer zahlt die Leasingraten anstelle von Zins und Tilgung, wobei die in der Leasingrate enthaltene Tilgung auch zum Betriebsaufwand zählt, und bei Vertragsabschluss eine Leasinggebühr.

Nach der Art des Leasingobjektes ist beim Investitionsgüterleasing zwischen Equipment-Leasing (bewegliche Sachen) und Immobilien-Leasing zu unterscheiden.

Im Hinblick auf die Dauer des Leasingvertrages unterscheidet man zwischen Operating-Leasing und Financial-Leasing. Beim *Operating-Leasing* erwirbt der Leasingnehmer ein kurzfristiges, i. d. R. jederzeit kündbares Nutzungsrecht an einem Mietobjekt. Der Leasinggeber trägt das Investitionsrisiko, da dem Leasingnehmer ein vertragliches Kündigungsrecht eingeräumt wird. Damit können Planungs- und Bauunternehmen bei steigender Nachfrage ihre Anlagenkapazitäten mittelfristig erhöhen, ohne dauerhaft Kapital binden zu müssen.

Beim *Financial-Leasing* wird zwischen Leasinggeber und Leasingnehmer eine langfristige Nutzung z. B. von Gebäuden vereinbart. Der Leasingnehmer trägt das Investitionsrisiko im Hinblick auf die Instandhaltung und den zufälligen Untergang des Mietobjekts. Das Zinsänderungsrisiko liegt beim Leasinggeber.

Nach dem Kriterium des Rückzahlungsumfanges existieren Voll- oder Teilamortisationsverträge. Bei der Vollamortisation werden während der Leasingperiode durch die in den Leasingraten enthaltenen Tilgungsbeiträge die Anschaffungs- oder Herstellkosten, die Beschaffungs-, Vertriebs- und Finanzierungskosten, die Steuern sowie ein angemessener Gewinn vollständig amortisiert. Bei der Teilamortisation wird das Leasingobjekt während der unkündbaren Leasingdauer nur teilweise amortisiert. Am Ende der Laufzeit hat der Leasingnehmer die Möglichkeit, das Leasingobjekt zum Restwert zu erwerben, zu einer stark reduzierten Leasingrate weiter anzumieten oder aber an den Leasinggeber zurückzugeben. Leasing bietet als Finanzierungsalternative folgende Vorteile:

- Leasing vermeidet eine Belastung der Liquidität zum Investitionszeitpunkt und erfordert keine Bereitstellung von Sicherheiten.
- Die monatlichen Leasingraten stellen in vollem Umfang (d. h. inkl. des Tilgungsanteils) Betriebsaufwand dar.

- Die Leasingraten werden i. d. R. für die gesamte Grundmietzeit fest vereinbart und bilden daher eine klare Kalkulationsgrundlage.
- Leasing bietet im Gegensatz zu starren Tilgungsregeln bei Krediten die Möglichkeit, Investitionskosten nutzungskongruent zu tilgen; es trägt damit den betriebsindividuellen und objektbezogenen Gegebenheiten Rechnung.
- Die Alternativen eines Leasing-Vertrages am Ende der Grundmietzeit (Erwerb zum Restwert, weitere Anmietung mit reduzierter Leasingrate oder Rückgabe des Leasingobjektes) erleichtern den Entschluss für Modernisierungsinvestitionen.

Eine Sonderform des Leasing stellt das *Sale-and-lease-back*-Verfahren dar. Bei diesem Verfahren befindet sich das gerade erstellte oder bereits vorhandene Objekt zunächst im Eigentum des Leasingnehmers. Dieser verkauft das Objekt an eine Leasinggesellschaft und mietet es anschließend von dieser an. Vorteile sind die vollständige Fremdfinanzierung und damit die Schaffung von Liquidität in Höhe des Eigenkapitalanteils und die Liquidation des Objektbuchwertes aus dem Anlagevermögen der Bilanz. Dieser Bilanzeffekt wirkt sich jedoch nachteilig auf den geringeren Sicherheitsrahmen für Bankkredite aus. Ferner achten Leasinggeber stets auf die Drittverwendungsfähigkeit ihrer Leasingobjekte.

In die Prüfung und Bewertung der Finanzierungsalternative Leasing sind stets auch die Geschäftskosten und Gewinnmargen des Leasinggebers sowie die steuerlichen Aspekte einzubeziehen.

Sicherheiten

Bei der Gewährung von Krediten werden vom Kreditgeber i. d. R. Sicherheiten verlangt. Grundsätzlich ist zwischen persönlichen Sicherheiten und Realsicherheiten zu unterschieden. Zu beachten ist ferner bei Werkverträgen der Sicherheitseinbehalt des Auftraggebers, der auch bei Planer- und Bauverträgen regelmäßig geltend gemacht wird.

Persönliche Sicherheiten

Als persönliche Sicherheit kommen vor allem die Bürgschaft und die Patronatserklärung in Betracht.

Für die Vereinbarung einer *Bürgschaft* gelten die §§ 765–778 BGB. Durch einen Bürgschaftsvertrag verpflichtet sich der Bürge gemäß § 765 Abs. 1 BGB gegenüber dem Gläubiger eines Dritten (dem Kreditgeber eines Kreditnehmers), für die Erfüllung der Verbindlichkeiten des Dritten einzustehen. Bei der *selbstschuldnerischen Bürgschaft* verzichtet er auf die Einrede der Vorausklage, d. h. der Bürge kann in Anspruch genommen werden, ohne dass die Zahlungsunfähigkeit des Hauptschuldners feststehen muss (§ 773 Abs. 1 Nr. 1 BGB).

Durch Übernahme einer *Ausfallbürgschaft* verpflichtet sich der Bürge, dem Gläubiger nur für den Fall eines endgültigen Ausfalls einzustehen. Der Gläubiger kann den Ausfallbürgen erst dann in Anspruch nehmen, wenn er die Zwangsvollstreckung in die beweglichen Sachen des Hauptschuldners versucht hat (§ 772 Abs. 1 BGB).

Bei Bankbürgschaften spricht man i. d. R. von Avalen bzw. Avalkrediten. Hier bürgt eine Bank einem Dritten gegenüber dafür, dass ihr Kunde seine Schulden bezahlen wird. Die Avalprovision beträgt üblicherweise zwischen 0,5 und 1,0 % der Bürgschaftssumme. Avalkredite werden auf den ausnutzbaren Kreditrahmen des Avalkreditnehmers angerechnet, der sich aus der Differenz zwischen der von der Bank vorgegebenen Kreditlinie und den vom Kreditnehmer bereits in Anspruch genommenen Krediten ergibt, und vermindern somit den verfügbaren Kreditspielraum.

Patronatserklärungen sind Zusagen einer (Mutter-)Gesellschaft gegenüber den Kreditgebern von Tochtergesellschaften. Sie stärken deren Kreditwürdigkeit, weil die Muttergesellschaft z. B. erklärt,

- die Tochtergesellschaft bei der Begleichung von Verbindlichkeiten zu unterstützen,
- den Unternehmensvertrag (das Konzernverhältnis) mit der Tochtergesellschaft während der Kreditdauer nicht abzuändern oder
- eine bestimmte Kapitalversorgung der Tochtergesellschaft sicherzustellen.

Realsicherheiten

Realsicherheiten entstehen durch *Pfandrechte*. Pfandrechte sind zur Sicherung einer Forderung des Pfandgläubigers bestellte dingliche Rechte. Der Pfandgläubiger ist berechtigt, sich durch Verwertung des Pfands aus dem Erlös zu befriedigen. Es ist zu unterscheiden zwischen Grundpfandrechten (Hypotheken, Grundschulden und Rentenschulden) gemäß den §§ 1113–1203 BGB, dem Pfandrecht an beweglichen Sachen gemäß den §§ 1204–1258 BGB und dem Pfandrecht an Rechten nach den §§ 1273–1296 BGB.

Für die Belastung eines bebauten oder unbebauten Grundstücks mit einem Pfandrecht eignet sich die *Hypothek* oder die *Grundschuld*. Sie werden in das bei den Amtsgerichten geführte Grundbuch eingetragen und dienen zur Absicherung langfristiger Kredite, häufig von Bauprojekten. Die Kreditgeber – Banken, Sparkassen sowie Bausparkassen und Versicherungen – erhalten damit das Recht, das Grundstück versteigern zu lassen, wenn die Zinsen oder die Tilgung für das Darlehen (Realkredit) nicht fristgerecht gezahlt werden. Anstelle einer Versteigerung können die Kreditgeber das Grundstück auch unter Zwangsverwaltung stellen, um die Miet- oder Pachtzinsen zu vereinnahmen. Zu unterscheiden ist zwischen Hypotheken und Grundschulden ersten, zweiten und evtl. dritten Ranges. Der Rang bestimmt die Reihenfolge, in der die Gläubiger bei einer Zwangsversteigerung am Erlös beteiligt werden. Während die Realkreditinstitute i. d. R. nur erstrangig gesicherte Darlehen gewähren, begnügen sich Geschäftsbanken, Sparkassen und Bausparkassen oft mit einer zweit- und ggf. drittrangigen Eintragung der Grundschuld.

Die *Hypothek* ist akzessorisch, d. h. sie setzt zwingend eine schuldrechtlich bedingte und genau festgelegte Darlehensforderung voraus. Gemäß § 1153 Abs. 2 BGB kann die Forderung nicht ohne die Hypothek und die Hypothek nicht ohne die Forderung übertragen werden.

Die *Grundschuld* ist dagegen nicht von einer bestehenden Kreditforderung abhängig. Sie wird daher wegen der größeren Beweglichkeit bei der Absicherung von Bankkrediten bevorzugt. Allerdings muss mit der Bestellung der Grundschuld geklärt werden, welcher Kreis von Forderungen abgesichert und welche Bedingungen für die Geltendmachung vorausgesetzt werden. Diese Regelungen werden in einem Sicherungsvertrag niedergeschrieben.

Nach der einwandfreien Rückzahlung der Verbindlichkeiten wird die Hypothek zu einer Eigentümergrundschuld und kann für andere Verbindlichkeiten genutzt werden. Die Grundschuld hingegen bleibt eine Fremdgrundschuld, bis der Sicherungsgeber (Eigentümer) die Löschung beantragt.

Eine *Rentenschuld* entsteht gemäß § 1199 Abs. 1 BGB dadurch, dass eine Grundschuld in der Weise bestellt wird, dass in regelmäßig wiederkehrenden Terminen eine bestimmte Geldsumme aus dem Grundstück zu zahlen ist. Gemäß Abs. 2 muss bei der Bestellung der Rentenschuld der Betrag bestimmt werden, durch dessen Zahlung die Rentenschuld abgelöst werden kann. Die Ablösungssumme muss im Grundbuch angegeben werden. Gemäß § 1203 BGB kann eine Rentenschuld in eine gewöhnliche Grundschuld und eine gewöhnliche Grundschuld in eine Rentenschuld umgewandelt werden.

In Einzelfällen kann auch eine Sicherung eines Kredites zur Unternehmensfinanzierung durch ein Pfandrecht an beweglichen Sachen (z. B. einen Straßendeckenfertiger) nach den §§ 1204 ff BGB oder durch ein Pfandrecht an Rechten (z. B. einer Forderung) nach den §§ 1273 ff BGB gesichert werden.

Eine bauauftragstypische Form der Hypothek ist die *Sicherungshypothek des Bauunternehmers* gemäß § 648 BGB. Nach Abs. 1 kann der „Unternehmer eines Bauwerks oder eines einzelnen Teiles eines Bauwerks für seine Forderungen aus dem Vertrag die Einräumung einer Sicherungshypothek an dem Baugrundstück des Bestellers verlangen".

Alternativ kann der Unternehmer für seine Vergütungsansprüche eine *Bauhandwerkersicherung* nach § 648a BGB dadurch verlangen, dass er dem Auftraggeber „zur Leistung der Sicherheit eine angemessene Frist mit der Erklärung bestimmt, dass er nach dem Ablauf der Frist seine Leistung verweigere". Sicherheit kann bis zur Höhe des voraussichtlichen Vergütungsanspruchs, wie er sich aus dem Vertrag oder einem nachträglichen Zusatzauftrag ergibt, sowie wegen Nebenforderungen verlangt werden. Die Nebenforderungen sind mit 10 v. H. des zu sichernden Vergütungsanspruchs anzusetzen. Die Geltendmachung der Bauhandwerkersicherungshypothek ist nur gegenüber gewerblichen Auftraggebern, nicht aber gegenüber öffentlichen Auftraggebern und natürlichen Personen möglich (§ 648a Abs. 6 BGB). In der Praxis werden sowohl die Sicherungshypothek als auch die Bauhandwerkersicherung selten vereinbart, da das Fordern derartiger Sicherheiten von den Auftraggebern als Misstrauensbeweis verstanden wird.

Sicherheitseinbehalt des Auftraggebers

Ein Sicherheitseinbehalt des Auftraggebers dient dazu, die vertragsgemäße Ausführung der Leistung und die Gewährleistung sicherzustellen. Der Sicherheitseinbehalt wird dadurch vorgenommen, dass Zahlungen auf Grund von Abschlagsrechnungen des Auftragnehmers vom Auftraggeber um einen bestimmten, meist prozentualen Abschlag gekürzt werden. Die rechtliche Grundlage bilden § 17 VOB/B in Verbindung mit den §§ 232–240 BGB. Gemäß § 17 Nr. 6 Abs. 1 VOB/A darf der Auftraggeber die Zahlung um höchstens 10 v. H. kürzen, bis die vereinbarte Sicherheitssumme erreicht ist. Den jeweils einbehaltenen Betrag hat er dem Auftragnehmer mitzuteilen und binnen 18 Werktagen nach dieser Mitteilung auf ein Sperrkonto bei dem vereinbarten Geldinstitut einzuzahlen. Etwaige Zinsen stehen dem Auftragnehmer zu. Gemäß § 14 Nr. 2 VOB/A soll der Sicherheitseinbehalt für die Vertragserfüllung 5 v. H. der Auftragssumme und für die Gewährleistung 3 v. H. der Abrechnungssumme nicht überschreiten.

1.8.4 Finanzplanung und Insolvenzvermeidung

Zum Finanzwesen einer Unternehmung gehört der gesamte Komplex, der mit Einnahmen/Ausgaben, Forderungen/Verbindlichkeiten, Kreditlinien und verfügbaren Zahlungsmitteln zu tun hat. Es ist wichtig, über alle finanziellen Vorgänge der Finanzplanung, -kontrolle und -steuerung eine exakte Berichterstattung aufzubauen, die für den Planungszeitraum von mindestens einem und besser drei bis fünf Jahren stets die Zahlungsfähigkeit des Unternehmens und damit die Liquidität sichert.

1.8.4.1 Finanzplanung

Grundlage der Finanzplanung ist der Wirtschafts- bzw. Liquiditätsplan für die Planungsperiode. Er enthält die voraussichtlichen (Soll) und tatsächlichen (Ist) Einnahmen aus laufenden und erwarteten künftigen Aufträgen sowie die voraussichtlichen (Soll) und tatsächlichen (Ist) Ausgaben aus den betrieblichen Leistungserstellungsprozessen und aus der Aufrechterhaltung der dafür notwendigen Betriebsbereitschaft inklusive erforderlicher Ersatz- und Neuinvestitionen. Aus der zeitlichen Gegenüberstellung von Einnahmen und Ausgaben zeigt sich die Möglichkeit zur Rückzahlung vorhandener Kredite oder die Notwendigkeit zur Aufnahme neuer Kredite. Die Finanzplanung muss nicht nur die Liquidität des Unternehmens sichern, sondern auch die Finanzierungsstrukturen und deren Auswirkungen auf die Bilanz aufzeigen.

Die Sicherung der Liquidität ist durch eine systematische Erfassung möglichst aller liquiditätswirksamen Geschäftsvorfälle der jeweiligen Prognoseperiode und ihrer Kontrolle durch die Analyse von Soll-/Ist-Abweichungen vorzunehmen. Wegen der steigenden Unsicherheit der Prognosen mit zunehmender Länge der Betrachtungsperiode empfiehlt sich die Erstellung von Liquiditätsplänen in Form von rollierenden Wochen-, Monats-, Quartals- und Jahresplänen, die jeweils mit einem konstanten Prognosehorizont von einem Jahr fortgeschrieben werden (vgl. *Tabelle 1.39*). Der sich daraus ergebende Jahresfinanzplan ist mindestens quartalsweise zu aktualisieren.

Aus dem Liquiditätsplan sind dann jeweils ablesbar:

- Zahlungsmittelbestand am Anfang des Betrachtungszeitraums
- voraussichtliche Einzahlungen
- voraussichtliche Auszahlungen
- Saldo aus laufenden Operationen, Investitions- und Finanzierungsvorgängen
- Zahlungsmittelbestand am Ende des Betrachtungszeitraumes

Durch Analyse der Soll-/Ist-Abweichungen früherer Liquiditätspläne lassen sich künftige Prognosewerte präzisieren, auch unter Einbeziehung saisonaler Schwankungen. Bei sich andeutenden Liquiditätsengpässen müssen liquiditätsbildende Maßnahmen durch Beschleunigung und Erhöhung von Einzahlungen sowie Streckung und Senkung von Auszahlungen eingeleitet werden (*Tabelle 1.40*).

In größeren Unternehmen ist es notwendig, einen täglichen Status über die Einnahmen und Ausgaben des Unternehmens und des sich daraus ergebenden Liquiditätsstandes zu erstellen.

Tabelle 1.39 Beispiel einer Wirtschafts- bzw. Liquiditätsplanstruktur

	Januar		Februar	März
1. Zahlungsmittelanfangsbestand (Überschuss/ Fehlbetrag)	1	2	3	4
2. Cashflow aus laufenden Operationen				
+ Einzahlungen auf:				
Schluss- und Abschlagsrechnungen				
An- und Vorauszahlungen				
Arbeitsgemeinschaften				
Sonstige Forderungen				
./. Auszahlungen für:				
Personal				
Material				
Nachunternehmer				
Arbeitsgemeinschaften				
Steuern				
Sonstige Verbindlichkeiten				
Saldo I				
3. Cashflow aus Investitionsvorgängen				
+ Einzahlungen aus:				
Desinvestitionen				
Finanzanlagen + sonstige Beteiligungen				
./. Auszahlungen für:				
Investitionen				
Finanzanlagen + sonstige Beteiligungen				
Saldo II				
4. Cashflow aus Finanzierungsvorgängen				
+ Einzahlungen durch:				
Beteiligungsfinanzierung				
Kreditfinanzierung				
./. Auszahlungen für:				
Entnahmen und Dividenden				
Kredittilgung und Zinsen				
Saldo III				
5. Zahlungsmittelendbestand (Überschuss/Fehlbetrag)				

Tabelle 1.40 Liquiditätsbildende Maßnahmen

Einzahlungsseite	Auszahlungsseite
Maßnahmen zur Beschleunigung von Einzahlungen:	**Maßnahmen zur Streckung von Auszahlungen:**
Anstreben von Anzahlungen	Ausschöpfen der Abnahmefristen bei
Zeitnahe Leistungsermittlung und	Nachunternehmern
-dokumentation	Sicherheitseinbehalte bei Nachunternehmern
Zügige Rechnungsstellung	Verhandlungen über Verlängerung von
Verkürzung der Prüfzeiträume durch übersichtli-	Lieferantenzielen
che Rechnungen	Verzögerung von Lieferantenzahlungen
Einsatz von Factoring zur Minimierung des Forde-	Begleichung von Lieferantenrechnungen im
rungsbestandes	Wechselverfahren
Controlling der Einzahlungen	Verzögerung von Lohn- und Gehalts-
Einsatz eines professionellen Mahnwesens	zahlungen
Berechnung von Verzugszinsen und	Kurzfristiges Unterlassen von Instandhaltung
-schäden	Verhandlungen über Steuerstundung
Ersatz von Sicherheitseinbehalten durch Bank-	Verhandlungen über Kreditstundung
bürgschaften	
Maßnahmen zur Erhöhung des Einzahlungsvolumens:	**Maßnahmen zur Senkung des Auszahlungsvolumens:**
Kreditfinanzierung	Reduktion der fixen Kosten durch
Beteiligungsfinanzierung	Desinvestitionen
Effizientes Cash-Management	Personalabbau
Desinvestitionen	Reduktion der Privatentnahmen/Dividenden
	Umfinanzierung in längerfristige Kredite

Die Überwachung ausstehender Forderungen ist auftragsorientiert nach Kunden (Debitoren) vorzunehmen. Dabei sind die verschiedenen Zahlungsarten zu unterscheiden. Die *Vorauszahlung* nach § 16 Nr. 2 VOB/B ist eine Vergütung für noch nicht erbrachte Leistungen. Sie wird u. a. vom Auftraggeber gewährt, wenn für die vereinbarten Leistungen hohe Vorlaufkosten aus Materialbeschaffungen und -anfertigungen entstehen, bevor die eigentliche Montage vor Ort vorgenommen werden kann. Die *Abschlagszahlung* nach § 16 Nr. 1 VOB/B ist eine Vergütung für erbrachte, aber noch nicht abgenommene Teilleistungen. Mit der Bekanntmachung des BGB vom 02.01.2002 (BGBl I S. 42) wurden Abschlagszahlungen mit dem § 632a auch in das BGB aufgenommen. Die Fälligkeit der *Schlussrechnung* nach § 14 Nr. 3 VOB/B setzt gemäß § 641 Abs. 1 BGB die erfolgreiche rechtsgeschäftliche Abnahme der vertraglichen Leistungen voraus. Die Zahlungsfrist für die Schlusszahlung richtet sich nach § 16 Nr. 3 Abs. 1 VOB/B (spätestens innerhalb von 2 Monaten nach Zugang). Durch vertragliche Vereinbarung der Geltung der VOB/B vor dem BGB wird ein Konflikt mit der Verzugsregelung nach § 286 Abs. 3 BGB (Verzug 30 Tage nach Zugang und Fälligkeit einer Rechnung) vermieden. *Teilschlusszahlungen* sind Vergütungen für abgenommene Teilleistungen (§ 16 Nr. 4 VOB/B).

Diese Zahlungsarten und damit verbundenen Zahlungsmodalitäten müssen vertraglich vereinbart und während der Projektlaufzeit durch das Forderungsmanagement vollzogen werden. Durch monatliche Zahlungskontrollblätter und Außenstandsübersichten mit Höhe und Dauer der Außenstände, Kosten, Leistung, Ergebnis und Cashflow werden die notwendigen Informationen für die Kontrolle und Steuerung der Liquiditätspläne geliefert.

Ein Unternehmen muss täglich in der Lage sein, die Bankbestände und Forderungen sowie die Verbindlichkeiten gegenüber Banken und Lieferanten durch Überwachung des Zahlungsverkehrs darzustellen. Ferner müssen die gewährten und erhaltenen Sicherheiten sowie die damit verbundenen Kosten dargelegt und die Finanzierungsspielräume bis zur Ausschöpfung der Kreditlinien dargelegt werden. Noch verbleibende Sicherheiten sind auf ihre Werthaltigkeit zu überprüfen.

Auswertungshilfsmittel zur Finanzplanung ist die Finanzbewegungsrechnung, die nicht nur die Mittelherkunft und -verwendung aufzeigt, sondern auch unterscheidet sowohl in lang-, mittel- und kurzfristige Finanzmittel als auch in Innenfinanzierung und Außenfinanzierung.

Kapitalstruktur

Sobald das Unternehmen den für den güterwirtschaftlichen Prozess notwendigen Kapitalbedarf aus der Finanzplanung ermittelt hat, geht es in der nächsten Phase um die Bestimmung der Kapitalart, die zur Deckung dieses Kapitalbedarfs herangezogen werden soll. Bei der optimalen Vermögens- und Kapitalstruktur geht es um das Verhältnis zwischen Fremd- und Eigenkapital, die Bestimmung der konkreten Kapitalformen sowie die Verwendung dieses Kapitals zur Bildung von Vermögenswerten. Kapitalentscheidungen und damit die Gestaltung der Kapitalstruktur haben sich an den Unternehmenszielen auszurichten. Dies sind im Rahmen der Finanzplanung vor allem die Erzielung von Gewinnen, die Sicherung der Liquidität sowie die langfristige Existenzsicherung des Unternehmens. Jedes Unternehmen hat daher seinen Kapitalbedarf derart zu decken, dass

- durch die finanzwirtschaftlichen Entscheidungen die Gewinnerzielung unterstützt wird (Rentabilität),
- es jederzeit seinen finanziellen Verpflichtungen betragsgenau nachkommen kann (Liquidität) und
- das Unternehmensvermögen ausreicht, die Ansprüche der Fremd- und Eigenkapitalgeber zu erfüllen (Sicherheit).

Solange die Gesamtkapitalrentabilität höher ist als der Fremdkapitalzinssatz, kann durch eine Erhöhung des Fremdkapitals eine höhere Eigenkapitalrentabilität erzielt werden (Leverage-Effekt). Allerdings wird in der Praxis das Ausmaß der Kreditwürdigkeit sehr stark von der Höhe des Eigenkapitals beeinflusst.

Liquiditätsprobleme können in der Praxis u. a. dann auftreten, wenn

- die notwendigen finanziellen Mittel nicht beschafft werden können,
- die Finanzplanung die Einzahlungs- und Auszahlungsströme falsch prognostiziert hat oder
- die Finanzkontrolle unterlassen hat, rechtzeitig Fehlbeträge festzustellen und Maßnahmen zu ergreifen, um diese Lücken zu schließen.

Daraus wird deutlich, dass einer sorgfältigen Ermittlung des Kapitalbedarfs und seiner Deckung unter Berücksichtigung des unternehmerischen Risikos (Unsicherheit) im Rahmen der Finanzplanung und -kontrolle eine hohe Bedeutung zukommt.

Finanzierungsregeln

Für die Finanzplanung, -analyse und -prognose haben sich im Zusammenhang mit den Finanzierungszielen der Unabhängigkeit und Sicherheit Finanzierungsregeln herausgebildet, deren Einhaltung durch Bilanzkennziffern auf Basis horizontaler und vertikaler Kapitalstrukturregeln zu überprüfen ist.

Zu den *horizontalen Kapitalstrukturregeln* gehören die „Goldene Finanzierungsregel" und die „Goldene Bilanzregel". Die *„Goldene Finanzierungsregel"* verlangt, dass sich die Fristen zwischen Kapitalbeschaffung und -rückzahlung einerseits und Kapitalverwendung zur Finanzierung von Investitionen andererseits entsprechen.

Die *„Goldene Bilanzregel"* fordert ebenfalls in Anwendung der Fristenkongruenzregel die Deckung des Anlagevermögens durch die Summe aus Eigen- und langfristigem Fremdkapital.

Obwohl diese beiden horizontalen Kapitalstrukturregeln die Sicherung der Liquidität allein nicht gewährleisten, stützen Fremdkapitalgeber ihre Bonitätsprüfung u. a. auf die Analyse dieser Kennziffern im Perioden- oder Branchenvergleich.

Die *vertikale Kapitalstrukturregel* bezieht sich auf das Verhältnis von Eigen- zu Fremdkapital, um den Verschuldungsgrad zu messen. Kennzahlen sind die Eigenkapitalquote (Eigenkapital / Gesamtkapital) und der Verschuldungskoeffizient (Fremdkapital / Eigenkapital). Der früher geforderte Verschuldungskoeffizient von < 2:1 (FK / EK) ist aufgrund des Wachstums und der mangelnden Eigenfinanzierungsmöglichkeiten in allen Unternehmen auf etwa 3:1 angewachsen und liegt für Bauunternehmen bei > 7,3:1 (2000). Die Bilanzstrukturkennzahlen deutscher Unternehmen im produzierenden Gewerbe, Handel und Verkehr, darunter im Baugewerbe im Jahr 2000 liefern dazu weiter gehende Orientierung für die Investitions- und Finanzplanung (*Tabelle 1.41*).

Tabelle 1.41 Bilanzstrukturkennzahlen deutscher Unternehmen im produzierenden Gewerbe, Handel und Verkehr im Jahr 2000 (Quelle: Deutsche Bundesbank, 2003, S. 124ff.)

		alle Unternehmen		darunter Baugewerbe
AKTIVA		in % der Bilanzsumme		
Sachanlagen		23,5		14,7
Vorräte		16,0		41,8
Kassenmittel		3,5		7,6
Forderungen (wertberichtigt)		32,5		27,2
kurzfristige	29,9		25,4	
langfristige	2,6		1,7	
Wertpapiere		4,9		2,7
Beteiligungen		19,5		5,5
Nachrichtlich: Umsatz		144,1		90,2
PASSIVA		in % der Bilanzsumme		
Eigenmittel (berichtigt)		25,3		12,0
Verbindlichkeiten		48,4		72,4
kurzfristige	38,4		64,5	
langfristige	10,0		7,8	
Rückstellungen		25,7		15,4
darunter Pensionsrückst.	11,0		3,6	
Nachrichtlich: Jahresergebnis		3,6		0,2

1.8.4.2 Insolvenzvermeidung

Die Zahl der Unternehmensinsolvenzen (eröffnete und mangels Masse abgelehnte Insolvenzverfahren zuzüglich eröffneter Vergleichsverfahren abzüglich Anschlussinsolvenzen) ist von 1995 mit 28.785 Fällen bis 2002 mit 37.579 Fällen um 30,6 % bzw. jährlich um knapp 4 % gestiegen. Die Vergleichszahlen im Baugewerbe waren 5.542 Fälle in 1995 und 9.160 Fälle in 2002. Dies bedeutet eine Steigerung um 65,3 % bzw. jährlich um etwa 7,5 %. Dabei haben kleine Unternehmen mit einem Jahresumsatz von bis zu 1 Mio. € einen Anteil von etwa 50 % an der Anzahl aller Insolvenzen.

Trotz dieser hohen Ausfälle stieg jedoch im gleichen Zeitraum die Zahl der Unternehmen. Im Bauhauptgewerbe gab es 1995 bereits 71.853 Betriebe, davon 40.663 mit 1 bis 9 Beschäftigten, in 2002 jedoch 78.526 Betriebe (+6,3 %) bzw. 55.889 (+37,4 %), d. h. Insolvenzen lösen gerade im Bauhauptgewerbe zahlreiche Neugründungen mit 1 bis 9 Beschäftigten aus. Die Zahl der im Bauhauptgewerbe Beschäftigten sank jedoch im Zeitraum von 1995 bis 2002 von 1.433.600 auf 895.800 (–37,5 % bzw.–4,5 % p. a.) und zum 31.03.2004 weiter auf 820.000.

Erfolgreiche Insolvenzvermeidung muss daher in besonderem Maße die spezifischen Gegebenheiten in kleinen und mittelständischen Unternehmen (KMU) berücksichtigen. Es gilt daher, Erfolgsfaktoren zu finden, die den Führungskräften ermöglichen, möglichst frühzeitig unternehmensgefährdende Entwicklungen zu erkennen und zu beseitigen.

Durch Einführung der Insolvenzordnung (InsO) am 01.01.1999 wurde das Insolvenzrecht reformiert, um Maßnahmen gegen die Massearmut zu ergreifen, da möglichst viele Verfahren eröffnet und geordnet abgewickelt oder außergerichtliche Sanierungen eingeleitet werden sollen. Ferner soll die Autonomie der Gläubiger gestärkt und die Verteilungsgerechtigkeit erhöht werden. Weiterhin wird eine spezielle Verbraucherinsolvenz geregelt und eine Restschuldbefreiung ermöglicht.

Die wesentlichen Neuerungen der InsO zur Erreichung dieser Zielsetzung sind u. a.:

- Insolvenzfähigkeit der Gesellschaft ohne Rechtspersönlichkeit (OHG, KG, GbR) (§ 11 InsO)
- drohende Zahlungsunfähigkeit als neuer Eröffnungsgrund (§ 18 Abs. 1 InsO)
- Anmeldung der Forderungen der Gläubiger bei dem vom Insolvenzgericht eingesetzten Insolvenzverwalter, nicht beim Gericht (§ 28 InsO)
- Einführung eines Gerichtstermins zur Erörterung der wirtschaftlichen Lage des Schuldners und der Möglichkeiten zum Fortbestand des Unternehmens (§ 29 InsO)
- Einführung eines Insolvenzplans zur Erhöhung der Flexibilität und Wirtschaftlichkeit bei der Abwicklung von Insolvenzverfahren (§§ 217–269 InsO)
- Einführung einer Verbraucherinsolvenz (§§ 304–314 InsO) und
- Restschuldbefreiung für natürliche Personen (§§ 286–303 InsO).

Die Eröffnungsvoraussetzungen und das Eröffnungsverfahren selbst regeln die §§ 11–34 InsO. Beteiligte am Verfahren sind die Schuldner, gegen die sich das Verfahren richtet, die Gläubiger, das Insolvenzgericht sowie der Insolvenzverwalter.

Das Insolvenzverfahren wird nur auf Antrag eröffnet. Neben dem Schuldner ist jeder Gläubiger berechtigt, den Antrag auf Eröffnung des Insolvenzverfahrens zu stellen (§ 13 Abs. 1 InsO).

Bei einer Analyse der Insolvenzursachen ist durch Vergleich von Forschungsergebnissen ist immer wieder festzustellen, dass vorrangig interne, von den Unternehmen selbst zu steuernde Faktoren die Insolvenz verursachen und in 80 % der Fälle ausschlaggebend für eine Unternehmenskrise sind. Vorrangige interne Insolvenzursachen sind:

- Qualifikationsmängel in der Unternehmensführung
- unzureichendes Unternehmens- und Auftragscontrolling
- zu geringe Eigenkapitalausstattung und mangelhafte Finanzierung
- unzureichende Arbeitsvorbereitung und Ablauforganisation und unzureichendes Personalmanagement
- zu geringe Kundenorientierung und fehlendes Marketing
- unzulängliche Nachfolgeregelungen

Externe Ursachen, die nur in 20 % der Fälle zu Insolvenzen führen, sind vor allem:

- Forderungsausfälle und schlechte Zahlungsmoral der Auftraggeber
- Änderung des Nachfrageverhaltens der Kunden und dadurch bedingter Strukturwandel
- das Entscheidungsverhalten von Banken

Der Krisenverlauf eines Unternehmens kann in 4 Phasen eingeteilt werden.

- Die *strategische Krise* ist nur schwer zu diagnostizieren. Die Kundenorientierung verschlechtert sich. Die Qualifikation der Mitarbeiter hält nicht Schritt mit derjenigen der Konkurrenz. Das Know-how und die technische Ausstattung veralten.

- In der *Rentabilitätskrise* sind erste Gewinnrückgänge zu verzeichnen. Die Liquidität ist jedoch noch ausreichend.
- Die Schieflage des Unternehmens wird von der Geschäftsleitung häufig erst in der *Ertragskrise* erkannt, wobei Verluste häufig noch nicht aufgedeckt werden. Die Geschäftspartner sind noch unwissend.
- In der *Liquiditätskrise* werden die Auskünfte von Banken und Auskunfteien schlechter. Das Zahlungsverhalten der Kunden verschlechtert sich, Bankkredite werden nicht mehr gewährt. Das Unternehmen kann seinen Zahlungsverpflichtungen nicht mehr fristgerecht und betragsgenau nachkommen.

Durch Insolvenzprophylaxe sind rechtzeitig vorbeugende Maßnahmen einzuleiten, um drohende Unternehmenskrisen bzw. Insolvenzen zu vermeiden. Quantitative Warnsignale sind Kennzahlen, mit denen die Situation des Unternehmens beschrieben werden kann und für deren Beurteilung Vergleichsmaßstäbe vorhanden sind.

Kennzahlen früherer Perioden führen zu einem Zeitreihenvergleich, durch den das dynamische Betriebsgeschehen und Entwicklungstendenzen verdeutlicht werden können. Durch den Soll-/Ist-Vergleich werden aktuelle Kennzahlen mit Soll-Vorgaben verglichen. Aus den Abweichungen sind die Notwendigkeit und der Umfang erforderlicher Anpassungsmaßnahmen abzuleiten.

Der Betriebsvergleich mit den Kennzahlen ähnlich strukturierter Betriebe der gleichen Branche ermöglicht die Erkennung eigener Schwachstellen und besserer Markteinschätzung. Aus dem Betriebsvergleich sind durch das Benchmarking Verbesserungsprozesse und -methoden zu entdecken, nachzuvollziehen und in geeigneter Weise im Unternehmen zu implementieren.

Qualitative Warnsignale deuten ebenfalls auf eine Krise hin, sind jedoch weitaus schwieriger zu erkennen als quantitative Warnsignale. Der Unternehmer muss ein „Gespür" dafür entwickeln, solche Warnsignale, die auf interne und externe Probleme schließen lassen, frühzeitig zu erkennen.

Die Beobachtung der Konkurrenz trägt dazu bei, neue Trends in diesen Unternehmen frühzeitig zu erkennen und Auskünfte über die Geschäftsfähigkeit, die Auftragsstruktur und den Kundenstamm zu erhalten.

Durch Beobachtung der Bonität und des Zahlungsverhaltens der Kunden können frühzeitig Schwierigkeiten erkannt und Forderungsausfälle vermieden werden. Die in *Abb. 1.84* dargestellte Früherkennungstreppe des Bundesministeriums für Wirtschaft bietet eine Hilfestellung, interne Schwächen frühzeitig zu erkennen. Das BMWA empfiehlt:

„Wenn Sie in den Bereichen 1 bis 3 ‚nein' sagen müssen, ist das Thema wichtig, aber Sie haben noch genügend Zeit zu überlegen und zu handeln.

Wenn Sie in den Bereichen 4 bis 6 ‚nein' sagen müssen, ist das Thema sehr wichtig. Sie müssen rasch handeln und Verbesserungen durchführen.

Wenn Sie bereits in den Bereichen 7 bis 9 ‚nein' sagen müssen, ist das Thema äußerst kritisch. Der Fortbestand Ihres Unternehmens ist gefährdet!"

Erfolgsfaktoren zur Insolvenzprophylaxe sind darauf ausgerichtet, durch kontinuierliche, strategische, taktische und operative Verbesserungsprozesse (KVP) interne Insolvenzursachen zu vermeiden und externe Insolvenzrisiken so weit wie möglich zu reduzieren. *Abb. 1.85* zeigt die mögliche Beeinflussung von Insolvenzursachen durch unternehmerische Erfolgsfaktoren.

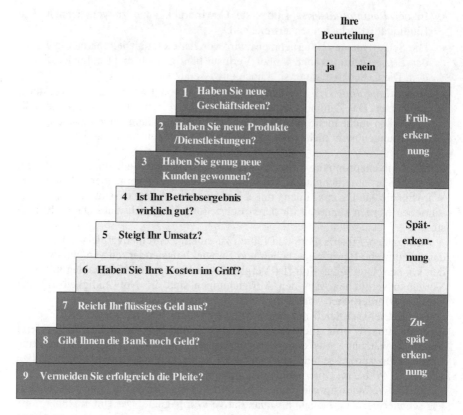

Abb. 1.84 Früherkennungstreppe (Quelle: BMWi, 1998, S. 7)

Insolvenzursachen / Erfolgsfaktoren	intern								extern				
	Unternehmensführung	Controlling	Eigenkapital	Finanzierungsstruktur	Finanzierungsquellen	Rechnungswesen Kalkulation	Marketing	Nachfolgeregelungen	Strukturwandel	Veränderte Nachfrage	Zahlungsmoral	Forderungsausfälle	Entscheidungsverhalten von Banken
Unternehmensführung verbessern	X												X
Controllingsystem verbessern		X				X							
Eigenkapital erhöhen			X			X						X	X
Betriebsgerechte Finanzierung			X	X		X							X
Kreditwürdigkeit erhalten				X	X								X
Forderungsmanagement Liquiditätsplanung		X		X	X						X	X	X
Marketingsystem installieren/ verbessern							X		X	X			
Nachfolge regeln	X							X		X			
Personalmanagement verbessern	X	X	X	X	X	X	X	X		X		X	

Abb. 1.85 Beeinflussung von Insolvenzursachen durch Erfolgsfaktoren

1.9 Schwarzarbeit und Korruption in der Bauwirtschaft – Ursachen, Wirkungen und Maßnahmen zur Eindämmung

1.9.1 Einleitung

Schwarzarbeit wächst international rapide an. Sie hat hohe Auswirkungen auf Beschäftigung und Arbeitslosigkeit, insbesondere in der Bauwirtschaft. Die dadurch bewirkten Probleme für die legale Beschäftigung werden verschärft durch illegale Maßnahmen zur Einschränkung des Wettbewerbs, die Korruption.

Ziel dieses Beitrags ist es, für diese beiden Phänomene zunächst allgemein und dann bezogen auf die Bauwirtschaft Begriffe und z. T. auch Messmethoden zu definieren, für die Schwarzarbeit deren Umfang und die bisherige Entwicklung aufzuzeigen sowie für beide Phänomene Ursachen, Kennzeichen und Erscheinungsformen zu verdeutlichen, die Wirkungen auf die Volkswirtschaft und die Branche Bau bewusst zu machen sowie Maßnahmen zur Eindämmung und entgegenstehende Widerstände aufzuzeigen.

1.9.2 Schwarzarbeit

Durch Schwarzarbeit werden unstrittig eine Zunahme der Arbeitslosigkeit, eine steigende Staatsverschuldung und Defizite der Sozialversicherungsträger ausgelöst. Die Abwanderung in den „Untergrund" wird als Reaktion der Bürger auf nicht mehr akzeptierte staatliche Eingriffe gewertet u. a. durch die Steuer- und Abgabenlast, die Regulierungsdichte und Arbeitszeitvorschriften, von denen sie sich zu sehr belastet und eingeschränkt fühlen (Schneider, 2003). Substanzielle Reformen zur Verringerung der Anreize zur Schwarzarbeit sind in Deutschland durchaus zu erkennen durch den vom 18.02.2004 vom Bundeskabinett verabschiedeten Entwurf für ein „Gesetz zur Intensivierung der Bekämpfung der Schwarzarbeit und damit zusammenhängend der Steuerhinterziehung" (vgl. Ziff. 1.3.1). Für Politiker ist es im Interesse der Stimmenmaximierung für die Wiederwahl problematisch, eine Bekämpfung der Schwarzarbeit in Wahlveranstaltungen lautstark zu fordern und gelegentlich auch öffentlichkeitswirksam Razzien auf Großbaustellen zu veranstalten, dabei jedoch ernsthaft und nachhaltig die Chancen zur Einkommensvermehrung ihrer potentiellen Wähler nicht zu gefährden. Dabei verkennen sie, dass die zunehmende Missachtung von Gesetzen und Vorschriften einen systemimmanenten Verstärkungsprozess auslöst, der bis zur Funktionsuntüchtigkeit der Demokratie und der staatlichen Einrichtungen führen kann.

1.9.2.1 Definition und Messung

Schneider (2003) unterscheidet zwischen erwerbswirtschaftlicher (Schattenwirtschaft i. e. S.) und bedarfswirtschaftlicher Schwarzarbeit (Selbstversorgungswirtschaft). Nachfolgend wird nur die erwerbswirtschaftliche Schattenwirtschaft i. e. S. betrachtet mit Leistungen, die dem statistisch erfassten Sozialprodukt hinzuzurechnen wären, aber wegen der Hinterziehung von Steuern und Sozialabgaben, wegen der Umgehung von Mindeststandards im Arbeitsmarkt (u. a. Mindestlöhne, Arbeitszeitbegrenzung, Arbeitssicherheits- und Gesundheitsschutzbestimmungen) oder wegen krimineller Handlungen (z. B. Drogen- und Waffenhandel, Korruption) oder illegalen Gewerbes (z. B. Menschenhandel, Zuhälterei, Hehlerei,

Geldwäsche) verheimlicht werden. Die erbrachten Güter und Dienstleistungen tragen zur Wertschöpfung bei, werden jedoch im Bruttoinlandsprodukt nicht erfasst.

Gemäß Definition des Bundesministeriums für Wirtschaft und Arbeit zählt zur Schwarzarbeit eine Vielzahl von Tätigkeiten, von kleinen Handwerksleistungen nach Feierabend bis hin zu organisierter hauptberuflicher illegaler Erwerbstätigkeit unter Umgehung des Steuer-, Sozialversicherungs-, Wettbewerbs- und des Handwerksrechts sowie die illegale Arbeitnehmerüberlassung und Ausländerbeschäftigung.

Zum Begriff der Schwarzarbeit nach dem geltenden Gesetz zur Bekämpfung der Schwarzarbeit und der Höhe der Geldbußen gemäß §§ 1 und 2 SchwArbG wird auf die Ausführungen unter Ziff. 1.3.1 verwiesen.

Unternehmen, die gegen das SchwArbG verstoßen, können gemäß § 5 von öffentlichen Aufträgen bis zu einer Dauer von 3 Jahren ausgeschlossen werden. Die Ableistung von Schwarzarbeit kann zur außerordentlichen Kündigung bestehender Arbeitsverhältnisse führen. Die Durchsetzung von Vergütungen für Schwarzarbeit ist erschwert. In der Regel haftet der Schwarzarbeiter nicht für Mängel an seiner Leistung und für Gewährleistungsverpflichtungen. Nach dem Gesetzentwurf zur Eindämmung der Schwarzarbeit, der vom Bundeskabinett am 18.02.2004 beschlossen wurde, soll illegale Beschäftigung künftig in den meisten Fällen nicht mehr als Ordnungswidrigkeit, sondern als Straftat gelten. Dabei sollen nach wie vor Gefälligkeiten, Verwandtschafts- und Angehörigenhilfe vollständig aus dem Bereich der Schwarzarbeit herausgenommen werden. Angestrebt wird ferner, die Anmeldung von Putzhilfen bei der Minijob-Zentrale weiter zu vereinfachen. Über einen „Haushaltscheck" soll der häusliche Arbeitgeber die Putzfrau bei der Minijob-Zentrale anmelden, die die pauschale Steuer- und Beitragspflicht, ggf. auch zur gesetzlichen Unfallversicherung, berechnet und die geringen Abgaben abbucht.

1.9.2.2 Umfang und Entwicklung

Grundsätzlich werden drei Methoden zur Erfassung des Umfangs der Schwarzarbeit unterschieden:

* direkte Methoden der Befragung auf der Mikroebene, z. B. zur Steuerhinterziehung,
* indirekte Methoden durch Beobachtung von Indikatoren der volkswirtschaftlichen Gesamtrechnung auf der Makroebene, z. B. des Bargeldumlaufs, und
* Modellansätze über statistische Schätzverfahren.

Bei dem indirekten Verfahren des Bargeldansatzes wird die zur Erwirtschaftung des statistisch erfassten Sozialprodukts erforderliche Bargeldmenge mit dem tatsächlichen Bargeldumlauf verglichen. Aus der Differenz wird die Wertschöpfung in der Schattenwirtschaft errechnet unter der plausiblen Annahme, dass Schwarzarbeit gegen Bargeld geleistet wird.

Nach Schneider (2003) umfasste die Schwarzarbeit in Deutschland im Jahr 2003 mit mehr als 370 Mrd. € einen Anteil von 17,5 % des BIP von 2.110 Mrd. € gegenüber 12,2 % im Jahre 1990. Dabei wird unterstellt, dass Schwarzarbeit Bruttowertschöpfung darstellt, d. h. keine Vorleistungen beinhaltet. Im Vergleich mit dem Wirtschaftswachstum in 2003 gegenüber 2002 von –0,1 % nahm die Schwarzarbeit um 5,7 % zu (*Abb. 1.86*).

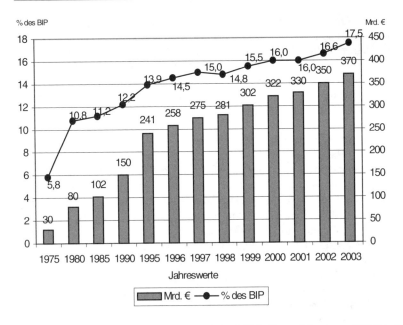

Abb. 1.86 Anteil der Schwarzarbeit in % des BIP in Deutschland von 1975 bis 2003 – berechnet über den Bargeldansatz (Quelle: Schneider, 2003)

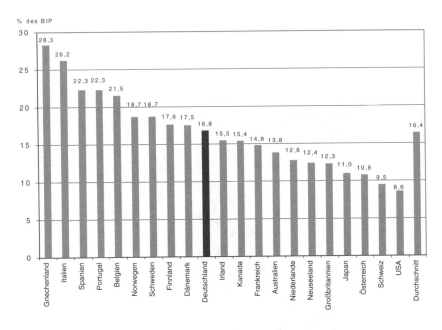

Abb. 1.87 Anteil der Schwarzarbeit in % des BIP in 21 OECD-Staaten, 2002/2003 – berechnet über den Bargeldansatz (Quelle: Schneider, 2003)

Im internationalen Vergleich von 21 OECD-Staaten schwankt der Anteil der Schwarzarbeit zwischen 8,6 % in den USA und 28,3 % in Griechenland (2002/2003). Deutschland belegt mit 17,0 % des BIP den 10. Platz (*Abb. 1.87*).

Die skandinavischen Länder Schweden, Norwegen und Dänemark, die bis vor wenigen Jahren noch als „Wohlfahrtsstaaten" bezeichnet wurden, zählen aufgrund ihrer hohen Steuer- und Abgabenlast zur Spitzengruppe. Die Höhe der Schwarzarbeitsquote ist stets auch ein Gradmesser für die Geringschätzung der staatlichen Autorität.

Vor allem in der Bauwirtschaft spielt Schwarzarbeit eine besonders negative Rolle. Obwohl das Baugewerbe nur ca. 4,5 % (2002) zur Bruttowertschöpfung in Deutschland beiträgt, entfallen allein ca. 38 % auf diesen Gewerbezweig (*Abb. 1.88*), verteilt auf Bau- und Handwerksarbeiten inkl. Reparaturen. Dies sind ca. 140 Mrd. € und damit 56 % des vom Deutschen Institut für Wirtschaftsforschung (DIW) berechneten offiziellen Bauvolumens von 251 Mrd. € (Baustat. Jahrbuch 2003, S. 5 und 91), das gemäß Definition auch „Eigenleistungen ... der privaten Haushalte beim Wohnungsbau (einschließlich ‚Schwarzarbeit')" enthält.

In dem Leistungsvolumen der Schwarzarbeit am Bau von geschätzt 140 Mrd. € ist ein Anteil von mehr als 10 % in der offiziellen Statistik des Bauvolumens von 251 Mrd. € enthalten, erfasst unter „Sonstige Bauleistungen", für 2002 angegeben mit 25,6 Mrd. €. Wird unterstellt, dass davon 2/3 Schwarzarbeit sind, so kommt man auf eine statistisch erfasste Größe von 12,2 % von 140 Mrd. €.

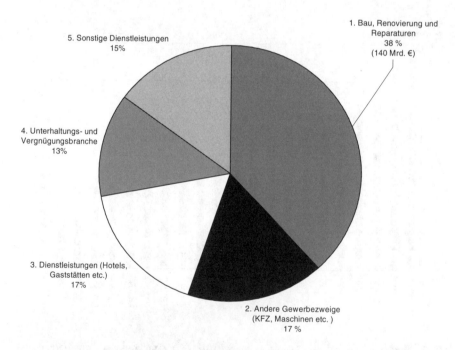

Abb. 1.88 Verteilung der Schwarzarbeit in Deutschland auf Gewerbezweige (Quelle: Schneider, 2003)

Beachtet man gleichzeitig, dass das Bauhauptgewerbe von 1995 bis 2003 mehr als 40 % seiner Beschäftigten (über 550.000) einbüßte und die Zahl der Insolvenzen mit über 9.000 (2002) etwa 25 % aller Insolvenzen ausmachte (Baustat. Jahrbuch 2003, S. 98), dann werden Ausmaß und Tragweite der illegalen Beschäftigung für das Baugewerbe deutlich.

Im Deutschen Baugewerbe waren 2002 insgesamt 2,75 Mio. Personen beschäftigt (Baustat. Jahrbuch 2003, S. 70). Aus dem Anteil der Schwarzarbeit von 140 Mrd. € in der Bauwirtschaft und einem Bauvolumen von 251 Mrd. € ergibt sich eine Anzahl von 140 / 251 x 2,75 = 1,5 Mio. in Schwarzarbeit oder „nebenberuflich" Ganztagsbeschäftigten in der Bauwirtschaft. Diese Zahl wird noch größer, wenn das Bauvolumen um die darin bereits enthaltene Schwarzarbeit von 12,2 % gekürzt wird.

Überträgt man diesen Rechenansatz auf die Gesamtwirtschaft, so ergibt sich aus dem Anteil der Schwarzarbeit von 17,5 % des BIP von 2.110 Mrd. € und der Zahl der Erwerbstätigen von ca. 38 Mio. eine Anzahl von 6,65 Mio. in Schwarzarbeit oder „nebenberuflich" Ganztagsbeschäftigten. Auch diese Zahl wird noch größer, wenn das BIP um die darin bereits enthaltene Schwarzarbeit gekürzt wird.

Aus dem Verhältnis von 1,5 Mio. Schwarzarbeitern in der Bauwirtschaft und 6,65 Mio. Schwarzarbeitern insgesamt ergibt sich ein Anteil der Schwarzarbeit am Bau von „nur" 22,6 % gegenüber den Angaben von Schneider (2003) von 38 %. Diese Differenz ist nur durch die höhere Wertschöpfung der Schwarzarbeiterstunden am Bau gegenüber den Schwarzarbeitern in den anderen Wirtschaftsbereichen zu erklären.

In einer Repräsentationsumfrage von Schneider (2003) im April 2001 antworteten 23 % der Befragten, selbst schwarz zu arbeiten, und 43 %, selbst Dienste von Schwarzarbeitern genutzt zu haben.

Die Verkürzung der Wochen- und Lebensarbeitszeiten senkt die Arbeitslosenquote nur geringfügig, fördert aber im Gegenzug die Schwarzarbeit. Viele Beschäftigte wollen gern länger arbeiten. Wer dies „im Licht" nicht mehr darf, oder durch Insolvenz nicht mehr kann, wandert „in den Schatten" ab und arbeitet schwarz.

1.9.2.3 Ursachen

Die wesentlichen Ursachen für das ständige weitere Ansteigen der Schwarzarbeit bestehen in (Schneider, 2003):

* der hohen Steuer- und Abgabenbelastung und der anhaltenden Verunsicherung durch die Steuer- und Sozialversicherungsgesetzgebung,
* dem Einstellungs- und Wertewandel der Steuerzahler/Wähler und dem Wissen, dass es Nachbarn, Freunde und Bekannte auch tun,
* der Verkürzung der offiziellen Arbeitszeit und der dennoch steigenden Arbeitslosigkeit sowie
* der zunehmenden Regulierung des Arbeitsmarktes.

Als Ergebnis einer Befragung werden die in *Abb. 1.89* genannten Gründe für die Beauftragung von Schwarzarbeit in Deutschland angeführt.

Die eindeutige Hauptursache für Schwarzarbeit sehen die meisten Bürger in der hohen Steuer- und Abgabenlast, die den Preis für reguläre Arbeit so verteuert, dass sie eine Privatperson kaum bezahlen kann. Ein Maler arbeitet legal für 42 €/Std. und schwarz für 9 bis 17 €/Std. Aus diesen Gründen stellen die Privathaushalte

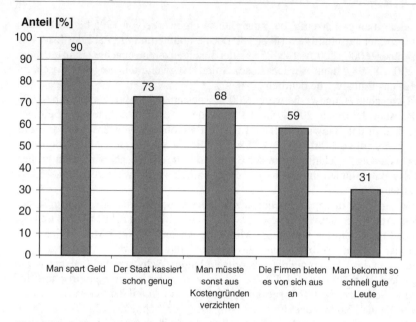

Abb. 1.89 Gründe zur Beauftragung von Schwarzarbeit in Deutschland (Quelle: Schneider, 2003)

den größten Auftraggeber der Schattenwirtschaft dar. Die Beitragszahler und die Steuerbemessungsbasis werden durch das Ausweichen in die Schattenwirtschaft reduziert, so dass in der Folge die Beitrags- und Steuersätze weiter erhöht bzw. nicht gesenkt werden, wiederum mit der Folge, dass die Attraktivität der Abwanderung in die Schattenwirtschaft weiter steigt. Es kommt zu einer „Abwahl der geltenden Wirtschaftsordnung" bis hin zur Staatskrise.

Anstelle eines Systems, das Leistungsanreize stärkt, führen gesetzgeberische und staatliche Reglementierungen zu einer zunehmenden Vermehrung der Schattenwirtschaft. Dazu zählt auch die erst 2004 gestoppte Reduzierung der Wochenarbeitszeit durch Vereinbarungen der Tarifvertragsparteien, die weiteren Spielraum für Schwarzarbeit eröffnete. Daher nahm die Schwarzarbeit bei sinkender Wochenarbeitszeit zu. In Wolfsburg, dem Stammsitz von VW, wurde nach Einführung der 30-Stunden-Woche ein deutlicher Rückgang des offiziellen Handwerkerumsatzes festgestellt.

Neben dem Preisvorteil überzeugt Schwarzarbeit vielfach auch durch bessere Qualität. Nach einer Umfrage der BHW Bausparkasse AG, Hameln, zeigten sich 30 % aller Befragten überzeugt, dass Schwarzarbeiter besser arbeiten als legal bezahlte Handwerker (Focus, 06.04.1998). Hinzu kämen die höhere Zuverlässigkeit und die flexiblere Handhabung. Es wird nicht nur während der normalen Arbeitszeit, sondern auch abends sowie samstags und sonntags gemauert, geputzt, gezimmert und gemalert. Zusätzlich wird häufig ein „Komplettpaket" verschiedene Leistungen und Gewerke aus einer Hand angeboten. Diese Vielseitigkeit gewinnt zunehmend an Bedeutung. Es ist angenehmer, einen Ansprechpartner für alle auszuführenden Arbeiten zu haben als mit jedem einzelnen Handwerker inhaltliche, terminliche und finanzielle Vereinbarungen zu treffen. An diesen Kritikpunkten können die Bauunternehmen ansetzen und im Rahmen ihrer eigenen

Möglichkeiten Abhilfe schaffen. Durch die Reform der Handwerksordnung vom 24.12.2003 (BGBl I S. 2933 f) wurde der Meisterzwang von 94 auf 41 Handwerke reduziert, im Baubereich um 5 (Fliesen-, Betonstein-, Estrich-, Parkett- und Rolladenarbeiten) von 21. Die Badmodernisierung oder ähnlicher Leistungen aus einer Hand ist damit nach wie vor nur durch besondere Vertragskonstellationen, z. B. Handwerkerkooperationen, zu erreichen.

Die Gründe für zunehmende Schwarzarbeit sind neben persönlichen und ökonomischen Motiven auch in abnehmendem Unrechtsbewusstsein und individuellen Wertvorstellungen zu sehen. Die Unterordnung zum Wohl der Gemeinschaft verliert immer mehr an Akzeptanz. Statt dessen gewinnt die Selbstentfaltung immer mehr an Bedeutung. Ziele wie Selbstbestimmung und Sinnerfüllung lassen sich besser außerhalb des staatlich reglementierten Wirtschaftssystems erfüllen. Der Einzelne ist umso eher bereit schwarz zu arbeiten, je mehr Menschen ihm persönlich als Schwarzarbeiter bekannt sind. Er erhält dadurch zunehmend das Gefühl, dass er „dumm" sei, wenn er sein Einkommen korrekt versteuere, während sich andere dieser Verpflichtung entziehen. Der Bund der Steuerzahler gibt an, dass Schwarzarbeit von 90 % der deutschen Bevölkerung als Kavaliersdelikt angesehen werde (Brockhaus, 1998, S. 248).

1.9.2.4 Wirkungen

Die Wirkungen der Schwarzarbeit auf Nachfrage und Beschäftigung der offiziellen Wirtschaftszweige sind sowohl negativ als auch positiv. Einerseits wird den offiziellen Anbietern durch Schwarzarbeit umso mehr Nachfrage entzogen, je größer das Kosten- und Preisgefälle zur Schwarzarbeit ist.

Andererseits schafft Schwarzarbeit auch zusätzliche Beschäftigung auf vor- und nachgelagerten Märkten (z. B. Baumärkte und Möbelindustrie), da durch die preiswerte Schwarzarbeit häufig eine Nachfrage gedeckt wird, die sonst nicht entfaltet würde, da sich die Schwarzarbeit nachfragenden Haushalte eine Versorgung über die offiziellen Märkte nicht leisten können.

Weitere positive Auswirkungen der Schwarzarbeit werden auch in der Stimulation der Produktivitätssteigerung in der offiziellen Wirtschaft gesehen, so dass es bei sinkenden Preisen auch dort zu einer höheren Nachfrage kommt.

Bei der politischen Bewertung der Schwarzarbeit sind vor allem die Ausfälle an Steuern und Sozialabgaben zu beachten. Nach persönlicher Angabe von Friedrich Schneider, Institut für Volkswirtschaftslehre der Universität Linz, vom 04.05.2004 entstanden 2003 in Deutschland Steuerausfälle durch Schwarzarbeit und Einnahmeverluste der Sozialkassen zwischen 40 und 50 Mrd. €.

1.9.2.5 Maßnahmen zur Eindämmung

Trotz der positiven Wirkungen der Schwarzarbeit bei der Versorgung einkommensschwacher Haushalte ist diese aus wirtschaftspolitischer und gesellschaftlicher Sicht abzulehnen.

Der Staat versucht einerseits mit erheblichem Aufwand, durch Kontrollen und Sanktionen die Schwarzarbeit einzudämmen. Andererseits nehmen Schwarzarbeiter auch erhebliche „Verschleierungskosten" auf sich, um ihre Aktivitäten zu verbergen. Da beide Aktivitäten keine Wertschöpfung durch Erzeugung von Gütern und Dienstleistungen bewirken, sind sie unproduktiv und daher nicht zielführend. Eine Erfolg versprechende Wirtschaftspolitik zur Bekämpfung der Schwarzarbeit

muss daher bei den Ursachen ansetzen. Dazu können der Gesetzgeber, die Tarifpartner, die Bauwirtschaft und die Bevölkerung beitragen.

Bekämpfung durch den Gesetzgeber

Ansatzpunkt muss auch für den Gesetzgeber die Erkenntnis sein, dass die wesentlichen Ursachen der Schwarzarbeit in der hohen Steuer- und Abgabenlast zu sehen
sind. Die vollzogene Steuerreform bringt einige Vorteile, wobei eine Senkung des
Spitzensteuersatzes von 45 % im Jahre 2004 auf 42,0 % im Jahre 2005 nicht ausreichend ist. Der nach wie vor progressive Steuertarif und der unbefristete Soli-
darbeitrag von 5,5 % der Lohn- bzw. Einkommensteuer erhöhen den Anreiz zur
illegalen Tätigkeit. Ferner ist eine Senkung der Mehrwertsteuer für Bauleistungen
dringend anzuraten, um die Frage des Handwerkers „Brauchen Sie eine Rechnung?" und damit dessen System mit zwei Ertragskonten überflüssig zu machen,
die derzeit mindestens von jedem zweiten Auftraggeber verneint wird, um dadurch die Mehrwertsteuer zu sparen. In Frankreich ist dies mit großem Erfolg ab
01.01.2000 für zunächst drei Jahre für Modernisierungsleistungen in Gebäuden
geschehen, die älter sind als zwei Jahre (Senkung von 19,6 % auf 5,5 %). Gemäß
Vorschlag der EU-Kommission vom 16.12.2003 soll dieser Zeitraum nun bis zum
31.12.2005 verlängert werden. Sie regte ferner an, die Anwendung ermäßigter
Mehrwertsteuersätze auch auf den Wohnungsbau auszudehnen. Bisher nicht beteiligte Staaten wie Deutschland haben allerdings auch weiterhin keine Möglichkeit,
an dem Modellversuch teilzunehmen (Rundschreiben des Zentralverbandes des
Deutschen Baugewerbes (ZDB) an seine Mitgliedsverbände vom 14. 01.2004). Ob
die mit dem Gesetzentwurf vom 18.02.2004 vorgesehene Rechnungsausstellungspflicht des Unternehmers bei grundstücksbezogenen Leistungen sowie die Aufbewahrungspflicht des privaten Auftraggebers mit den vorgesehenen Bußgeldern
von 5.000 € bzw. 1.000 € allein den erwarteten Erfolg haben werden, muss abge-
wartet werden.

Durch die Einführung von Abschreibungsmöglichkeiten für Neubau-, Umbau-
und Modernisierungsleistungen im selbstgenutzten Wohnungsbau käme es zwar
zu einer Steuerentlastung, die jedoch per Saldo durch die Steuer- und Abgaben-
mehreinnahmen aufgrund der von den Auftraggebern verlangten Rechnungen zum
Nachweis der Abschreibungen deutlich überkompensiert würde.

Das Argument von Mitgliedern des Bundestagsausschusses für Verkehr, Bau
und Wohnungswesen, dass dadurch nur einkommensstarke Haushalte gefördert
würden, vermag wegen zahlreicher Schwellenhaushalte nicht zu überzeugen.

Weiterhin ist eine Senkung der Beitragssätze zu den Sozialversicherungen
(Renten-, Arbeitslosen-, Krankenkassen- und Pflegeversicherungen) nötig, da der
Faktor Arbeit mit zu hohen Lohnzusatzkosten (Soziallöhne und Sozialkosten)
belastet ist. Im europäischen Vergleich stellt die Höhe von derzeit ca. 96 % des
Bruttoarbeitslohns eine schwere Bürde dar. Beitragssenkungen erfordern Kosten-
dämpfungsmaßnahmen im Gesundheits- und Sozialwesen und eine Individualisie-
rung der bisher bestehenden Pflichtversicherungen.

Die illegale Beschäftigung stellt eine Bedrohung für den fairen und uneingeschränkten Wettbewerb dar, der zu Lasten der legal tätigen Unternehmen geht.
Die Bundesagentur für Arbeit in Nürnberg hat den gesetzlichen Auftrag, sie zu
bekämpfen. Die Grundlagen der Bekämpfung bilden das Sozialgesetzbuch III, das
Arbeitnehmerüberlassungsgesetz und das Arbeitnehmerentsendegesetz. Ihr Auf-

gabenbereich umfasst die Verfolgung von Ordnungswidrigkeiten, die Ahndung der illegalen Arbeitnehmerüberlassung und der illegalen Ausländerbeschäftigung. Wenn Anhaltspunkte für strafbares Handeln vorliegen, wird die Staatsanwaltschaft eingeschaltet.

Zur Unterstützung bei den Prüfungen nach dem Arbeitnehmer-Entsendegesetz wurde im Jahr 2000 ein EDV-gestützter Datenaustausch mit der Urlaubs- und Lohnausgleichskasse der Bauwirtschaft (ULAK) entwickelt. Die ULAK erhält die nach dem Arbeitnehmer-Entsendegesetz erforderlichen Meldungen der Arbeitgeber von den Landesarbeitsämtern und erfasst diese in einer Datei. Diese Daten werden in das bereits bestehende Informationssystem zur Bekämpfung der illegalen Beschäftigung (INBIL) übernommen und allen mit der Bekämpfung von illegaler Beschäftigung betrauten Mitarbeitern der Arbeitsämter zugänglich gemacht. Damit können Prüfungen auf Baustellen gezielt vorbereitet werden, z. B. durch Kenntnis der Anzahl dort eingesetzter Arbeitnehmer.

Mit dem Gesetz zur Eindämmung illegaler Betätigung im Baugewerbe vom 30.08.2001 (BGBl I S. 2267) wurde mit Wirkung vom 01. Januar 2002 zur Sicherung von Steueransprüchen bei Bauleistungen ein Steuerabzug eingeführt (§ 48 EStG).

Jeder Auftraggeber einer Bauleistung muss ab 2002 grundsätzlich einen Steuerabzug in Höhe von 15 % von Abschlags- und Schlussrechnungen einbehalten und an das Finanzamt abführen.

Von dem Abzugsverfahren wird jede Bauleistung erfasst, die für juristische Personen des öffentlichen Rechts und Unternehmer i. S. d. § 2 UStG erbracht wird. Dazu gehören auch die Vermieter. Nicht betroffen von der Abzugsverpflichtung sind lediglich selbst nutzende Immobilieneigentümer.

Der Steuerabzug darf unterbleiben, wenn alle Rechnungen des betreffenden Bauunternehmens im laufenden Kalenderjahr voraussichtlich 5.000 € nicht übersteigen werden. Bei privaten Vermietern mit umsatzsteuerfreien Vermietungsumsätzen gilt ein Freibetrag von 15.000 €.

Die Verpflichtung zum Steuerabzug entfällt, wenn das Bauunternehmen eine Freistellungsbescheinigung vorlegt, die ihm auf Antrag von seinem Finanzamt erteilt wird, wenn es seine steuerlichen Pflichten bisher zuverlässig erfüllt hat.

Da die Bauunternehmen den Auftraggebern i. d. R. eine Freistellungsbescheinigung vorlegen, kommt es nur in relativ wenigen Fällen zum Steuerabzug. Die Regelungen hierzu enthält der neue Abschnitt VII des EStG (§§ 48a–48d).

Wenn ein Abzugsbetrag einbehalten worden ist, wird er auf die vom Bauunternehmen zu entrichtenden Steuern in der gesetzlich vorgegebenen Reihenfolge angerechnet (zuerst auf die Lohnsteuern, dann auf die Vorauszahlungen zur Einkommen- oder Körperschaftsteuer, dann auf die festgesetzte Umsatz-, Einkommen- oder Körperschaftsteuer und zuletzt auf die vom Bauunternehmen selbst geschuldeten Abzugsbeträge für Nachunternehmer. Die Erstattung eines dann noch verbleibenden Guthabens kann das Bauunternehmen beantragen.

Bisher ist nicht zu erkennen, dass durch dieses Gesetz die Schwarzarbeit in der Bauwirtschaft deutlich verringert wurde.

Bekämpfung durch die Tarifpartner

Es ist auch Aufgabe der Tarifvertragsparteien, Fehlentwicklungen einzudämmen. Ansatzpunkte dazu bieten die Deregulierung des Arbeitsrechts, u. a. durch Flexibilisierung des Kündigungsschutzes, stärkere Nutzung befristeter und auftragsabhängiger Arbeitsverträge sowie die Lockerung der Arbeitszeitbeschränkungen. Die Arbeitgeber müssen die Möglichkeit erhalten, auf Auslastungsschwankungen zeitnah und kostengünstig reagieren zu können. Arbeitszeitkonten, wie in § 3 Ziff. 1.41 des BRTV vereinbart (vgl. Ziff. 1.3.3.6), flexiblere Überstundenregelungen und Altersteilzeit bieten sich an. Denkbar ist auch der zeitnahe Austausch von Personalkapazitäten zwischen Wettbewerbern, um ggf. regionale und spezifische Spitzenbedarfe auszugleichen (§ 1b Arbeitnehmerüberlassungsgesetz).

An den Gesamtkosten von Bauleistungen haben Personalkosten einen Anteil von ca. 47,2 %. Zur Senkung der Personalkosten ist eine stärkere Lohndifferenzierung nach Qualifikation der Beschäftigten sowie regionalen und wirtschaftlichen Kriterien erforderlich. Weitere Stichworte sind Einstiegstarife, Tariföffnungsklauseln und Tarifkorridore.

Ein wichtiger Bestandteil einer differenzierten Lohnstruktur sind Tarife für weniger qualifizierte Mitarbeiter. Im Bauhauptgewerbe haben Beschäftigte ohne abgeschlossene Berufsausbildung (Hilfskräfte, Bauwerker und Baufachwerker) einen Anteil von 16,8 % (West) bzw. 16,6 % (Ost). Weitere Hilfskräfte ließen sich mit geringeren Löhnen am Bau beschäftigen, wenn die Entgelttarife für Mindestlöhne dies erlaubten. Flankierend muss der Gesetzgeber Anreize schaffen, damit solche niedrig entlohnten Tätigkeiten auch angenommen werden, z. B. durch „negative Lohnsteuer", und nicht auf Arbeitslosenunterstützung oder Sozialhilfe zurückgegriffen wird.

Bekämpfung durch die Bauwirtschaft

Typische Merkmale des Baugewerbes sind u. a. handwerkliche Einzelfertigung, Standortvielfalt, wechselnde Auftraggeber und die Saisonalität. Diese Charakteristika sind erschwerende Bedingungen kostengünstiger Leistungserstellung. Gutes Baumanagement der Kern- und Dienstleistungsprozesse ist daher kritischer Erfolgsfaktor.

Im Wettbewerb mit der Schwarzarbeit gilt es, die Kosten zu senken und den Kundennutzen zu steigern. Bauunternehmen müssen sich auf ihre Kernkompetenzen besinnen, Arbeiten ggf. auslagern, defizitäre Geschäftsfelder aufgeben oder restrukturieren. Die sorgfältige Planung, Arbeitsvorbereitung und Einsatzsteuerung der personellen und maschinellen Kapazitäten senkt Kosten und verkürzt Auftragsdauern. Dazu sind unternehmens- und projektbezogene Management- und Controllingsysteme sowie moderne Informationstechnologien erforderlich.

Bekämpfung durch die Bevölkerung

Schwarzarbeit hat eine ökonomische und eine moralische Komponente, wobei die ökonomische Seite eindeutig die treibende Kraft ist. Solange das Angebot von und die Nachfrage nach Schwarzarbeit anscheinend unbegrenzt und in wachsendem Umfang zur Verfügung stehen, kann man nur Bertolt Brecht zitieren: „Erst kommt das Fressen, dann die Moral" (Dreigroschenoper, 1928). Durch Schärfung des Unrechtsbewusstseins der Bevölkerung muss eine Ablehnung der Schwarzarbeit erreicht werden. Der Bürger darf nicht mehr das Gefühl haben, als Anbieter oder Nachfrager von Schwarzarbeit nur ein „Kavaliersdelikt" zu begehen. Mit dieser

Veränderung der Einstellung zur Schwarzarbeit muss im Kindergarten begonnen werden. In der Schule und in der Berufsausbildung müssen die negativen wirtschaftlichen, sozialen und gesellschaftlichen Folgen immer wieder bewusst gemacht werden.

1.9.2.6 Zusammenfassung

„Illegale Beschäftigung und Schwarzarbeit sind schwere Verstöße gegen die Grundlagen unseres Sozialstaates. Sie verhindern den Abbau von Arbeitslosigkeit und gefährden bestehende Arbeitsplätze. Wer kurzsichtig finanzielle Vorteile aus Schwarzarbeit erhofft, gefährdet seinen eigenen Arbeitsplatz und seinen eigenen Betrieb, stört den fairen Wettbewerb und zerstört die Beschäftigungschancen von Kolleginnen und Kollegen" (Riester W., 1999).

Zahlreiche Beispiele der jüngeren Vergangenheit belegen jedoch, dass Deregulierung, Entbürokratisierung und Liberalisierung zur Steigerung der Beschäftigung beitragen. Vereinfachungen des Aktiengesetzes haben zu zahlreichen Neugründungen von Unternehmen geführt. Die Abschaffung staatlicher Monopole hat Telekommunikation, Internet und Logistik im heutigen Umfang erst möglich gemacht.

Man muss der Schwarzarbeit die ökonomische Attraktivität nehmen. Dies ist in erster Linie eine gesellschaftspolitische Aufgabe, die durch den Gesetzgeber und die Tarifvertragspartner erreicht werden kann. Ansätze dazu sind im Zusammenhang mit Reformbemühungen vorhanden. Die Tarif- und Sozialpartner können ebenfalls erhebliche Beiträge leisten, sofern sie bereit sind, alte Zöpfe abzuschneiden und Besitzstandswahrung nicht mehr als übergeordnete Zielsetzung zu betrachten. Die Bauwirtschaft ist aufgerufen, ihre Wettbewerbsposition gegenüber Schwarzarbeitern hinsichtlich des Preis-/Leistungsverhältnisses sowie der Management- und Ausführungsqualität zu verbessern, die Vorteile den Kunden gegenüber darzustellen und diese dann auch zu realisieren. Die Veränderung der Bewusstseinsbildung in der Bevölkerung mit dem Wandel in der Bewertung vom Kavaliersdelikt zum Straftatbestand muss in der frühen Jugend beginnen und zum integralen Bestandteil der Erziehung werden.

1.9.3 Korruption

Korruption findet sich heute nahezu weltweit in allen politischen Systemen. Sie tritt nicht nur dort auf, wo politische Instabilität und wirtschaftlicher Mangel herrschen wie in vielen Ländern der Dritten Welt und auch in den Nachfolgestaaten der Sowjetunion, sondern in erheblichem Umfang auch in den westlichen Industriestaaten.

Mit Transparency International (TI) wurde 1993 in London und Berlin von ehemaligen Mitarbeitern der Weltbank und Politikern aus Geber- und Nehmerländern eine gemeinnützige und parteipolitisch unabhängige Organisation zum globalen Kampf gegen die Korruption gegründet. Sie sucht Koalitionen mit allen relevanten gesellschaftlichen Gruppen, vor allem mit Politik, öffentlichem Dienst, Wirtschaft und Zivilgesellschaft und unterstützt und koordiniert die Arbeit der nationalen Sektionen, die 2004 in fast 100 Ländern tätig sind. TI stellt auch das Sekretariat der internationalen Antikorruptionskonferenz (IACC), die alle zwei Jahre unter großer internationaler Beteiligung stattfindet.

Der von Transparency International (TI) jährlich erstellte und veröffentlichte Korruptionswahrnehmungs-Index (CPI) ermittelt länder- und branchenbezogen Umfang und Ausmaß der bekannt gewordenen Korruptionsfälle und stellt die Anfälligkeit für Korruption für 133 Länder im Vergleich dar. Auf dem CPI belegt Deutschland im Jahr 2003 Platz 16 mit einem CPI-Score von 7,7, der von 10 (korruptionsfrei) bis 0 (hochgradig korrupt) reicht, vor Belgien (17), Irland und USA (18) sowie Chile (20). Am besten schneiden die Staaten Finnland (1), Island (2), Dänemark und Neuseeland (3) sowie Singapur (5) ab. Basis ist die Wahrnehmung durch Geschäftsleute, Risikoanalysten und die Öffentlichkeit (*Abb. 1.90*). Angesichts dieser Zahlen gerät das Bild des öffentlichen Verwaltungsapparates mit unbestechlichen, loyalen und pflichtbewussten preußischen Beamten immer mehr ins Wanken.

In der Korruptionsstatistik sind mit der Vergabe von Aufträgen befasste Amtsträger der öffentlichen Bauverwaltung stark vertreten. Spektakuläre Fälle gab es u. a. beim Flughafen München 2 und der Allianz-Arena in München, beim Spendenskandal um die Kölner Müllverbrennungsanlage (Leyendecker 2003, S. 207 ff),

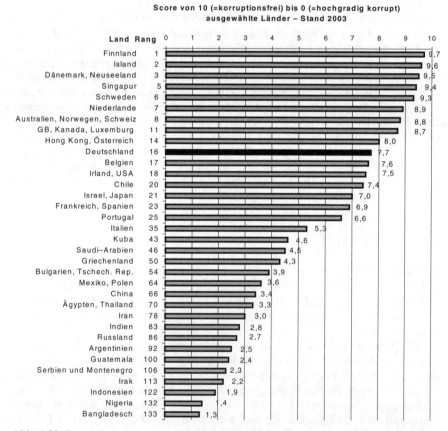

Abb. 1.90 Korruptionswahrnehmungs-Index nach TI für ausgewählte Länder – Stand 2003 (Quelle: Transparency International – Annual Report 2003, S. 20 f)

beim Frankfurter Hochbauamt sowie der Frankfurter Aufbau AG, bei der Treuhandanstalt oder bei Finanzverwaltungen im Hinblick auf behördliches Entgegenkommen beim Erlass von Steuerbescheiden. Nicht nur in der Bauwirtschaft, sondern zu allen Zeiten der Geschichte, in allen Staatsformen und allen Wirtschaftsbereichen lässt sich Korruption nachweisen. Aus Athen ist ein Korruptionsprozess im Jahre 462 v. Chr. bekannt (Brockhaus 1998, S. 407). Im Jahre 1724 wurde von dem Juristen Georg Paul Hönn in Coburg ein Betrugslexikon bereits in 3. Auflage herausgegeben (Pfarr, 1988, S. 50).

Ein erhöhtes Risiko für Korruptionsfälle besteht immer dort, wo die Kontrollmechanismen innerhalb der Verwaltung eingeschränkt sind oder versagen.

1.9.3.1 Definition

Korruption, abgeleitet von dem lateinischen Verb corrumpere (verderben, bestechen, verführen, verfälschen) bezeichnet moralisch verwerfliche Sachverhalte vom Missbrauch öffentlicher oder privatwirtschaftlich anvertrauter Macht oder Einflussstellung zu privatem Nutzen bis zum allgemeinen gesellschaftlichen und politischen Sittenverfall.

Strafrechtler verstehen unter Korruption Handlungen im Sinne des Strafgesetzbuchs wie Vorteilsgewährung (§§ 331, 333 StGB), Bestechung (§§ 332, 334 StGB) und auch die durch das Korruptionsbekämpfungsgesetz eingeführten Tatbestände der Bestechung im geschäftlichen Verkehr (§§ 299, 300 StGB) und Submissionsabsprachen (§ 298 StGB).

Politik- und Sozialwissenschaftler verstehen unter Korruption den Missbrauch von anvertrauter Macht zu privatem Vorteil, unabhängig davon, ob die Handlung unter Strafe steht oder nicht, wie Untreue, Ämterpatronage, überzogene Selbstversorgung von in eigener Sache entscheidenden Amtsträgern (v. Arnim, S. 17 f)

1.9.3.2 Ursachen und Umfang

Korruptionsfördernde Konstellationen entstehen bei intensiver Berührung zwischen Wirtschaft und Verwaltung sowie dem dabei notwendigen Informationsaustausch, insbesondere bei einer Kompetenzhäufung bei einzelnen Sachbearbeitern, häufig verbunden mit fehlendem Unrechtsbewusstsein bei den Betroffenen, das auch als Indikator eines allgemeinen Werteverfalls gedeutet wird. Auf Auftraggeberseite sind dies insbesondere Genehmigungs- und Vergabestellen sowie Beschaffungsabteilungen.

Korruption ist sowohl auf der Seite der Korrumpierten als auch auf der Seite der Korrumpierenden immer darauf ausgerichtet, einen finanziellen Vorteil zu erlangen.

Die Ursachen bestehen bei den Korrumpierten in:

- Geltungssucht und Machtstreben
- Gewinnstreben, Geldgier
- Desillusion am Arbeitsplatz
- unzureichenden oder verpassten Aufstiegschancen
- als ungerecht empfundener Bezahlung
- unzureichendem Unrechtsbewusstsein
- Zwang durch Korrumpierende;

bei den Korrumpierenden in:

- massiven wirtschaftlichen Interessen
- Hab- und Geldgier
- Zwang durch Amtsträger und Entscheider;

bei Genehmigungs- und Vergabestellen sowie Beschaffungsabteilungen in:

- Defiziten in der Kontrolle/Innenrevision
- fehlenden Richtlinien für den Umgang mit Korruption/Sanktionen
- lückenhaftem Strafrecht und
- defizitärer Strafverfolgung.

Nach der polizeilichen Kriminalstatistik 2002 des Bundeskriminalamtes wurden 2002 in Deutschland 4.458 Korruptions- und Wettbewerbsdelikte erfasst. Die Aufklärungsquote betrug 86,7 %. Erfassung und Verfolgung der Straftaten hängen in erheblichem Grad von der Struktur und Intensität sowohl der internen Kontrolle der geschädigten Institution als auch der Strafverfolgung ab. In Deutschland ist gemäß § 4 Abs. 5 Nr. 10 EStG der früher legale Steuerabzug von gezahlten Schmier- und Bestechungsgeldern („Zuwendung von Vorteilen") nicht mehr möglich.

1.9.3.3 Kennzeichen und Erscheinungsformen

Generell können drei Arten oder Erscheinungsbilder der Korruption unterschieden werden:

- Bei der *Bagatell- oder Gelegenheitskorruption* handelt es sich im Regelfall um situativ bedingte Einzelfälle mit geringem Schaden, die nicht auf eine Wiederholung angelegt sind.
- Die *Korruption in gewachsenen Beziehungen* greift auf Kontakte zwischen einzelnen Personen zurück. Diese haben sich oft über Jahre hinweg im Verborgenen entwickelt.
- Die *Korruption in Netzwerken* unterscheidet sich durch ihre überregionale Tragweite.

Der öffentliche Bausektor ist der lukrativste und damit der meistgefährdete Bereich für Korruption in der Baubranche. Sie tritt in Form von Vorteilsgewährungen bei Genehmigungen und bei Vergaben durch Preisabsprache in Erscheinung.

Begründung für die Häufigkeit der Korruptionsfälle in der Bauwirtschaft ist, dass es häufig um viel Geld geht und dass Abhängigkeiten aus dem Auftraggeber- und Auftragnehmerverhältnis entstehen.

Die Korruption in gewachsenen Beziehungen ist die für die Bau- und Immobilienwirtschaft maßgebliche Korruptionsart. Sie läuft i. d. R. in 4 Phasen ab:

- In der ersten Phase sondiert der Korrumpierende den korrupten Entscheidungsträger, der ihm durch die korrupte Handlung zu einem Vorteil verhelfen soll.
- In der zweiten Phase erfolgt eine persönliche Kontaktaufnahme auf beruflicher oder privater Ebene. Bis zu diesem Zeitpunkt hat sich der Korrumpierte in keinerlei strafbare Handlung verwickelt.

- In der dritten Phase erfolgt das sogenannte „Anfüttern", d. h. der Korrumpierende bietet dem Korrumpierten Geld oder kleine Sachdienstleistungen kostengünstig oder umsonst an. Nimmt der Korrumpierte das Geld oder die Sachdienstleistungen an, so werden Gegenleistungen in Form von kleinen Vorteilen oder Vorzugsbehandlungen gewährt.

- In der vierten Phase bietet der Korrumpierende dem Korrumpierten dann Geld oder große Sachdienstleistungen an. Infolge deren Annahme zeigt sich der Korrumpierte durch Gewährung großer Vorteile erkenntlich. Dies zieht im Regelfall massive Dienstpflichtsverletzungen nach sich. Durch die Annahme von Geld oder Sachdienstleistungen und die Gewährung von Vorteilen ist der Korrumpierte bestechlich geworden und begibt sich in ein direktes Abhängigkeitsverhältnis gegenüber dem Korrumpierenden. Der Wert der Sachdienstleistungen steigt wegen der Bestechlichkeit nicht mehr weiter. Der Korrumpierte kann diesem Teufelskreis nur durch Selbstanzeige entfliehen.

Korruption ist „Vertrauenssache". Der Kreis der Beteiligten ist deshalb sehr klein. Der Kontaktaufbau zu „neuen Mitgliedern" erfolgt nur vorsichtig und langsam. Es gibt keine großen Organisationen im Hintergrund und keine überregionalen Verbindungen. Die Absprachen erfolgen nur auf lokaler Ebene. Korruption im internationalen Geschäftsverkehr stellt sich von den Strukturen her ähnlich dar. Die Schmiergeldbeträge sind höher und die beteiligten Unternehmen größer als auf lokaler Ebene.

Die zentrale Figur ist der „Partner im Amt", d. h. der Sachbearbeiter in der Dienststelle (IBR 2000). Er schützt das Kartell vor unliebsamer Konkurrenz.

Bei Beschränkten Ausschreibungen (Nichtoffenen Verfahren) wird wie folgt vorgegangen:

- Es wird beschränkt ausgeschrieben, obwohl die Voraussetzungen nach § 3 Nr. 3 VOB/A nicht gegeben sind.
- Nur Kartellmitglieder werden in den Bieterkreis aufgenommen.
- Der Bieterkreis wird nicht ohne vorherige Absprache erweitert.
- Die Mitglieder werden zur Kapazitätsplanung rechtzeitig über die zu vergebenden Maßnahmen informiert.

Bei Öffentlichen Ausschreibungen (Offenen Verfahren) ist der Schutz des Kartells ungleich schwieriger. Es muss sichergestellt sein, dass

- der Planer fingierte Scheinpositionen in die Leistungsbeschreibung/das Leistungsverzeichnis aufnimmt,
- das Kartell immer weiß, wer sich beworben hat, und
- der Submissionssieger vor der rechnerischen Prüfung seiner Preise durch den Auftraggeber ggf. nochmals Manipulationen vornehmen kann.

Erkennen oder entdecken lässt sich ein Kartell schwer, da es im Verborgenen operiert. Erste Hinweise geben die Vergabepraktiken des verdächtigen Sachbearbeiters. Tritt auffällig häufig immer der gleiche Kreis von Unternehmen in Erscheinung, selbst wenn öffentlich ausgeschrieben wurde, so sind dies erste Verdachtsmomente. Eine genauere Prüfung kann den Verdacht erhärten. Zur Prüfung müssen erfasst werden:

- Auftragssumme, Auftragnehmer, Sachbearbeiter im Amt
- Erfassungszeitraum (möglichst die letzten 10 Jahre)

- Unterscheidung zwischen Öffentlicher und Beschränkter Ausschreibung (Offenem und Nichtoffenem Verfahren)
- Unterscheidung nach Bietergemeinschaften und Einzelbietern
- Häufigkeit von Rechenfehlern in Angebotsunterlagen
- Häufigkeit von mit Centbeträgen bepreisten Positionen
- Häufigkeit von Bedarfspositionen, die wegen schwieriger juristischer Auslegung vollständig zu vermeiden sind
- Nachtragshäufungen
- Kompetenzkonzentrationen bei den Verdächtigen

Weitere Indizien können sich aus dem privaten Lebensumfeld des betreffenden Sachbearbeiters abzeichnen wie:

- auffallend teurer Lebensstil
- häufige und teure Urlaubsreisen
- auffallend häufig Kontakte, auch privater Art, zu Bietern
- besonders freundschaftliche Umgangsformen mit Bietern

Sind diese Anzeichen vorhanden, ist die Wahrscheinlichkeit groß, dass ein Preisabsprachekartell existiert. Diese sind u. a. auch nach § 2 Nr. 1 VOB/A für den öffentlichen Auftraggeber unzulässig.

Erlaubte und nicht erlaubte Kartelle

Gemäß § 1 des Gesetzes gegen Wettbewerbsbeschränkungen (GWB) sind in Deutschland Kartelle grundsätzlich verboten, da sie durch Preisabsprachen und Bietervereinbarungen den Wettbewerb innerhalb eines Bieterkreises verzerren oder ganz ausschalten. Nach §§ 8 und 9 GWB bestehen jedoch Ausnahmeregelungen. Diese sind meldepflichtig und unterliegen der Ministerprüfung. Unter diese Erlaubnis fallen

- Normen-, Typen- und Konditionen-,
- Spezialisierungs-,
- Mittelstands-,
- Rationalisierungs- und
- Strukturkrisenkartelle.

Diese Kartelle erlauben nur Absprachen bezüglich der einheitlichen Normung, Herstellung, Qualitätssicherung sowie der rationellen Herstellung spezieller Bauteile, um deren standardisierte Verwendung sicherstellen zu können. Dabei darf durch das Kartell keine marktbeherrschende Stellung entstehen. Es dürfen keine Preisabsprachen vorgenommen werden.

Bei der verbotenen Preisabsprache sind das Bieter-Absprache-Kartell und das Bieter-Nachfrager-Kartell zu unterscheiden.

Bieter-Absprache-Kartell

Im Bieter-Absprache-Kartell schließen sich mehrere Bieter über informelle Strukturen zusammen, um Preise für bestimmte Leistungen festzulegen und zu beschließen, welches Unternehmen das günstigste Angebot abgeben kann. Entschieden wird dies u. a. auf der Basis der Auslastung der beteiligten Unternehmen. Es wird darauf geachtet, dass alle beteiligten Unternehmen im Durchschnitt etwa gleiche Bauleistungsumfänge abwickeln. Der Auslobende (Bauamt) hat keine Kenntnis von der Existenz des Kartells. Dadurch hat das Kartell keinen Schutz gegenüber Mitbietern außerhalb des Kartells, die den Preis des abgesprochenen günstigsten Bieters unterbieten können. Das Kartell „funktioniert" daher nur bei Aufträgen, die beschränkt (nichtoffen) ausgeschrieben werden.

Bieter-Nachfrager-Kartell

Das Bieter-Nachfrager-Kartell ist wesentlich wirkungsvoller als das Bieter-Absprache-Kartell und daher auch entsprechend häufiger anzutreffen. Es schaltet den Nachteil der Einseitigkeit des Bieter-Absprache-Kartells durch das Einbeziehen eines „Partners im Amt" aus. Dieser bildet die Schnittstelle zu den nicht am Kartell beteiligten Unternehmen. Dies geschieht entweder durch die Gestaltung der Ausschreibungsunterlagen vor der Submission, durch Manipulation während der Submission oder durch die Gewährung von Manipulationsmöglichkeiten nach der Submission.

Ausschreibungsunterlagen werden *vor der Submission* u. a. durch Scheinpositionen manipuliert. Diese werden bei der Angebotsbearbeitung von den Kartellfirmen mit Centbeträgen bepreist. Dieser Vorgang kann jedoch auch unbeabsichtigt bei ungenauer Massenermittlung durch den Auftraggeber bzw. dessen Planer entstehen. Der Betrug wird erst sichtbar, wenn dieser Sachverhalt bei immer ähnlichen Positionen, Bieterkonstellationen und Sachbearbeitern auftritt. Er kann nur durch einen Vergleich zwischen den ausgeschriebenen und den in Rechnung gestellten und bestätigten Mengen festgestellt werden.

Eine Manipulation *während der Submission* ist z. B. bei mehreren aufeinander folgenden Submissionen an einem Tag möglich. Der Submissionsleiter ist der „Partner im Amt". Er legt das Angebot des Kartellmitglieds über z. B. Rohbauarbeiten „versehentlich" auf den Stapel der folgenden oder übernächsten Submission. Es ist zu diesem Zeitpunkt noch nicht verschlossen. Die Submission wird eröffnet, die Angebotspreise der Konkurrenten werden bekannt gegeben und die abgegebenen Angebote verschlossen. Da der korruptive Unternehmer sein Angebot unter Zeugen rechtzeitig abgegeben hat und in der Bieterliste aufgeführt ist, hat er das Recht, bei der Submission anwesend zu sein. Er erfährt so die Angebotspreise seiner Konkurrenten. In der Pause zur nächsten Submission ist es einfach, ein Anschreiben mit dem „passenden" Nachlass dem noch unverschlossenen Angebot beizufügen. Das Angebot wird dann auch verschlossen. Bei der nächsten Submission wird das Angebot entdeckt und der „Fehler" zugegeben. Es muss gewertet werden, weil es nachweislich rechtzeitig vorgelegen hat. Nach außen erscheint dies als entschuldbares Versehen des Submissionsleiters, wenn es nicht häufiger und immer unter denselben Rahmenbedingungen auftritt.

Manipulationen *nach der Submission* werden bei Einheitspreisverträgen üblicherweise an den Einheitspreisen vorgenommen. Die Grundlage bietet § 23 Nr. 3 Abs. 1 VOB/A, wonach bei Nichtübereinstimmung zwischen dem Gesamtpreis einer Position und dem Produkt aus Mengenansatz und Einheitspreis der Einheitspreis maßgebend ist. Sie werden z. B. durch den Austausch ausgefüllter LV-Seiten vorgenommen, um das eigene Angebot zum günstigsten werden zu lassen oder aber, um als günstigster Bieter die „ärgerliche Spanne" zum zweiten auf einen Mindestabstand zu verringern.

Der Ablauf der Manipulation beginnt bereits bei der Erstellung der Ausschreibungsunterlagen im Amt. Durch eingefügte Scheinpositionen erhält das korruptive Unternehmen einen Vorteil, da sein Angebotspreis um die Differenz der Scheinpositionen günstiger sein kann als der der Konkurrenten. Ab diesem Zeitpunkt ist der Grundstein gelegt, um innerhalb des Kartells eine Manipulationsmöglichkeit vor, während oder nach der Submission anwenden zu können. Erfahrungsgemäß gehen korruptive Unternehmen immer nur nach einer der drei Methoden vor. Dies erleichtert das Aufspüren des Kartells.

1.9.3.4 Wirkungen

Die durch Korruption entstehenden volkswirtschaftlichen Schäden lassen sich nur schwer beziffern, da sowohl auf regionaler, nationaler als auch internationaler Ebene immer nur die Spitze des Eisbergs sichtbar wird. Das ganze Ausmaß bleibt im Verborgenen. Es gibt jedoch Organisationen, die sich mit Untersuchungen zur Quantifizierung des Schadens befassen. Nach Schätzungen von Pieth/Eigen (1999, S. 138) verursachen Korruption und Preisabsprachen in der Deutschen Bauwirtschaft jährlich Schäden zwischen 2,5 und 5 Mrd. €.
Monetär bewertbare volkswirtschaftliche Schäden sind u. a.:

* Verteuerung von Bauleistungen und Lieferungen
* Steigerung der Staatsverschuldung bei kreditfinanzierten Projekten
* Mehrkosten in Betrieb und Unterhaltung durch Qualitätsminderung
* Fehlallokation von Kapitalressourcen
* erhöhte Steuerbelastungen
* beauftragte, (ggf.) ausgeführte und bezahlte, aber nicht erforderliche bzw. nicht in dem abgerechneten Umfang erforderliche Leistungen (vgl. Ziff. 1.6)

Diese Schäden werden bei öffentlichen Bauaufträgen durch die Steuerzahler getragen, da sie die Staatskassen belasten. Durch effektive Eindämmung der Korruption kann damit ein wesentlicher Beitrag zur Entlastung der Staatskassen geleistet werden. Es kann auch nicht als Entschuldigung dienen, dass die Verhältnisse in den Entwicklungs- und EU-Beitrittsländern noch wesentlich schlimmer seien, wenn dort Kredite der Weltbank oder des IWF zweckentfremdet in dunkle Kanäle zur Bereicherung einiger weniger flössen.
Neben den monetär bewertbaren volkswirtschaftlichen Schäden sind die gesellschaftlich-ethischen Schäden zu beachten. Diese sind noch tiefer greifend, weil sie zu einem Werteverfall in der Gesellschaft führen durch:

* Verzerrung des Leistungswettbewerbs und Verdrängung seriöser Mitbewerber
* Schmälerung von Innovationsbereitschaft und Wettbewerbsfähigkeit
* Niedergang der Wirtschaftsmoral („es machen alle")
* Abnahme des Unrechtsbewusstseins
* Vertrauensverlust in die Integrität der öffentlichen Verwaltung
* Vertrauensverlust in die staatlichen Funktionsträger
* Imageschaden für den Wirtschaftsstandort Deutschland, da ausländische Anbieter den Eindruck erhalten, durch Korruption vom Markt abgeschottet zu sein

Diese Aufzählung macht deutlich, dass der Kampf gegen Korruption nicht nur durch Sanktionen gewonnen werden kann. Sie ist ein politisches Problem, zu dessen Lösung Politiker, öffentliche Verwaltung und Wirtschaftsführer sich ihrer Vorbildfunktion bewusst werden müssen, um eine Untergrabung der demokratischen Werte- und Moralvorstellungen zu verhindern.

1.9.3.5 Maßnahmen zur Eindämmung

Es existieren zahlreiche Organisationen zur Bekämpfung der Korruption. Ihre Aktivitäten zur Eindämmung der Korruption sind in organisatorische und rechtsstaatliche Maßnahmen zu unterscheiden.

Organisationen zur Bekämpfung der Korruption

Sowohl auf internationaler als auch auf nationaler Ebene und auf der Ebene der Bundesländer gibt es mehrere Organisationen, die sich ausschließlich oder im Rahmen ihrer allgemeinen Geschäftätigkeit mit dem Kampf gegen Korruption beschäftigen. Auf internationaler Ebene sind dies Organisationen wie Transparency International (TI), die Organisation für wirtschaftliche Zusammenarbeit und Entwicklung (OECD) und die Weltbank, auf nationaler Ebene der Bundesrechnungshof (BRH) und das Bundeskartellamt sowie auf Landesebene die Landesrechnungshöfe und auf kommunaler Ebene die Revisionsämter.

Transparency International (TI) hat sich als international operierende Organisation die Aufgabe gestellt, Korruption unter Einbeziehung des Staates, der Wirtschaft und der Zivilgesellschaft zu bekämpfen. Die Umsetzung ihrer Ziele erfolgt über:

- nationale Gesellschaften
- die Bildung von Koalitionen zur Korruptionsbekämpfung (Integritätspakt)
- ein Handbuch für nationale Integritätssysteme (Best Practice-Modell zum Vorgehen)
- eine Katalysatorrolle bei der Umsetzung der OECD-Konvention

Das Hauptaufgabenfeld der OECD ist die Analyse von makro- und mikroökonomischen Vorgängen in der Zusammenarbeit zwischen Entwicklungs-, Schwellen- und Industrieländern und von daraus resultierenden Möglichkeiten zur Entwicklungshilfe. Schwerpunkte sind die Sektoren Agrar-, Umwelt-, Bio- und Energietechnologie unter Berücksichtigung der lokalen ökonomischen, sozialen und administrativen Rahmenbedingungen. In diesem Zusammenhang entwickelte sich das Problembewusstsein für korruptive Einflüsse in der Vergabe- und Durchführungsphase. Um diesen Einflüssen entgegenzuwirken, schaffte die OECD Instrumentarien wie:

- Konvention zur Korruptionsbekämpfung
- Empfehlungen zum Umgang mit Korruption
- Prüfung des Rechtssystems auf die Anfälligkeit für Korruption
- Verfahrensanweisungen für international tätige Unternehmen zum Umgang mit Korruption.

Die Erfahrungen der OECD werden durch die FIDIC (Internationale Vereinigung der beratenden Ingenieure) bestätigt. Sie beteiligt sich mit dem „FIDIC Code of Ethics" ebenfalls am Programm der OECD.

Mit der steigenden Anzahl von Korruptionsfällen bei Entwicklungsprojekten, die durch die Weltbank finanziert wurden, wuchs deren Sensibilität für Korruption. Sie entwickelte deshalb verschiedene Strategien und Handlungsanweisungen zu deren Bekämpfung. Aus den Erfahrungen der Weltbank entwickelte sich Transparency International (TI).

Der Bundesrechnungshof (BRH) hat als nationales Kontrollorgan die zentrale Aufgabe, alle Ausgaben der öffentlichen Hand finanzkontrollrechtlich zu prüfen. Vom BRH wird die Auffassung vertreten, dass Korruptionsbekämpfung Gemeinschaftsaufgabe sei, da der BRH nicht die Möglichkeiten habe, Korruption festzustellen und stichhaltige Beweise zu liefern. Nur wenige Landesrechnungshöfe vertreten die Ansicht, dass sie berechtigt bzw. verpflichtet seien, die Strafverfolgungsbehörden zu informieren. Die Auswertung der Jahresberichte der Rechnungshöfe in den letzten Jahren zeigt jedoch, dass die Prüfungsmöglichkeiten sehr umfassend sind. TI vertritt deshalb die Auffassung, dass Aufgabe des BRH zwar nicht die strafrechtliche Verfolgung, wohl aber die Unterstützung durch Amtshilfe sei. Der BRH habe sich dieser Bedeutung auf nationaler Ebene bewusst zu werden.

Auf Grundlage des Gesetzes gegen Wettbewerbsbeschränkungen (GWB) hat das Bundeskartellamt rechtliche Möglichkeiten, gegen die Bildung von Kartellen vorzugehen. Dass es dies mit Erfolg tut, zeigen seine zweijährlichen Tätigkeitsberichte, zuletzt über die Jahre 2001 und 2002.

Freiwillige organisatorische Maßnahmen

Alle Aktionen zur Korruptionsbekämpfung, die nicht unmittelbar mit den rechtsstaatlichen Möglichkeiten der Sanktionierung und der Strafverfolgung zusammenhängen, zählen zu den organisatorischen Maßnahmen. Dies sind insbesondere moralische Appelle. Dazu zählen Verpflichtungen der Unternehmen und ihrer Geschäftsführungen zu fairen, den Gesetzen des Wettbewerbs entsprechenden Handlungsgrundsätzen und zu der Einsicht, dass Korruption dem Image und dem internationalen Ansehen der deutschen Wirtschaft schadet. Dies wird zum Ausdruck gebracht durch die freiwillige Verpflichtung führender Unternehmen, den von TI verfassten Antikorruptionspakt einzuhalten (TI – Annual Report 2003).

Ob ein Verhaltenskodex (Corporate Governance Kodex[1]) in einem Unternehmen nur Alibicharakter hat oder als eingeführtes Ethikmanagementsystem gelebte Praxis ist, hängt von der Unterstützung und der Beteiligung der Geschäftsleitung ab. Eine Erfolg versprechende Umsetzung ist nur dann gewährleistet, wenn die durch die Geschäftsführung vorgegebenen Leitlinien auch von ihr vorgelebt werden und dadurch eine entsprechende Bewusstseinsbildung bei den Mitarbeitern ausgelöst wird. Ein solcher Verhaltenskodex muss detaillierte Regelungen in Übereinstimmung mit den bestehenden Gesetzen enthalten zu den Themen:

---

[1] Eine vom Bundesjustizministerium berufene Regierungskommission unter Leitung des ThyssenKrupp-Aufsichtsratsvorsitzenden Gerhard Cromme legte am 26.02.2002 den Deutschen Corporate Governance Kodex vor (aktuelle Fassung vom 21.05.2003), der mit 64 Regeln eine Rahmenempfehlung zu § 161 AktG darstellt und insbesondere den börsennotierten Unternehmen zur Übernahme empfohlen wird. Diese müssen jährlich konkret erklären, an welche Regeln sie sich nicht halten, und dies möglichst auch begründen. Einige Unternehmen veröffentlichen in ihren Geschäftsberichten und auf ihren Homepages Entsprechenserklärungen.

- Verbot von Bestechung
- Geschenke und Bewirtungen
- Parteispenden
- Innenrevision (Transparenz von Transaktionen)
- Vergütungen für Vermittler
- Meldepflichten bei entdeckten Vergehen
- Fairness gegenüber Wettbewerbern

Für die Erstellung solcher Leitlinien zur unternehmensinternen Korruptionsbe-kämpfung gibt es Richtlinien und Hilfestellung durch die FIDIC, die OECD und den BDI. Ferner können die Verhaltensregeln der Internationalen Handelskammer (ICC) als Basis herangezogen werden. Grundsatz bei allen Richtlinien müssen Fairness und Transparenz aller Geschäftsabläufe sein, speziell in den Bereichen Akquisition und Beschaffung, weil gerade diese Bereiche besonders korruptions-anfällig sind.

Im September 2002 verabschiedeten die Bahn AG, der Hauptverband der Deut-schen Bauindustrie, der Zentralverband des Deutschen Baugewerbes und das Bun-desministerium für Verkehr, Bauen und Wohnen (BMVBW) gemeinsame Leit-linien für Auftraggeber- und Lieferantenbeziehungen. Die gemeinsamen Leitlinien enthalten ein Integritätsprogramm mit 5 Bausteinen, die bei der Umsetzung in den einzelnen Unternehmen sowie bei der Bahn AG ein hohes Maß an Korrup-tionsprävention bieten sollen. Daraus entwickelte die Bahn zusammen mit den Kammern und Verbänden der Ingenieure und Architekten im August 2003 Leitli-nien für ein Integritätsprogramm.

Vom Hauptverband der Deutschen Bauindustrie e. V. wurde im Oktober 2003 ein Leitfaden zur Bekämpfung wettbewerbsbeschränkender Absprachen und kor-ruptiver Verhaltensweisen herausgegeben, der im Teil A präventive und betriebs-organisatorische Maßnahmen beschreibt (HVBi, 2003).

TI bietet auf seiner Homepage einen jährlich aktualisierten Leitfaden für Un-ternehmen als A-B-C der Korruptionsprävention.

Nach den Erfahrungen von TI wird die Einhaltung solcher Richtlinien durch die Androhung von Sanktionen bei Missachtung, sowohl unternehmensintern als auch von dritter Stelle, maßgeblich erhöht.

Auf der Seite der öffentlichen Auftraggeber sind folgende organisatorische Maßnahmen zu empfehlen (IBR, 2000):

- Ständiger Wechsel der eingeschalteten Architektur- und Ingenieurbüros
- Trennung von Planungs- und Ausführungsleistungen
- Verzicht auf Bedarfspositionen in Ausschreibungen
- Anfertigung und getrennte Lagerung gestanzter Angebote und Angebotskopien
- Trennung der formalen und rechnerischen sowie der technischen Angebotsprü-fung
- Controlling im Amt mit Dokumentation der Maßnahmen und Ergebnisse
- Regelmäßige Durchführung von Innenrevisionen
- Verfahrensanweisungen zum Umgang mit Geschenken und Gefälligkeiten
- Thematisierung von Korruption in Aus- und Weiterbildung
- Transparente Gestaltung und Darlegung der Abläufe
- Sensibilisierung der Bürger für Erscheinungsformen und Wirkungen der Kor-ruption

Rechtsstaatliche Maßnahmen

Rechtsstaatliche Mittel umfassen alle Möglichkeiten der Prävention in öffentlichen Ämtern sowie der gesetzlichen Sanktionierung der Beteiligten. Durch die Aufbau- und Ablauforganisation in öffentlichen Ämtern sind Präventionsmaßnahmen zur Bekämpfung der Korruption vorzusehen wie:

- Bestellung eines Antikorruptionsbeauftragten als Ansprechpartner und prüfende Instanz,
- Anwendung des „Internationalen Verhaltenskodex' der Vereinten Nationen für Amtsträger",
- Verhaltensempfehlungen für Sachbearbeiter,
- Einführung des 4-Augen-Prinzips,
- Rotation der Sachbearbeiter (Problem des Einarbeitungsaufwandes),
- Vorbeugende Unterrichtung über die zu erwartenden Strafen und personalrechtlichen Konsequenzen bei Verstößen,
- Geltendmachung von Schadensersatzansprüchen gegen Amtsträger unter Beachtung der kurzen Verjährungsfristen nach BAT.

Diese Maßnahmen bewirken in erster Linie eine stärkere Kontrolle der Amtsträger und erscheinen wie Polizeistaatsmethoden, obwohl die meisten Mitarbeiter korrekt ihren Dienst versehen. Sie sind aber dennoch sinnvoll, da sie das System der öffentlichen Verwaltung transparenter gestalten, den Willen zur Ordnung im eigenen Haus unterstreichen, die Möglichkeiten zu korrumpieren erschweren und helfen, die Täter frühzeitig zu entdecken. Korruption in öffentlichen Ämtern schädigt die Allgemeinheit und damit die Steuerzahler. Diese Tatsache rechtfertigt das Vorgehen.

Strafrecht und Beamtenrecht im Bundesbeamtengesetz (BBG) bilden in ihrem Zusammenspiel eine maßgebliche Komponente bei der Abschreckung in Bezug auf Taten im Zusammenhang mit der Korruption im öffentlichen Sektor. Nach § 48 BBG verliert der Beamte sein Recht als Beamter und seine öffentlichen Ansprüche mit einer Verurteilung durch ein deutsches Gericht zu einer Haftstrafe von mindestens einem Jahr.

Auf nationaler Ebene sind Gesetze ein wichtiges Mittel zur Abschreckung und damit zur Prävention. Die Rechtsgrundlage bilden in Deutschland die strafrechtlichen Normen des Strafgesetzbuchs (StGB), das durch das Gesetz zur Bekämpfung der Korruption vom 13.08.1997 durch einen neuen Abschnitt „Straftaten im Wettbewerb" (§§ 298–302) erweitert wurde, sowie die zivilrechtlichen Vorschriften des Bürgerlichen Gesetzbuchs (BGB), der VOB, der VOL und der ZPO (*Abb. 1.91*).

Diese Vorschriften liefern die rechtliche Handhabe, um gegen auffällig gewordene Unternehmen rechtlich, in Form von Schadensersatz, Rückforderungen oder Bietersperren vorgehen zu können. Auf Landes-, Bundes- und internationaler Ebene werden jährlich „Black Lists" veröffentlicht. Sie zeigen alle durch Korruption auffällig gewordenen Unternehmen und die verhängten Sanktionen auf. Dabei zeigt sich, dass die nach der Veröffentlichung und Sperrung eintretenden Verluste bei diesen Unternehmen erheblich größer sind als die Summe der durch Bestechung erhaltenen Aufträge.

Vorschriften	Tatbestand
Strafrechtliche	
§ 263 StGB	Betrug
§ 267 StGB	Urkundenfälschung
§ 298 StGB	Wettbewerbsbeschränkende Absprachen bei Ausschreibungen
§§ 299 bis 302 StGB	Bestechlichkeit und Bestechung im geschäftlichen Verkehr
§ 331 StGB	Vorteilsnahme
§§ 332, 335, 338 StGB	Bestechlichkeit
§ 333 StGB	Vorteilsgewährung
§§ 334, 335 StGB	Bestechung
Zivilrechtliche	
§ 823 BGB	Deliktische Schäden
§ 826 BGB	Sittenwidrige Schäden
§ 812 BGB	Rückforderungsansprüche
§ 249 BGB	Bemessung des Schadenersatzes
§ 13 VOB/B	Gewährleistungsansprüche
§ 287 ZPO	Schätzung der Schadenshöhe, wenn Berechnung nicht möglich
§ 8 Nr. 5 Abs. 1c VOB/A, § 7 Nr. 5c VOL/A § 11c) VOF	Ausschluss vom Wettbewerb bei nachgewiesenem Fehlverhalten

Abb. 1.91 Straf- und zivilrechtliche Normen zur Bekämpfung der Korruption

Nach § 298 StGB sind wettbewerbsbeschränkende Absprachen bei Ausschreibungen mit Freiheitsstrafe bis zu 5 Jahren oder Geldstrafe bedroht. Für Bestechung im geschäftlichen Verkehr der privaten Wirtschaft ist gemäß § 299 StGB eine Freiheitsstrafe bis zu 3 Jahren oder Geldstrafe vorgesehen, jedoch nur auf Antrag des Geschädigten. Der Strafrahmen für Straftaten im Amt (§ 331 StGB Vorteilsannahme, § 333 StGB Vorteilsgewährung) wurde erhöht und das Gewähren von Zuwendungen sowie die Annahme dieser Leistungen, auch wenn keine Gegenleistung erbracht wird, unter Strafe gestellt.

Eine gemäß Artikel 29 der Richtlinie 25/46/EG des Europäischen Parlaments vom 24.10.1995 eingesetzte Datenschutzgruppe legte am 03.10.2002 ein Arbeitspapier über „Schwarze Listen" vor. Dabei handelt es sich „um die Erhebung und Verbreitung bestimmter Daten über eine bestimmte Gruppe von Personen nach bestimmten, von der Art der jeweiligen Schwarzen Liste abhängigen Kriterien, die im Allgemeinen für die in der Liste erfassten Personen mit negativen und nachteiligen Folgen verbunden sind. Diese können darin bestehen, dass eine Personengruppe dadurch diskriminiert wird, dass ihr die Möglichkeit des Zugangs zu einer bestimmten Dienstleistung verweigert wird oder dass ihr Ruf geschädigt wird."

Unter der Überschrift „Betrugsbekämpfung" wird u. a. darauf hingewiesen, dass für die Rechtmäßigkeit dieser Verzeichnisse die Einhaltung der Rechtsvorschriften zum Schutz personenbezogener Daten maßgeblich sei wie:

- die Wahrnehmung des Zugangsrechts
- die Benachrichtigung der betroffenen Person über die Aufnahme ihrer Daten in das Verzeichnis
- die Dauer der Speicherung der Daten
- der Zweck, für den die Daten erhoben werden
- die Verpflichtung zur Löschung, sobald die Daten für den Zweck, für welchen sie erhoben werden, nicht mehr benötigt werden

Auf diese Punkte wird in den Schlussfolgerungen und Empfehlungen der Richtlinie näher eingegangen.

Die wichtigste Maßnahme zur Bekämpfung der Korruption ist Transparenz. In diesem Sinne wurde von der Bundesregierung der Entwurf eines Informationsfreiheitsgesetzes (IFG) erstellt mit der Zielsetzung, das Verwaltungshandeln transparenter werden zu lassen und den Bürgern den voraussetzungslosen Zugang zu behördlichen Informationen des Bundes zu ermöglichen. Gemäß § 1 Abs. 1 des IFG soll jede natürliche und juristische Person des Privatrechts gegenüber den Behörden des Bundes ein Recht auf Zugang zu amtlichen Informationen haben.

Gemäß Abs. 2 kann die Behörde auf Antrag Auskunft erteilen, Akteneinsicht gewähren oder Informationen in sonstiger Weise zur Verfügung stellen.

Gemäß den §§ 3 bis 6 soll kein Anspruch auf Informationszugang bestehen, wenn der Schutz von Gemeinwohlinteressen, von Verwaltungsabläufen, von personenbezogenen Daten und von Betriebs- und Geschäftsgeheimnissen dies geboten erscheinen lässt. Das Gesetz wurde bisher nicht vom Bundestag und Bundesrat verabschiedet.

In den Bundesländern gibt es jedoch bereits geltende Informationsfreiheitsgesetze, so seit dem 01.01.2002 in Nordrhein-Westfalen. In starker Anlehnung an den Entwurf der Bundesregierung hat in Nordrhein-Westfalen jede natürliche Person nach Maßgabe des IFG NRW gegenüber Behörden, Einrichtungen und sonstigen öffentlichen Stellen des Landes, der Gemeinden und Gemeindeverbände sowie der sonstigen der Aufsicht des Landes unterstehenden juristischen Personen des öffentlichen Rechts und deren Vereinigungen Anspruch auf Zugang zu den bei der jeweiligen Stelle vorhandenen amtlichen Informationen. Der Schutz der im IFG des Bundes genannten Bereiche wird im IFG NRW ebenfalls gewahrt.

Beim Bundeszentralregister wird ein Gewerbezentralregister geführt, in das Entscheidungen von Behörden eingetragen werden, die die mangelnde Eignung oder Unzuverlässigkeit von Gewerbetreibenden betreffen. Der seit 1998 bestehenden Forderung der Deutschen Innenministerkonferenz nach Schaffung eines bei den Gebietskörperschaften geführten öffentlichen oder nichtöffentlichen Verzeichnisses (Antikorruptionsregister) von Unternehmen, die wegen Korruption auffällig geworden sind und deswegen für eine bestimmte Zeit von der Vergabe öffentlicher Aufträge ausgeschlossen werden, sind zwischenzeitlich 6 Bundesländer gefolgt, deren Gesetze für die jeweiligen Landesbehörden verbindlich sind. Ein Gesetzentwurf für ein Antikorruptionsregister des Bundes scheiterte am 27.09.2002 im Bundesrat.

1.9.3.6 Zusammenfassung

Die Erscheinungsformen von Korruption in der Bauwirtschaft sind vielfältig. Die Spanne reicht von einfachen Bestechungen zur Beschleunigung von Genehmigungsanträgen bis hin zur Bildung von über lange Jahre hinweg funktionierenden Absprachekartellen. Korruption ist nicht nur ein Phänomen in Schwellen- oder Entwicklungsländern, sondern auch die Industrieländer sind davon maßgeblich betroffen, wie der Korruptionsindex von TI deutlich zeigt. Korruption beschränkt sich nicht nur auf Geschäftsvorfälle zwischen öffentlichen Verwaltungen und privatwirtschaftlichen Unternehmen, sondern betrifft auch die Beschaffungswege zwischen Unternehmen. Die Ursachen, die zur Korruption führen, sind ebenfalls vielfältig. Vorteilsnahme, Macht- und Gewinnstreben zur Durchsetzung massiver finanzieller Interessen stehen bei Korrumpierenden und Korrumpierten im Vordergrund. Begünstigt wird dieses Streben durch mangelnde Präventionsmaßnahmen oder Kontrollmechanismen auf Seiten der auslobenden Stellen (Ämter, Beschaffungsabteilungen) und durch mangelndes Problem- und Unrechtsbewusstsein der Beteiligten.

Erkennen lässt sich Korruption nur schwer, weil sie im Verborgenen stattfindet und die Manipulationen wie gewöhnliche Rechen- oder Schreibfehler aussehen, die als branchenüblich dargestellt werden. Erste Anzeichen für die Korrumpierbarkeit eines Mitarbeiters zeigen sich meist im privaten Bereich in Form eines aufwändigen, nicht durch das Gehalt finanzierbaren Lebensstils oder sehr guter freundschaftlicher Kontakte zu Bietern.

Der volkswirtschaftliche Schaden durch Korruption in der Bauwirtschaft, der durch Verteuerung von Lieferungen und Leistungen, Qualitätsminderung und Fehlallokationen von Kapital für die Staatskassen und die betroffenen Unternehmen entsteht, beträgt in Deutschland nach Schätzungen jährlich etwa 2,5 bis 5 Mrd. €. Hinzu kommen gesellschaftlich-ethische Schäden, wie der Niedergang der Wirtschaftsmoral, Werteverfall und Vertrauensverlust der Bürger in die Integrität des Staates, seiner Institutionen und Funktionsträger. Gehäuftes Auftreten der Korruption nährt die Besorgnis über den Zustand des Gemeinwesens und hat Signalwirkung. Gesellschaft, Staat und die politische Kultur stehen auf dem Prüfstand.

Dies haben internationale Organisationen wie TI, die OECD und die Weltbank erkannt und Maßnahmen zur Eindämmung von Korruption in ihr Tätigkeitsfeld aufgenommen. Diese reichen von Verfahrensanweisungen zum Umgang mit Korruption bis zur Erstellung von branchenbezogenen bzw. länderbezogenen Indizes zur Bewertung der Korruptionsanfälligkeit. In Deutschland wird diese Aufgabe vom Bundesrechnungshof, vom Bundeskartellamt sowie den einzelnen Landesrechnungshöfen, Kommunalaufsichten und Revisionsämtern wahrgenommen. Ihre Tätigkeiten erstrecken sich von Präventionsmaßnahmen bis zur Amtshilfe für Strafverfolgungsbehörden. Der diesen zur Verfügung stehende Katalog an Sanktionsmaßnahmen kann nur der Abschreckung dienen. Wesentlich nachhaltiger ist die Bekämpfung der Ursachen durch Schaffung von Transparenz, Schulungs- und Aufklärungsmaßnahmen, die die Risiken und Folgen der Korruption darstellen und das Pflicht- und Rechtsempfinden der Verantwortlichen schärfen, um so dem Übel Korruption wirksam zu begegnen.

Literatur

Zu Kapitel 1.1

1. Gesetze, Verordnungen, Vorschriften

BDSG (1990, 1994) Bundesdatenschutzgesetz
BGB (1896, 2001) Bürgerliches Gesetzbuch
GG (1949, 2002) Grundgesetz für die Bundesrepublik Deutschland
GIA (1971, 1990) Gesetz zur Regelung von Ingenieur- und Architektenleistungen
HOAI (1976, 2001) Honorarordnung für Architekten und Ingenieure
Satzung des Europäischen Systems der Zentralbanken und der Europäischen Zentralbank (2002)
StabG (1967) Gesetz zur Förderung der Stabilität und des Wachstums der Wirtschaft (Stabilitätsgesetz)

2. Normen, Richtlinien

VOB/A, DIN 1960 (2002) Allgemeine Bestimmungen für die Vergabe von Bauleistungen
VOB/B, DIN 1961 (2002) Vergabe- und Vertragsordnung für Bauleistungen
VOB/C, DIN 18299 ff (2002) Allgemeine Technische Vertragsbedingungen für Bauleistungen

3. Kommentare, Lexika

Brockhaus (1998) Brockhaus – Die Enzyklopädie in 24 Bänden. FA Brockhaus, Leipzig – Mannheim, 20. Aufl.
Gabler-Wirtschafts-Lexikon (2001), 15. überarb. u. aktualis. Auflage. Betriebswirtschaftlicher Verlag Dr. Th. Gabler, Wiesbaden
Woll (2000) Wirtschaftslexikon. Oldenbourg-Verlag, 9. Auflage, München

4. Bücher (ohne Kommentare)

Baustatistisches Jahrbuch (2003). Verlag Graphia-Huss, Frankfurt/Main
Diederichs C J (1992) Bauwirtschaftslehre als Branchenbetriebswirtschaftslehre. In: FB 8 – Architektur – der TU Berlin (Hrsg.) (1992) Trends der Baubetriebswirtschaftslehre. Vorträge am 12.06.1992 anlässlich des 65. Geburtstages von o. Prof. Dr. oec. Karlheinz Pfarr. Schriftenreihe Band 6, Berlin
Diederichs C J (1999) Führungswissen für Bau- und Immobilienfachleute – Bauwirtschaft, Unternehmensführung, Immobilienmanagement, Privates Baurecht. Springer-Verlag Berlin Heidelberg
Dornbusch R, Fischer S (1992) Makroökonomik. Oldenbourg-Verlag München – Wien, 5. Aufl.
Hauptverband der Deutschen Bauindustrie (2003) Bauwirtschaft im Zahlenbild 2003, Berlin
Knechtel E (1992) Die Bauwirtschaft in der EG. Bauverlag Wiesbaden

Meadows D et al. (1972) Die Grenzen des Wachstums. Weiterführung in: Meadows et al. (1992) Die neuen Grenzen des Wachstums. Die Lage der Menschheit, Bedrohung und Zukunftschancen. Deutsche Verlags-Anstalt, Stuttgart

Oppenländer KH (1995) Konjunkturindikatoren. Oldenbourg-Verlag, München – Wien

Pfarr KH (1983) Geschichte der Bauwirtschaft. Deutscher Consulting Verlag, Essen

Pfarr K (1998) Trends, Fehlentwicklungen und Delikte in der Bauwirtschaft. Springer-Verlag, Berlin – Heidelberg

Porter M (2002) Wettbewerbsstrategie. Methoden zur Analyse von Branchen und Konkurrenten. Campus-Verlag, Frankfurt

Statistisches Bundesamt (Hrsg., 2004) Statistisches Jahrbuch 2003 für die Bundesrepublik Deutschland. Wiesbaden (jährlich neu)

v. Weizsäcker E U et al. (1995) Faktor Vier. Doppelter Wohlstand – halbierter Naturverbrauch. Droemer Knaur, München

Wöhe G (2002) Einführung in die Allgemeine Betriebswirtschaftslehre. Verlag Franz Vahlen, München, 21. Aufl.

5. Aufsätze in Zeitschriften

Deutsche Bundesbank (Februar 2003) Verhältniszahlen aus Jahresabschlüssen deutscher Unternehmen von 1998 bis 2000, Statistische Sonderveröffentlichung 6, Frankfurt/Main

Deutsche Bundesbank (2003) Monatsberichte Juni und November

Deutsche Bundesbank (September 2003) Ergebnisse der Gesamtwirtschaftlichen Finanzrechnung für Deutschland 1991 bis 2002, Statistische Sonderveröffentlichung 4, Frankfurt/Main

Deutsche Bundesbank (2003), Organisationsplan der Zentrale, Bankgeschäftliche Informationen 9

Deutsche Bundesbank (2004) Monatsbericht März

Europäische Zentralbank (2004) EZB Konvergenzbericht 2004

Institut der deutschen Wirtschaft (Hrsg.), iwd, Informationsdienst, Deutscher Instituts-Verlag, Köln. Erscheint wöchentlich.

6. Internetseiten

www.bankenbericht.de: Internetseite des Bundesverbandes deutscher Banken, Frankfurt/Main

www.bau.uni-wuppertal.de: Internetseite des Lehrstuhls für Bauwirtschaft an der Bergischen Universität Wuppertal

www.bmi.bund.de: Internetseite des Bundesministerium des Innern, Berlin

www.bundesbank.de: Internetseite der Deutschen Bundesbank, Frankfurt/Main

www.dejure.org: Internetseite der tagesaktuellen Gesetze und Rechtsprechung zum europäischen, deutschen und baden-württembergischen Recht

www.destatis.de: Internetseite des Statistischen Bundesamtes Deutschland, Wiesbaden

www.diw.de Internetseite des Deutschen Instituts für Wirtschaftsforschung, Berlin

www.ecb.int: Internetseite der Europäischen Zentralbank, Frankfurt/Main

www.europa.eu.int: Internetseite der Europäischen Union, Brüssel

www.fidic.org: Internetseite der Internationalen Vereinigung beratender Ingenieure, Genf

www.iwkoeln.de: Internetseite des Instituts der deutschen Wirtschaft, Köln

www.sachverstaendigenrat-wirtschaft.de: Internetseite des Sachverständigenrates zur Begutachtung der gesamtwirtschaftlichen Entwicklung, c/o Statistisches Bundesamt, Wiesbaden

Zu Kapitel 1.2

1. Gesetze, Verordnungen, Vorschriften

AGBG (1976, 2001) Gesetz zur Regelung des Rechts der Allgemeinen Geschäftsbedingungen (AGB-Gesetz bzw. §§ 305–310 BGB))
AktG (1965, 2003) Aktiengesetz
BGB (1896, 2004) Bürgerliches Gesetzbuch
GenG (1889, 2001) Gesetz betreffend die Erwerbs- und Wirtschaftsgenossenschaften (Genossenschaftsgesetz)
GewO (1869, 2003) Gewerbeordnung
GewStG (1936,2002) Gewerbesteuergesetz
GG (1949, 2002) Grundgesetz für die Bundesrepublik Deutschland
GmbHG (1892, 2002) Gesetz betreffend die Gesellschaften mit beschränkter Haftung
HGB (1897, 2004) Handelsgesetzbuch
HOAI (1976, 2001) Honorarordnung für Architekten und Ingenieure
IAS (2003) International Accounting Standards
KonTraG (1998) Gesetz zur Kontrolle und Transparenz im Unternehmensbereich

2. Normen, Richtlinien

Bauverlag GmbH (Hrsg.) Baukontenrahmen 1987 (BKR 1987)
VOB/A, DIN 1960 (2002) Allgemeine Bestimmungen für die Vergabe von Bauleistungen
VOB/B, DIN 1961 (2002) Vergabe- und Vertragsordnung für Bauleistungen
VOB/C, DIN 18299 ff (2002) Allgemeine Technische Vertragsbedingungen für Bauleistungen

3. Kommentare, Lexika

Gabler-Wirtschafts-Lexikon (2001), 15. überarb. u. aktualis. Auflage, Betriebswirtschaftlicher Verlag Dr. Th. Gabler, Wiesbaden
Göllert K, Ringling W (1986) Bilanzrichtlinien-Gesetz. Verlagsgesellschaft Recht und Wirtschaft, Heidelberg

4. Bücher (ohne Kommentare)

Baustatistisches Jahrbuch (2003) Verlag Graphia-Huss, Frankfurt/Main
Diederichs C J (1999) Führungswissen für Bau- und Immobilienfachleute – Bauwirtschaft, Unternehmensführung, Immobilienmanagement, Privates Baurecht. Springer-Verlag Berlin Heidelberg
Pfarr KH (1984) Grundlagen der Bauwirtschaft. Deutscher Consulting Verlag, Essen
Schneider K-J (2002) Bautabellen für Ingenieure. Werner Verlag, Düsseldorf, 15. Auflage
Stehle H/Stehle A (2001) Die rechtlichen und steuerlichen Wesensmerkmale der verschiedenen Rechtsformen. Boorberg-Verlag, München

5. Aufsätze in Zeitschriften

6. Internetseiten

www.bmi.de: Internetseite des Bundesministeriums des Innern, Berlin
www.bmvbw.de: Internetseite des Bundesministeriums für Verkehr, Bau- und Wohnungswesen, Berlin
www.bmwi.de: Internetseite des Bundesministeriums für Wirtschaft und Arbeit, Berlin
www.ibr-online.de: Internetseite der Zeitschrift IBR Immobilien- & Baurecht, id Verlag GmbH, Mannheim

Zu Kapitel 1.3

1. Gesetze, Verordnungen, Vorschriften

AEntG (1996, 2003) Gesetz über zwingende Arbeitsbedingungen bei grenzüberschreitenden Dienstleistungen (Arbeitnehmer-Entsendegesetz)

AltersteilzeitG (1996, 2003) Altersteilzeitgesetz

ArbGG (1953, 2003) Arbeitsgerichtsgesetz

ArbPlSchG (1980, 2003) Gesetz über den Schutz des Arbeitsplatzes bei Einberufung zum Wehrdienst

ArbSchG (1996, 2004) Gesetz über die Durchführung von Maßnahmen des Arbeitsschutzes zur Verbesserung der Sicherheit und des Gesundheitsschutzes der Beschäftigten bei der Arbeit (Arbeitsschutzgesetz)

ArbSichG (1973, 2003) Gesetz über Betriebsärzte, Sicherheitsingenieure und andere Fachkräfte für Arbeitssicherheit

ArbZG (1994, 2004) Arbeitszeitgesetz

AÜG (1995, 2004) Gesetz zur Regelung der gewerbsmäßigen Arbeitnehmerüberlassung (Arbeitnehmerüberlassungsgesetz)

BaustellV (1998) Verordnung über Sicherheit und Gesundheitsschutz auf Baustellen (Baustellenverordnung)

BBiG (1969, 2003) Berufsbildungsgesetz

BErzGG (1994, 2001) Gesetz über die Gewährung von Erziehungsgeld und Erziehungsurlaub (Bundeserziehungsgeldgesetz)

BeschäftigtenschutzG (1994) Gesetz zum Schutz der Beschäftigten vor sexueller Belästigung am Arbeitsplatz

BetrAVG (1974, 2003) Gesetz zur Verbesserung der betrieblichen Altersversorgung

BErzGG (1985, 2004) Gesetz zum Erziehungsgeld und zur Elternzeit

BetrVG (1952, 2001) Betriebsverfassungsgesetz

BetrVG (1972, 2003) Betriebsverfassungsgesetz

BGB (1896, 2001) Bürgerliches Gesetzbuch

BUrlG (1963, 2002) Mindesturlaubsgesetz für Arbeitnehmer (Bundesurlaubsgesetz)

EntgeltfortzahlungsG (1994, 2002) Gesetz über die Zahlung des Arbeitsentgelts an Feiertagen und im Krankheitsfall

GG (1949, 2002) Grundgesetz für die Bundesrepublik Deutschland

JArbSchG (1976, 2003) Gesetz zum Schutze der arbeitenden Jugend (Jugendarbeitsschutzgesetz)

KSchG (1969, 2004) Kündigungsschutzgesetz

LohnfortzG (1969, 2002) Lohnfortzahlungsgesetz – Gesetz über die Fortzahlung des Arbeitsentgelts im Krankheitsfalle

MitbestG (1976, 2002) Gesetz über die Mitbestimmung der Arbeitnehmer (Mitbestimmungsgesetz)

MMitBestG (1951, 2003) Montan-Mitbestimmungsgesetz (Gesetz zur Ergänzung des Gesetzes über die Mitbestimmung der Arbeitnehmer in den Aufsichtsräten und Vorständen der Unternehmen des Bergbaus und der Eisen und Stahl erzeugenden Industrie)

MuSchG (1952, 2003) Gesetz zum Schutze der erwerbstätigen Mutter (Mutterschutzgesetz)

NachWG (1995, 2003) Gesetz über den Nachweis der für ein Arbeitsverhältnis geltenden wesentlichen Bedingungen

SchwarzarbG (1957, 2003) Gesetz zur Bekämpfung der Schwarzarbeit

SGB III (1997, 2002) Sozialgesetzbuch (SGB) Drittes Buch (III). Arbeitsförderung, §§ 209 ff Förderung der ganzjährigen Beschäftigung in der Bauwirtschaft

SGB VI (1989, 2002) Sozialgesetzbuch (SGB) Sechstes Buch (VI) – Gesetzliche Rentenversicherung (Artikel 1 des Gesetzes v. 18. Dezember 1989, BGBl. I S. 2261, 1990 I S. 1337)

SGB IX (2001, 2003) Sozialgesetzbuch (SGB) Neuntes Buch (IX) Rehabilitation und Teil-
habe behinderter Menschen
TVG (1969, 2003) Tarifvertragsgesetz
TZBfG (2000, 2003) Gesetz über Teilzeitarbeit und befristete Arbeitsverträge
Zander O (Hrsg., 2003) Tarifsammlung für die Bauwirtschaft, Otto Elsner Verlag, Dieburg
(jährlich neu)

2. Normen, Richtlinien

3. Kommentare, Lexika

Richardi R (2003) Einführung in das Arbeitsrecht. In: Arbeitsgesetze. Beck-Texte im dtv.
Verlag C. H. Beck, München, 63. Aufl.

4. Bücher (ohne Kommentare)

Diederichs C J (1999) Führungswissen für Bau- und Immobilienfachleute – Bauwirtschaft,
Unternehmensführung, Immobilienmanagement, Privates Baurecht. Springer-Verlag
Berlin – Heidelberg

5. Aufsätze in Zeitschriften

6. Internetseiten

www.bmgs.bund.de: Internetseite des Bundesministeriums für Gesundheit und soziale Sicherung, Bonn
www.bmi.bund.de: Internetseite des Bundesministeriums des Innern, Berlin
www.bmwi.de: Internetseite des Bundesministeriums für Wirtschaft und Arbeit, Berlin

Zu Kapitel 1.4

1. Gesetze, Verordnungen, Vorschriften

BGB (1896, 2001) Bürgerliches Gesetzbuch
BiRiLiG (1985) Bilanzrichtlinien-Gesetz
EstG (1934, 2003) Einkommensteuergesetz
HGB (1897, 2004) Handelsgesetzbuch
PublG (1969, 2001) Gesetz über die Rechnungslegung von bestimmten Unternehmen und
Konzernen

2. Normen, Richtlinien

Bauverlag GmbH (Hrsg) Baukontenrahmen 1987 (BKR 87)

3. Kommentare, Lexika

Göllert K, Ringling W (1986) Bilanzrichtlinien-Gesetz. Verlagsgesellschaft Recht und
Wirtschaft, Heidelberg
Heinrichs H (2001) Vorbemerkungen zu §§ 249 BGB, Rdn. 7, 8 und 54 bis 60. In: Palandt
(2001) Bürgerliches Gesetzbuch – Kurzkommentar. Beck-Verlag München, 60. Aufl.

4. Bücher (ohne Kommentare)

Bilfinger Berger AG (2004) Geschäftsbericht 2003, Mannheim
BMBau (Hrsg., 1986) Diederichs C J, Hepermann H Kostenermittlung durch Kalkulation
von Leitpositionen (Rohbau und Ausbau). Schriftenreihe 04.115 des BMBau, Bonn

Diederichs C J (1999) Führungswissen für Bau- und Immobilienfachleute – Bauwirtschaft, Unternehmensführung, Immobilienmanagement, Privates Baurecht. Springer-Verlag Berlin – Heidelberg

Getto P (2002) Entwicklung eines Bewertungssystems für ökonomischen und ökologischen Wohnungs- und Bürogebäudeneubau. DVP-Verlag Wuppertal

Hochtief AG (2004) Geschäftsbericht 2003, Essen

Küting K/Weber, C P (2004) Die Bilanzanalyse. Verlag Schäffer/Poeschel, Stuttgart, 7. Auflage

Leimböck E, Schönnenbeck H (1992) KLR Bau und Baubilanz. Bauverlag Wiesbaden – Berlin

Leimböck E (1997) Bilanzen und Besteuerung der Bauunternehmen. Bauverlag Wiesbaden – Berlin

Leimböck E (2004) Bauwirtschaft. B. G. Teubner Verlag Stuttgart – Leipzig

Monse K (1995) Unternehmensvernetzung. In: Gabler Wirtschaftslexikon. Verlag Gabler, Wiesbaden, 13. Aufl.

Strabag Beteiligungs AG (2004) Geschäftsbericht 2003, Köln

Walter Bau AG (2004) Geschäftsbericht 2003, Augsburg

Wöhe G (2002) Einführung in die Allgemeine Betriebswirtschaftslehre. Verlag Franz Vahlen, München, 21. Auflage

Zu Kapitel 1.5

1. Gesetze, Verordnungen, Vorschriften

BGB (1896, 2001) Bürgerliches Gesetzbuch

GIA (1971, 1990) Gesetz zur Regelung von Ingenieur- und Architektenleistungen

HOAI (1976, 2001) Honorarordnung für Architekten und Ingenieure

Kartellgesetz (1999, 2003) GWB – Gesetz zur Beschränkung des Wettbewerbs, Das Bundeskartellamt, Bonn

ProdHaftG (1989, 2002) Produkthaftungsgesetz

Zander O (Hrsg., 2003) Tarifsammlung für die Bauwirtschaft, Otto Elsner Verlag, Dieburg (jährlich neu)

2. Normen, Richtlinien

RBBau (2004) Richtlinien zur Durchführung von Bauaufgaben des Bundes im Zuständigkeitsbereich der Länder. BMBau (Hrsg). Deutscher Bundesverlag Bonn

VOB/A, DIN 1960 (2002) Allgemeine Bestimmungen für die Vergabe von Bauleistungen

VOB/B, DIN 1961 (2002) Vergabe- und Vertragsordnung für Bauleistungen

VOB/C, DIN 18299 ff (2002) Allgemeine Technische Vertragsbedingungen für Bauleistungen

3. Kommentare, Lexika

Englert K, Katzenbach R, Motzke G (2003) Beck'scher VOB-Kommentar, VOB Teil C – Allgemeine Technische Vertragsbedingungen für Bauleistungen. C. H. Beck-Verlag, München

Franke H, Grünhagen M, Kemper R, Zanner C (2002) VOB Kommentar – Bauvergaberecht, Bauvertragsrecht. Werner Verlag, Düsseldorf

Franke H, Höfler, Bayer (2002) Bauvergaberecht in der Praxis. Bauverlag, Wiesbaden – Berlin

Hartmann R (2004) Die neue Honorarordnung für Architekten und Ingenieure (HOAI). Weka Baufachverlage, Augsburg, 26. Aktualisierungs- und Ergänzungslieferung März 2004

Heiermann W, Riedl R, Rusam M (2002) Handkommentar zur VOB – Teile A und B. Bauverlag, Wiesbaden – Berlin, 9. Aufl.

Hesse H G, Korbin H, Mantscheff J, Vygen K (1996) Honorarordnung für Architekten und Ingenieure (HOAI), Kommentar. C. H. Beck'sche Verlagsbuchhaltung München, 5. Aufl.

Ingenstau H, Korbion H (2003) VOB Teile A und B – Kommentar. Werner Verlag, Düsseldorf, 15. Aufl.

Jochem R (1998) HOAI-Gesamtkommentar. Bauverlag Wiesbaden – Berlin, 6. Aufl.

Kapellmann K, Messerschmidt B (2003) VOB Teile A und B, Kommentar. C. H. Beck-Verlag, München

Locher H, Koebele W, Frik W, (2002) Kommentar zur HOAI. Werner Verlag, Düsseldorf, 8. Aufl.

Pott W Dahlhoff W, Kniffka R (1996) Verordnung über die Honorare für Leistungen der Architekten und der Ingenieure (HOAI). Kommentar, Verlag Rudolf Müller, Essen, 7. Aufl.

4. Bücher (ohne Kommentare)

BMBau (Hrsg., 1986) Diederichs C J, Hepermann H: Kostenermittlung durch Kalkulation von Leitpositionen (Rohbau und Ausbau). Schriftenreihe 04.115 des BMBau, Bonn

Diederichs C J, Hepermann H (1989) Kostenermittlung mit Leitpositionen für die Haustechnik. Forschungsbericht im Auftrag des BMBau, Wuppertal

Diederichs C J (1999) Führungswissen für Bau- und Immobilienfachleute – Bauwirtschaft, Unternehmensführung, Immobilienmanagement, Privates Baurecht. Springer-Verlag Berlin – Heidelberg

Drees G, Bahner A (2002) Kalkulation von Baupreisen. Bauverlag Wiesbaden – Berlin, 7. Aufl.

Fleischmann HD (1998) Angebotskalkulation mit Richtwerten. Werner Verlag, Düsseldorf, 3. Aufl.

Hauptverband der Deutschen Bauindustrie (Hrsg., 2001) Baugeräteliste 2001 – Technischwirtschaftliche Baumaschinendaten (BGL 2001). Bauverlag Wiesbaden – Berlin

Hauptverband der Deutschen Bauindustrie/Zentralverband des Deutschen Baugewerbes (Hrsg) (2001) KLR Bau Kosten- und Leistungsrechnung der Bauunternehmen. Bauverlag Wiesbaden – Berlin, 7. Auflage

Hoffmann M (2002) Zahlentafeln für den Baubetrieb. B. G. Teubner Verlag, Stuttgart – Leipzig, 6. vollst. akt. Aufl.

Hofmann O, Glatzel L, Hofmann O, Frikell E (2003) Unwirksame Bauvertragsklauseln nach dem AGB-Gesetz. Verlag Ernst Vögel, Stamsried, 10. Aufl.

Kapellmann KD, (2004) Schlüsselfertiges Bauen. Werner Verlag, Düsseldorf, 2. Aufl.

Leimböck E. (2000) Bauwirtschaft. B. G. Teubner Verlag, Stuttgart – Leipzig

Meier E (1990) Zeitaufwandtafeln für die Kalkulation von Hochbau- und Stahlbetonarbeiten. Bauverlag, Wiesbaden – Berlin, 3. Aufl.

Meier E (1997) Kalkulation für den Straßen- und Tiefbau. Bauverlag, Wiesbaden – Berlin

Olesen P (1989) Kalkulation im Bauwesen. Schiele und Schön, Berlin. Band 1: Grundlagen/Praktische Durchführung der Kalkulation, 2. Aufl. (1994); Band 2: Kalkulationstabellen Hochbau. Erdarbeiten, Rohrleitungen, Außenanlagen, 11. Aufl. (1996); Band 3: Kalkulationstabellen Straßen- und Tiefbau, 9. Aufl. (1997); Band 4: Bauleistungen und Baupreise für schlüsselfertige Wohnhausbauten, 2. Aufl. (1997)

Plümecke K (Hrsg., 1995) Preisermittlung für Bauarbeiten. Müller-Verlag, Köln, 24. Aufl.

Prange H, Leimböck E (1991) Kalkulationsschulungsheft – Preisermittlung nach KLR Bau. Bauverlag Wiesbaden – Berlin

Prange H, Leimböck E, Klaus U (1991) Baukalkulation unter Berücksichtigung der KLR Bau und der VOB. Bauverlag Wiesbaden – Berlin, 8. Aufl.

Schneider K-J (2002) Bautabellen für Ingenieure. Werner Verlag, Düsseldorf, 15. Auflage

Zu Kapitel 1.6

1. Gesetze, Verordnungen, Vorschriften

BGB (1896, 2001) Bürgerliches Gesetzbuch

GIA (1971, 1990) Gesetz zur Regelung von Ingenieur- und Architektenleistungen

HOAI (1976, 2001) Honorarordnung für Architekten und Ingenieure

Kartellgesetz (1999, 2003) GWB – Gesetz zur Beschränkung des Wettbewerbs, Das Bundeskartellamt, Bonn

ProdHaftG (1989, 2002) Produkthaftungsgesetz

Zander O (Hrsg., 2003) Tarifsammlung für die Bauwirtschaft, Otto Elsner Verlag, Dieburg (jährlich neu)

2. Normen, Richtlinien

RBBau (2004) Richtlinien zur Durchführung von Bauaufgaben des Bundes im Zuständigkeitsbereich der Länder. BMBau (Hrsg.). Deutscher Bundesverlag Bonn

Vergabehandbücher des Bundes und der Länder (2004)

VOB/A, DIN 1960 (2002) Allgemeine Bestimmungen für die Vergabe von Bauleistungen

VOB/B, DIN 1961 (2002) Vergabe- und Vertragsordnung für Bauleistungen

VOB/C, DIN 18299 ff (2002) Allgemeine Technische Vertragsbedingungen für Bauleistungen

3. Kommentare, Lexika

Englert K, Katzenbach R, Motzke G (2003) Beck'scher VOB-Kommentar, VOB Teil C – Allgemeine Technische Vertragsbedingungen für Bauleistungen. C. H. Beck-Verlag, München

Franke H, Grünhagen M, Kemper R, Zanner C (2002) VOB Kommentar – Bauvergaberecht, Bauvertragsrecht. Werner Verlag, Düsseldorf

Franke H, Höfler, Bayer (2002) Bauvergaberecht in der Praxis. Bauverlag Wiesbaden – Berlin

Hartmann R (2004) Die neue Honorarordnung für Architekten und Ingenieure (HOAI). Weka Baufachverlage, Augsburg, 26. Aktualisierungs- und Ergänzungslieferung März 2004

Heiermann W, Riedl R, Rusam M (2002) Handkommentar zur VOB – Teile A und B, Bauverlag GmbH, Wiesbaden und Berlin, 9. Aufl.

Hesse H G, Korbion H, Mantscheff J, Vygen K (1996) Honorarordnung für Architekten und Ingenieure (HOAI), Kommentar. C. H. Beck´sche Verlagsbuchhaltung München, 5. Aufl.

Ingenstau H, Korbion H (2003) VOB Teile A und B – Kommentar. Werner Verlag, Düsseldorf, 15. Aufl.

Jochem R (1998) HOAI-Gesamtkommentar. Bauverlag Wiesbaden – Berlin, 6. Aufl.

Kapellmann K, Messerschmidt B (2003) VOB Teile A und B, Kommentar. C. H. Beck-Verlag, München

Locher H, Koeble W, Frik W (2002) Kommentar zur HOAI. Werner Verlag, Düsseldorf, 8. Aufl.

Pott W Dahlhoff W, Kniffka R (1996) Verordnung über die Honorare für Leistungen der Architekten und der Ingenieure (HOAI), Kommentar. Verlag Rudolf Müller Essen, 7. Aufl.

4. Bücher (ohne Kommentare)

Born BL (1980) Systematische Erfassung und Bewertung der durch Störungen im Bauablauf verursachten Kosten. Werner Verlag, Düsseldorf

BMBau (Hrsg., 1986) Diederichs C J, Hepermann H Kostenermittlung durch Kalkulation von Leitpositionen (Rohbau und Ausbau). Schriftenreihe 04.115 des BMBau, Bonn

Diederichs C J, Hepermann H (1989) Kostenermittlung mit Leitpositionen für die Haustechnik. Forschungsbericht im Auftrag des BMBau, Wuppertal

Diederichs C J (1999) Führungswissen für Bau- und Immobilienfachleute – Bauwirtschaft, Unternehmensführung, Immobilienmanagement, Privates Baurecht. Springer-Verlag Berlin – Heidelberg

Drees G, Bahner A (2002) Kalkulation von Baupreisen. Bauverlag Wiesbaden – Berlin, 7. Aufl.

Drittler M (1991) Entwicklungskonzeption eines wissenbasierten Beratungssystems für die Prüfung von Nachtragsforderungen bei Bauverträgen. DVP-Verlag Wuppertal

Fleischmann HD (1998) Angebotskalkulation mit Richtwerten. Werner Verlag, Düsseldorf, 3. Aufl.

Hager H (1991) Untersuchung von Einflussgrößen und Kostenänderungen bei Beschleunigungsmaßnahmen von Bauvorhaben. VDI-Verlag Düsseldorf, Reihe 4 Nr. 106

Hauptverband der Deutschen Bauindustrie (Hrsg., 2001) Baugeräteliste 2001 – Technischwirtschaftliche Baumaschinendaten (BGL 2001). Bauverlag Wiesbaden – Berlin

Hauptverband der Deutschen Bauindustrie/Zentralverband des Deutschen Baugewerbes (Hrsg., 2001) KLR Bau Kosten- und Leistungsrechnung der Bauunternehmen. Bauverlag Wiesbaden – Berlin, 7. Auflage

Hoffmann M (2002) Zahlentafeln für den Baubetrieb. B. G. Teubner Verlag, Stuttgart – Leipzig, 6. vollst. akt. Aufl.

Hofmann O, Frickell E (2000) Nachträge am Bau. Verlag Ernst Vögel, Stamsried, 2. Aufl.

Hofmann O, Glatzel L, Hofmann O, Frikell E (2003) Unwirksame Bauvertragsklauseln nach dem AGB-Gesetz. Verlag Ernst Vögel, Stamsried, 10. Aufl.

Jacob D, Winter C, Stuhr C (2002) Kalkulationsformen im Ingenieurbau. Ernst & Sohn, Berlin

Kapellmann KD, (Hrsg) (1997) Juristisches Projektmanagement bei Entwicklung und Realisierung von Bauprojekten. Werner Verlag, Düsseldorf

Kapellmann KD, Schiffers KH (2000) Vergütung, Nachträge und Behinderungsfolgen beim Bauvertrag, Band 1: Einheitspreisvertrag. Werner Verlag, Düsseldorf, 4. Aufl.

Kapellmann KD, Schiffers KH (2000) Vergütung, Nachträge und Behinderungsfolgen beim Bauvertrag, Band 2: Pauschalvertrag einschließlich Schlüsselfertigbau. Werner Verlag, Düsseldorf, 3. Aufl.

Kapellmann KD, (2004) Schlüsselfertiges Bauen. Werner Verlag, Düsseldorf, 2. Aufl.

Konermann J (2001) Auftragnehmer-Nachtragsmanagement. DVP-Verlag Wuppertal

Lang A (1988) Ein Verfahren zur Bewertung von Bauablaufstörungen und zur Projektsteuerung. VDI-Verlag Düsseldorf, Reihe 4 Nr. 85

Meier E (1997) Kalkulation für den Straßen- und Tiefbau. Bauverlag, Wiesbaden – Berlin

Olesen P (1989) Kalkulation im Bauwesen. Schiele und Schön, Berlin. Band 1: Grundlagen/Praktische Durchführung der Kalkulation, 2. Aufl. (1994); Band 2: Kalkulationstabellen Hochbau. Erdarbeiten, Rohrleitungen, Außenanlagen, 11. Aufl. (1996); Band 3: Kalkulationstabellen Straßen- und Tiefbau, 9. Aufl. (1997); Band 4: Bauleistungen und Baupreise für schlüsselfertige Wohnhausbauten, 2. Aufl. (1997)

Plümecke K (Hrsg., 1995) Preisermittlung für Bauarbeiten. Müller-Verlag, Köln, 24. Aufl.

Plum H (1997) Sachgerechter und prozessorientierter Nachweis von Behinderungen und Behinderungsfolgen beim VOB-Vertrag. Werner-Verlag, Düsseldorf

Prange H, Leimböck E (1991) Kalkulationsschulungsheft – Preisermittlung nach KLR Bau. Bauverlag Wiesbaden – Berlin

Prange H, Leimböck E, Klaus U (1991) Baukalkulation unter Berücksichtigung der KLR Bau und der VOB. Bauverlag Wiesbaden – Berlin, 8. Aufl.

Reister D (Hrsg., 2003) Nachträge beim Bauvertrag. Werner Verlag, Düsseldorf

Schneider K-J (2002) Bautabellen für Ingenieure. Werner Verlag, Düsseldorf, 15. Auflage

Schramm C (2003) Störeinflüsse im Leistungsbild des Architekten. DVP-Verlag Wuppertal

Vygen K, Schubert E, Lang A (2002) Bauverzögerung und Leistungsänderung. Bauverlag Wiesbaden – Berlin, 4. Aufl.

5. Aufsätze in Zeitschriften

Diederichs C J (1985a, 1985b, 1986, 1987) Sonderprobleme der Kalkulation, Teile 1 bis 4, Bauwirtschaft Nr. 32/85, S. 1177 ff, Nr. 46/85, S. 1698 ff, Nr. 13/86, S. 475 ff, Nr. 5/87, S. 123 ff

Diederichs C J (1998) Schadensabschätzung nach § 287 ZPO bei Behinderungen gemäß § 6 VOB/B. Beilage zu BauR 1/1998

Diederichs C J (2003) Die Vermeidbarkeit gerichtlicher Streitigkeiten über das Honorar nach der HOAI, NZBau Heft 7/2003

Diederichs C J (2004a) Es geht auch ohne Gericht – Die häufigsten HOAI-Fehler und wie sie vermieden werden können. Deutsches IngenieurBlatt Heft 3/2004

Diederichs C J (2004b) Der Bauprozess und der Bausachverständige aus der empirischen Sicht der Gerichte und der Industrie- und Handelskammern, NZBau, August 2004

Zu Kapitel 1.7

1. Gesetze, Verordnungen, Vorschriften

Haushaltsordnungen des Bundes, der Länder und der Kommunen zu Wirtschaftlichkeitsberechnungen und Nutzen-Kosten-Untersuchungen (i. d. R. § 7)

2. Normen, Richtlinien

3. Kommentare, Lexika

Kretschmar HJ (1981) Investitionsrechnung. In: Wirtschaftsprüfer-Handbuch (1981) IdW-Verlag GmbH, Düsseldorf

4. Bücher (ohne Kommentare)

Blohm H, Lüder K (1995) Investition. Verlag Vahlen, München, 8. Auflage

Diederichs C J (1985) Wirtschaftlichkeitsberechnungen, Nutzen-Kosten-Untersuchungen. DVP-Verlag Wuppertal

Diederichs C J (1999) Führungswissen für Bau- und Immobilienfachleute – Bauwirtschaft, Unternehmensführung, Immobilienmanagement, Privates Baurecht. Springer-Verlag Berlin – Heidelberg

Dörsam P (2003) Grundlagen der Investitionrechnung. Pd-Verlag, Heidenau, 3. Auflage

Götze U, Bloech J (2003) Investitionsrechnung. Springer-Verlag Berlin – Heidelberg, 4. Auflage

Nixdorf B (1983) Investitionsrechnungsverfahren in der Bauplanung. Schriftenreihe des BMBau Nr. 04.089

Zu Kapitel 1.8

1. Gesetze, Verordnungen, Vorschriften

BBankG (1957, 1998) Gesetz über die Deutsche Bundesbank
BGB (1896, 2001) Bürgerliches Gesetzbuch
HGB (1897, 2004) Handelsgesetzbuch
InsO (1994, 2003) Insolvenzordnung

2. Normen, Richtlinien

3. Kommentare, Lexika

4. Bücher (ohne Kommentare)

Becker, HP (2002) Grundlagen der Unternehmensfinanzierung. Verlag moderne industrie, Augsburg

Büschgen HE (1993) Leasing. Erfolgs- und liquiditätsorientierter Vergleich zu traditionellen Finanzierungsformen. In: Gebhardt G, Gerke W, Steiner M (Hrsg., 1993) Handbuch des Finanzmanagements. C. H. Beck-Verlag, München

Bundesministerium für Wirtschaft (1998) Kleine und mittlere Unternehmen – Früherkennung von Chancen und Risiken; 3. Auflage, Bonn

Diederichs C J (1999) Führungswissen für Bau- und Immobilienfachleute – Bauwirtschaft, Unternehmensführung, Immobilienmanagement, Privates Baurecht. Springer-Verlag Berlin – Heidelberg

Diederichs et al. (2002) Erfolgsfaktoren für kleine und mittlere Bauunternehmen zur Bewältigung des Strukturwandels. DVP-Verlag Wuppertal, Kap. 4.11, 2. Aufl.

Drukarczyk J (1993) Finanzierung. Gustav Fischer, Stuttgart, 6. Aufl.

Paul S/Stein S (2002) Rating, Basel II und die Unternehmensfinanzierung, Köln

Perridon L, Steiner M (1993) Finanzwirtschaft der Unternehmung. Verlag Franz Vahlen, München, 7. Aufl.

Schär K F (1992) Die wirtschaftliche Funktionsweise des Factoring. In: Kramer, E. A. (1992) Neue Vertragsformen der Wirtschaft: Leasing, Factoring, Franchising, 2. überarbeitete und erweiterte Auflage, Bern

Schulte K-W, Väth A (1996), Finanzierung und Liquiditätssicherung. In: Diederichs C J (1996 Hrsg.,) Handbuch der strategischen und taktischen Bauunternehmensführung, S. 463 ff

TrebAG (Hrsg., 1998) Treuhand und Beratung Aktiengesellschaft: Krisenursachen im Insolvenzvorfeld mittelständischer Unternehmer, München – Salzburg

Wöhe G, Bilstein J (2003) Grundzüge der Unternehmensfinanzierung. Verlag Vahlen, München, 9. Auflage

Zu Kapitel 1.9

1. Gesetze, Verordnungen, Vorschriften

BGB (1896, 2001) Bürgerliches Gesetzbuch
EStG (1934, 2002) Einkommensteuergesetz
GWB (1990, 2003) Gesetz gegen Wettbewerbsbeschränkungen
SchwarzarbG (1995, 2003) Gesetz zur Bekämpfung der Schwarzarbeit
UStG (1979,1999) Umsatzsteuergesetz
UWG (1909, 2002) Gesetz gegen den unlauteren Wettbewerb

2. Normen, Richtlinien

3. Kommentare, Lexika

Brockhaus (1998) Die Enzyklopädie in 24 Bänden, FA Brockhaus, 20. Auflage, Leipzig – Mannheim

4. Bücher (ohne Kommentare)

Arnim, v. H H, (Hrsg., 2003) Korruption – Netzwerke in Politik, Ämtern und Wirtschaft, Knaur Taschenbuch, München
Baustatistisches Jahrbuch (2003) Hauptverband der Deutschen Bauindustrie, Verlag Graphia-Huss, Frankfurt/Main
Bannenberg B (2003) Korruption – Eine kriminologisch-straftrechtliche Studie. In: v. Arnim, H H (Hrsg., 2003) a. a. O.
Brecht B (1928) Dreigroschenoper
BRH Bundesrechnungshof (1998) Hinweise und Empfehlungen zur Korruptionsbekämpfung im Straßenbau, Frankfurt/Main
Bund der Steuerzahler NRW e. V. (2002) Steuergeldverschwendung und Korruption – Vorbeugen, Bekämpfen, Bestrafen
Bundeskriminalamt, BKA (2003) Einschätzung zur Korruption in Polizei, Justiz und Zoll Ein gemeinsames Forschnungsprojekt des Bundeskriminalamtes und der Polizei Führungsakademie BKA – Reihe Polizei + Forschung, Band 46
Claussen, H R (1995) Korruption im öffentlichen Dienst, Heymann, Köln
Deutsche Bahn AG (2002) Gemeinsame Leitlinien für Auftraggeber- und Lieferantenbeziehungen. Eigenverlag Berlin
Deutsche Bundesbank (2000) Handlungsgrundsätze zur Vorsorge gegen Verfehlungen im Beschaffungsbereich (HGr Beschaffung)
Diederichs, C J et al. (2002) EU-ADAPT – Erfolgsfaktoren für kleine und mittlere Bauunternehmen zur Bewältigung des Strukturwandels. DVP-Verlag, Wuppertal, Kap. 4.12 und 4.13, 2. Aufl.
Diederichs C J (2002) Schwarzarbeit und Korruption in der Bauwirtschaft; in Kapellmann K D, Vygen K (2002) Jahrbuch Baurecht. Werner Verlag, Düsseldorf
Dietz, M (1998) Korruption. Spitz Verlag, Berlin
Eigen, P (2003) Das Netz der Korruption. Wie eine weltweite Bewegung gegen Bestechung kämpft. Campus-Verlag, Frankfurt
HVBi – Hauptverband der Deutschen Bauindustrie e. V. (Hrsg., 2003), Leitfaden zur Bekämpfung wettbewerbsbeschränkender Absprachen und korruptiver Verhaltensweisen, Berlin, Düsseldorf, München
KPMG Deutsche Treuhand Gesellschaft (2003) Wirtschaftskriminalität in Deutschland 2003, Ergebnis einer Umfrage unter 1.000 Unternehmen. Eigenverlag Berlin

Leyendecker, H (2003) Die Korruptionsfalle – Wie unser Land im Filz versinkt. Rowohlt-Verlag, Reinbek bei Hamburg

Pieth/Eigen (1999) Korruption im internationalen Geschäftsverkehr, Luchterhand, Neuwied

Rechnunghof von Berlin (2003) Jahresbericht 2003, www.berlin.de/rechnungshof/index.html

Rügemer, W (2002) Colonia Corrupta – Globalisierung, Privatisierung und Korruption im Schatten des Kölner Klüngels. Verlag Westfälisches Dampfboot Münster

Schneider, F (2003) Wachsende Schattenwirtschaft in Deutschland, Fluch oder Segen? Universität Linz, Mai 2003

Vahlenkamp, W. (1995) Korruption – Ein unscharfes Phänomen als Gegenstand zielgerichteter Prävention, BKA, Wiesbaden

Vahlenkamp, W, Knauss, I (1995) Korruption – hinnehmen oder handeln? Bundeskriminalamt, BKA – Reihe Polizei + Forschung, Band 33. Eigenverlag Wiesbaden

Vogt O A (1997) Korruption im Wirtschaftsleben, Deutscher Universitätsverlag, Wiesbaden

5. Aufsätze in Zeitschriften

Bundeskartellamt (2003) Tätigkeitsbericht über die Jahre 2001 und 2002, Berlin

Focus (06.04.1998) Schwarz und billig – Immer mehr Deutsche verabschieden sich vom Staat, S. 246–256

Riester, W (1999) Illegale Beschäftigung und Schwarzarbeit schaden uns allen, Bundesministerium für Arbeit und Sozialordnung, Presse, Öffentlichkeitsarbeit und Information

Transparency International (2002) A-B-C der Korruptionsprävention – Leitfaden für Unternehmer, Stand 15.12.2002

Transparency International (2002) International Bribe Payers Index, in TI Annual Report 2003, S. 22, Berlin

Transparency International (2003) TI-Annual Report 2003, Berlin

6. Internetseiten

www.berlin.de/rechnungshof/index.html

www.bundeskartellamt.de: Internetseite des Bundeskartellamtes

www.oecd.org: Internetseite der Organisation für wirtschaftliche Zusammenarbeit und Entwicklung

www.steuerzahler-nrw.de: Internetseite des Bundes der Steuerzahler – NRW

www.transparency.de: Internetseite von Transparency International

7. Vorträge und Seminare

IBR-Seminar (2000) Korruption – erkennen und bekämpfen, Seminarunterlagen, Mannheim

Sachverzeichnis

Druck: Saladruck, Berlin
Verarbeitung: Stein+Lehmann, Berlin